普通高等教育“十四五”规划教材

地下结构设计原理

胡志平　主编

北　京
冶　金　工　业　出　版　社
2024

内 容 提 要

本书以地下结构设计原理为主线，突出工程实践中设计的基本原则、内容和流程，详细阐述了几种常见地下结构的设计原理。全书共分9章，主要内容包括：绪论、地下结构的荷载、弹性地基梁理论、地下结构计算方法、浅埋式地下结构设计、盾构法隧道结构设计、地下连续墙结构设计、地下结构可靠性与耐久性设计、地下结构抗震设计等。本书重点突出，各章相互衔接，每章均附有思考题。

本书可作为城市地下空间工程、土木工程、交通土建工程、桥梁与隧道工程、地下工程、水利水电工程等专业的本科教学用书，也可供相关专业的工程技术人员参考。

图书在版编目(CIP)数据

地下结构设计原理/胡志平主编.—北京：冶金工业出版社，2023.1(2024.7重印)

普通高等教育“十四五”规划教材

ISBN 978-7-5024-9383-7

Ⅰ.①地… Ⅱ.①胡… Ⅲ.①地下工程—结构设计—高等学校—教材 Ⅳ.①TU93

中国国家版本馆CIP数据核字(2023)第011714号

地下结构设计原理

出版发行	冶金工业出版社	**电　话**	(010)64027926
地　址	北京市东城区嵩祝院北巷39号	**邮　编**	100009
网　址	www.mip1953.com	**电子信箱**	service@mip1953.com

责任编辑 杨 敏 美术编辑 吕欣童 版式设计 郑小利

责任校对 梁江凤 责任印制 禹 蕊

北京建宏印刷有限公司印刷

2023年1月第1版，2024年7月第2次印刷

787mm×1092mm 1/16；17.5印张；422千字；265页

定价46.00元

投稿电话 (010)64027932 投稿信箱 tougao@cnmip.com.cn

营销中心电话 (010)64044283

冶金工业出版社天猫旗舰店 yjgycbs.tmall.com

(本书如有印装质量问题，本社营销中心负责退换)

前言

“地下结构设计”是城市地下空间工程、土木工程、交通土建工程、隧道工程、地下工程等专业的主干课程之一。地下结构与地面结构的服役环境有本质区别，结构功能需求差异也很大，因而其施工和营运中的力学行为差异显著，如何解决地下工程设计中的理论和方法问题，掌握工程实践中的设计原则、内容和流程，培养学生解决复杂地下工程问题的能力成为本课程的目标。“新型城镇化”和“韧性城市建设”是国家战略，也是“双碳”战略的主战场之一，地下结构安全是地下空间开发利用的前提和基础。目前，国内关于地下结构的教材不少，教材包括了各种类型的地下结构设计计算，内容非常丰富，满足了不同专业的教学需求。作者在多年的“地下结构设计原理与方法”课程讲授过程中，发现地下结构设计的基本原理、工程实践的设计原则和流程对培养学生解决复杂工程问题的能力非常重要，少见有教材从工程实践的角度按设计原则、内容和设计原理的思路来编写，将地下结构耐久性设计和抗震设计等内容包含在一本教材的也很少见；另外，教材内容太多对学时有限的课程教学也带来一定的不便。因此，作者产生了编写一本“从工程实践逻辑掌握地下结构设计原理”的教材的想法，经过教学团队两年多的努力，终于完成了本书的编写。

本书以地下结构设计原理为主线，围绕地下结构的荷载、结构-围岩共同作用、结构耐久性和抗震设计等涉及的计算方法和理论，突出工程实践中设计的基本原则、内容和流程，着重培养学生解决复杂工程问题的能力。本书共分为9章，第1章至第4章重点介绍了地下结构的概念和特点、荷载类型及计算、弹性地基梁理论及地下结构计算方法；第5章至第7章重点介绍了常见的浅埋式地下结构、盾构管片衬砌结构和地下连续墙三种不同类型结构的计算理论和设计原理；第8章和第9章介绍了地下结构的可靠性与耐久性设计、地下结构抗震设计，基本包括了工程实践中地下结构设计所涉及的全部内容。本书参考了国内外有关文献，并结合最新规范，从基本概念、基本理论和方法介绍了常见几种地下结构的设计原理，编写贯彻“便于知识掌握和解决问题的能力培养”理念，围绕“提高学生解决复杂地下工程问题的能力”目标，坚持“知识理论与工程实践相结合”原则。全书重点突出，各章相互衔接，每章均附有思考题。

本书由长安大学胡志平主编。第1章由胡志平编写，第2章由柴少波编写，第3章由刘钦编写，第4章由刘钦、胡志平编写，第5章由柴少波、胡志平编写，第6章由王启耀、胡志平编写，第7章由王启耀编写，第8章由胡志平编写，第9章由王瑞编写。胡志平对全书进行了统稿、校阅和定稿。长安大学张常光教授、熊二刚教授和叶飞教授对全书修改提出了宝贵意见。另外，研究生王博宇、苟强、张青洋、石章燃、王强东等为本书插图、校对和编排做了许多工作。

本书是长安大学地下结构与工程研究所全体教师的集体创作，凝聚着前辈们长期在教学园地耕耘的成果。特别要强调的是，本书参考了同济大学朱合华教授主编的《地下建筑结构》和中国矿业大学崔振东教授主编的《地下结构设计》等书籍，以及诸多专家学者在教学、科研、设计和施工中积累的成果，在此一并表示诚挚的谢意。本书的出版得到了长安大学教材建设基金的资助，在此表示感谢。

在本书编写过程中，作者虽力求创新编写思路，突出重点，强化知识理论与工程实践结合，但因时间和水平有限，书中不足之处，敬请读者批评指正。

作　者

2022年仲夏于西安长安大学修远湖

目　　录

1 绪　论

1.1 概　述

1.1.1 地下空间的开发前景

地下空间泛指地表以下的空间，狭义的地下空间指可以供给人类开发利用的地下空间，是地表土地资源的向下延伸。地下空间的开发利用能够拓展人类的生存空间，并且可以满足某些地面上无法实现的空间要求，因此，地下空间被认为是一种宝贵的自然资源。城市地下空间开发是提高城市土地利用效率，扩大城市容积率，增强城市综合承载能力，缓解交通拥堵，减轻环境污染及洪涝灾害等“城市病”，促进城市可持续发展的重要途径。

城市地下空间开发利用一般要经历初始化、规模化、初始网络化、规模网络化和生态城等发展阶段。进入21世纪后，地下空间开发快速发展，体系也不断完善，我国一些中心城市的地下空间开发需求、总规模和发展速度已居世界第一。以北京为例，目前北京地下空间建成面积已达到3000万平方米，今后平均每年将增加约300万平方米，约占总建筑面积的10%。我国在“十二五”“十三五”时期，地下空间开发利用成效显著，平均每年增速达到20%左右；每年地下空间新增面积与地面建筑竣工面积的比例从10%增长到15%，尤其在人口和经济活动高度集聚的大城市，在轨道交通和地上地下综合建设带动下，城市地下空间开发规模增长迅速，需求动力强劲。

目前，城市地下空间开发利用的功能主要有：轨道交通、地下停车、地下道路、综合管廊、市政设施、地下仓储、地下商场、地下数据中心、防御工程及特殊用途等类型。国内城市地下空间开发主要以轨道交通为主体，以大型地下综合体为重点。目前，地下空间规划普遍得到重视，北京、上海、深圳、南京、杭州等近20个大城市编制了城市地下空间（概念性）规划，对城市未来地下空间开发的规模、布局、功能、开发深度、开发时序等作了规划，明确了城市地下空间开发利用的指导思想、重点开发地区等，为下一阶段城市科学合理开发利用地下空间奠定了基础。

未来，城市地下空间开发利用将朝着规模化、综合化、集约化、立体化、深层化、协同化、程序化和标准化方向发展，将贯彻“全功能、全深度、全资源、全灾害”的开发理念。无论从缓解城市交通拥堵、环境污染、洪水期内涝、热岛效应等“城市病”，突破当前城市困局，还是从城市可持续发展角度，开拓性探索地下空间资源潜力与协同可持续开发技术，在我国都具有重大战略需求与广阔应用前景。

1.1.2 地下结构的概念

地下结构是修建在地层中的、为地下空间发挥某种功能提供支撑的结构物，它主要由两部分组成：衬砌结构和内部结构，如图 1-1 所示。

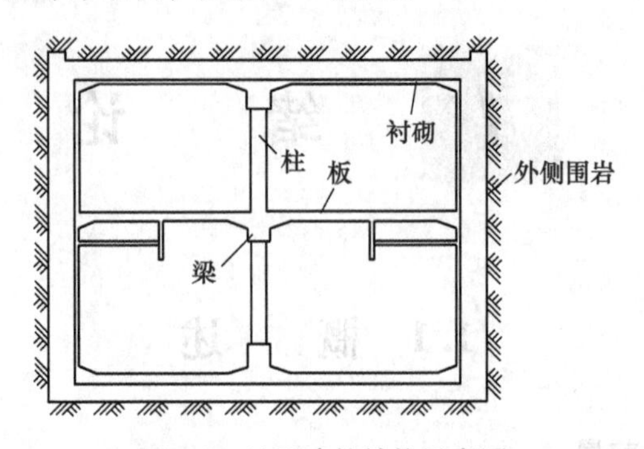

图 1-1 地下建筑结构示意图

衬砌结构是防止围岩变形或坍塌，沿地下空间（硐室）周边修建的永久性支护结构。按照材料和施工阶段可分为初支和二衬，衬砌结构主要是承重和围护的作用。

1.2 地下结构的分类和形式

1.2.1 地下结构的分类

（1）按所处地层岩土介质分类：

1）岩体地下结构：修建在岩体中的地下工程结构。

2）土体地下结构：修建在土层中的地下工程结构。

3）水体地下结构：悬浮于水中的悬浮隧道。

（2）按用途分类。按用途分类是地下结构最常见的分类方式，见表 1-1。

表 1-1 地下结构按用途分类

序号	用途	功 能
1	工业建筑	地下核电站、地下车间、地下厂房、地下垃圾焚烧厂
2	民用建筑	地下医院、地下旅馆、地下学校
3	商业建筑	地下商业街、地下商场、地下购物中心
4	交通工程	地下铁道、公路隧道、过街人行通道、海底隧道
5	水利水电工程	水电站厂房、输水隧硐
6	市政工程	地下给（排）水管道、通信、电缆、供热与供气道、综合管廊、地下污水处理厂
7	仓储工程	地下车库、地下粮（油）等物资仓库、地下垃圾堆场、地下核废料仓库、危险品仓库、金库
8	军事、人防工程	人防掩蔽部、地下军用品仓库、地下战斗工事、地下导弹发射井、地下飞机（舰艇）库、防空指挥中心
9	娱乐、体育设施	图书馆、博物馆、展览馆、影剧院、歌舞厅

（3）按与地面结构的联系分类：

1）附建式地下结构：附属于地面建筑结构的地下室部分，其外围结构常用地下连续墙或板桩结构，内部结构则可为框架结构、梁板结构或无梁楼盖。

2）单建式地下结构：独立修建于地层内，其上方无地面结构物或与其上方的地面结构物无结构上的联系。当顶板做成平顶时，常用梁板式结构；顶部可做成拱形，如地下防空洞或避难所常做成直墙拱形结构；当平面为条形的地铁车站等大中型结构，常做成矩形框架结构。

（4）按埋置深度分类。地下结构按照埋置深度分类，见表1-2。

表1-2　地下结构按埋深分类

名称	埋深范围/m			
	小型结构	中型结构	大型运输系统结构	采矿结构
浅埋结构	0~2	0~10	0~10	1~100
中埋结构	2~4	10~30	10~50	100~1000
深埋结构	>4	>30	>50	>1000

（5）按支护形式分类：

1）防护型支护：以封闭岩面，防止周围岩体质量的进一步恶化或失稳为目的。

2）构造型支护：通常采用喷射混凝土、锚杆和钢筋网、模筑混凝土支护等形式，以满足施工及构造要求，防止局部掉块或崩塌而逐步引起整体失稳。

3）承载型支护：满足围岩压力、使用荷载、结构荷载及其他荷载的要求，保证围岩与支护结构的稳定性。

（6）按断面形式分类。地下结构根据断面形式分类，如图1-2所示。

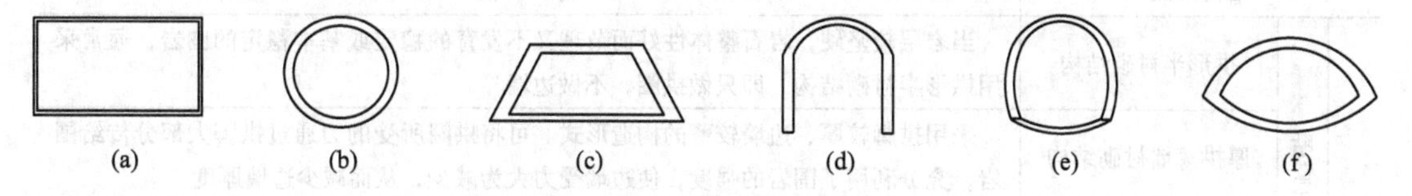

图1-2　地下结构断面形式

（a）矩形；（b）圆形；（c）梯形；（d）直墙拱形；（e）曲墙拱形；（f）扁圆形

（7）按施工方法分类。地下结构按照施工方法可分为明挖法；盖挖法、逆作法；浅埋暗挖法；沉箱、沉井、沉管法；掘进机法（盾构法、TBM）；顶管法（大口径与微型顶管）；新奥法（NATM）、钻爆法。

1.2.2　地下结构的形式

地下结构的形式主要由使用功能、地质条件和施工技术等因素综合确定，要注意施工方法对地下结构的形式会起重要影响。土层地下结构形式见表1-3。

表1-3　土层地下结构形式及特征

结构形式	特　征
浅埋式结构	平面成方形或长方形，当顶板做成平顶时，常用梁板式结构。为节省材料，顶部可做成拱形
附建式结构	房屋建筑的地下室，一般有承重的外墙、内墙（或内柱）和板式或梁板式顶底板结构
沉井结构	沉井施工时需要在沉井底部挖土，顶部出土，故施工时沉井为一开口的井筒结构，水平断面一般做成方形，也有圆形，沉毕后再做底顶板

续表 1-3

结构形式	特 征
地下连续墙结构	先建造两片连续墙，然后在中间挖土，修建底板、顶板和中间楼层
盾构管片结构	盾构推进时，以圆形为最宜，故常采用装配式圆形衬砌，也有做成矩形、半圆形、椭圆形、双圆形、三圆形的
沉管结构	一般做成箱形结构，两端加以临时封墙，托运至预定水面处，沉放至设计位置
基坑围护结构	临时性挡土结构
其他结构	顶管结构和箱涵结构等

岩层地下结构形式主要有直墙拱形、圆形、曲墙拱形等。此外，还有一些其他类型的结构，如喷锚结构、穹顶结构、复合结构等。最常见的是拱形结构，因为它具有以下优点：

（1）地下结构的荷载比地面结构大，且主要承受竖向荷载。因此，拱形结构的受力性能比平顶结构优。

（2）拱形结构的内轮廓比较平滑，只要适当调整拱曲率，一般都能满足地下建筑的使用要求，并且建筑布置比圆形结构方便，净空浪费也比圆形结构少。

（3）拱主要是承压结构。适用于采用抗拉性能较差、抗压性能较好的砖、石、混凝土等材料，这些材料造价低，耐久性良好，易维护。

常见岩层地下结构形式见表 1-4。

表 1-4 岩层地下结构形式及特征

结构形式			特 征
拱形结构	贴壁式拱形结构	拱形半衬砌结构	当岩层较坚硬，岩石整体性好而节理又不发育的稳定或基本稳定的围岩，通常采用拱形半衬砌结构，即只做拱圈，不做边墙
		厚拱薄墙衬砌结构	采用拱脚较厚、边墙较薄的构造形式。可将拱圈所受的力通过拱脚大部分传给围岩，充分利用了围岩的强度，使边墙受力大为减少，从而减少边墙厚度
		直墙拱形衬砌结构	贴壁式直墙拱形衬砌结构由拱圈、竖直边墙和底板组成，衬砌结构与围岩的超挖部分都进行密实回填。一般适用于硐室口部或有水平压力的岩层，在稳定性较差的岩层中亦可采用
		曲墙拱形衬砌结构	当遇到较大的竖向压力和水平压力时，可采用曲墙式衬砌。若硐室底部为较软弱地层，有涌水现象或遇到膨胀性岩层时，则应采用有底板或带仰拱的曲墙式衬砌
	离壁式拱形衬砌结构		指与岩壁相离，其间空隙不做回填，仅拱脚处扩大延伸与岩壁密接的衬砌结构。离壁式衬砌结构防水、排水和防潮效果均较好，一般用于防潮要求较高的各类仓储结构，稳定或基本稳定的围岩均可采用离壁式衬砌结构
喷锚支护结构			采用喷射混凝土、钢筋网喷射混凝土、锚杆喷射混凝土或锚杆钢筋网喷射混凝土加固围岩，称为喷锚支护结构，可作为临时支护结构，也可作为永久衬砌结构
穹顶结构			一种圆形空间薄壁结构，可以做成顶、墙整体连接的整体式结构；也可做成顶、墙互不联系的分离式结构。受力性能好，但施工比较复杂，一般用于地下油罐、地下回车场等。较适用于无水平压力或侧壁围岩稳定的岩层
连拱衬砌结构			连拱隧道结构主要适用于洞口地下狭窄，或对两洞间距有特殊要求的中短隧道，按中墙结构形式不同可分为整体式中墙和复合式中墙两种形式
复合衬砌结构			通常由初期支护和二次衬砌组成，为满足防水要求需在初支和二衬间增设防水层。一般认为初期支护的作用首先是加固和稳定围岩，使围岩的自支撑能力可充分发挥，从而可允许围岩发生一定的变形和由此减薄支护结构的厚度

1.3 地下结构的特点

1.3.1 地下结构的工程特点

地下结构的实际工作状态极其复杂，它不但与结构形式、尺寸和材料有关，而且与所处的工程地质条件、水文地质条件及施工方法有关，因此，要完全按照结构的实际状态进行严格计算是非常困难的。地下结构处于地层介质中，建造过程和营运过程中都受到地层的作用，包括地层压力、变形和振动的影响，这些影响与结构围岩的地质条件密切相关。

地下结构与地面结构相比具有很大差别，如果沿用地面结构的计算理论和设计方法来解决地下结构问题，将不能正确解释地下结构中出现的各种力学现象，也难以做出合理的支护结构设计。地下结构设计时所依据的条件只是前期地质勘探得到的粗略资料，揭示的地质条件非常有限，只有在施工过程中才能逐步地详细查明。因此，地下结构的设计和施工一般有一个特殊的模式，即设计→施工及监测→信息反馈→修改设计→修改或加固施工，建成后还需进行相当长时间的监测。国内外各种地下结构的工程经验表明，地下结构具有如下工程特点：

（1）地下空间内结构替代了原来的地层，结构承受了原本由地层承受的荷载。在设计和施工过程中，要最大限度发挥地层自承载能力，以便控制地下结构的变形，降低工程造价。

（2）在承载状态下建造地下空间结构物，地层荷载随着施工进程发生变化，因此，设计要考虑最不利的荷载工况。

（3）作用在地下结构上的地层荷载，应视地层介质的地质情况合理概括确定。对于土体，一般可按松散连续体计算；对于岩体，应首先查清岩体的结构、构造、节理、裂隙等发育情况，然后确定按连续或非连续介质处理。

（4）地下水特征对地下结构的设计和施工影响较大。设计前必须查清地下水的分布和变化情况，如地下水的静水压力、动水压力、地下水的流向、地下水的水质对结构物的腐蚀影响等。

（5）在设计阶段获得的地质资料，有可能与施工揭露的地质情况不一样，因此，在地下结构施工过程中，应根据施工揭露的地质条件，动态修改设计。

（6）地下结构的围岩既是荷载的来源，在某些情况下又与结构共同构成承载体系。

（7）当地下结构的埋置深度足够大时，由于地层的成拱效应，结构所承受的垂直围岩压力总是小于其上覆地层的自重应力。地下结构的荷载与许多自然和工程因素有关，它们的随机性和时空效应明显，且往往难以量化。

1.3.2 地下结构的设计特点

与地面结构的设计方法相比，地下结构设计有以下几个特点：

（1）基础设计：

1）深基础的沉降计算要考虑土的回弹再压缩的应力-应变特征。

2）处于高水位地区的地下工程应考虑基础底板的抗浮问题。

3）厚板基础设计，应根据结构荷载、上部结构体系以及地层力学性质，按照上部结构与地基基础协同工作的方法确定其厚度及配筋。

（2）墙板结构设计。地下结构的墙板设计比地面结构要复杂得多，作用在地下结构外墙板上的荷载（作用）分为垂直荷载（永久荷载和各种活荷载）、水平荷载（施工阶段和使用阶段的土压力、水压力及地震作用）、变形内力（温度应力和混凝土收缩应力等），应针对不同施工阶段和最后使用阶段，采用最不利组合和板的边界条件，进行结构设计。

（3）变形缝的设置。地下结构中设置变形缝的最大问题是防水，因此，地下结构一般尽量避免设变形缝。即使在结构荷载不均匀可能引起结构不均匀沉降的情况下，设计上也应尽可能不采用（或减少）沉降缝，以避免因设置变形缝出现防水难题。

（4）其他特殊要求。地下结构设计还应考虑防水、防腐、防火、抗震等特殊要求的设计。

1.3.3 地下结构的施工特点

地下结构的施工方法主要由地下结构形式、功能需求和周边环境等决定，有以下主要特点：

（1）生产的流动性。施工机构随地下结构位置变化而转移生产地点；施工过程中人员、机械和电气设备随施工部位而沿施工对象上下左右流动，不断转移操作场所。

（2）产品的形式多样。地下结构因所处自然条件和用途不同，工程结构、造型和材料亦不同，施工方法随之变化。

（3）施工技术复杂。地下结构施工常常需要根据结构情况进行多工种配合作业，多单位（土石方、土建、吊装、安装、运输等）交叉配合施工，所用物资和设备种类繁多，因而施工组织和施工技术管理要求较高。

（4）露天和高处作业多。地下结构产品体形庞大、生产周期长，施工多在野外进行，常常受到自然气候条件的影响。

1.4 地下结构的设计程序及内容

地下结构设计的内涵，即依据所承受的荷载及荷载组合，通过科学合理的结构形式，使用一定性能和数量的材料，使结构在规定的设计基准期内及规定的条件下，满足可靠性要求，保证结构的安全性、适用性和耐久性。

1.4.1 设计原则

（1）牢固树立结构为功能服务的理念，满足安全可靠、经济合理、技术先进和可持续发展的要求。

（2）地下结构一般为超静定结构，其弹性阶段的内力可采用结构力学方法计算；考虑抗震和抗爆荷载时，允许考虑由塑性变形引起的内力重分布，只需进行强度计算，不作裂缝宽度验算。

（3）结构截面设计时，应采用基于概率统计理论的极限状态设计方法，承载能力极限状态和正常使用极限状态一般要考虑施工阶段和正常使用阶段两种工况。

（4）钢筋混凝土结构正常使用极限状态需要验算裂缝宽度和结构变形，还需要考虑耐久性极限状态的要求，开展结构耐久性设计。

1.4.2 设计程序

地下结构设计一般采用初步设计和施工图设计两阶段进行。

初步设计主要解决设计方案的技术可行性和经济合理性，是否满足使用功能要求，提出投资、材料和施工工艺等指标。初步设计的流程如图1-3所示。

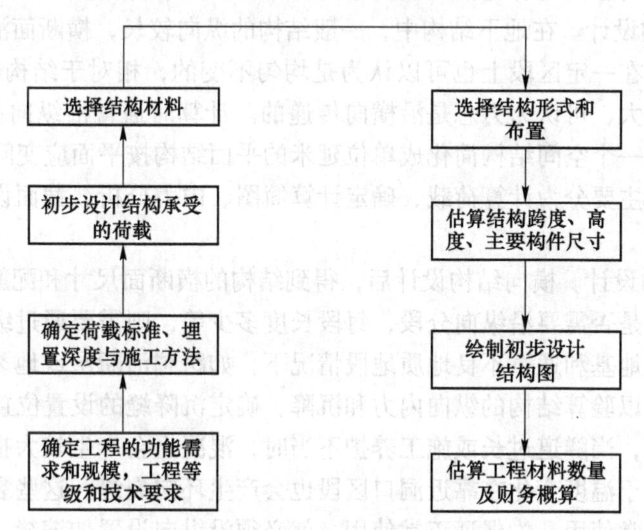

图1-3 地下结构初步设计流程

结构形式及主要尺寸的确定，一般可采用工程类比法，吸取国内外已建同类工程的经验教训，提出相关参数。必要时可用查表或近似计算法求出内力，并按经济合理的含钢率初步配置钢筋。将地下结构的初步设计文件送交有关主管部门审定批准后，才可进行下一步的施工图设计。

施工图设计主要解决结构的承载力、刚度与稳定性、耐久性等问题，并提供施工时结构各部件的具体尺寸及连接大样。

地下结构施工图设计的流程如图1-4所示。

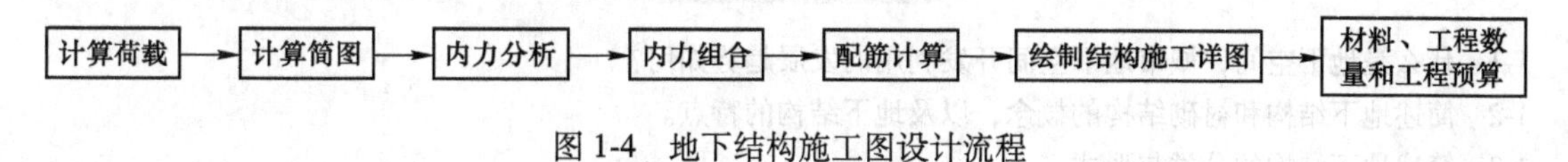

图1-4 地下结构施工图设计流程

（1）计算荷载：按地层介质类别、结构用途、防护等级、地震设防烈度、埋置深度等求出作用在结构上的各种荷载标准值及其组合值。

（2）计算简图：根据实际结构和计算的具体情况，拟出恰当的计算图式。

（3）内力分析：选择结构内力计算方法，计算结构各控制截面的内力。

（4）内力组合：在得到各种荷载标准值下的结构内力后，对最不利的可能情况进行内力组合，求出各控制截面的内力设计值。

（5）配筋计算：通过截面承载力和裂缝计算得出受力钢筋面积，并确定必要的构造措施。

(6) 绘制结构施工详图：如结构平面图、结构构件配筋图及节点详图，还有风、水、电和其他内部设备的预埋件图。

(7) 材料、工程数量和工程预算。

1.4.3 设计内容

地下结构设计的主要内容包括：横向结构设计、纵向结构设计和出入口设计。

(1) 横向结构设计。在地下结构中，一般结构的纵向较长，横断面沿纵向通常变化不大。沿纵向的荷载在一定区段上也可以认为是均匀不变的，相对于结构的纵向长度来说，结构的横向尺寸不大，可认为力总是沿横向传递的。计算时通常沿纵向截取 1m 的长度作为计算单元，即把一个空间结构简化成单位延米的平面结构按平面应变问题进行分析。

横向结构设计主要分为计算荷载、确定计算简图、内力分析、截面设计和施工图绘制等几个步骤。

(2) 纵向结构设计。横向结构设计后，得到结构的横断面尺寸和配筋，但是沿结构纵向需配多少钢筋，是否需要沿纵向分段，每段长度多少等，则需要通过纵向结构设计来解决。特别是在软土地基和通过不良地质地段情况下，如跨越活断层或地裂缝时，更需要进行纵向结构计算，以验算结构的纵向内力和沉降，确定沉降缝的设置位置。

工程实践表明，当隧道过长或施工养护不当时，混凝土会产生较大损伤，使其沿纵向产生环向裂缝；由于温度变化在靠近洞口区段也会产生环向裂缝。这些裂缝会使地下结构渗水漏水，影响正常使用。为保证正常使用，就必须沿纵向设置伸缩缝，伸缩缝和沉降缝统称为变形缝。从已发现的地下工程病害来看，较多的是因为纵向设计考虑不周而产生裂缝，故在设计和施工时应予以充分考虑。

(3) 出入口设计。一般地下结构的出入口结构尺寸较小且形式多样，有坡道、竖井、斜井、楼梯、电梯等，人防工程口部则设有洗尘设施及防护密闭门。从使用上讲，无论是平时或战时，地下结构的出入口都是关键部位，设计时必须给予充分重视，应做到出入口与主体结构承载力相匹配。

思 考 题

1-1 什么是地下空间，城市地下空间开发利用的发展趋势如何？

1-2 简述地下结构和衬砌结构的概念，以及地下结构的特点。

1-3 简述地下结构的分类与形式。

1-4 简述地下结构与地面结构的区别。

1-5 简述地下结构的设计程序及内容。

2 地下结构的荷载

2.1 概 述

地下结构承受的荷载非常复杂，到目前为止，其确定方法还不够完善，要准确确定地下结构承受的荷载还难以做到。地下结构的荷载作用机理与地面结构或空中结构明显不同，主要因为地下结构埋置于地下，其荷载来源于围岩但又存在围岩-结构的共同作用。作用在地下结构上的围岩压力很复杂，与多种因素有关，如开挖和支护的间隔时间、岩土体力学特性、初始地应力、硐室开挖尺寸、地下水和施工方法等。

2.2 荷载种类、组合及确定方法

2.2.1 荷载种类

地下结构在建造和使用过程中均受到各种荷载的作用，地下建筑的使用功能也是在承受各种荷载的过程中实现的。施加在结构上的集中力和分布力（直接作用）及引起结构外加变形的原因（间接作用）统称为作用。作用在地下结构上的荷载（或作用），按其存在的状态，可分为静荷载、动荷载和可变荷载三大类。

（1）静荷载：又称恒载，是指长期作用在结构上且大小、方向和作用点不变的荷载，如结构自重、岩土体压力和地下水压力等。

（2）动荷载：动荷载是相对于静荷载而言的，是指随时间而变化的荷载，这种变化不一定是规则的、周期的变化，比如武器（炸弹、火箭）爆炸冲击波压力荷载、地震波作用、车辆动荷载、设备振动荷载等。

（3）可变荷载：是指在结构物施工和使用期间可能存在的变动荷载，其大小、方向和作用点都可能变化，如楼面荷载（人群、物件和设备重量）、吊车荷载、落石荷载、地面堆积物和车辆行驶对地下结构的作用，以及施工过程的临时性荷载（注浆压力、盾构推力）等。

（4）其他荷载：除上述主要荷载的作用外，通常还有混凝土收缩、冻胀、温度变化和不均匀沉降等，使结构产生内力和变形。材料收缩、温度变化、不均匀沉降及装配式结构尺寸制作上的误差等因素对结构内力的影响都比较复杂，往往难以进行准确计算，一般以加大安全系数和在施工、构造上采取措施来解决。中小型工程在计算结构内力时可不计上述因素，大型结构应予以估计。

当然，地下结构上的荷载（作用）分类也不是唯一的，具体可参考现行国家和行业标准、规范的有关规定，铁路隧道设计规范（TB 10003—2016）的隧道荷载划分见表 2-1。

表 2-1 铁路隧道设计规范（TB 10003—2016）的隧道荷载

编号	荷载分类	荷载名称	荷载分类	
1	永久作用	结构自重	恒载	主要荷载
2		结构附加恒载		
3		围岩压力		
4		水、土压力		
5		混凝土收缩和徐变的影响		
6	可变作用	列车活载	活载	
7		活载所产生的土压力		
8		公路车辆荷载		
9		冲击力		
10		渡槽水流压力（设计渡槽明洞时）		
11		制动力	附加荷载	
12		温度变化的影响		
13		注浆压力		
14		冻胀力		
15		施工荷载（施工阶段的某些外力）		
16	偶然作用	落石冲击力	附加荷载	
17		地震作用	特殊荷载	
18		人防荷载		

2.2.2 荷载组合

上述几类荷载对结构可能不是同时作用，需进行最不利情况的组合。先计算个别荷载单独作用下结构的内力，再进行最不利的内力组合，得出各控制截面的最大内力设计值。最不利的荷载组合一般有三种情况：

（1）静载（恒载）。

（2）静载（恒载）与活载组合。

（3）静载（恒载）与动载（偶然荷载）的组合，动载包括爆炸动载和地震作用等。

荷载组合方式、分项系数及组合系数具体要参考现行国家和行业标准、规范的有关规定，常用荷载组合方式、分项系数及组合系数见表 2-2。

表 2-2 常用荷载组合方式、分项系数及组合系数

荷载类型 / 荷载组合	永久荷载	可变荷载	水土压力	偶然荷载	
				人防荷载	地震荷载
基本组合	1.3	γ_L×1.5	1.3	0	0
标准组合	1.0	1.0	1.0	0	0
准永久组合	1.0	ψ_q×1.0	1.0	0	0
人防组合	1.3	0	1.3	1.0	0
地震组合	1.3	0.5×1.3	1.3	0	1.4

注：γ_L 为可变荷载考虑设计使用年限的调整系数；ψ_q 为准永久值系数。

2.2.3 荷载确定方法

荷载的确定一般按工程所在行业使用的规范和设计标准（或特定工程确定的技术标准）确定。

（1）使用规范。当前，地下结构设计中使用的标准、规范和规程等有多种，分为国家标准和行业标准，比如公路交通行业、铁路行业、城市轨道交通、市政行业和建筑行业等，设计时应根据工程类别或工程技术要求选择应遵循的有关规范。

（2）技术标准。技术标准是根据工程设计原则及有关规范要求制定的技术要求，主要包括结构设计使用年限、结构安全等级、抗震设防烈度、人防设计标准、耐火等级、防水等级、耐久性设计要求、防火设计标准等。

1）根据地下建筑用途、防护等级、抗震设防烈度等确定作用在地下结构上的荷载。

2）地下建筑结构材料的选用，一般应满足规范和工程实践要求，通常采用工业与民用建筑规范中的规定值，亦可根据实际情况，参照水利、交通、人防和国防等行业专门规范。

3）地下衬砌结构一般为超静定结构，弹性阶段的结构内力可按结构力学方法计算；偶然荷载作用下，允许考虑由塑性变形引起的内力重分布。

4）截面设计原则：钢筋混凝土结构在施工和正常使用阶段，结构截面设计时，一般应进行强度、裂缝（抗裂度或裂缝宽度）和变形的验算等。

2.3 岩土体压力计算

荷载的确定是工程结构计算的前提，地下结构所承受的主要荷载有：结构自重、地层压力、弹性抗力、地下水动静水压力、车辆和设备重量及其他使用荷载等；可能还承受一些附加荷载，如注浆压力、局部落石荷载、施工荷载、温度变化或混凝土收缩引起的温度应力和收缩应力；有时还需要考虑偶然荷载，如地震作用或爆炸作用。在这些荷载中，有的荷载计算简单明确，有的荷载计算复杂但并不起控制作用；但是，地层压力（包括土压力和围岩压力）对大多数地下结构而言至关重要，且地层压力计算具有复杂性和不确定性，因此，地层压力的计算是地下结构荷载计算的重要内容。

2.3.1 土压力的计算

2.3.1.1 土压力及其分类

土压力是指挡土墙后的填土因自重或外荷载作用对墙背产生的侧向压力，分为静止土压力、主动土压力和被动土压力。

静止土压力：指墙身不产生任何移动或转动时，墙后填土对墙背所产生的土压力。可根据墙后填土的应力弹性平衡状态求得。

主动土压力：指墙身绕墙踵向外转动［见图 2-1（a）］或平行移动，墙后填土处于主动破坏时，作用在墙背上的土压力。墙后土体的应力状态处于主动极限平衡状态。

被动土压力：指墙身在外力作用下［见图 2-1（b）］挤压墙后填土，墙后填土处于被动受压破坏时，作用在墙背上的土压力。墙后土体的应力状态处于被动极限平衡状态。

墙后土压力与挡土墙的位移有关，如图 2-2 所示。

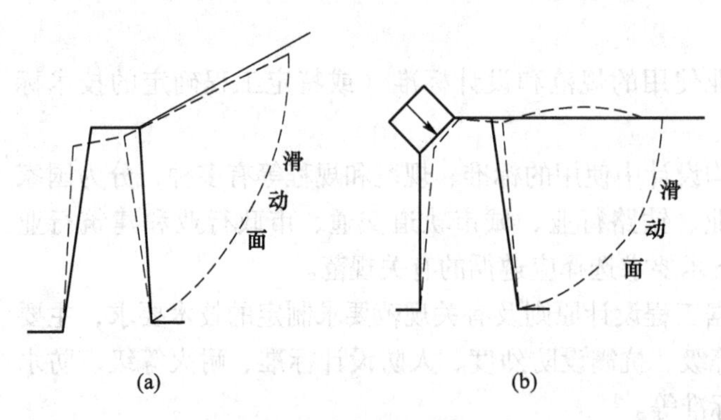

图 2-1 土体极限平衡状态

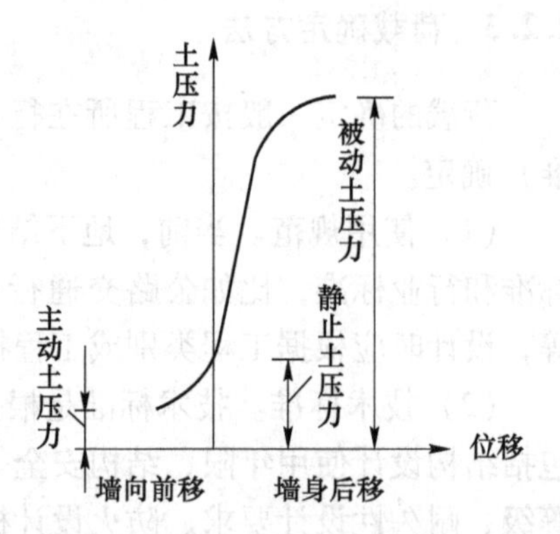

图 2-2 土压力与挡土墙的位移关系

2.3.1.2 土压力的计算

（1）静止土压力。静止土压力的计算一般采用弹性理论，根据半无限弹性体的应力平衡方程求解。在填土表面以下任意深度 z 处 M 点取一单元体（在 M 点附近一微小立方体），作用于单元体上的力如图 2-3 所示，其中竖向应力为自重应力 σ_z，水平应力为 p_0。

$$\sigma_z = \gamma z \tag{2-1}$$

式中，γ 为土的重度；z 为 M 点的深度。

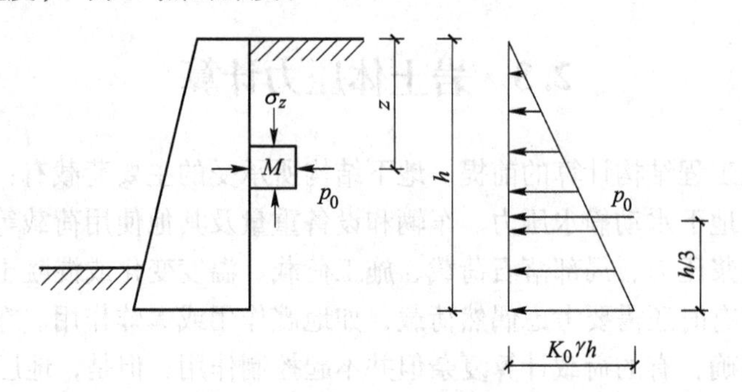

图 2-3 静止土压力计算图式

当挡土墙静止时，土体对挡墙的作用力 p_0 就是静止土压力。半无限弹性体在无侧移的条件下，其侧向应力 p_0 与竖向应力 σ_z 之间的关系为：

$$p_0 = K_0\sigma_z = K_0\gamma z \tag{2-2}$$

$$K_0 = \frac{\mu}{1-\mu} \quad 或 \quad K_0 = 1 - \sin\varphi' \tag{2-3}$$

式中，K_0 为静止土压力系数；μ 为土的泊松比；φ' 为土的有效内摩擦角，其值通常由试验来确定。

墙后填土水平时，静止土压力 p_0 按三角形分布，静止土压力合力 P_0 由式（2-4）计算，合力作用点位于距墙踵 $h/3$ 处。

$$P_0 = \frac{1}{2}\gamma h^2 K_0 \tag{2-4}$$

式中，h 为挡土墙的高度。

(2) 库仑土压力理论。主动土压力和被动土压力求解的经典理论主要有库仑(Coulomb)土压力理论和朗肯(Rankine)土压力理论，这些理论在现今地下工程的设计中仍在使用。

库仑土压力理论的基本假定为：墙后土体为均质各向同性的无黏性土；挡土墙是刚性的且长度很长，属于平面应变问题；墙后土体产生主动土压力或被动土压力时，土体形成滑动楔体，滑裂面为通过墙踵的平面，滑裂面与水平面的夹角为 θ；墙顶处土体表面可以是水平面，也可以为倾斜面，倾斜面与水平面的夹角为 β；在滑裂面 $\overline{BC}$ 和墙背面 $\overline{AB}$ 上的切向力分别满足极限平衡条件。

如图 2-4 所示，当土体滑动楔体处于极限平衡状态，应用静力平衡条件，不难得到作用于挡土墙上的主动土压力合力 P_a 和被动土压力合力 P_p 的计算式为：

$$P_a = \frac{\sin(\theta - \varphi)}{\sin(\alpha + \theta - \varphi - \delta)} W \tag{2-5}$$

$$P_p = \frac{\sin(\theta + \varphi)}{\sin(\alpha + \theta + \varphi + \delta)} W \tag{2-6}$$

$$W = \frac{1}{2} \gamma \overline{AB} \cdot \overline{AC} \cdot \sin(\alpha + \beta) \tag{2-7}$$

式中，W 为滑楔自重；φ 为土的内摩擦角；δ 为土与墙背之间的摩擦角；$\overline{AC}$ 是 θ 的函数。

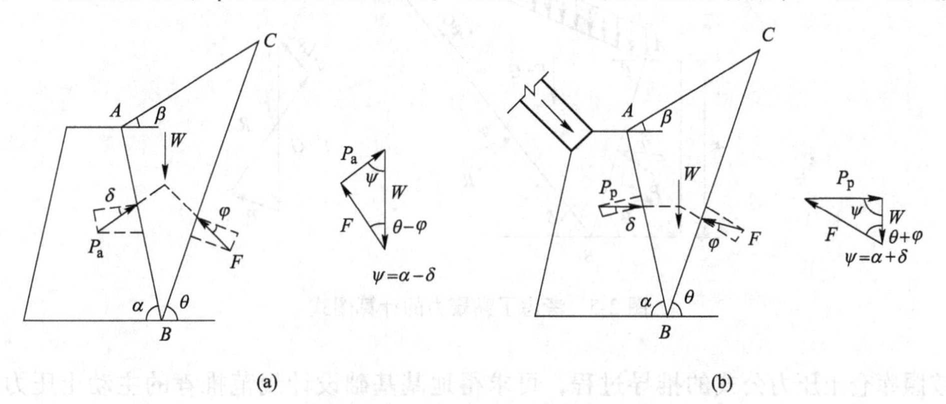

图 2-4 库仑土压力计算图式

所以上式 P_a、P_p 都是 θ 的函数。随着 θ 的变化，其主动土压力必然产生在使 P_a 最大的滑楔面上；而被动土压力必然产生在使 P_p 最小的滑裂面上。由此，将 P_a、P_p 分别对 θ 求导，根据 $\frac{\mathrm{d}P}{\mathrm{d}\theta} = 0$ 求出最危险的滑裂面与水平面的夹角 θ，即可得到库仑主动与被动土压力，即

$$P_a = \frac{1}{2} \gamma h^2 K_a \tag{2-8}$$

$$P_p = \frac{1}{2} \gamma h^2 K_p \tag{2-9}$$

$$K_a = \frac{\sin^2(\alpha+\varphi)}{\sin^2\alpha\sin(\alpha-\delta)\left[1+\sqrt{\frac{\sin(\varphi-\beta)\sin(\varphi+\delta)}{\sin(\alpha+\beta)\sin(\alpha-\delta)}}\right]^2} \tag{2-10}$$

$$K_p = \frac{\sin^2(\alpha-\varphi)}{\sin^2\alpha\sin(\alpha+\delta)\left[1-\sqrt{\frac{\sin(\varphi+\beta)\sin(\varphi+\delta)}{\sin(\alpha+\beta)\sin(\alpha+\delta)}}\right]^2} \tag{2-11}$$

式中，γ 为土体的重度；H 为挡土墙的高度；K_a 为库仑主动土压力系数；K_p 为库仑被动土压力系数。

库仑主动土压力系数 K_a 和被动土压力系数 K_p 均为几何参数和土层物性参数（α，β，φ 和 δ）的函数。

库仑土压力的方向均与墙背法线成 δ 角，但必须注意，主动与被动土压力与法线所成的 δ 角方向相反，如图 2-4 所示。作用点在没有地面超载的情况时，均为离墙踵 $h/3$ 处。

我国《建筑地基基础设计规范》的方法是库仑土压力理论的一种改进，它考虑了土的黏聚力作用，可适用于填土表面为一倾斜平面，其上作用有均布超载 q 的一般情况，挡土墙的受力如图 2-5 所示。

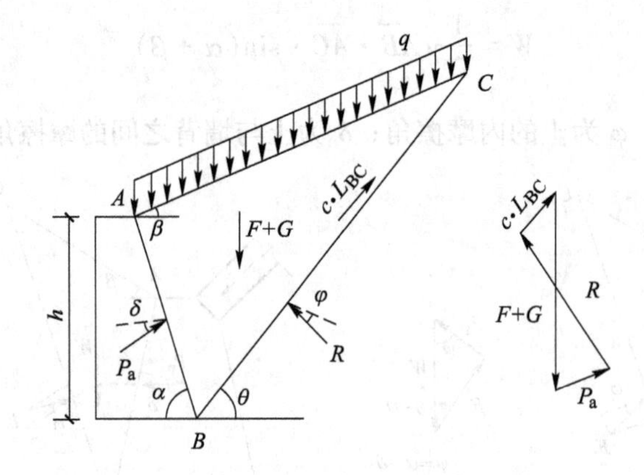

图 2-5　考虑了黏聚力的计算图式

按照库仑土压力公式的推导过程，可求得地基基础设计规范推荐的主动土压力计算公式：

$$P_a = \frac{1}{2}\gamma h^2 K_a \tag{2-12}$$

$$K_a = \frac{\sin(\alpha+\beta)}{\sin^2\alpha\sin^2(\alpha+\beta-\varphi-\delta)}\left\{\begin{aligned}&K_q[\sin(\alpha+\beta)\cdot\sin(\alpha-\delta)+\sin(\varphi+\delta)\cdot\sin(\varphi-\beta)]+2\eta\sin\alpha\cos\varphi\cdot\\&\cos(\alpha+\beta-\varphi-\delta)-2\left[\begin{aligned}&(K_q\sin(\alpha+\beta)\cdot\sin(\varphi-\beta)+\eta\cdot\sin\alpha\cdot\cos\varphi)\cdot\\&(K_q\sin(\alpha-\delta)\cdot\sin(\varphi+\delta)+\eta\sin\alpha\cos\varphi)\end{aligned}\right]^{\frac{1}{2}}\end{aligned}\right\} \tag{2-13}$$

$$\eta = \frac{2c}{\gamma h} \tag{2-14}$$

式中，P_a 为主动土压力的合力；K_a 为黏性土、粉土主动土压力系数，按式（2-10）计算；

α 为墙背与水平面的夹角；β 为填土表面与水平面之间的夹角；δ 为墙背与填土之间的摩擦角；φ 为土的内摩擦角；c 为土的黏聚力；γ 为土的重度；h 为挡土墙高度；q 为填土表面均布超载（以单位水平投影面上荷载强度计）；K_q 为考虑填土表面均布超载影响的系数。

$$K_q = 1 + \frac{2q}{\gamma h} \cdot \frac{\sin\alpha \cdot \cos\beta}{\sin(\alpha + \beta)} \tag{2-15}$$

按式（2-13）计算主动土压力时，破裂面与水平面的倾角为：

$$\theta = \arctan\left[\frac{\sin\beta \cdot S_q + \sin(\alpha - \varphi - \delta)}{\cos\beta \cdot S_q - \cos(\alpha - \varphi - \delta)}\right] \tag{2-16}$$

$$S_q = \sqrt{\frac{K_q\sin(\alpha - \delta) \cdot \sin(\varphi + \delta) + \eta\sin\alpha \cdot \cos\varphi}{K_q\sin(\alpha + \delta) \cdot \sin(\varphi - \delta) + \eta\sin\alpha \cdot \cos\varphi}} \tag{2-17}$$

（3）朗肯土压力理论。朗肯理论是从弹性半空间的应力状态出发，由土的极限平衡理论推导得到的，又称为极限应力法。朗肯理论的基本假定为：1）墙背竖直、光滑，不计墙背和土体之间的摩擦力；2）墙后填土水平，土体向下和沿水平方向都能伸展到无穷远，即为半无限空间；3）墙后填土每一点都处于极限平衡状态。

在均质弹性半空间体中，深度为 z 处任一点的竖向应力和水平应力分别为：

$$\sigma_z = \gamma z \tag{2-18}$$

$$\sigma_x = K_0\sigma_z \tag{2-19}$$

因为墙背垂直光滑，所以墙背就是一个主应力作用平面，作用在墙背上的土压力就是主应力，自重应力就是另一个主应力。挡土墙静止不动时，如图 2-6（b）所示，公式（2-19）计算的水平应力 σ_x 就是静止土压力。在非超固结的一般情况下，侧压系数 K_0 小于 1.0，即 $\sigma_z>\sigma_x$，所以竖向应力 σ_z 为大主应力，侧向水平应力 σ_x 为小主应力。在摩尔应力圆中处于弹性平衡状态，如图 2-6（d）中的圆Ⅱ所示。

当墙面向填土方向移动［见图 2-6（c）］，墙后填土处于挤压状态，作用于墙背的土压力增加，开始进入朗肯被动土压力状态。当图 2-6（d）中摩尔圆Ⅲ与土的抗剪强度包线相切，这时作用于墙背的土压力 σ_x 超过竖向土压力 σ_z 而成为大主应力，竖向土压力 σ_z 则变成小主应力。墙后土体的剪切破坏面与水平面的夹角为 $45°-\varphi/2$。

根据土体的极限平衡条件，并参照摩尔圆的相互关系，不难得到：

$$\tau = \tau_f \tag{2-20}$$

$$\sin\varphi = \frac{\dfrac{\sigma_1 - \sigma_3}{2}}{\dfrac{\sigma_1 + \sigma_3}{2} + c \cdot \cot\varphi} \tag{2-21}$$

将式（2-21）改写成大主应力和小主应力的关系式：

$$\sigma_1 = \frac{1 + \sin\varphi}{1 - \sin\varphi}\sigma_3 + 2c\frac{\cos\varphi}{1 - \sin\varphi} \tag{2-22}$$

$$\sigma_3 = \frac{1 - \sin\varphi}{1 + \sin\varphi}\sigma_1 - 2c\frac{\cos\varphi}{1 + \sin\varphi} \tag{2-23}$$

式中，τ 为土体某一斜面上的剪应力；τ_f 为土体在正应力 σ 条件下，破坏时的剪应力；σ_1、σ_3 为大、小主应力；c、φ 为土的抗剪强度参数，其中 c 为土体黏聚力，φ 为内摩擦角。

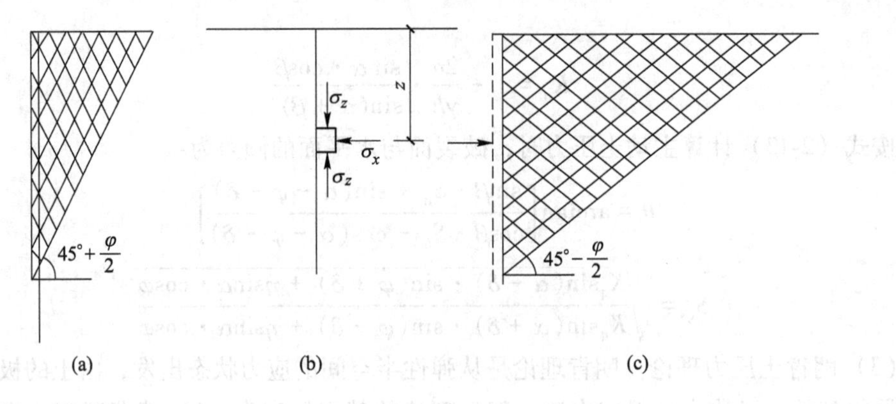

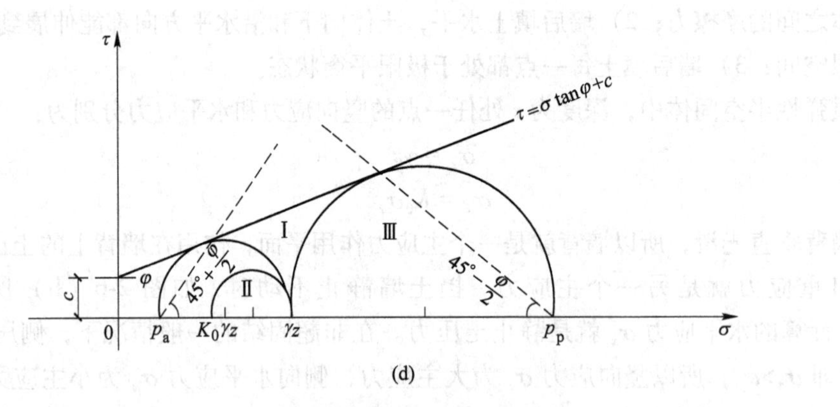

图 2-6 朗肯极限平衡状态

在朗肯主动土压力状态下［见图 2-6（a）］，大主应力为竖向土压力 $\sigma_1=\sigma_z=\gamma z$，小主应力即为主动土压力 $\sigma_3=p_a$。同理，在朗肯被动土压力状态时，大主应力为被动土压力 $\sigma_1=p_p$，而小主应力为竖向压力 $\sigma_3=\sigma_z=\gamma z$。分别代入式（2-23）和式（2-22）可得朗肯主动、被动土应力为：

$$p_a=\gamma z\cdot\tan^2\left(45°-\frac{\varphi}{2}\right)-2c\cdot\tan\left(45°-\frac{\varphi}{2}\right) \tag{2-24}$$

$$p_p=\gamma z\cdot\tan^2\left(45°+\frac{\varphi}{2}\right)+2c\cdot\tan\left(45°+\frac{\varphi}{2}\right) \tag{2-25}$$

引入主动土压力系数 K_a 和被土压力系数 K_p，并令：

$$K_a=\tan^2\left(45°-\frac{\varphi}{2}\right) \tag{2-26}$$

$$K_p=\tan^2\left(45°+\frac{\varphi}{2}\right) \tag{2-27}$$

将式（2-26）、式（2-27）分别代入式（2-24）、式（2-25）可得：

$$p_a = \gamma z K_a - 2c\sqrt{K_a} \tag{2-28}$$

$$p_p = \gamma z K_p + 2c\sqrt{K_p} \tag{2-29}$$

黏性土的主动土压力强度包括两部分，前一项为土自重 γz 引起的侧压力，与深度 z 成正比，呈三角形分布；后一项是由黏聚力 c 产生，使侧向土压力减小的“负”侧压力。

在主动状态，当 $z \leqslant z_0 = \dfrac{2c}{\gamma \tan\left(45° - \dfrac{\varphi}{2}\right)}$ 时，则 $p_a \leqslant 0$，为拉力。若不考虑墙背与土体之间有拉应力存在的可能，则可求得墙背上总的主动土压力为：

$$P_a = \frac{1}{2}\gamma h^2 K_a - 2ch\sqrt{K_a} + \frac{2c^2}{\gamma} \tag{2-30}$$

式中，h 为墙背的高度。

在朗肯土压力理论中，假定墙背垂直、光滑，填土水平，与实际情况有一定差异。由于墙背摩擦角 $\delta = 0$，将使计算土压力 p_a 偏大，p_p 偏小。

（4）考虑地下水时的水土压力计算。计算地下水位以下的水、土压力，一般采用“水土分算”（即水、土压力分别计算，再相加）和“水土合算”两种方法。对砂性土和粉土，可按水土分算原则进行；对黏性土可根据现场情况和工程经验，按水土分算或水土合算进行。

1）水土压力分算。水土分算是采用有效重度计算土压力，按静水压力计算水压力，然后两者相加即为总的侧压力，如图 2-7 所示。

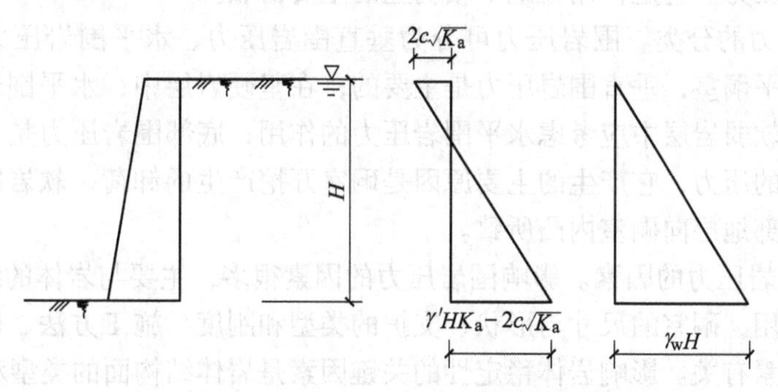

图 2-7 土压力和水压力的计算

利用有效应力原理计算土压力，水、土压力分开计算，即为：

$$p_a = \gamma' HK'_a - 2c'\sqrt{K'_a} + \gamma_w H \tag{2-31}$$

$$p_p = \gamma' HK'_p + 2c'\sqrt{K'_p} + \gamma_w H \tag{2-32}$$

式中，γ' 为土的有效重度；K'_a 为按土的有效应力强度指标计算的主动土压力系数，$K'_a = \tan^2\left(\dfrac{\pi}{4} - \dfrac{\varphi'}{2}\right)$；$K'_p$ 为按土的有效应力强度指标计算的被动土压力系数，$K'_p = \tan^2\left(\dfrac{\pi}{4} + \dfrac{\varphi'}{2}\right)$；$\varphi'$ 为有效内摩擦角；c' 为有效黏聚力；γ_w 为水的重度。

上述方法概念比较明确，但在实际使用中还存在一些困难，有时较难以获得有效应力强度指标，因此在许多情况下采用总应力法计算土压力，再加上水压力，即总应力法。

$$p_a = \gamma' HK_a - 2c\sqrt{K_a} + \gamma_w H \tag{2-33}$$

$$p_p = \gamma' HK_p + 2c\sqrt{K_p} + \gamma_w H \tag{2-34}$$

式中，K_a 为按土的总应力强度指标计算的主动土压力系数，$K_a = \tan^2\left(\frac{\pi}{4} - \frac{\varphi}{2}\right)$；$K_p$为按土的总应力强度指标计算的被动土压力系数，$K_p = \tan^2\left(\frac{\pi}{4} + \frac{\varphi}{2}\right)$；$\varphi$ 为按固结不排水（固结快剪）或不固结不排水（快剪）确定的内摩擦角；c 为按固结不排水（固结快剪）或不固结不排水（快剪）确定的黏聚力；其他符号意义同前。

2）水土压力合算法。水土压力合算法是采用土的饱和重度计算总的水、土压力，这是国内目前较流行的方法，特别对黏性土积累了一定的经验，具体计算可参考式（2-28）、式（2-29）。

2.3.2 围岩压力的计算

2.3.2.1 围岩压力及其影响因素

（1）围岩压力的概念。硐室开挖之前，地层中岩土体的初始应力处于平衡状态。硐室开挖之后，围岩中的初始应力平衡状态遭到破坏，应力重新分布，从而使围岩产生变形。如果在围岩发生变形时及时进行衬砌或支护，阻止围岩继续变形，则围岩对衬砌结构会产生压力。所以，围岩压力就是指位于地下结构周围变形或破坏的岩土层，作用在衬砌结构或支护结构上的压力。它是作用在地下结构上的主要荷载。

（2）围岩压力的分类。围岩压力可分为垂直围岩压力、水平围岩压力及底部围岩压力。对于一般水平硐室，垂直围岩压力是主要的；在坚硬岩层中，水平围岩压力较小，可忽略不计，但在软弱岩层中应考虑水平围岩压力的作用；底部围岩压力是自下而上作用在衬砌结构底板上的压力，它产生的主要原因是硐室开挖产生的卸荷、软岩膨胀，或者边墙底部压力下使底部地层向硐室内凸所致。

（3）影响围岩压力的因素。影响围岩压力的因素很多，主要与岩体的结构、岩石的强度、地下水的作用、硐室的尺寸与形状、支护的类型和刚度、施工方法、硐室的埋置深度和支护时间等因素有关。影响岩体稳定性的关键因素是岩体结构面的类型和特征。

2.3.2.2 围岩压力的计算方法

A 按松散体理论计算围岩压力

因节理裂隙的存在，岩体被切割为互不联系的独立块体，可以把岩体假定为松散体。按照松散体颗粒间的抗剪强度理论（摩尔-库仑强度理论）来计算围岩的失稳范围，以此计算围岩压力。

理想松散体颗粒间抗剪强度为：

$$\tau = \sigma \cdot \tan\varphi \tag{2-35}$$

有黏聚力的岩体抗剪强度为：

$$\tau = \sigma \cdot \tan\varphi + c \tag{2-36}$$

式中，φ 为松散体内摩擦角；σ 为剪切面上的法向应力；c 为岩体颗粒间的黏聚力。

将式（2-36）改写为：

$$\tau = \sigma \cdot \left(\tan\varphi + \frac{c}{\sigma}\right) \tag{2-37}$$

令 $f_k = \tan\varphi + \dfrac{c}{\sigma}$，则

$$\tau = \sigma \cdot f_k \tag{2-38}$$

比较式（2-38）与式（2-36），在形式上是完全相同的。因此，对于具有一定黏结力的岩体，同样可以当作完全松散体对待，只需以具有黏结力岩体的 $f_k = \tan\varphi + \dfrac{c}{\sigma}$ 代替完全松散体的 $\tan\varphi$ 就行了。

a　垂直围岩压力

（1）浅埋结构上的垂直围岩压力（岩柱法）。当地下结构上覆地层较薄时，地下结构所受的垂直围岩压力就是覆盖层岩柱的重量，如图 2-8（a）所示。

$$q = \gamma \cdot H \tag{2-39}$$

式中，q 为垂直围岩压力的集度；γ 为岩体重度；H 为地下结构顶板上方覆盖层厚度。

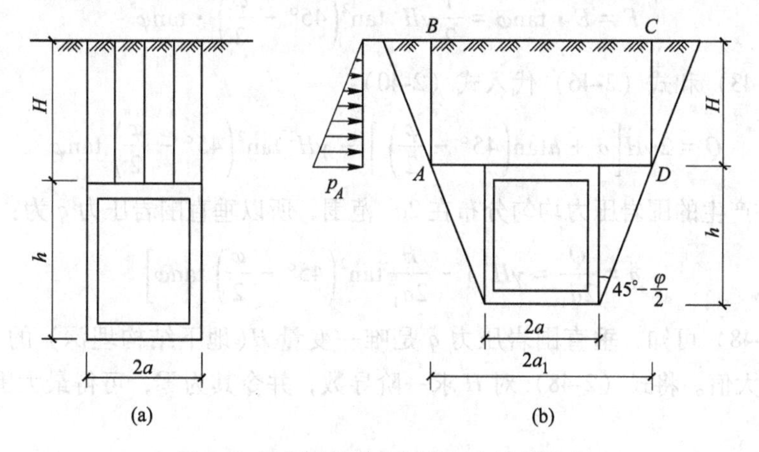

图 2-8　浅埋结构垂直围岩压力计算图式

由式（2-39）可知，这是一种最不利情况，实际上，当地下结构上覆岩柱向下滑动时，两侧不动岩层不可避免地向滑动岩柱提供摩阻力，阻止其下滑。所以，作用在地下结构上的垂直围岩压力是岩柱重量与两侧摩阻力之差。

岩柱法基本假定：岩柱呈松散体，黏聚力 $c=0$；松散体水平压力服从朗肯土压力理论；围岩压力等于岩柱自重-岩柱侧面摩阻力。

通常，岩柱不可能像图 2-8（a）那样规则地沿垂直壁面下滑，假定从硐室底脚起形成一个与结构侧壁成 $\left(45°-\dfrac{\varphi}{2}\right)$ 的滑移面，滑移面延伸到地表［见图 2-8（b）］，只有滑移面以内的岩体才有可能下滑，滑移面之外的岩体是稳定的。取 $ABCD$ 为向下滑动的岩柱体，作用在地下结构上的总压力为：

$$Q = G - 2F \tag{2-40}$$

式中，G 为 $ABCD$ 岩柱体的总质量；F 为 AB 或 CD 面的摩擦力。

由图 2-8（b）的几何关系可知：

$$2a_1 = 2a + 2h\tan\left(45° - \frac{\varphi}{2}\right) \tag{2-41}$$

$$G = 2a_1 H\gamma \tag{2-42}$$

所以

$$G = 2\left[a + h\tan\left(45° - \frac{\varphi}{2}\right)\right]\gamma H \tag{2-43}$$

因为假定围岩为松散体（黏聚力 $c=0$），所以 AB（或 CD）面的水平压力为三角形分布，A 点（或 D 点）的主动土压力为：

$$p_A = p_D = \gamma H\tan^2\left(45° - \frac{\varphi}{2}\right) \tag{2-44}$$

AB（CD）面所受总的水平力：

$$E = \frac{1}{2}H\gamma H\tan^2\left(45° - \frac{\varphi}{2}\right) = \frac{1}{2}\gamma H^2\tan^2\left(45° - \frac{\varphi}{2}\right) \tag{2-45}$$

AB（CD）面所受摩擦阻力：

$$F = E\cdot\tan\varphi = \frac{1}{2}\gamma H^2\tan^2\left(45° - \frac{\varphi}{2}\right)\cdot\tan\varphi \tag{2-46}$$

将式（2-43）和式（2-46）代入式（2-40）：

$$Q = 2\gamma H\left[a + h\tan\left(45° - \frac{\varphi}{2}\right)\right] - \gamma H^2\tan^2\left(45° - \frac{\varphi}{2}\right)\tan\varphi \tag{2-47}$$

假定岩柱产生的围岩压力均匀分布在 $2a_1$ 范围，所以垂直围岩压力 q 为：

$$q = \frac{Q}{2a_1} = \gamma H\left[1 - \frac{H}{2a_1}\tan^2\left(45° - \frac{\varphi}{2}\right)\tan\varphi\right] \tag{2-48}$$

由式（2-48）可知，垂直围岩压力 q 是唯一变量 H（地下结构埋深）的二次凸函数，因此，q 有最大值。将式（2-48）对 H 求一阶导数，并令其为零，可得最大围岩压力对应的深度为：

$$H_{max} = \frac{a_1}{\tan^2\left(45° - \frac{\varphi}{2}\right)\cdot\tan\varphi} \tag{2-49}$$

对应的最大垂直围岩压力为：

$$q_{max} = \frac{\gamma a_1}{2\tan^2\left(45° - \frac{\varphi}{2}\right)\cdot\tan\varphi} \tag{2-50}$$

由式（2-49）和式（2-50）可知：

$$q_{max} = \frac{1}{2}\gamma H_{max} \tag{2-51}$$

实际上，不能认为当地下结构埋深 $H>H_{max}$ 时，地下结构上就完全没有围岩压力作用。这是因为研究对象岩柱体是松散体围岩，而不是一个刚性块体，对于下滑的松散体来说，虽然两侧摩阻力超过岩柱重量，但是远离摩擦面（特别是跨中）的岩块将因其自重而塌落。

（2）深埋结构上的垂直围岩压力（普氏理论）。所谓深埋结构是指地下结构埋深大到一定程度，两侧摩阻力远远超过滑移岩柱自重，因而不存在任何偶然因素使岩柱整体失稳。如图2-9所示，因结构埋深大，上覆*ABCDE*部分岩体始终稳定（岩石拱），由于它具有将压力卸于两侧岩体的作用，所以又叫卸荷拱。此时，只有*AED*以下岩体重量对结构产生压力，称此为压力拱。

普氏压力拱理论的基本假定：硐顶压力拱为自然平衡拱；松散介质黏聚力 $c \neq 0$；用岩石普氏坚固系数 f_k 表征岩石强度；拱顶岩体只受压，不受拉。

1）压力拱的曲线形状。压力拱能够自然平衡和稳定，拱轴线是一个合理拱轴，即任一点无力矩。假定拱轴线承受均布荷载 q，如图2-10所示。

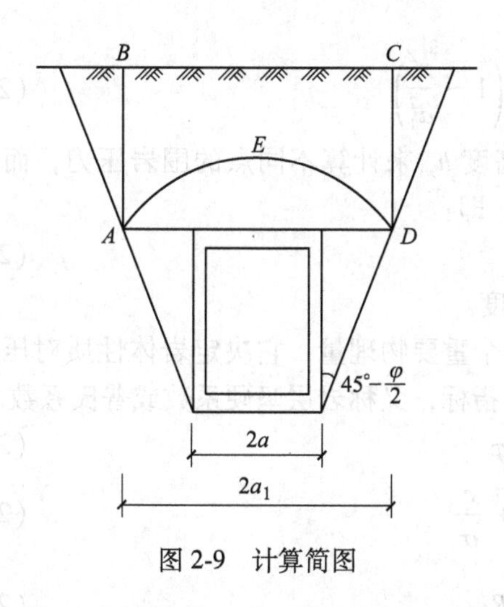

图2-9　计算简图

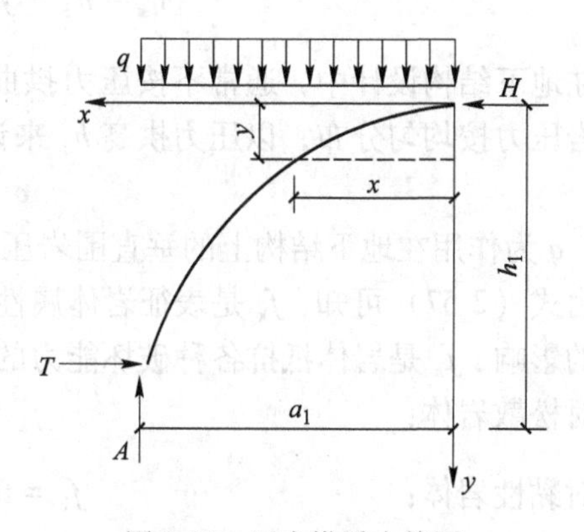

图2-10　压力拱受力简图

根据压力拱轴线各点无力矩的理论，可建立如下方程：

$$Hy - \frac{1}{2}qx^2 = 0$$

$$y = \frac{q}{2H}x^2 \tag{2-52}$$

式中，H为压力拱拱顶所产生的水平推力。

可见，式（2-52）压力拱为二次抛物线。

2）压力拱高度。

由图2-10可知，平衡拱顶推力H的是拱脚处的水平反力T，当$T \geqslant H$时，压力拱可以保持稳定，而T是由q形成的摩擦力。q在拱脚形成的全部垂直反力为：

$$A = qa_1 \tag{2-53}$$

所以，由A所形成的水平摩擦力为：

$$T = Af_k = qa_1 f_k \tag{2-54}$$

当$T=H$，压力拱处于极限平衡状态，这时压力拱的方程为：

$$y = \frac{x^2}{2f_k a_1} \tag{2-55}$$

如果考虑压力拱的安全性，取安全系数$T/H=2$，代入式（2-52），得到具有相当安全系数为 2 的压力拱方程：

$$y = \frac{x^2}{f_k a_1} \tag{2-56}$$

当 $x=a_1$ 时，由式（2-56）可求出压力拱高度：

$$h_1 = \frac{a_1}{f_k} \tag{2-57}$$

式中，h_1 为压力拱高度。

式（2-57）就是从 20 世纪初开始应用的计算地下结构围岩压力的一个古老公式，称为普氏公式。

压力拱曲线上任何一点的高度为：

$$h_x = h_1 - y = h_1\left(1 - \frac{x^2}{a_1^2}\right) \tag{2-58}$$

在地下结构设计中，通常不按压力拱曲线高度 h_x 来计算不同点的围岩压力，而将垂直围岩压力按均匀分布，以压力拱高 h_1 来计算，即：

$$q = \gamma h_1 \tag{2-59}$$

式中，q 为作用在地下结构上的垂直围岩压力集度。

由式（2-57）可知，f_k 是表征岩体属性的一个重要物理量，它决定岩体性质对压力拱高度的影响，f_k 是岩体抵抗各种破坏能力的综合指标，又称岩层坚硬系数或普氏系数。

对松散岩体：
$$f_k = \tan\varphi \tag{2-60}$$

对黏性岩体：
$$f_k = \tan\varphi + \frac{c}{\sigma} \tag{2-61}$$

对岩性岩体：
$$f_k = \frac{1}{100}R_c \tag{2-62}$$

式中，R_c 为岩石饱和单轴抗压强度（单位按 0.1MPa 表示）。

b　水平围岩压力

一般来说，垂直围岩压力是地下结构所受的主要荷载，而水平围岩压力只是对较软弱的岩层（如 $f_k \leqslant 2$ 时）才考虑。通常，先计算出某点的垂直围岩压力，然后乘以侧压力系数 $\tan^2\left(45° - \frac{\varphi}{2}\right)$。所以，任一深度 z 处的水平围岩压力为：

$$p_z = \gamma z \tan^2\left(45° - \frac{\varphi}{2}\right) \tag{2-63}$$

B　按弹塑性理论计算围岩压力

地下圆形硐室周围所出现的各种变形区域如图 2-11 所示。假定 R 为非弹性变形区的半径，而以半径为无穷大（与 a 相比相当大）划定一个范围，则在这个范围的边界上作用着静水压力 p_0，而在半径为 R 的边界上作用着应力 σ_R。这时弹性区中的应力可根据弹性理论中厚壁圆筒的解答描述，即：

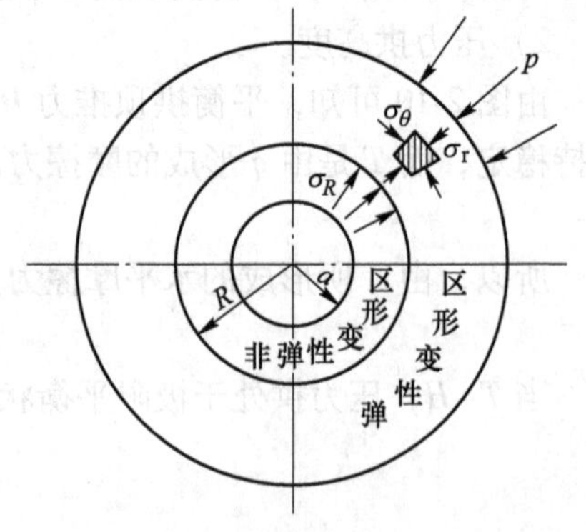

图 2-11　弹塑性模型计算围岩压力图式

$$\begin{cases} \sigma_r = p_0\left(1 - \dfrac{R^2}{r^2}\right) + \sigma_R \dfrac{R^2}{r^2} \\ \sigma_\theta = p_0\left(1 + \dfrac{R^2}{r^2}\right) - \sigma_R \dfrac{R^2}{r^2} \end{cases} \tag{2-64}$$

而非弹性变形区中的应力根据弹塑性理论解答为：

$$\begin{cases} \sigma_r = (p_b + c \cdot \cot\varphi)\left(\dfrac{r}{a}\right)^{\frac{2\sin\varphi}{1-\sin\varphi}} - c \cdot \cot\varphi \\ \sigma_\theta = (p_b + c \cdot \cot\varphi)\left(\dfrac{r}{a}\right)^{\frac{2\sin\varphi}{1-\sin\varphi}} \cdot \dfrac{1+\sin\varphi}{1-\sin\varphi} - c \cdot \cot\varphi \end{cases} \tag{2-65}$$

式中，p_b 为支护对硐室周边的反力，即围岩对支护的压力，二者大小相等；p_0 为硐室所在位置的初始应力，$p_0=\gamma H$（γ 为重度，H 为埋深）；a 为硐室半径；R 为非弹性变形区的半径。

在弹性区与非弹性区的交界面上，应力 σ_r、σ_θ 既满足非弹性变形区中的应力方程式（2-65），也满足弹性变形区中的应力方程式（2-64）。

对于非弹性变形区，由式（2-65）得：

$$\sigma_r + \sigma_\theta = \frac{2(p_b + c \cdot \cot\varphi)}{1-\sin\varphi} \cdot \left(\frac{r}{a}\right)^{\frac{2\sin\varphi}{1-\sin\varphi}} - 2c \cdot \cot\varphi \tag{2-66}$$

对于弹性区而言，由式（2-64）可得：

$$\sigma_r + \sigma_\theta = 2p_0 \tag{2-67}$$

在弹性区和非弹性区的交界上，即 $r=R$，应力状态应相同，因此，式（2-66）与式（2-67）应相等，于是：

$$p_0 = \frac{p_b + c \cdot \cot\varphi}{1-\sin\varphi} \cdot \left(\frac{R}{a}\right)^{\frac{2\sin\varphi}{1-\sin\varphi}} - c \cdot \cot\varphi \tag{2-68}$$

由此，

$$R = a\left[\frac{p_0 + c \cdot \cot\varphi}{p_b + c \cdot \cot\varphi}(1-\sin\varphi)\right]^{\frac{1-\sin\varphi}{2\sin\varphi}} \tag{2-69}$$

也可以改写为：

$$p_b = [(p_0 + c \cdot \cot\varphi)(1-\sin\varphi)]\left(\frac{a}{R}\right)^{\frac{2\sin\varphi}{1-\sin\varphi}} - c \cdot \cot\varphi \tag{2-70}$$

式中符号意义同前。

式（2-70）就是著名的修正芬纳公式，它表示当岩体性质、埋深等确定的情况下，非弹性变形区大小与支护对围岩提供的反力间的关系。

C 按围岩分级和经验公式确定围岩压力

理论和工程实践表明：围岩压力的性质、大小、分布等与许多因素有关，如地质构造、岩体结构特征、地下水情况、初始应力状态、硐室形状和大小、支护手段及施工方法等。因此，围岩压力的确定是一个十分复杂的问题。前面介绍的按松散体理论和弹塑性理论确定围岩压力的方法，都是对岩体进行某种假定加以抽象简化而提出来的，其适用范围均有一定局限性。为了更好地解决各种工程实践围岩压力的计算问题，人们又提出了由工程类比得出的经验公式对围岩压力进行估计。

（1）垂直围岩压力。垂直围岩压力的综合经验公式为：

$$q = K\left(L + \frac{H}{2}\right)\gamma \tag{2-71}$$

式中，q 为均布垂直围岩压力，kPa；γ 为岩体重度，kN/m^3；K 为围岩压力系数；L 为硐室毛硐宽度，m；H 为硐室毛硐高度，m。

其中围岩压力系数 K 按以下采用：

Ⅰ级围岩：$K=0$；

Ⅱ级围岩：$K=0.05\sim0.10$（忽略 $H/2$ 的影响，对于Ⅱ类围岩，当 $2a<10$m 时，可取 $K=0$）；

Ⅲ级围岩：$K=0.10\sim0.20$（对于Ⅲ类围岩，当 $2a<4$m 时，可取 $K=0$）；

Ⅳ级围岩：$K=0.30\sim0.40$；

Ⅴ级围岩：$K\geqslant0.55$。

（2）水平围岩压力：

$$p = \lambda q \tag{2-72}$$

式中，p 为均布水平围岩压力，kPa；λ 为侧压力系数。

其中侧压力系数 λ 按以下采用：

Ⅰ~Ⅱ级围岩：$\lambda = 0$；

Ⅲ级围岩：对于Ⅲ$_1$级，$\lambda\geqslant0.10\sim0.15$，对于Ⅲ$_2$、Ⅲ$_3$级，$\lambda\geqslant0.15\sim0.25$；

Ⅳ级围岩：$\lambda\geqslant0.25\sim0.40$；

Ⅴ级围岩：$\lambda\geqslant0.40$。

（3）适用范围：

1）上述经验公式适用于深埋地下结构的围岩压力；浅埋情况比较简单，可参考相关规范；

2）适用于跨度小于15m，$H/L\leqslant2.5$，顶部为拱形的地下结构；

3）对于Ⅲ、Ⅳ级围岩，应根据地质构造和回填情况考虑不均匀压力影响；

4）Ⅴ级围岩由于地质条件变化大，围岩压力相差悬殊，因而公式给出了下限值。具体应用时可参照其他有关公式和实践经验确定。

2.4 初始地应力、释放荷载与开挖效应

初始地应力场一般包括自重应力场和构造应力场，而土层中仅有自重应力场存在。岩层中Ⅳ级以下围岩，喷射混凝土层在围岩共同变形过程中对围岩提供支护抗力，使围岩变形得到控制、围岩保持稳定。与此同时，喷层受到来自围岩的挤压力，这种由围岩变形引起的挤压力称作“形变压力”。Ⅳ级以下围岩一般呈现塑性和流变特性，硐室开挖后变形的发展往往会持续较久时间。围岩变形与支护承载的形变压力传递，是一个随时间逐渐发展的过程，这类现象称为时间效应。

释放荷载可由已知初始地应力或与前一步开挖相应的应力场确定。先求得预计开挖边

界上各节点的应力，并假定各节点间应力呈线性分布，然后反转开挖边界上各节点应力的方向（改变其符号），据以求得释放荷载，如图 2-12 所示。

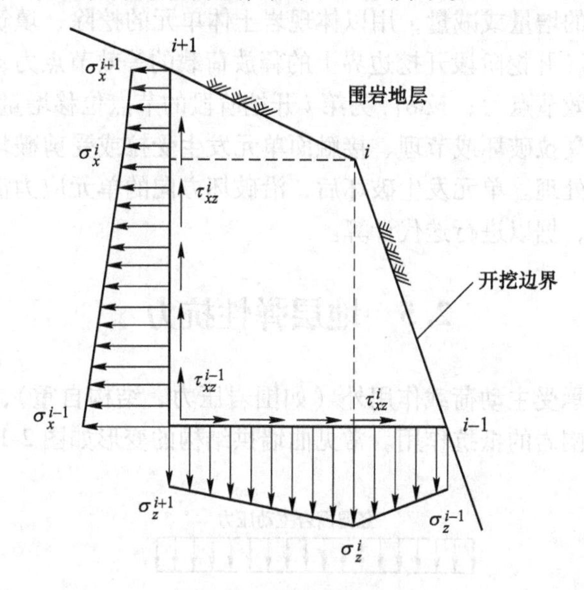

图 2-12 开挖边界节点

2.4.1 初始地应力的确定

初始地应力 $\{\sigma_0\}$ 的确定常需专门研究，岩石地层的初始地应力可分为自重地应力和构造地应力两部分，而土层一般仅有自重地应力。如将其假设为均布应力或线性分布应力，并将其与自重地应力叠加，则可得到初始地应力的计算式为：

$$\begin{cases}\sigma_x = a_1 + a_4 z \\ \sigma_z = a_2 + a_5 z \\ \tau_{xz} = a_3\end{cases} \tag{2-73}$$

式中，$a_1 \sim a_5$ 为常数；z 为竖向坐标（深度）。

对软土地层，初始地应力的垂直分量可取自重应力，水平分量则根据经验给出的水平侧压力系数 K_0 计算，初始计算式为：

$$\begin{cases}\sigma_z = \sum \gamma_i H_i \\ \sigma_x = K_0 \cdot (\sigma_z - p_w) + p_w\end{cases} \tag{2-74}$$

式中，σ_z、σ_x 分别为竖向和水平初始地应力；γ_i 为计算点以上第 i 层土的重度；H_i 为相应土层厚度；p_w 为计算点的孔隙水压力。

2.4.2 释放荷载的计算

对各开挖阶段的应力状态变化，有限元分析的表达式可写为：

$$[K]_i \{\Delta\delta\}_i = \{\Delta F_r\}_i + \{\Delta F_a\}_i \quad (i = 1, \cdots, L) \tag{2-75}$$

式中，L 为开挖阶段数；$[K]_i$ 为第 i 开挖阶段岩土体和结构的总刚度矩阵，$[K]_i = [K]_0 +$

$\sum_{\lambda=1}^{i}[\Delta K]_{\lambda}$；$[K]_0$ 为岩土体和结构的初始总刚度矩阵（开挖前）；$[\Delta K]_{\lambda}$ 为第 λ 开挖阶段的岩土体和结构刚度的增量或减量，用以体现岩土体单元的挖除、填筑及结构单元的施作或拆除；$\{\Delta F_r\}_i$ 为第 i 开挖阶段开挖边界上的释放荷载的等效节点力；$\{\Delta F_a\}_i$ 为第 i 开挖阶段新增自重等的等效节点力；$\{\Delta\delta\}_i$ 为第 i 开挖阶段的节点位移增量。

岩土体单元出现受拉破坏或节理、接触面单元发生受拉或受剪破坏时，也可按原理与上述方法类同的方法处理。单元发生破坏后，沿破坏方向的单元应力需转移，计算过程将其处理为等效节点力，据以进行迭代计算。

2.5　地层弹性抗力

地下建筑结构除承受主动荷载作用外（如围岩压力、结构自重），当支护结构向围岩方向变形时，还受到围岩的抵抗作用。常见曲墙拱结构的变形如图 2-13 所示的虚线。

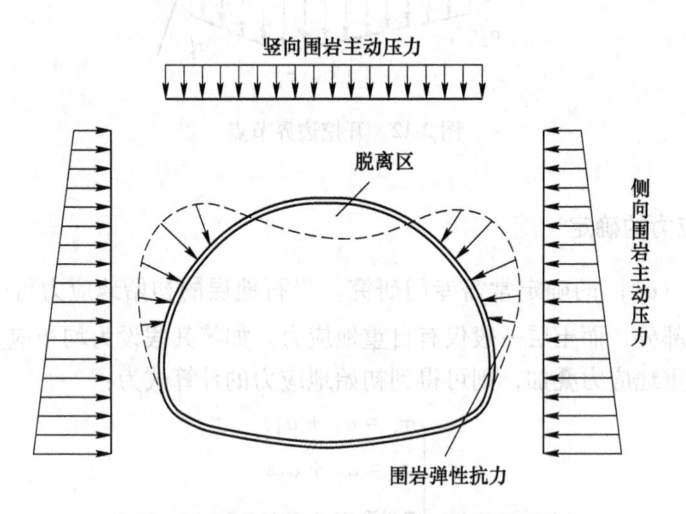

图 2-13　衬砌结构在外力作用下的变形规律

在拱顶，岩土体对衬砌结构不产生约束作用，所以称为“脱离区”；在边墙拱腰和拱脚部位，结构产生压向地层的变形，岩土体将阻止结构变形，从而产生了对结构的反作用力，习惯上称弹性抗力。地层弹性抗力的存在是地下结构区别于地面结构的显著特点之一。

弹性抗力是由于衬砌结构与地层的相互作用产生的，所以弹性抗力大小和分布规律不仅决定于结构的变形，还与地层的物理力学性质密切相关。如何确定弹性抗力的大小和分布，目前有两种理论：一种是局部变形理论，认为弹性地基某点上施加的外力只会引起该点的沉陷；另一种是共同变形理论，即认为弹性地基上一点的外力，不仅引起该点发生沉陷，还会引起附近一定范围的地基沉陷。后一种理论较为合理，但由于局部变形理论计算较为简单，且一般尚能满足工程精度要求，所以目前多采用局部变形理论计算弹性抗力。

在局部变形理论中，以文克勒（E. Winkler）假定为基础，认为地层的弹性抗力与结构变位成正比，即

$$\sigma = k\delta \tag{2-76}$$

式中，σ 为弹性抗力强度，kPa；k 为弹性抗力系数，kN/m^3；δ 为岩土体计算点的位移，m。

对于各种地下结构和不同介质，弹性抗力系数 k 值不同，可根据工程经验或参考相关规范确定。

2.6 结构自重及其他荷载

计算结构恒载时，结构自重必须计算，下面着重介绍衬砌结构拱圈自重的计算方法。

（1）将衬砌结构自重简化为垂直均布荷载，当拱圈截面为等截面拱时，结构自重荷载为：

$$q = \gamma d_0 \tag{2-77}$$

式中，γ 为材料重度，kN/m^3；d_0 为拱顶截面厚度，m。

（2）将结构自重简化为垂直均布荷载和三角形荷载，如图 2-14 所示，当拱圈为变截面拱时，结构自重荷载可选用如下三个近似公式：

$$\begin{cases} q = \gamma d_0 \\ \Delta q = \gamma(d_1 - d_0) \end{cases} \tag{2-78}$$

$$\begin{cases} q = \gamma d_0 \\ \Delta q = \gamma\left(\dfrac{d_1}{\cos\varphi} - d_0\right) \end{cases} \tag{2-79}$$

$$\begin{cases} q = \gamma d_0 \\ \Delta q = \dfrac{(d_0 + d_1)\varphi - 2d_0\sin\varphi}{\sin\varphi} \cdot \gamma \end{cases} \tag{2-80}$$

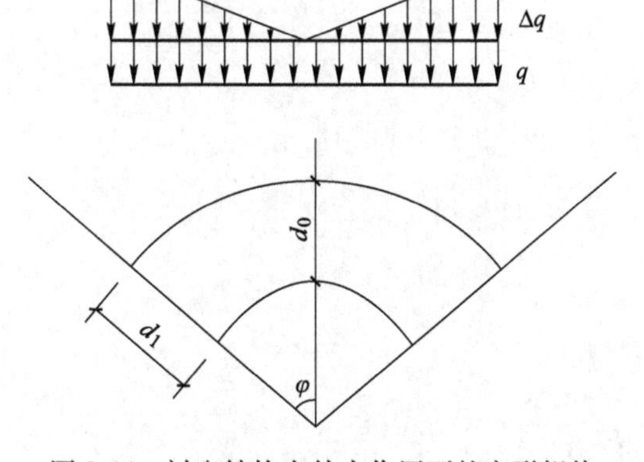

图 2-14 衬砌结构在外力作用下的变形规律

地下建筑结构除了承受围岩压力、结构自重和弹性抗力等荷载外，还可能遇到其他荷载，如注浆压力、混凝土收缩应力、地下静水压力、温度应力及地震荷载等，这些荷载的计算可参阅有关文献。

思　考　题

2-1　简述地下结构荷载的分类。

2-2　简述地下结构荷载的组合方式和计算原则。

2-3　地下结构荷载与普通结构荷载的主要区别有哪些?

2-4　简述围岩压力的概念和围岩压力的分类。

2-5　影响围岩压力的因素有哪些?

2-6　简述围岩压力计算的三种方法。

2-7　推导浅埋结构围岩压力松散体计算理论“岩柱法”的计算过程。

2-8　推导深埋结构围岩压力松散体计算理论“普氏拱理论”的计算过程。

2-9　简述朗肯土压力理论和库仑土压力理论的基本假定及计算方法。

2-10　简述弹性抗力的概念及确定方法。

3 弹性地基梁理论

3.1 概　述

3.1.1 弹性地基梁的特点

弹性地基梁，是指搁置在具有一定弹性地基上，各点与地基紧密相贴的梁，如铁路枕木、钢筋混凝土条形基础梁等。通过这种梁，将作用在它上面的荷载分布到较大面积的地基上，既使承载能力较低的地基也能承受较大的荷载，又能使梁的变形减小，提高刚度、降低内力。

弹性地基梁理论在地下结构的设计计算中具有重要意义，地下结构的弹性地基梁可以是平放，也可以是竖放。地基介质可以是岩石、黏土等固体材料，也可以是水、油之类的液体介质。弹性地基梁是超静定梁，其计算有专门的一套计算理论。在计算弹性地基梁时，常用的两种假设：文克勒假定和弹性半空间假定（或弹性半无限体假定）。

弹性地基梁与普通梁相比有如下两个区别：

（1）普通梁只在有限个支座处与基础相连，梁所受的支座反力是有限个未知力，因此，普通梁是静定的或有限次超静定的结构。弹性地基梁与地基连续接触，梁所受的反力是连续分布的，也就是说，弹性地基梁具有无穷多个支点和无穷多个未知反力。因此，弹性地基梁是无穷多次超静定结构。由此看出，超静定次数是无限还是有限，这是它们的一个主要区别。

（2）普通梁的支座通常看作刚性支座，即略去地基的变形，只考虑梁的变形；弹性地基梁则必须同时考虑地基的变形。实际上，梁与地基是共同变形的，一方面梁给地基以压力，使地基沉陷；反过来，地基给梁以相反的压力，限制梁的位移。而梁的位移与地基的沉陷在每一点又必须彼此相等，才能满足变形连续条件。由此可以看出，地基的变形是考虑还是略去，这是它们的另一个主要区别。

3.1.2 弹性地基梁的分类

工程实践中的计算分析表明，可根据荷载作用点到梁端的距离，即换算长度 $\lambda=\alpha L$（α 为梁的弹性特征，见式（3-6），反映梁和地基的相对刚度），将地基梁进行分类，然后采用不同的方法进行简化计算。通常，根据不同换算长度（$\lambda=\alpha L$）将弹性地基梁分为三种类型：短梁、长梁和刚性梁，如图 3-1 所示。

（1）短梁。当荷载作用点到梁两端的换算长度均 $1<\lambda<2.75$ 时，称为短梁，如图 3-1（a）所示。它是弹性地基梁的一般情况。

（2）长梁。当荷载作用点到梁端的换算长度 $\lambda\geqslant2.75$ 时，称为长梁，可分为无限长梁

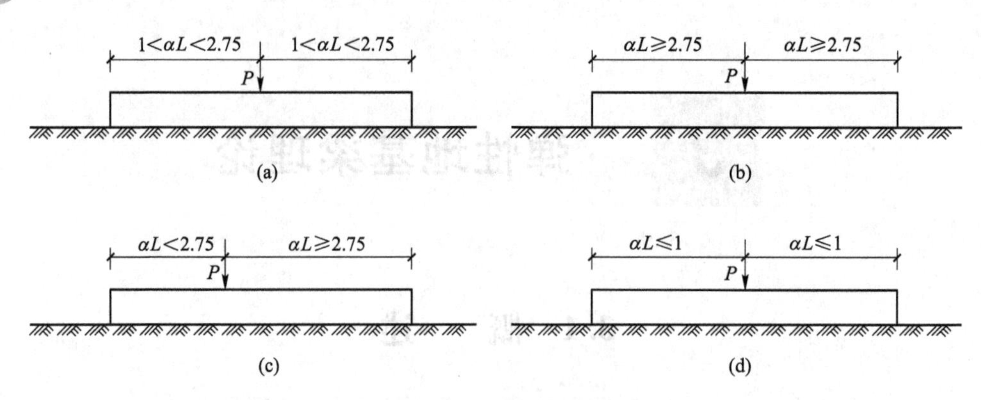

图 3-1　弹性地基梁的分类

（a）短梁；（b）无限长梁；（c）半无限长梁；（d）刚性梁

［见图 3-1（b）］和半无限长梁［见图 3-1（c）］。若荷载作用点距梁两端的换算长度均不小于 2.75 时，称为无限长梁；若荷载作用点仅距梁一端的换算长度不小于 2.75 时，称为半无限长梁。无限长梁可化为两个半无限长梁。

（3）刚性梁。当荷载作用点到梁端的换算长度均 $\lambda \leqslant 1$ 时，称为刚性梁，如图 3-1（d）所示。这时，可认为梁是绝对刚性的，即 $EI \to \infty$ 或 $\alpha \to 0$。

3.2　按文克勒假定计算弹性地基梁

3.2.1　基本假设

1867 年前后，文克勒（E. Winkler）对地基提出如下假设，地基表面任一点的沉降与该点单位面积上所受的压力成正比，即：

$$y = \frac{p}{k} \tag{3-1}$$

式中，y 为地基沉降，m；k 为地基系数，kPa/m，又称为弹性压缩系数，其物理意义为使地基产生单位沉降所需的压力；p 为单位面积上的压力，kPa。

这个假设实际上是把地基模拟为刚性支座上一系列独立的弹簧，如图 3-2 所示。当地基表面上某一点受压力 p 时，由于弹簧是彼此独立的，故只在该点局部产生沉降 y，而在其他地方不产生任何沉降。因此，这种地基模型称为局部弹性地基模型。

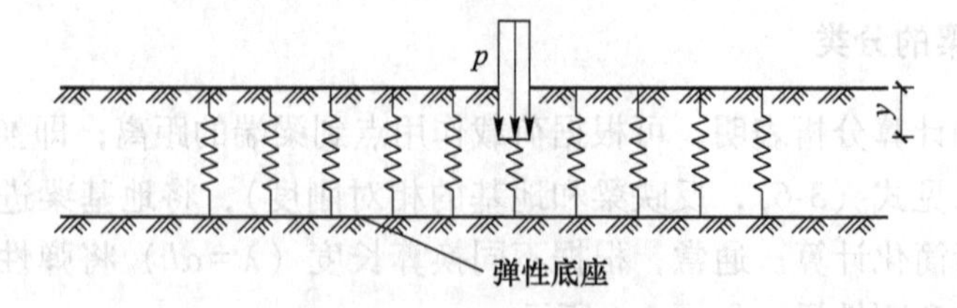

图 3-2　局部弹性地基模型

按文克勒假定计算地基梁时，可以考虑梁本身的实际弹性变形，因此消除了基底反力直线分布假设中的缺点。文克勒假定本身的缺点是没有反映地基的变形连续性，当地基表面在某一点承受压力时，实际上不仅在该点局部产生沉降，而且在邻近区域也产生沉降。由于没有考虑地基的连续性，故文克勒假定不能全面反映地基梁的实际变形情况，特别对于密实厚土层地基和整体岩石地基，将会引起较大的误差。但是，如果地基的上部为较薄的土层，下部为坚硬岩石，则地基情况与图 3-2 中的弹簧模型比较相近，这时将得出比较满意的结果。

在弹性地基梁的计算理论中，除上述局部弹性地基模型假设外，还需做出如下三个假设：

（1）地基梁在外荷载作用下产生变形的过程中，梁底面与地基表面始终紧密相贴，即地基的沉降或隆起与梁的挠度处处相等；

（2）由于梁与地基间的摩擦力对计算结果影响不大，可以略去不计，因而，地基反力处处与接触面垂直；

（3）地基梁的高跨比较小，符合平截面假定，可直接应用材料力学中有关梁的变形及内力计算公式。

3.2.2 基本方程及其齐次解

3.2.2.1 弹性地基梁的挠曲微分方程

一等截面弹性地基梁，梁宽为 b，如图 3-3 所示。由式（3-1）可知地基反力 $p=k\cdot y$，梁的转角 θ、位移 y、弯矩 M、剪力 V 及荷载的正方向均如图 3-3 所示。

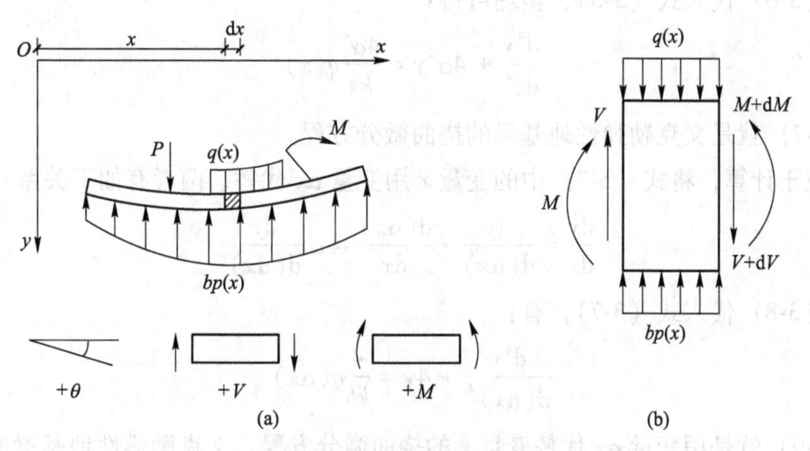

图 3-3 弹性地基梁上的微元分析

（a）弹性地基梁受力与挠曲变形示意；（b）微元受力分析

从图 3-3（a）所示的弹性地基梁中取出 dx 微段如图 3-3（b）所示，根据力的平衡条件 $\sum F_y=0$，有：

$$V-(V+\mathrm{d}V)+bp(x)\mathrm{d}x-q(x)\mathrm{d}x=0 \tag{3-2}$$

所以

$$\frac{\mathrm{d}V}{\mathrm{d}x}=bp(x)-q(x) \tag{3-3}$$

因地基梁符合平截面假定，所以梁的挠曲微分方程为

$$\left.\begin{aligned}E_b I_b \frac{d^2 y}{dx^2} &= -M \\ \frac{d^2 M}{dx^2} &= \frac{dV}{dx} \\ \frac{dy}{dx} &= \theta\end{aligned}\right\} \Rightarrow E_b I_b \frac{d^4 y}{dx^4} = -bp(x) + q(x) \tag{3-4}$$

由文克勒地基模型可得 $p(x) = ky$，得到文克勒地基上梁的挠曲微分方程为：

$$E_b I_b \frac{d^4 y}{dx^4} = -bky + q(x) \tag{3-5}$$

注意各参数的物理意义和量纲。此微分方程中基本未知数为梁的挠度 $y(x)$，为四阶常系数线性非齐次微分方程，所以，先求其齐次微分方程的通解，再由边界条件求特解（解析法、有限差分、有限单元法）。

定义弹性地基梁的弹性特征 α 为：

$$\alpha = \sqrt[4]{\frac{kb}{4E_b I_b}} \tag{3-6}$$

式中，E_b 为梁的弹性模量；I_b 为梁的截面惯性矩；弹性地基梁的弹性特征 α（柔度指标）综合了梁的挠曲刚度、文克勒地基刚度，反映了地基梁与地基的相对刚度。

将式（3-6）代入式（3-5），整理可得：

$$\frac{d^4 y}{dx^4} + 4\alpha^4 y = \frac{4\alpha^4}{kb} q(x) \tag{3-7}$$

式（3-7）就是文克勒弹性地基梁的挠曲微分方程。

为了便于计算，将式（3-7）中的变量 x 用变量 αx 代替，两者有如下关系：

$$\frac{dy}{dx} = \frac{dy}{d(\alpha x)} \cdot \frac{d(\alpha x)}{dx} = \alpha \frac{dy}{d(\alpha x)} \tag{3-8}$$

将式（3-8）代入式（3-7），有：

$$\frac{d^4 y}{d(\alpha x)^4} + 4y = \frac{4}{kb} q(\alpha x) \tag{3-9}$$

式（3-9）就是用变量 αx 代替变量 x 的挠曲微分方程。文克勒弹性地基梁的计算可归结为微分方程式（3-9）的求解。解出梁的挠度 y 后，可由式（3-4）求出转角 θ、弯矩 M 和剪力 V，将挠度 y 乘以 kb 就得到地基反力 p。

3.2.2.2 挠曲微分方程的齐次解答

式（3-9）是一个常系数、线性、非齐次微分方程，它的通解由齐次解和特解组成。它的齐次解就是 $q(x)=0$ 时的齐次微分方程

$$\frac{d^4 y}{d(\alpha x)^4} + 4y = 0 \tag{3-10}$$

的通解。

齐次微分方程式（3-10）的特征方程为：

$$r^4 + 4 = 0 \tag{3-11}$$

该特征方程的根为：$r_{1,2} = 1 \pm i$；$r_{3,4} = -1 \pm i$ 。

所以齐次微分方程（3-10）的通解为：

$$y = e^{\alpha x}(A_1\cos\alpha x + A_2\sin\alpha x) + e^{-\alpha x}(A_3\cos\alpha x + A_4\sin\alpha x) \tag{3-12}$$

利用双曲线正、余弦函数：$\mathrm{sh}\alpha x = \dfrac{e^{\alpha x} - e^{-\alpha x}}{2}$，$\mathrm{ch}\alpha x = \dfrac{e^{\alpha x} + e^{-\alpha x}}{2}$，式（3-12）可化为：

$$y = C_1\mathrm{ch}\alpha x\cos\alpha x + C_2\mathrm{ch}\alpha x\sin\alpha x + C_3\mathrm{sh}\alpha x\cos\alpha x + C_4\mathrm{sh}\alpha x\sin\alpha x \tag{3-13}$$

式（3-13）便是微分方程式（3-9）的齐次解。3.2.3 节、3.2.4 节和 3.2.5 节将文克勒弹性地基梁分为短梁、长梁和刚性梁分别考虑，以解出齐次解中的 4 个待定常数（C_1、C_2、C_3 和 C_4）与附加项（荷载影响）。然后将一般解与附加项叠加，就得到微分方程式（3-9）的最终解答。

3.2.3 按文克勒假定计算短梁

3.2.3.1 *初参数和双曲线三角函数的引用*

一等截面基础梁如图 3-4 所示，设左端有位移 y_0、转角 θ_0、弯矩 M_0 和剪力 V_0，这四个参数称为初参数，它们的正方向如图 3-4 所示。

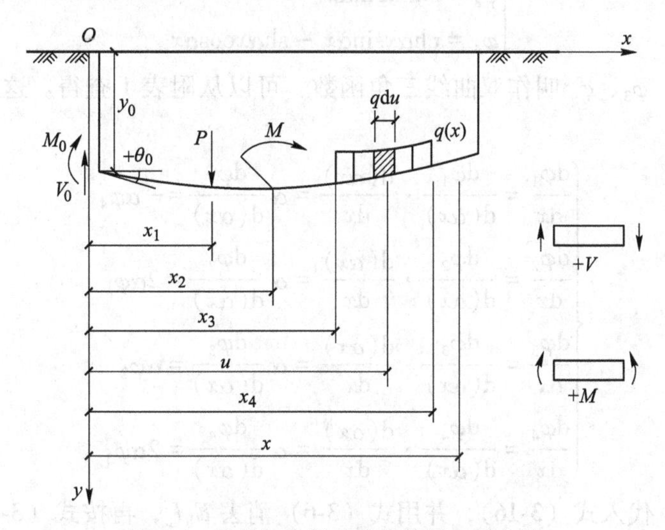

图 3-4 梁的初参数及荷载作用点的坐标

对式（3-13）进行各阶求导，应用梁左端的边界条件，并当 $x=0$ 时，$\mathrm{ch}\alpha x = \cos\alpha x = 1$，$\mathrm{sh}\alpha x = \sin\alpha x = 0$，得到：

$$\begin{cases} y_0 = C_1 \\ \theta_0 = \alpha(C_2 + C_3) \\ M_0 = -2E_\mathrm{b}I_\mathrm{b}\alpha^2 C_4 \\ V_0 = 2E_\mathrm{b}I_\mathrm{b}\alpha^3(-C_2 + C_3) \end{cases} \tag{3-14}$$

求解式（3-14），得到：

$$
\begin{cases}
C_1 = y_0 \\
C_2 = \dfrac{1}{2\alpha}\theta_0 - \dfrac{1}{4\alpha^3 E_b I_b}V_0 \\
C_3 = \dfrac{1}{2\alpha}\theta_0 + \dfrac{1}{4\alpha^3 E_b I_b}V_0 \\
C_4 = -\dfrac{1}{2\alpha^2 E_b I_b}M_0
\end{cases} \tag{3-15}
$$

将式（3-13）中的四个常数 C_1、C_2、C_3 和 C_4 用初参数 y_0、θ_0、M_0 和 V_0 表达，式（3-15）代入式（3-13）中，得：

$$
\begin{aligned}
y = {} & y_0 \mathrm{ch}\alpha x\cos\alpha x + \theta_0 \frac{1}{2\alpha}(\mathrm{ch}\alpha x\sin\alpha x + \mathrm{sh}\alpha x\cos\alpha x) - \\
& M_0 \frac{1}{2\alpha^2 E_b I_b}\mathrm{sh}\alpha x\sin\alpha x - V_0 \frac{1}{4\alpha^3 E_b I_b}(\mathrm{ch}\alpha x\sin\alpha x - \mathrm{sh}\alpha x\cos\alpha x)
\end{aligned} \tag{3-16}
$$

为计算方便，引入记号：

$$
\begin{cases}
\varphi_1 = \mathrm{ch}\alpha x\cos\alpha x \\
\varphi_2 = \mathrm{ch}\alpha x\sin\alpha x + \mathrm{sh}\alpha x\cos\alpha x \\
\varphi_3 = \mathrm{sh}\alpha x\sin\alpha x \\
\varphi_4 = \mathrm{ch}\alpha x\sin\alpha x - \mathrm{sh}\alpha x\cos\alpha x
\end{cases} \tag{3-17}
$$

其中 φ_1、φ_2、φ_3、φ_4 叫作双曲线三角函数，可以从附表 1 查得。这四个函数之间有如下的关系：

$$
\begin{cases}
\dfrac{d\varphi_1}{dx} = \dfrac{d\varphi_1}{d(\alpha x)} \cdot \dfrac{d(\alpha x)}{dx} = \alpha \dfrac{d\varphi_1}{d(\alpha x)} = -\alpha\varphi_4 \\
\dfrac{d\varphi_2}{dx} = \dfrac{d\varphi_2}{d(\alpha x)} \cdot \dfrac{d(\alpha x)}{dx} = \alpha \dfrac{d\varphi_2}{d(\alpha x)} = 2\alpha\varphi_1 \\
\dfrac{d\varphi_3}{dx} = \dfrac{d\varphi_3}{d(\alpha x)} \cdot \dfrac{d(\alpha x)}{dx} = \alpha \dfrac{d\varphi_3}{d(\alpha x)} = \alpha\varphi_2 \\
\dfrac{d\varphi_4}{dx} = \dfrac{d\varphi_4}{d(\alpha x)} \cdot \dfrac{d(\alpha x)}{dx} = \alpha \dfrac{d\varphi_4}{d(\alpha x)} = 2\alpha\varphi_3
\end{cases} \tag{3-18}
$$

将式（3-17）代入式（3-16），并用式（3-6）消去 $E_b I_b$，再按式（3-4）逐次求导数，并利用式（3-18），得到：

$$
\begin{cases}
y = y_0\varphi_1 + \theta_0 \dfrac{1}{2\alpha}\varphi_2 - M_0 \dfrac{2\alpha^2}{kb}\varphi_3 - V_0 \dfrac{\alpha}{kb}\varphi_4 \\
\theta = -y_0\alpha\varphi_4 + \theta_0\varphi_1 - M_0 \dfrac{2\alpha^3}{kb}\varphi_2 - V_0 \dfrac{2\alpha^2}{kb}\varphi_3 \\
M = y_0 \dfrac{kb}{2\alpha^2}\varphi_3 + \theta_0 \dfrac{kb}{4\alpha^3}\varphi_4 + M_0\varphi_1 + V_0 \dfrac{1}{2\alpha}\varphi_2 \\
V = y_0 \dfrac{kb}{2\alpha}\varphi_2 + \theta_0 \dfrac{kb}{2\alpha^2}\varphi_3 - M_0\alpha\varphi_4 + V_0\varphi_1
\end{cases} \tag{3-19}
$$

式（3-19）即为用初参数表示的齐次微分方程的解，该式的一个显著优点是，式中每一项都具有明确的物理意义，如式（3-19）中的第一式中，φ_1 表示当原点有单位挠度（其他三个初参数均为零）时梁的挠度方程，$\frac{1}{2\alpha}\varphi_2$ 表示原点有单位转角（其他三个初参数均为零）时梁的挠度方程，$-\frac{2\alpha^2}{kb}\varphi_3$ 表示原点有单位弯矩（其他三个初参数均为零）时梁的挠度方程，$-\frac{\alpha}{kb}\varphi_4$ 表示原点有单位剪力（其他三个初参数均为零）时梁的挠度方程；另一个显著优点是，在四个待定常数 y_0、θ_0、M_0 和 V_0 中有两个参数可由原点端的两个边界条件直接求出，另两个待定初参数由另一端的边界条件来确定，这样就简化了确定参数的工作。

3.2.3.2　边界条件

齐次微分方程的通解式（3-19）包含四个初参数 y_0、θ_0、M_0 和 V_0，可利用地基梁的四个边界条件求出。下面写出梁端几种支承情况的边界条件。

（1）固定端的边界条件。竖向位移 $y=0$，转角 $\theta=0$，即 $\frac{dy}{dx}=0$。如果固定端有给定的沉降和转角，则边界条件为 y=已知值、$\frac{dy}{dx}$=已知值。

（2）简支端的边界条件。竖向位移 $y=0$，弯矩 $M=0$，即 $\frac{d^2y}{dx^2}=0$。如果简支端有给定的沉降和力偶荷载作用，则边界条件为 y=已知值、$\frac{d^2y}{dx^2}$=已知值。

（3）自由端的边界条件。弯矩 $M=0$，即 $\frac{d^2y}{dx^2}=0$；剪力 $V=0$，即 $\frac{d^3y}{dx^3}=0$。如果自由端有给定的力偶荷载作用和竖向荷载作用，则边界条件为 $\frac{d^2y}{dx^2}$=已知值、$\frac{d^3y}{dx^3}$=已知值。

由此可以看出，每个梁端都可以写出两个边界条件，梁两端总共可以写出四个边界条件，正好解出四个待定常数 y_0、θ_0、M_0 和 V_0。

3.2.3.3　荷载引起的附加项

以图 3-4 所示的弹性地基梁为例，当初参数 y_0、θ_0、M_0 和 V_0 已知时，就可以利用式（3-19）计算荷载 P 以左各截面的位移 y、转角 θ、弯矩 M 和剪力 V，但在计算荷载 P 右侧各截面时，还需在式（3-19）中增加由于荷载引起的附加项。

下面将分别求出集中荷载 P、力矩 M 和分布荷载 q 引起的附加项。

（1）集中荷载引起的附加项。如图 3-4 所示，将坐标原点移到荷载 P 的作用点，仍可用式（3-19）计算荷载 P 引起的右侧各截面的位移 y、转角 θ、弯矩 M 和剪力 V。因为仅考虑 P 的作用，故在其作用点处的四个初参数为：

$$y_{x_1}=0;\theta_{x_1}=0;M_{x_1}=0;V_{x_1}=-P$$

用 y_{x_1}、θ_{x_1}、M_{x_1} 和 V_{x_1} 代换式（3-19）中的 y_0、θ_0、M_0 和 V_0，则得：

$$\begin{cases} y=\dfrac{\alpha}{kb}P\varphi_{4\alpha(x-x_1)} \\ \theta=\dfrac{2\alpha^2}{kb}P\varphi_{3\alpha(x-x_1)} \\ M=-\dfrac{1}{2\alpha}P\varphi_{2\alpha(x-x_1)} \\ V=-P\varphi_{1\alpha(x-x_1)} \end{cases} \tag{3-20}$$

式（3-20）即为荷载 P 引起的附加项。式中双曲线三角函数 φ_1、φ_2、φ_3、φ_4 均有下标 $\alpha(x-x_1)$，表示这些函数随变量 $\alpha(x-x_1)$ 变化。当求荷载 P 左侧各截面（见图 3-4）的位移、转角、弯矩和剪力时，只用式（3-19）即可，当 $x<x_1$ 时，式（3-20）不存在。

（2）力矩荷载 m 引起的附加项。和推导式（3-20）的方法相同，当图 3-4 所示的梁只受力矩 m 时，将坐标原点移到荷载 m 的作用点，此点的四个初参数为：

$$y_{x_2}=0;\theta_{x_2}=0;M_{x_2}=m;V_{x_2}=0$$

用 y_{x_2}、θ_{x_2}、M_{x_2} 和 V_{x_2} 代换式（3-19）中的 y_0、θ_0、M_0 和 V_0，就可以得到力矩 m 引起的附加项：

$$\begin{cases} y=-\dfrac{2\alpha^2}{kb}m\varphi_{3\alpha(x-x_2)} \\ \theta=-\dfrac{2\alpha^3}{kb}m\varphi_{2\alpha(x-x_2)} \\ M=m\varphi_{1\alpha(x-x_2)} \\ V=-\alpha m\varphi_{4\alpha(x-x_2)} \end{cases} \tag{3-21}$$

式中，双曲线三角函数 φ_1、φ_2、φ_3、φ_4 均有下标 $\alpha(x-x_2)$，表示这些函数随变量 $\alpha(x-x_2)$ 变化。当 $x<x_2$ 时，式（3-21）不存在。

（3）分布荷载 q 引起的附加项。如图 3-4 所示，求坐标为 $x(x\geqslant x_4)$ 截面的位移、转角、弯矩和剪力。将分布荷载看成是无限多个集中荷载 $q\mathrm{d}u$ 组成，代入式（3-20），得：

$$\begin{cases} y=\dfrac{\alpha}{kb}\displaystyle\int_{x_3}^{x_4}\varphi_{4\alpha(x-u)}q\mathrm{d}u \\ \theta=\dfrac{2\alpha^2}{kb}\displaystyle\int_{x_3}^{x_4}\varphi_{3\alpha(x-u)}q\mathrm{d}u \\ M=-\dfrac{1}{2\alpha}\displaystyle\int_{x_3}^{x_4}\varphi_{2\alpha(x-u)}q\mathrm{d}u \\ V=-\displaystyle\int_{x_3}^{x_4}\varphi_{1\alpha(x-u)}q\mathrm{d}u \end{cases} \tag{3-22}$$

在式（3-22）中 φ_1、φ_2、φ_3、φ_4 随 $\alpha(x-u)$ 变化。如视 x 为常数，则 $\mathrm{d}(x-u)=-\mathrm{d}u$。考虑这一关系，并利用式（3-18），得到下列各式：

$$\begin{cases}\varphi_{4\alpha(x-u)}=\dfrac{1}{\alpha}\dfrac{\mathrm{d}}{\mathrm{d}u}\varphi_{1\alpha(x-u)}\\ \varphi_{3\alpha(x-u)}=-\dfrac{1}{2\alpha}\dfrac{\mathrm{d}}{\mathrm{d}u}\varphi_{4\alpha(x-u)}\\ \varphi_{2\alpha(x-u)}=-\dfrac{1}{\alpha}\dfrac{\mathrm{d}}{\mathrm{d}u}\varphi_{3\alpha(x-u)}\\ \varphi_{1\alpha(x-u)}=-\dfrac{1}{2\alpha}\dfrac{\mathrm{d}}{\mathrm{d}u}\varphi_{2\alpha(x-u)}\end{cases} \tag{3-23}$$

将以上各式代入式（3-22），再进行分部积分，则得：

$$\begin{cases}y=\dfrac{1}{kb}\displaystyle\int_{x_3}^{x_4}\dfrac{\mathrm{d}}{\mathrm{d}u}\varphi_{1\alpha(x-u)}q\mathrm{d}u\\ \quad=\dfrac{1}{kb}\left\{\left[q\varphi_{1\alpha(x-u)}\right]_{x_3}^{x_4}-\left[\displaystyle\int_{x_3}^{x_4}\varphi_{1\alpha(x-u)}\dfrac{\mathrm{d}q}{\mathrm{d}u}\mathrm{d}u\right]\right\}\\ \theta=-\dfrac{\alpha}{kb}\displaystyle\int_{x_3}^{x_4}\dfrac{\mathrm{d}}{\mathrm{d}u}\varphi_{4\alpha(x-u)}q\mathrm{d}u\\ \quad=-\dfrac{\alpha}{kb}\left\{\left[q\varphi_{4\alpha(x-u)}\right]_{x_3}^{x_4}-\left[\displaystyle\int_{x_3}^{x_4}\varphi_{4\alpha(x-u)}\dfrac{\mathrm{d}q}{\mathrm{d}u}\mathrm{d}u\right]\right\}\\ M=\dfrac{1}{2\alpha^2}\displaystyle\int_{x_3}^{x_4}\dfrac{\mathrm{d}}{\mathrm{d}u}\varphi_{3\alpha(x-u)}q\mathrm{d}u\\ \quad=\dfrac{1}{2\alpha^2}\left\{\left[q\varphi_{3\alpha(x-u)}\right]_{x_3}^{x_4}-\left[\displaystyle\int_{x_3}^{x_4}\varphi_{3\alpha(x-u)}\dfrac{\mathrm{d}q}{\mathrm{d}u}\mathrm{d}u\right]\right\}\\ V=\dfrac{1}{2\alpha}\displaystyle\int_{x_3}^{x_4}\dfrac{\mathrm{d}}{\mathrm{d}u}\varphi_{2\alpha(x-u)}q\mathrm{d}u\\ \quad=\dfrac{1}{2\alpha}\left\{\left[q\varphi_{2\alpha(x-u)}\right]_{x_3}^{x_4}-\left[\displaystyle\int_{x_3}^{x_4}\varphi_{2\alpha(x-u)}\dfrac{\mathrm{d}q}{\mathrm{d}u}\mathrm{d}u\right]\right\}\end{cases} \tag{3-24}$$

式（3-24）就是分布荷载 q 的附加项的一般公式。下面用此式求解四种不同分布荷载的附加项：梁上有一段均布荷载；梁上有一段三角形分布荷载；梁的全跨布满均布荷载；梁的全跨布满三角形荷载。

1）梁上有一段均布荷载的附加项。弹性地基梁上有一段均布荷载 q_0，如图 3-5 所示。

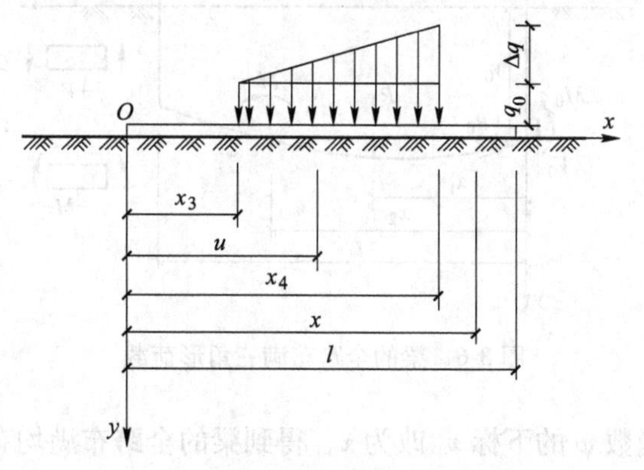

图 3-5　梁上有一段三角形分布荷载

这时 $q=q_0$，$\dfrac{\mathrm{d}q}{\mathrm{d}u}=0$，代入式（3-24），得附加项为：

$$\begin{cases} y=\dfrac{q_0}{kb}[\varphi_{1\alpha(x-x_4)}-\varphi_{1\alpha(x-x_3)}] \\ \theta=-\dfrac{q_0\alpha}{kb}[\varphi_{4\alpha(x-x_4)}-\varphi_{4\alpha(x-x_3)}] \\ M=\dfrac{q_0}{2\alpha^2}[\varphi_{3\alpha(x-x_4)}-\varphi_{3\alpha(x-x_3)}] \\ V=\dfrac{q_0}{2\alpha}[\varphi_{2\alpha(x-x_4)}-\varphi_{2\alpha(x-x_3)}] \end{cases} \tag{3-25}$$

2）梁上有一段三角形分布荷载的附加项。如图 3-5 所示，梁上有一段三角形分布荷载（当 $x=x_3$ 时，$q=0$；当 $x=x_4$ 时，$q=\Delta q$），这时 $q=\dfrac{\Delta q}{x_4-x_3}(u-x_3)$，$\dfrac{\mathrm{d}q}{\mathrm{d}u}=\dfrac{\Delta q}{x_4-x_3}$。代入式（3-24）得附加项为：

$$\begin{cases} y=\dfrac{\Delta q}{kb(x_4-x_3)}\left\{[(x_4-x_3)\varphi_{1\alpha(x-x_4)}]+\dfrac{1}{2\alpha}[\varphi_{2\alpha(x-x_4)}-\varphi_{2\alpha(x-x_3)}]\right\} \\ \theta=-\dfrac{\alpha\Delta q}{kb(x_4-x_3)}\left\{[(x_4-x_3)\varphi_{4\alpha(x-x_4)}]-\dfrac{1}{\alpha}[\varphi_{1\alpha(x-x_4)}-\varphi_{1\alpha(x-x_3)}]\right\} \\ M=\dfrac{\Delta q}{2\alpha^2(x_4-x_3)}\left\{[(x_4-x_3)\varphi_{3\alpha(x-x_4)}]+\dfrac{1}{2\alpha}[\varphi_{4\alpha(x-x_4)}-\varphi_{4\alpha(x-x_3)}]\right\} \\ V=\dfrac{\Delta q}{2\alpha(x_4-x_3)}\left\{[(x_4-x_3)\varphi_{2\alpha(x-x_4)}]+\dfrac{1}{\alpha}[\varphi_{3\alpha(x-x_4)}-\varphi_{3\alpha(x-x_3)}]\right\} \end{cases} \tag{3-26}$$

3）梁的全跨布满均布荷载的附加项。当均布荷载 q_0 布满梁的全跨时（见图 3-6），则 $x_3=0$，并且任一截面的坐标距 x 永远小于或等于 x_4。

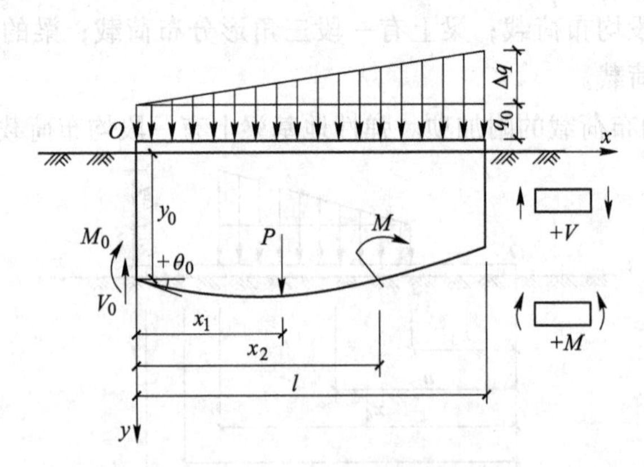

图 3-6 梁的全跨布满三角形荷载

将（3-25）中各函数 φ 的下标 x_4 改为 x，得到梁的全跨布满均布荷载的附加项：

$$\begin{cases} y = \dfrac{q_0}{kb}(1 - \varphi_1) \\ \theta = \dfrac{q_0 \alpha}{kb}\varphi_4 \\ M = -\dfrac{q_0}{2\alpha^2}\varphi_3 \\ V = -\dfrac{q_0}{2\alpha}\varphi_2 \end{cases} \tag{3-27}$$

4）梁的全跨布满三角形荷载的附加项。当三角形荷载布满梁的全跨时（见图 3-6），则 $x_3=0$，并且任一截面的坐标距 x 永远小于或等于 x_4。将式（3-26）中各函数 φ 的下标 x_4 及式中第一个中括号内乘数（x_4-x_3）中的 x_4 改为 x，得到梁的全跨布满三角形荷载的附加项：

$$\begin{cases} y = \dfrac{\Delta q}{kbl}\left(x - \dfrac{1}{2\alpha}\varphi_2\right) \\ \theta = \dfrac{\Delta q}{kbl}(1 - \varphi_1) \\ M = -\dfrac{\Delta q}{4\alpha^3 l}\varphi_4 \\ V = -\dfrac{\Delta q}{2\alpha^2 l}\varphi_3 \end{cases} \tag{3-28}$$

在衬砌结构计算中，常见的荷载有均布荷载、三角形分布荷载、集中荷载和力矩荷载，如图 3-6 所示。根据这几种荷载，将以上位移、转角、弯矩和剪力的计算公式综合如下：

$$\begin{cases} y = y_0\varphi_1 + \theta_0 \dfrac{1}{2\alpha}\varphi_2 - M_0 \dfrac{2\alpha^2}{kb}\varphi_3 - V_0 \dfrac{\alpha}{kb}\varphi_4 + \dfrac{q_0}{kb}(1 - \varphi_1) + \dfrac{\Delta q}{kbl}\left(x - \dfrac{1}{2\alpha}\varphi_2\right) + \\ \quad \Big\|_{x_1} \dfrac{\alpha}{kb}P\varphi_{4\alpha(x-x_1)} - \Big\|_{x_2} \dfrac{2\alpha^2}{kb}m\varphi_{3\alpha(x-x_2)} \\ \theta = -y_0\alpha\varphi_4 + \theta_0\varphi_1 - M_0 \dfrac{2\alpha^3}{kb}\varphi_2 - V_0 \dfrac{2\alpha^2}{kb}\varphi_3 + \dfrac{q_0\alpha}{kb}\varphi_4 + \dfrac{\Delta q}{kbl}(1 - \varphi_1) + \\ \quad \Big\|_{x_1} \dfrac{2\alpha^2}{kb}P\varphi_{3\alpha(x-x_1)} - \Big\|_{x_2} \dfrac{2\alpha^3}{kb}m\varphi_{2\alpha(x-x_2)} \\ M = y_0 \dfrac{kb}{2\alpha^2}\varphi_3 + \theta_0 \dfrac{kb}{4\alpha^3}\varphi_4 + M_0\varphi_1 + V_0 \dfrac{1}{2\alpha}\varphi_2 - \dfrac{q_0}{2\alpha^2}\varphi_3 - \dfrac{\Delta q}{4\alpha^3 l}\varphi_4 - \\ \quad \Big\|_{x_1} \dfrac{1}{2\alpha}P\varphi_{2\alpha(x-x_1)} + \Big\|_{x_2} m\varphi_{1\alpha(x-x_2)} \\ V = y_0 \dfrac{kb}{2\alpha}\varphi_2 + \theta_0 \dfrac{kb}{2\alpha^2}\varphi_3 - M_0\alpha\varphi_4 + V_0\varphi_1 - \dfrac{q_0}{2\alpha}\varphi_2 - \dfrac{\Delta q}{2\alpha^2 l}\varphi_3 - \\ \quad \Big\|_{x_1} P\varphi_{1\alpha(x-x_1)} - \Big\|_{x_2} \alpha m\varphi_{4\alpha(x-x_2)} \end{cases} \tag{3-29}$$

式中，符号$\|_{x_i}$表示附加项只有当$x>x_i$时才存在。

式（3-29）是按文克勒假定计算弹性地基梁的公式，在衬砌结构计算中经常使用，式中的位移y、转角θ、弯矩M和剪力V与荷载的正方向如图3-6所示。对于梁上作用有一段均布荷载或一段三角形分布荷载（图3-5）引起的附加项［见式（3-25）和式（3-26）］，公式（3-29）没有考虑。

3.2.4 按文克勒假定计算长梁

3.2.4.1 无限长梁在集中力P作用下的计算

如图3-7所示的地基梁，集中荷载P作用点至梁两端的长度均满足$\alpha L \geqslant 2.75$，故把梁看作无限长梁。尽管集中荷载P作用点不一定在梁的对称截面上，但只要该作用点至梁端足够长，就可以看作梁的对称点。

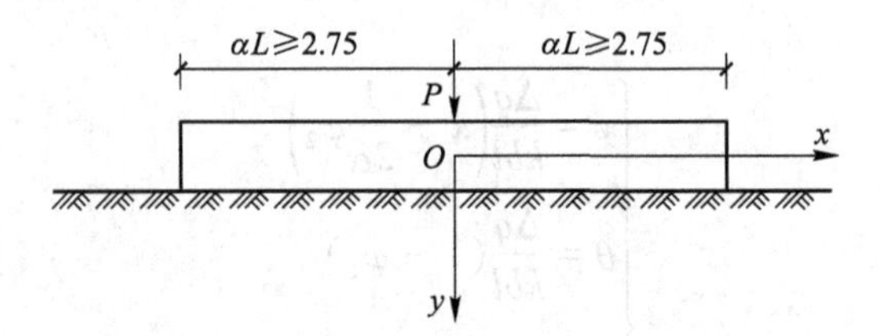

图3-7 无限长梁在集中力作用下的计算

当x趋近于∞时，梁的挠度应该趋近于零，有$A_1=A_2=0$，式（3-12）变为：

$$y = e^{-\alpha x}(A_3\cos\alpha x + A_4\sin\alpha x) \tag{3-30}$$

由对称条件可知，$\theta = \left.\dfrac{dy}{dx}\right|_{x=0} = 0$，得$A_3=A_4$。

由静力平衡条件$\sum F_y=0$，即$kbA_3\int_0^{\infty} e^{-\alpha x}(\cos\alpha x+\sin\alpha x)dx=\dfrac{P}{2}$，求得$A_3=A_4=\dfrac{P\alpha}{2kb}$，代入式（3-30），再由式（3-4）及式（3-6）得：

$$\begin{cases} y = \dfrac{P\alpha}{2kb}e^{-\alpha x}(\cos\alpha x + \sin\alpha x) \\ \theta = -\dfrac{P\alpha^2}{kb}e^{-\alpha x}\sin\alpha x \\ M = \dfrac{P}{4\alpha}e^{-\alpha x}(\cos\alpha x - \sin\alpha x) \\ V = -\dfrac{P}{2}e^{-\alpha x}\cos\alpha x \end{cases} \tag{3-31}$$

引入函数φ，令：

$$\begin{cases} \varphi_5 = e^{-\alpha x}(\cos\alpha x - \sin\alpha x) \\ \varphi_6 = e^{-\alpha x}\cos\alpha x \\ \varphi_7 = e^{-\alpha x}(\cos\alpha x + \sin\alpha x) \\ \varphi_8 = e^{-\alpha x}\sin\alpha x \end{cases} \tag{3-32}$$

得到集中力 P 作用下无限长梁右半部分的挠度、转角、弯矩和剪力为：

$$\begin{cases} y = \dfrac{P\alpha}{2kb}\varphi_7 \\ \theta = -\dfrac{P\alpha^2}{kb}\varphi_8 \\ M = \dfrac{P}{4\alpha}\varphi_5 \\ V = -\dfrac{P}{2}\varphi_6 \end{cases} \tag{3-33}$$

式（3-33）中函数 $\varphi_5 \sim \varphi_8$ 可以从附表 2 中查得，它们之间存在以下关系：

$$\begin{cases} \dfrac{d\varphi_5}{dx} = -2\alpha\varphi_6 \\ \dfrac{d\varphi_6}{dx} = -\alpha\varphi_7 \\ \dfrac{d\varphi_7}{dx} = -2\alpha\varphi_8 \\ \dfrac{d\varphi_8}{dx} = \alpha\varphi_5 \end{cases} \tag{3-34}$$

对于梁的左半部分，因为转角和剪力关于 y 轴反对称，所以只需将式（3-33）中的 V 和 θ 改变符号即可。

3.2.4.2 无限长梁在集中力偶 m 作用下的计算

如图 3-8 所示地基梁，集中力偶 m 作用点至梁两段的长度均满足 $\alpha L \geqslant 2.75$，此梁可看作无限长梁，并且此作用点可看作梁的对称点。

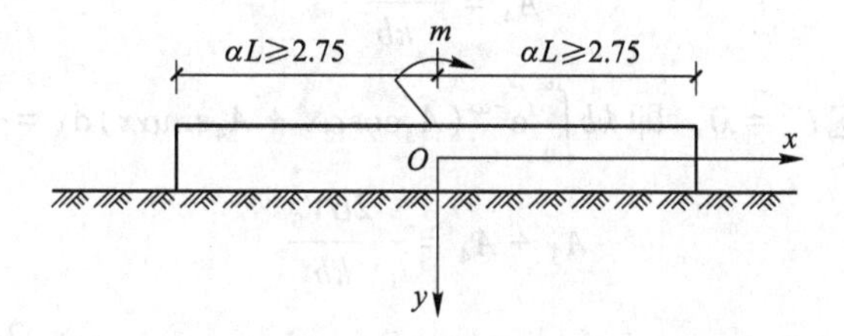

图 3-8 无限长梁在集中力偶作用下的计算

与推导集中力 P 作用下无限长梁的内力和变形计算类似，当 x 趋近于∞时，梁的沉降趋近于零，有 $A_1 = A_2 = 0$。因为转角和剪力正对称，$y\big|_{x=0} = 0$，由式（3-30），得 $A_3 = 0$。式（3-30）变为：

$$y = A_4 e^{-\alpha x}\sin\alpha x \tag{3-35}$$

由静力平衡条件 $\sum M_{(o)} = 0$，即 $kbA_4\int_0^{\infty} x e^{-\alpha x}\sin\alpha x dx = \dfrac{m}{2}$，可得 $A_4 = \dfrac{m\alpha^2}{kb}$，代入式（3-35），并由式（3-4）及式（3-6）得到无限长梁在集中力偶作用下右半部分的变形及内力为：

$$\begin{cases} y = \dfrac{m\alpha^2}{kb}\varphi_8 \\ \theta = \dfrac{m\alpha^3}{kb}\varphi_5 \\ M = \dfrac{m}{2}\varphi_6 \\ V = -\dfrac{m\alpha}{2}\varphi_7 \end{cases} \tag{3-36}$$

对于梁的左半部分，因为挠度和弯矩反对称，只需将式（3-36）中的 y 和 M 改变符号即可。

3.2.4.3　半无限长梁作用初参数的计算

如图 3-9 所示地基梁，从坐标原点向右为无限长，称为半无限长梁，梁端作用有初参数 V_0 和 M_0。因 $q(x) = 0$，故可借助挠曲微分方程齐次解，按照无限长梁的计算原理来推导。

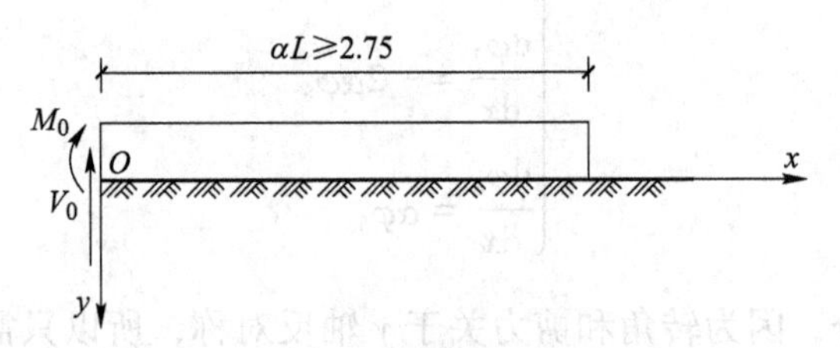

图 3-9　半无限长梁作用初参数的计算

由静力平衡条件 $\sum M_{(o)} = M_0$，即 $kb\int_0^{\infty} xe^{-\alpha x}(A_3\cos\alpha x + A_4\sin\alpha x)\mathrm{d}x = M_0$，可得：

$$A_4 = \frac{2\alpha^2 M_0}{kb} \tag{3-37}$$

由静力平衡条件 $\sum F_y = 0$，即 $kb\int_0^{\infty} e^{-\alpha x}(A_3\cos\alpha x + A_4\sin\alpha x)\mathrm{d}x = -V_0$，可得：

$$A_3 + A_4 = -\frac{2\alpha V_0}{kb} \tag{3-38}$$

联立式（3-37）和式（3-38），可得 $A_3 = -\dfrac{2\alpha}{kb}(V_0 + \alpha M_0)$、$A_4 = \dfrac{2\alpha^2 M_0}{kb}$，代入式(3-30)并由式（3-4）和式（3-6）得到半无限长梁在初参数 V_0 和 M_0 作用的变形及内力为：

$$\begin{cases} y = \dfrac{2\alpha}{kb}(-V_0\varphi_6 - M_0\alpha\varphi_5) \\ \theta = \dfrac{2\alpha^2}{kb}(V_0\varphi_7 + 2M_0\alpha\varphi_6) \\ M = \dfrac{1}{\alpha}(V_0\varphi_8 + M_0\alpha\varphi_7) \\ V = V_0\varphi_5 - 2M_0\alpha\varphi_8 \end{cases} \tag{3-39}$$

3.2.5　按文克勒假定计算刚性梁

对刚性梁来说，没有弹性变形，只产生刚体移动和转动；对于文克勒地基来说，任一点的地基反力与该点的地基沉降成正比。所以，梁和地基的位移均为线性分布，地基反力为线性分布。地基反力线性分布的假设只适用于文克勒地基上的绝对刚性梁这种特殊情况。

如图 3-10 所示刚性梁，梁端作用有初参数 y_0 和 θ_0，并有梯形分布的荷载作用。显然，地基反力也呈梯形分布，地基反力 $p = kby_0 + kb\theta_0 x(0 \leqslant x \leqslant l)$。

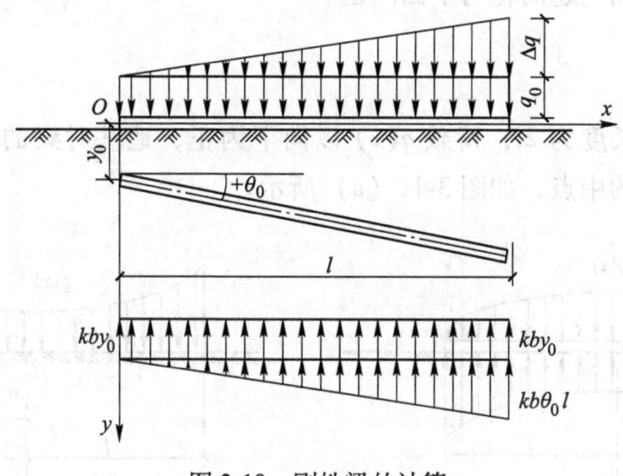

图 3-10　刚性梁的计算

按静定梁的平衡条件，可得刚性梁的变形与内力为：

$$
\begin{cases}
y = y_0 + \theta_0 x \\
\theta = \theta_0 \\
M = \dfrac{1}{2}kby_0x^2 + \dfrac{1}{6}kb\theta_0x^3 - \dfrac{1}{2}qx^2 - \dfrac{1}{6l}\Delta qx^3 \\
V = kby_0x + \dfrac{1}{2}kb\theta_0x^2 - qx - \dfrac{1}{2l}\Delta qx^2
\end{cases}
\tag{3-40}
$$

3.3　按弹性半空间假定计算地基梁

3.3.1　基本假设

文克勒模型假定地基的沉降只发生在梁的基底范围内，对基底范围以外的岩土体没有影响，是一种局部变形模型。事实上，地基的变形不仅会在受荷区域内发生，而且也会引起受荷区外一定范围内的地基发生变形。为了消除文克勒假定中没有考虑地基变形连续性的缺点，后来又提出了另一种假设：把地基看作一个均质、连续、弹性的半无限体（所谓半无限体是指占据整个空间下半部的物体，即上表面是一个平面，并向四周和向下方无限延伸的物体），即弹性半空间。这个假定的优点：一方面反映了地基变形的连续性，是一种共同变形模型；另一方面又从几何上、物理上对地基进行了简化，因而可以把弹性力学中有关半无限弹性体这个古典问题的已知结论作为计算的理论基础。

当然这个模型也不是完美无缺的。例如其中的弹性假设没有反映地层的非弹性性质，均质假设没有反映地层的不均匀性，半无限体假设没有反映地基的分层特点等。此外，这个模型在数学处理上比较复杂，因而在应用上也受到一定的限制。

采用上述假设后，地基梁的计算问题可分为三种类型：空间问题、平面应力问题、平面应变问题，后两类问题统称为平面问题。在空间问题中，地基简化为半无限空间体；在平面问题中，地基简化为半无限平面体。地下结构沿纵向的截面尺寸一般相等，因而在工程实践中，经常将空间问题简化为平面问题。

3.3.2 基本方程

一等截面基础梁长度为 $2l$，荷载 $q(x)$ 以向下为正，地基对梁的反力 $p(x)$ 以向上为正，坐标原点取在梁的中点，如图 3-11（a）所示。

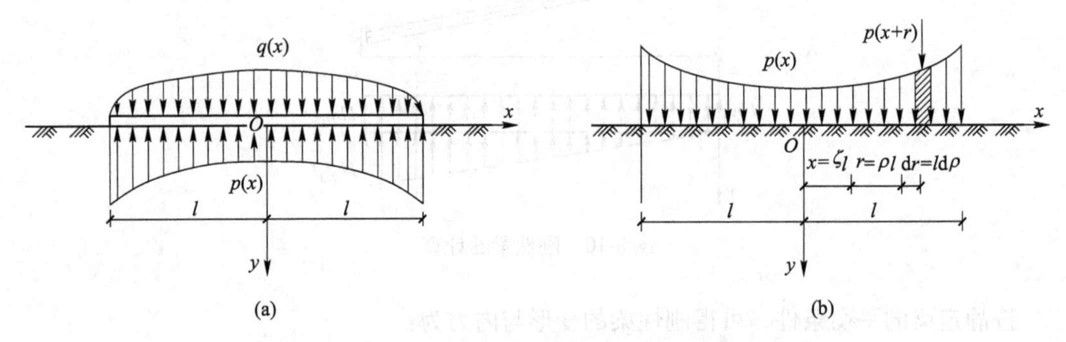

图 3-11 地基为弹性半无限平面体时的基础梁计算简图

地基受到的压力为 $p(x)$，此压力与地基反力大小相等，方向相反，如图 3-11（b）所示。以平面应力问题为例写出基本方程如下。

（1）地基梁的挠曲微分方程。参照式（3-6）写出地基梁的挠曲微分方程为：

$$E_b I_b \frac{d^4 y(x)}{dx^4} = -p(x) + q(x) \tag{3-41}$$

引入无因次的坐标 $\zeta = \frac{x}{l}$，将 q、p、y 都看作是 ζ 的函数，则式（3-41）变为

$$\frac{d^4 y(\zeta)}{d\zeta^4} = \frac{l^4}{E_b I_b}[q(\zeta) - p(\zeta)] \tag{3-42}$$

（2）平衡方程。由静力平衡条件 $\sum F_y = 0$ 和 $\sum M_{(o)} = 0$ 可得：

$$\begin{cases} \int_{-l}^{l} p(x)\,dx = \int_{-l}^{l} q(x)\,dx \\ \int_{-l}^{l} xp(x)\,dx = \int_{-l}^{l} xq(x)\,dx \end{cases} \tag{3-43}$$

考虑 $\zeta = \frac{x}{l}$，式（3-43）可写为：

$$\begin{cases} \int_{-1}^{1} p(\zeta)\mathrm{d}\zeta = \int_{-1}^{1} q(\zeta)\mathrm{d}\zeta \\ \int_{-1}^{1} \zeta \cdot p(\zeta)\mathrm{d}\zeta = \int_{-1}^{1} \zeta \cdot q(\zeta)\mathrm{d}\zeta \end{cases} \tag{3-44}$$

（3）地基沉降方程。弹性半无限平面体的界面上作用一集中力 P（沿厚度均布），虚线表示界面的沉降曲线，如图 3-12 所示。点 B 为任意选取的基点，$w(x)$ 表示界面上任一点 K 相对于基点 B 的沉降量。

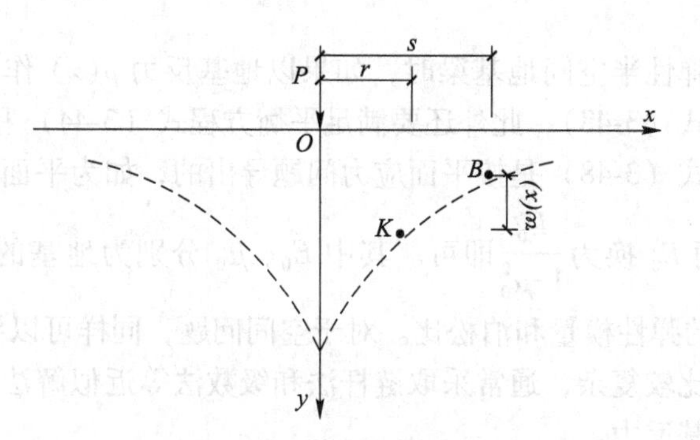

图 3-12　地基沉降曲线

设为平面应力问题，根据弹性理论中的半无限平面体问题的解答

$$w(x) = \frac{2P}{\pi E_0}\ln\frac{s}{r} \tag{3-45}$$

如图 3-11（b）所示弹性半无限平面体的界面上承受分布力 $p(x)$，可利用式（3-45）求出地基表面任意一点 K 的相对沉降量 $w(x)$，力 $p(x+r)\mathrm{d}r$ 引起点 K 的沉降可写为：

$$\frac{2p(x+r)\mathrm{d}r}{\pi E_0}\ln\frac{s}{r}$$

因此，由于点 K 右侧全部压力引起点 K 的沉降为：

$$\frac{2}{\pi E_0}\int_0^{l-x} p(x+r)\ln\frac{s}{r}\mathrm{d}r$$

同样，由于点 K 左侧全部压力引起点 K 的沉降为：

$$\frac{2}{\pi E_0}\int_0^{l+x} p(x-r)\ln\frac{s}{r}\mathrm{d}r$$

梁底面全部压力引起点 K 的总沉降量为上述两式的总和，即：

$$w(x) = \frac{2}{\pi E_0}\int_0^{l-x} p(x+r)\ln\frac{s}{r}\mathrm{d}r + \frac{2}{\pi E_0}\int_0^{l+x} p(x-r)\ln\frac{s}{r}\mathrm{d}r \tag{3-46}$$

式（3-46）就是地基沉降计算公式。假定沉降基点取在很远处，积分时可将当作常量。

引入无因次坐标 $\zeta = \frac{x}{l}$，可以写出 $\rho = \frac{r}{l}$、$K = \frac{s}{l}$、$\mathrm{d}r = l\mathrm{d}\rho$。这样，式（3-46）变为：

$$w(\zeta) = \frac{2l}{\pi E_0}\int_0^{1-\zeta} p(\zeta+\rho)\ln\frac{K}{\rho}\mathrm{d}\rho + \frac{2l}{\pi E_0}\int_0^{1+\zeta} p(\zeta-\rho)\ln\frac{K}{\rho}\mathrm{d}\rho \tag{3-47}$$

通过以上推导，得到了梁的挠曲微分方程式（3-42）、平衡方程式（3-44）和地基沉降方程式（3-47）。

因为梁的挠度和地基沉降处处相等，即 $w(\zeta)=y(\zeta)$，将式（3-47）代入式（3-42）可得：

$$\frac{\mathrm{d}^4}{\mathrm{d}\zeta^4}\left[\int_0^{1-\zeta}p(\zeta+\rho)\ln\frac{K}{\rho}\mathrm{d}\rho+\int_0^{1+\zeta}p(\zeta-\rho)\ln\frac{K}{\rho}\mathrm{d}\rho\right]=\frac{\pi E_0 l^3}{2E_\mathrm{b}I_\mathrm{b}}[q(\zeta)-p(\zeta)] \tag{3-48}$$

式（3-48）就是用 $p(x)$ 表示的连续性条件。对于未知函数 $p(x)$ 来说，这是一个微分积分方程。

总的来说，计算弹性半空间地基梁时，如果以地基反力 $p(x)$ 作为基本未知函数，则基本方程为连续方程式（3-48），此外还要满足平衡方程式（3-44）和梁的边界条件。

上面的连续方程式（3-48）是按平面应力问题导出的，如为平面应变问题，只需将式中的 E_b 换为 $\dfrac{E_\mathrm{b}}{1-\mu^2}$，而 E_0 换为 $\dfrac{E_0}{1-\mu_0^2}$ 即可。其中 E_0、μ_0 分别为地基的弹性模量和泊松比；E_b、μ 分别为基础梁的弹性模量和泊松比。对于空间问题，同样可以导出。

由于式（3-48）比较复杂，通常采取链杆法和级数法等近似解法或有限单元法。本节介绍按级数法求解地基反力。

将地基反力 $p(\zeta)$ 用无穷幂级数表示，计算中只取前 11 项，即：

$$p(\zeta)=a_0+a_1\zeta+a_2\zeta^2+a_3\zeta^3+\cdots+a_{10}\zeta^{10} \tag{3-49}$$

反力 $p(\zeta)$ 必须满足平衡条件 $\sum F_y=0$、$\sum M_{(o)}=0$，为此，将（3-49）代入式（3-44）积分后得含系数 a_i 的两个方程。

将式（3-49）代入式（3-48），并注意梁的边界条件，令方程左右两端 ζ 幂次相同的系数相等，可得到含系数的 9 个方程。就这样可得出 11 个方程，以求解 $a_0\sim a_{11}$ 共 11 个系数。最后将求出的 11 个系数代入式（3-49）就得到地基反力的表达式。

当地基反力 $p(\zeta)$ 求出后，就不难计算梁的弯矩 $M(\zeta)$、剪力 $V(\zeta)$、转角 $\theta(\zeta)$ 和挠度 $y(\zeta)$。

为了计算简便，可将基础梁上的荷载分解为对称及反对称两组。按照以上所讲的计算程序，在对称荷载作用下，只需取式（3-49）中含偶次幂的项，得到 5 个方程，再加上式（3-44）中的第一个方程，共计 6 个方程，可解出系数 a_0、a_2、a_4、a_6、a_8、a_{10}；在反对称荷载的作用下，只需取式（3-49）中含 ζ 奇次幂的项，得到 4 个方程，再加上式（3-44）中的第二个方程，共计 5 个方程，可解出系数 a_1、a_3、a_5、a_7、a_9。

为了使用方便，将各种不同荷载作用下的地基反力、剪力和弯矩制成表格，见附表 4~附表 6。在附表 7~附表 11 中给出了计算基础梁转角 θ 的系数。

3.3.3 表格的使用

在使用附表 4~附表 6 时，首先算出基础梁的柔度指标 t。在平面应力问题中，柔度指标为：

$$t=3\pi\frac{E_0}{E_\mathrm{b}}\left(\frac{l}{h}\right)^3 \tag{3-50}$$

在平面应变问题中，柔度指标为：

$$t = 3\pi \frac{E_0(1-\mu^2)}{E_b(1-\mu_0^2)}\left(\frac{l}{h}\right)^3 \tag{3-51}$$

如果忽略μ和μ_0的影响，在两种平面问题中，计算基础梁的柔度指标均可用近似公式：

$$t = 10\frac{E_0}{E_b}\left(\frac{l}{h}\right)^3 \tag{3-52}$$

式中，l为梁的一半长度；h为梁截面高度。

3.3.3.1 全梁作用均布荷载q_0

全梁作用有均布荷载q_0时，基础梁的地基反力p、剪力V和弯矩M分布如图3-13所示。

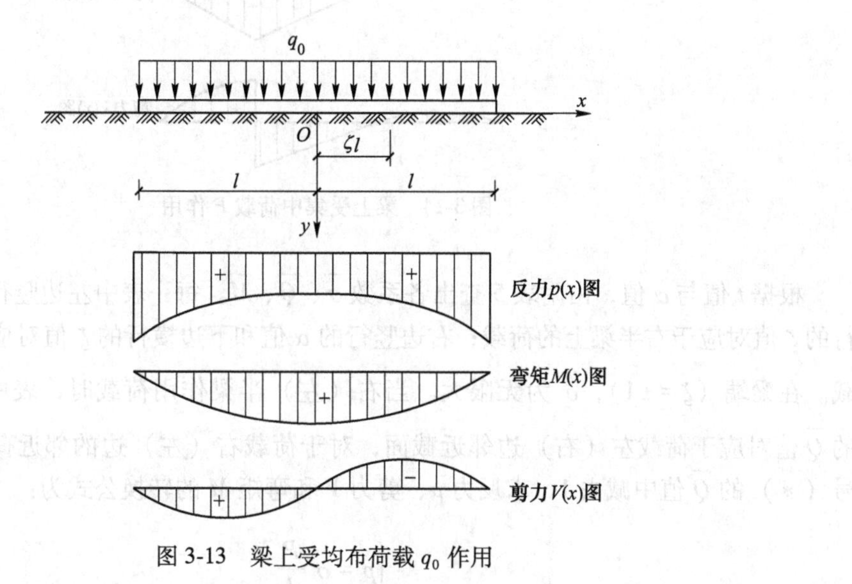

图3-13 梁上受均布荷载q_0作用

根据基础梁的柔度指标t值，由附表4查出右半梁各十分之一分点的反力系数$\overline{\sigma}$、剪力系数$\overline{Q}$和弯矩系数$\overline{M}$，然后按转换公式（3-53）求出各相应截面的反力p、剪力V和弯矩M。

$$\begin{cases} p = \overline{\sigma} q_0 \\ V = \overline{Q} q_0 l \\ M = \overline{M} q_0 l^2 \end{cases} \tag{3-53}$$

由于对称关系，左半梁各截面的反力p、剪力V和弯矩M与右半梁各对应截面的反力p、剪力V和弯矩M相等，但剪力V要改变正负号。

注意，查附表时不必插值，只需按照表中最接近于算得的t值查出$\overline{\sigma}$、$\overline{Q}$、$\overline{M}$即可。如果梁上作用着不均匀的分布荷载，可变为若干个集中荷载，然后再查表。

3.3.3.2 梁上受集中荷载P

基础梁受集中荷载P作用时，基础梁的基底反力p、剪力V和弯矩M分布如图3-14所示。

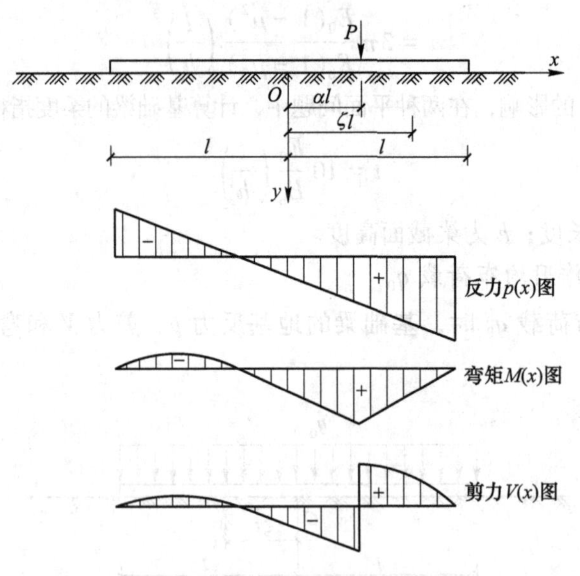

图 3-14 梁上受集中荷载 P 作用

根据 t 值与 α 值，由附表 5 查出各系数 $\overline{\sigma}$、$\overline{Q}$、$\overline{M}$。每一表中左边竖行的 α 值和上边横行的 ζ 值对应于右半梁上的荷载；右边竖行的 α 值和下边横行的 ζ 值对应于左半梁上的荷载。在梁端（$\zeta=\pm1$），$\overline{\sigma}$ 为无限大。当右（左）半梁作用荷载时，表中带有星号（＊）的 $\overline{Q}$ 值对应于荷载左（右）边邻近截面，对于荷载右（左）边的邻近荷载面，需从带星号（＊）的 $\overline{Q}$ 值中减去 1，求反力 p、剪力 V 和弯矩 M 的转换公式为：

$$\begin{cases} p = \overline{\sigma}\dfrac{P}{l} \\ V = \pm\overline{Q}P \\ M = \overline{M}Pl \end{cases} \tag{3-54}$$

在剪力 V 的转换式中，正号对应于右半梁上的荷载，负号对应于左半梁上的荷载。

3.3.3.3 梁上作用力矩荷载 m

基础梁受集中力偶 m 作用时，基础梁的基底反力 p、剪力 V 和弯矩 M 分布如图 3-15 所示。

如果梁的柔度指标 t 不等于零，可根据 t 值与 α 值由附表 6 查出 $\overline{\sigma}$、$\overline{Q}$、$\overline{M}$。每一表中左边竖行的 α 值和上边横行的 ζ 值对应于右半梁上的荷载，右边竖行的 α 值和下边横行的 ζ 值对应于左半梁上的荷载。在梁端（$\zeta=\pm1$），$\overline{\sigma}$ 为无限大。当右（左）半梁作用荷载时，表中带有星号（＊）的 $\overline{M}$ 值对应于荷载左（右）边邻近截面，对于荷载右（左）边的邻近截面，需将带星号（＊）的 $\overline{M}$ 值加上 1。求反力 p、剪力 V 和弯矩 M 的转换公式为：

$$
\begin{cases}
p = \pm \overline{\sigma} \dfrac{m}{l^2} \\
V = \overline{Q} \dfrac{m}{l} \\
M = \pm \overline{M} m
\end{cases}
\tag{3-55}
$$

式中的力矩 m 以顺时针向为正。在反力 p 和弯矩 M 的转换公式中，正号对应于右半梁上的荷载，负号对应于左半梁上的荷载。

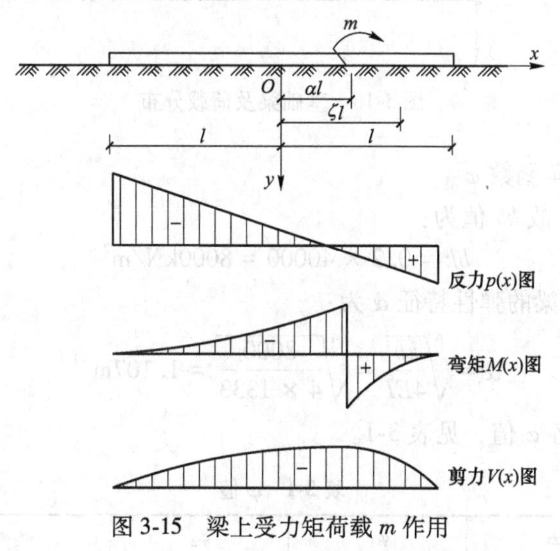

图 3-15　梁上受力矩荷载 m 作用

在梁的柔度指标 t 等于零（或接近于零）的特殊情况下，认为梁是刚体，并不变形，所以反力 p 与剪力 V 都与力矩荷载 m 的位置无关。这时只需根据 ζ 值由附表 6-1（a）~附表 6-4（a）和附表 6-1（b）~附表 6-4（b）查出 $\overline{\sigma}$ 和 $\overline{Q}$。弯矩 M 是与力矩荷载 m 的位置有关的，对于荷载左边的各截面，M 值如附表 6-4（a）~附表 6-4（c）中所示，但对于荷载右边的各截面，需把该表中的 $\overline{M}$ 值加上 1。转换公式是：

$$
\begin{cases}
p = \pm \sigma \dfrac{m}{l^2} \\
V = \overline{Q} \dfrac{m}{l} \\
M = \overline{M} m
\end{cases}
\tag{3-56}
$$

在集中荷载和力矩荷载作用时，查附表也不必插值，只需按照表中最接近于算得的 t 值与 α 值查出 $\overline{\sigma}$、$\overline{Q}$、$\overline{M}$ 即可。当梁上受有若干荷载时，可根据每个荷载分别计算，然后将算得的 p、V 或 M 叠加。

3.4 算　例

例 1　如图 3-16 所示弹性地基梁，长度 $l=4\text{m}$，宽度 $b=0.2\text{m}$，$E_bI_b=1333\text{kN}\cdot\text{m}^2$。地基的弹性压缩系数 $k=40000\text{kN/m}^3$，梁的两端自由。求梁截面 1 和截面 2 的弯矩。

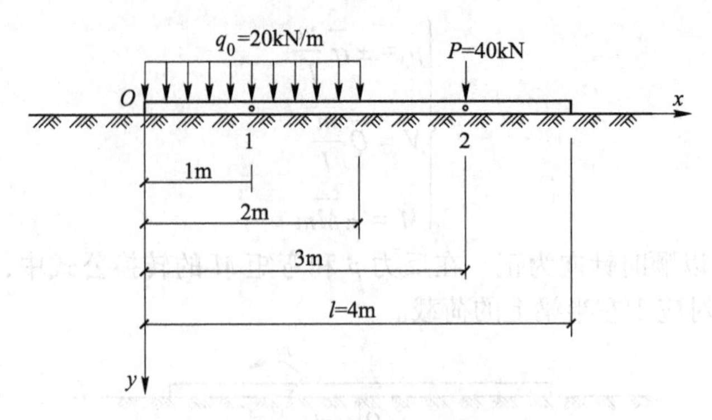

图 3-16　基础梁及荷载分布

（1）查双曲线三角函数 φ

因梁宽 $b=0.2$m，故 kb 值为：

$$bk = 0.2 \times 40000 = 8000\text{kN/m}^2$$

由式（3-6）求出梁的弹性特征 α 为：

$$\alpha = \sqrt[4]{\frac{kb}{4EI}} = \sqrt[4]{\frac{8000}{4 \times 1333}} = 1.107\text{m}^{-1}$$

从附表 1 中查出各 φ 值，见表 3-1。

表 3-1　φ 值

x/m	αx	φ_1	φ_2	φ_3	φ_4
1	1.1	0.7568	2.0930	1.1904	0.8811
2	2.2	−2.6882	1.0702	3.6036	6.3163
3	3.3	−13.4048	−15.5098	−2.1356	11.2272
4	4.4	−12.5180	−51.2746	−38.7486	−26.2460

（2）确定初参数 y_0、θ_0、M_0、V_0

由梁左端的边界条件，知 $M_0=0$，$V_0=0$。其他两个初参数 y_0 和 θ_0。可由梁右端的边界条件 $M=0$ 与 $V=0$ 由式（3-29）确定。

因梁上作用有一段均布荷载，故需将式（3-25）叠加到式（3-29）中，如图 3-7 所示，由 $x_1=3$m，$x_3=0$，$x_4=2$m，便可写出下列两式：

$$y_0\frac{kb}{2\alpha^2}\varphi_3 + \theta_0\frac{kb}{4\alpha^3}\varphi_4 - \frac{1}{2\alpha}P\varphi_{2\alpha(x-x_1)} + \frac{q_0}{2\alpha^2}[\varphi_{3\alpha(x-x_4)} - \varphi_3] = 0$$

$$y_0\frac{kb}{2\alpha}\varphi_2 + \theta_0\frac{kb}{2\alpha^2}\varphi_3 - P\varphi_{1\alpha(x-x_1)} + \frac{q_0}{2\alpha}[\varphi_{2\alpha(x-x_4)} - \varphi_2] = 0$$

将 α 值、kb 值和表 3-1 中相应的 φ 值代入以上两式中，得：

$$-\frac{8000 \times 38.7486}{2 \times 1.107^2}y_0 - \frac{8000 \times 26.2460}{4 \times 1.107^3}\theta_0 - \frac{40 \times 2.0930}{2 \times 1.107} + \frac{20}{2 \times 1.107^2}[3.6036 - (-38.7486)] = 0$$

$$-\frac{8000 \times 51.2746}{2 \times 1.107}y_0 - \frac{8000 \times 38.7486}{2 \times 1.107^2}\theta_0 - 40 \times 0.7568 + \frac{20}{2 \times 1.107}[1.0702 - (-51.2746)] = 0$$

解出：

$$y_0 = 0.00247\text{m}; \theta_0 = -0.0001188$$

(3) 求截面 1 和截面 2 的弯矩

将式（3-25）叠加到式（3-29）中，集中荷载 P 的附加项对截面 1 和截面 2 的弯矩没有影响。由此，则得：

$$M = y_0 \frac{kb}{2\alpha^2}\varphi_3 + \theta_0 \frac{kb}{4\alpha^3}\varphi_4 + \frac{q_0}{2\alpha^2}[\varphi_{3\alpha(x-x_4)} - \varphi_3]$$

将 α 值、K 值、y_0、θ_0 和表 3-1 中相应的 φ 值代入以上式，算出截面 1 与截面 2 的弯矩如下。

1）截面 1 的弯矩。截面 1 距坐标原点 $x=1\text{m}$，在均布荷载范围以内，故 $x_4=x$。截面 1 的弯矩为：

$$M = 0.00247 \times \frac{8000}{2 \times 1.107^2} \times 1.1904 - 0.0001188 \times \frac{8000}{4 \times 1.107^3} \times 0.8811 + \frac{20}{2 \times 1.107^2}[0 - 1.1904] = -0.270\text{kN} \cdot \text{m}$$

2）截面 2 的弯矩。截面 2 在均布荷载范围以外，由 $x_4 = 2\text{m}$、$x = 3\text{m}$。截面 2 的弯矩为：

$$M = 0.00247 \times \frac{8000}{2 \times 1.107^2} \times (-2.1356) - 0.0001188 \times \frac{8000}{4 \times 1.107^3} \times 11.2272 + \frac{20}{2 \times 1.107^2}[1.1904 - (-2.1356)] = -7.957\text{kN} \cdot \text{m}$$

例 2　如图 3-17 所示弹性地基梁，$E_b = 2\times10^8\text{kN/m}^2$，$I_b = 2500\times10^{-8}\text{m}^4$，宽度 $b = 0.2\text{m}$。地基的弹性压缩系数 $k=15\times10^4\text{kN/m}^3$，$A$、$B$、$C$、$D$ 各点集中力 P 均为 100kN。求点 B 的挠度及弯矩。

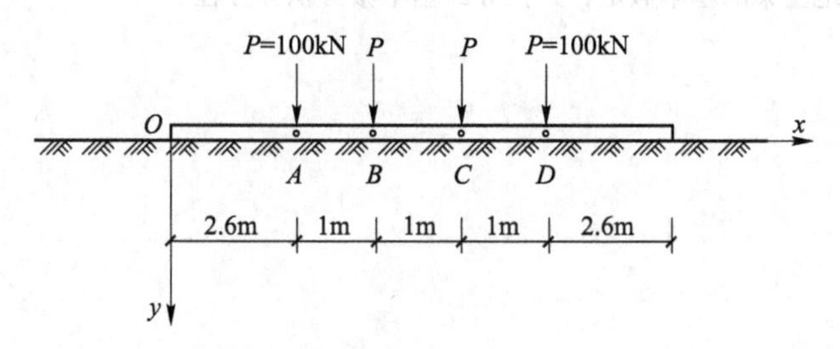

图 3-17　基础梁及荷载分布

(1) 判定梁的类别

因梁的宽度 $b=0.2\text{m}$，故 bk 值为：

$$bk = 0.2 \times 15 \times 10^4 = 30000\text{kN/m}^2$$

根据式（3-6）求出梁的弹性特征 α 为：

$$\alpha = \sqrt[4]{\frac{kb}{4E_bI_b}} = \sqrt[4]{\frac{30000}{4 \times 2 \times 10^8 \times 2500 \times 10^{-8}}} = 1.1\text{m}^{-1}$$

靠近梁端的荷载至梁端的距离为 2.6m，则：

$$\alpha x = 1.1 \times 2.6 = 2.86 > 2.75$$

故可按无限长梁计算。

(2) 查双曲线三角函数 φ

将坐标原点分别放置于 A、B、C、D 各点，从附表 2 查出各 φ 值，见表 3-2。

表 3-2 φ 值

荷载至点 B 的距离 x	0	1m	2m
αx	0	1.1	2.2
φ_5	1.0000	−0.1457	−0.1548
φ_7	1.0000	0.4476	0.0244

由式（3-33）求出点 B 的挠度和弯矩为：

$$y = \frac{P\alpha}{2kb}\sum\varphi_7 = \frac{100 \times 1.1}{2 \times 30000}(1 + 2 \times 0.4476 + 0.0244) = 0.00355\text{m}$$

$$M = \frac{P}{4\alpha}\sum\varphi_5 = \frac{100}{4 \times 1.1}(1 - 2 \times 0.1457 - 0.1548) = 12.59\text{kN} \cdot \text{m}$$

思 考 题

3-1 简述弹性地基梁的定义、特点和分类。

3-2 简述弹性地基梁的计算模型及适用条件。

3-3 简述文克勒弹性地基梁的基本假定，并推导其挠曲微分方程。

3-4 什么是弹性地基短梁、长梁和刚性梁，有何区别？

3-5 简述初参数法计算文克勒弹性地基短梁、长梁和刚性梁的过程。

3-6 简述弹性半空间地基梁的基本假定，并推导其基本微分积分方程。

4 地下结构计算方法

4.1 概　述

4.1.1 地下结构计算理论的发展

早期的地下工程建设完全依靠经验，直到19世纪初才逐渐形成了自己的计算理论，开始用于指导地下结构的设计与施工。地下结构设计计算理论的发展与围岩稳定和围岩压力理论、可靠度理论、钢筋混凝土结构基本理论和工程数值计算理论等的发展密不可分。

在地下结构计算理论形成初期，人们仅仅仿照地面建筑结构的计算方法进行地下结构计算，这些方法可归类为荷载-结构法，包括框架结构的内力计算、直墙拱结构的内力计算等。然而，地下结构所处的环境条件与地面结构完全不同，引用地面结构的设计理论和方法来解决地下工程中所遇到的各种问题，常常难以正确地阐述地下工程中出现的各种力学现象。经过较长时间的实践，人们逐渐认识到地下结构与地面结构有不同的受力和变形特点，地层和结构是一个受力整体，地层对结构受力变形的约束作用不可忽视。到20世纪中期，随着新型支护（复合支护）结构的出现，岩土力学、工程材料、可靠度理论、测试仪器、计算机技术和数值分析方法的发展，大大推动了地下结构工程的研究和发展，地下结构工程正逐渐发展成一门完善的学科。地下结构计算理论的发展大致可以分为四个阶段，见表4-1。

表4-1　地下结构计算理论的发展阶段

发展阶段	形成时间	形成背景	代表理论及观点	优缺点
刚性结构阶段	19世纪早期	地下结构大多是以砖石材料砌筑的拱形圬工结构，这类建筑材料的抗拉强度很低，且结构中存在许多接缝，容易产生断裂。为了维持结构的稳定，当时的结构截面积都拟定得很大，结构受力后产生的弹性变形较小，近似刚性结构	压力线理论：该理论认为地下结构是由一些刚性块体组成的拱形结构，所受的主动荷载是地层压力；当地下结构处于极限平衡状态时，它是由绝对刚体组成的三铰拱静定体系，铰的位置分别假设在墙底和拱顶，其内力可按静力学原理进行计算	该计算理论没有考虑围岩自身的承载能力。由于当时地下工程埋置深度不大，因而曾一度认为该理论是正确的。压力线假设的计算方法缺乏理论依据，通常情况下偏保守，所设计的衬砌厚度将偏大很多
弹性结构阶段	19世纪后期至20世纪中期	混凝土和钢筋混凝土材料陆续出现并用于建造地下工程，使地下结构具有较好的整体性。开始将地下结构视为弹性连续拱形框架，用超静定结构力学方法计算结构内力。作用在结构上的荷载为主动地层压力，并考虑了地层对结构的弹性反力约束	松动压力理论：该计算理论认为当地下结构埋置深度较大时，作用在结构上的围岩压力不是上覆地层的重力，而只是围岩塌落体积内松动岩体的重力，即松动压力	由于当时的掘进和支护所需时间较长，支护与围岩之间不能及时紧密相贴，致使围岩最终有一部分破坏、塌落，形成松动围岩压力。但并没有认识到这种塌落并不是形成围岩压力的唯一来源，也不是所有的情况都会发生塌落，更没有认识到通过稳定围岩，可以发挥围岩的自身承载能力

续表 4-1

发展阶段	形成时间	形成背景	代表理论及观点	优缺点
连续介质阶段	20 世纪中期以来	人们认识到地下结构与地层是个受力整体。随着岩体力学的发展，用连续介质力学理论计算地下结构内力的方法也逐渐发展。围岩的弹性、弹塑性及黏弹性解答逐渐出现	连续介质力学理论：该理论以岩体力学原理为基础，认为坑道开挖后向硐室内变形而释放的围岩压力将由支护结构与围岩组成的地下共同体承受。一方面围岩本身由于支护结构提供了一定的支护阻力，从而引起它的应力调整达到新的平衡；另一方面，由于支护结构阻止围岩变形，它必然要受到围岩给予的反作用力而发生变形	该理论较好地反映了支护与围岩的共同作用，符合地下结构的力学行为。但是，由于岩土的计算参数难以准确获得，如初始地应力、岩体力学参数及施工因素等；另外，对岩土材料的本构关系与围岩的破坏失稳准则的认识仍有不足。因此，目前根据共同作用所得的计算结果一般也只能作为设计的参考依据
现代支护理论阶段	20 世纪中期以来	锚杆与喷射混凝土一类新型支护的出现和与此相应的一整套新奥地利隧道设计施工方法的兴起，终于形成了以岩土力学原理为基础，考虑支护与围岩共同作用的地下工程现代支护理论	新奥法设计理论：该理论认为围岩本身具有“自承”能力，如果能采用正确的设计施工方法，最大限度地发挥这种自承能力，可以达到最好的经济效果	新奥法在设计理论上还不很成熟，目前常用的方法是先用经验统计类比的方法做事先设计，再在施工过程中不断检测围岩应力应变状况，按其发展规律不断调整支护措施，即基于实测的动态反馈设计

目前地下工程中主要使用的工程类比设计法，正在向着定量化、精确化和科学化方向发展。与此同时，在地下结构设计中应用可靠性理论，推行概率极限状态设计研究方面也取得了重要进展。采用动态可靠度分析法，即利用现场监测信息，从反馈信息的数据推测地下结构的稳定可靠度，从而对支护结构进行优化设计，是完善地下结构设计的合理途径。考虑各主要影响因素及准则本身的随机性，可将判别方法引入可靠度范畴。在计算分析方法研究方面，随机有限元（包括摄动法、纽曼法、最大熵法和响应面法等）、蒙特-卡罗模拟、随机块体理论和随机边界元法等一系列新的地下工程支护结构理论分析方法近年来都有了较大的发展。

应当看到，由于岩土体的复杂性，地下结构设计理论还处在不断发展阶段，各种设计方法还需要不断提高和完善。后期出现的设计计算方法一般并不否定前期成果，各种计算方法都有其比较适用的一面，但又各自带有一定的局限性。设计者在选择计算方法时，应对其有深入的了解和认识。

4.1.2 地下结构的设计模型

20 世纪 70 年代以来，各国学者在发展地下结构计算理论的同时，还致力于探索地下结构的设计模型。与地面结构不同，设计地下结构不能完全依赖计算。这是因为岩土介质在漫长的地质年代中经历过复杂的地质构造运动和外动力地质作用，影响岩土介质物理力学性质的因素很多，而这些因素至今还没有完全被人们认识，因此理论计算结果与实际常常有较大出入，很难用作确切的设计依据。在进行地下结构设计时仍需依赖经验和实践，建立地下结构设计模型仍然面临较大困难。

国际隧道协会（ITA）在1978年成立了隧道结构设计模型研究组，收集和汇总了各会员国目前采用的地下结构设计方法，见表4-2。经过总结，国际隧道协会认为可将其归纳为以下四种模型：

（1）以参照已往隧道工程的实践经验进行工程类比为主的经验设计法。

（2）以现场量测和实验室实验为主的实用设计方法，例如以硐周位移量测值为依据的收敛-限制法。

（3）作用-反作用模型，例如对弹性地基圆环和弹性地基框架建立的计算法等。

（4）连续介质模型，包括解析法和数值法，解析法中有封闭解，也有近似解。

表4-2 各国采用的地下结构设计方法

国家＼方法	盾构开挖的软土质隧道	锚喷钢拱支撑的软土质隧道	中硬岩质的深埋隧道	明挖施工的框架结构
奥地利	弹性地基圆环	弹性地基圆环、有限元法、收敛-约束法	经验法	弹性地基框架
德国	覆盖层厚度小于 $2D$，采用顶部无支撑的弹性地基圆环；覆盖层厚度大于 $3D$，采用全支撑弹性地基圆环；有限元法		全支撑弹性地基圆环、有限元法、连续介质和收敛法	弹性地基框架（底部压力分布简化）
法国	弹性地基圆环、有限元法	有限元法、经验法、作用-反作用模型	连续介质模型、收敛法、经验法	—
日本	局部支撑弹性地基圆环	局部支撑弹性地基圆环、经验法加测试、有限元法	弹性地基框架、有限元法、特征曲线法	弹性地基框架、有限元法
中国	自由变形或弹性地基圆环	初期支护：有限元法、收敛法 二次支护：弹性地基圆环	初期支护：经验法 永久支护：作用-反作用模型 大型硐室：有限元法	弯矩分配法解闭合框架
瑞士	—	作用-反作用模型	有限元法、收敛法	—
英国	弹性地基圆环、缪尔伍德法	收敛-约束法	有限元法、收敛限制法、经验法	矩形框架
美国	弹性地基圆环	弹性地基圆环、作用-反作用模型	弹性地基圆环、Proctor-White方法、有限元法、锚杆经验法	弹性地基上的连续框架

按照多年来地下结构设计的实践经验，我国采用的设计方法可近似分为以下四种设计模型：

（1）荷载-结构模型。荷载-结构模型采用荷载-结构法计算衬砌结构内力，并据以进行构件截面设计。其中衬砌结构承受的荷载主要是硐室开挖引起的松动围岩自重产生的地层压力。这一方法与地面结构设计习惯采用的方法基本一致，区别是计算衬砌内力时需考虑周围地层介质对结构变形的约束作用。

（2）地层-结构模型。地层-结构模型的计算理论即为地层-结构法，其原理是将衬砌和地层视为整体，在满足变形协调的条件下分别计算衬砌结构内力和地层压力，并据以验算围岩的稳定性和进行构件截面设计。

(3) 经验类比模型。由于地下结构的设计计算受到多种复杂因素的影响，致使衬砌结构内力分析即使采用了比较严密的理论，计算结果的合理性仍需借助经验类比予以判断和完善，因此，经验设计法往往占据一定的位置。经验类比模型则是完全依靠经验设计地下结构的设计模型。

(4) 收敛-限制模型。收敛-限制模型的计算理论也是地层-结构法，其设计方法则常称为收敛-限制法，或称特征线法，如图4-1所示。

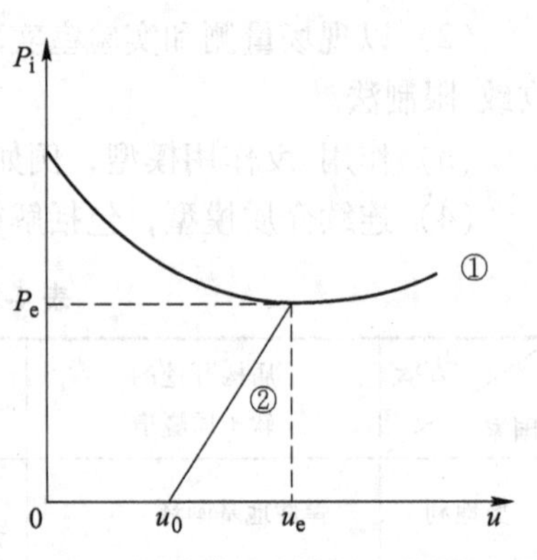

图4-1　收敛-限制法原理示意图

图4-1中纵坐标表示衬砌结构承受的地层压力，横坐标表示硐周的径向位移，一般都以拱顶为准测读计算。曲线①为地层收敛线，曲线②为支护特征线，两条曲线的交点的纵坐标（P_e）即为作用在支护结构上的最终地层压力，横坐标（u_e）则为衬砌变形的最终位移。一般情况下，硐室开挖后需隔一段时间才施筑衬砌，图4-1中以u_0表示硐周地层在衬砌修筑前已经发生的初始变形。

当前，我国地下结构设计计算主要采用前三种模型，即荷载-结构模型、地层-结构模型和经验类比模型。我国工程界对地下结构设计较为注重理论计算，从衬砌与地层的相互作用方式差异来看，封闭解析解与数值计算法都可分别归属于荷载-结构法和地层-结构法，除了确有经验可供类比的工程外，在地下结构的设计过程中一般都要进行受力计算分析。荷载-结构法仍然是我国目前广为采用的一种地下结构计算方法，主要适用于软弱围岩中的浅埋隧道；地层-结构法虽仍处于发展阶段，但目前一些重要的或大型特定工程的研究分析中也普遍采用。

4.2　荷载-结构法

荷载-结构模型认为地层对结构的作用只是产生作用在地下结构上的荷载（包括主动地层压力和被动地层抗力），衬砌在荷载作用下产生内力和变形，与其相应的计算方法称为荷载-结构法。早年常用的弹性连续框架（含拱形构件）法、假定抗力法和弹性地基梁（含曲梁）法等都可归属于荷载-结构法。其中假定抗力法和弹性地基梁法都形成了一些经典计算法，而类属弹性地基梁法的计算按采用不同地层变形理论又可分为局部变形理论计算法和共同变形理论计算法，其中局部变形理论因计算过程较为简单而常用。

这里重点介绍《公路隧道设计规范》(JTG 3370.1—2018) 中的计算方法。

4.2.1　设计原理

荷载-结构模型的设计原理：认为隧道开挖后地层的作用主要是对衬砌结构产生荷载，衬砌结构应能安全可靠地承受地层压力等荷载的作用。计算时先按地层分类法或由实用公式确定地层压力，然后按弹性地基上结构物的计算方法计算衬砌结构内力，并进行结构截面设计。

4.2.2 计算方法

4.2.2.1 基本未知量与基本方程

取衬砌结构节点的位移为基本未知量，由最小势能原理或变分原理可得衬砌结构系统整体求解时的平衡方程为：

$$[K]\{\delta\} = \{Q\} \tag{4-1}$$

式中，$\{\delta\}$ 为由衬砌结构节点位移组成的列向量；$\{Q\}$ 为由衬砌结构节点荷载组成的列向量；$[K]$ 为衬砌结构的整体刚度矩阵，包括弹性地基刚度矩阵 $[K_S]$ 和衬砌结构刚度矩阵 $[K_b]$。

衬砌结构系统的整体矩阵 $\{Q\}$、$[K]$ 和 $\{\delta\}$ 可由单元荷载矩阵 $\{Q\}^e$、单元刚度矩阵 $K^{(e)}$ 和单元位移矩阵 $\{\delta\}^e$ 组装而成，故在采用有限元方法进行分析时，需先划分单元，建立单元刚度矩阵 $K^{(e)}$ 和单元荷载矩阵 $\{Q\}^e$。

隧道衬砌结构轴线形状为弧形时，可用折线单元模拟曲线。划分单元时，只需确定杆件单元的长度，杆件厚度就是衬砌结构厚度 d。取杆件单元宽度为 1m，相应的杆件横截面积 $A=d\times 1\text{m}$，截面抗弯惯性矩为 $I=\dfrac{1}{12}d^3$，杆件弹性模量 E 为衬砌混凝土的弹性模量。

4.2.2.2 弹性地基梁的单元刚度矩阵

考虑地层弹性抗力的衬砌结构内力计算时，一般采用弹性地基梁单元，即由梁单元和弹性地基单元综合而成。

（1）梁单元的刚度方程。轴力杆单元的单元刚度矩阵为：

$$K_1^{(e)} = \frac{EA}{l}\begin{bmatrix} 1 & -1 \\ -1 & 1 \end{bmatrix} \tag{4-2}$$

式中，E、A、l 分别为杆单元弹性模量、杆单元截面积和单元长度。

纯梁单元的单元刚度矩阵为：

$$K_2^{(e)} = \frac{EI}{l^3}\cdot\begin{bmatrix} 12 & 6l & -12 & 6l \\ 6l & 4l^2 & -6l & 2l^2 \\ -12 & -6l & 12 & -6l \\ 6l & 2l^2 & -6l & 4l^2 \end{bmatrix} \tag{4-3}$$

式中，I 为杆单元的截面惯性矩。

所以，综合式（4-2）和式（4-3），可得到梁单元的单元刚度矩阵为：

$$K^{(e)} = K_1^{(e)} + K_2^{(e)} = \alpha\begin{bmatrix} \beta & 0 & 0 & -\beta & 0 & 0 \\ 0 & 12 & 6l & 0 & -12 & 6l \\ 0 & 6l & 4l^2 & 0 & -6l & 2l^2 \\ -\beta & 0 & 0 & \beta & 0 & 0 \\ 0 & -12 & -6l & 0 & 12 & -6l \\ 0 & 6l & 2l^2 & 0 & -6l & 4l^2 \end{bmatrix} \tag{4-4}$$

其中 $\alpha=\dfrac{EI}{l^3}$，$\beta=\dfrac{Al^2}{I}$。

即梁（考虑拉压、弯曲变形）的单元刚度方程为

$$\{F\}^{e}=K^{(e)}\ \{\delta\}^{e};即\begin{Bmatrix}F_{xi}\\F_{yi}\\M_i\\F_{xj}\\F_{yj}\\M_j\end{Bmatrix}=K^{(e)}\begin{Bmatrix}u_i\\v_i\\\theta_i\\u_j\\v_j\\\theta_j\end{Bmatrix} \tag{4-5}$$

所以，梁的总刚度方程为：

$$\{F\}=[K_b]\{\delta\} \tag{4-6}$$

（2）地基单元的刚度方程。设梁长为 L、宽为 b 的弹性地基梁，将梁划分为 n 个单元，并将梁底地基土也划分成同长度的地基单元，使梁底地基单元的中心与相应的梁单元节点位于同一垂直线上，并假定同一梁底单元上的地基反力均匀分布，即连续分布的梁底反力用阶梯形分布的反力代替。

设梁底 j 单元的地基集中反力为 P_j，并设 f_{ij} 表示由于 $P_j=1$ 的作用在梁底 i 单元的中心产生的地基竖向变形，则梁底各单元的地基竖向变形 $\{S\}$ 与梁底集中反力 $\{P\}$ 之间的关系为：

$$\begin{Bmatrix}S_1\\S_2\\\vdots\\S_i\\\vdots\\S_n\end{Bmatrix}=\begin{bmatrix}f_{11}&f_{12}&\cdots&f_{1i}&\cdots&f_{1n}\\f_{21}&f_{22}&\cdots&f_{2i}&\cdots&f_{2n}\\\vdots&\vdots&\vdots&\vdots&\vdots&\vdots\\f_{i1}&f_{i2}&\cdots&f_{ii}&\cdots&f_{in}\\\vdots&\vdots&\vdots&\vdots&\vdots&\vdots\\f_{n1}&f_{n2}&\cdots&f_{ni}&\cdots&f_{nn}\end{bmatrix}\begin{Bmatrix}P_1\\P_2\\\vdots\\P_i\\\vdots\\P_n\end{Bmatrix} \tag{4-7}$$

即：

$$\{S\}=[f]\{P\} \tag{4-8}$$

将柔度矩阵 $[f]$ 取逆，得到

$$\{P\}=[f]^{-1}\{S\}=[K_S]\{S\} \tag{4-9}$$

式中，$[K_S]$ 为地基刚度矩阵。

柔度矩阵 $[f]$ 的各系数对于不同的地基模型，其值不同，文克勒地基、弹性半空间地基、分层地基等均按式（4-7）进行计算柔度系数 f_{ij}。

（3）文克勒地基的单元刚度。弹性地基单元的变形能 $I_d^{(e)}$

$$I_d^{(e)}=\frac{1}{2}\cdot\int k_d\cdot\omega^2\cdot dx \tag{4-10}$$

式中，k_d 为地基法向刚度系数；ω 为地基的法向变形。

由于有

$$\left.\begin{aligned}&\omega=[N]\cdot\{\delta\}\\&\omega^2=\{\delta\}^T[N]^T[N]\{\delta\}\end{aligned}\right\} \tag{4-11}$$

式中，$[N]$ 为地基单元位移形函数矩阵；$\{\delta\}$ 为地基单元节点位移向量。

所以

$$I_d^{(e)} = \frac{1}{2} \cdot \int \{\delta\}^T [N]^T k_d \cdot [N] \{\delta\} \cdot dx \tag{4-12}$$

对 $I_d^{(e)}$ 取极值后得到地基对整个结构体系的刚度矩阵的贡献为附加地基刚度：

$$K_D^{(e)} = \int [N]^T k_d [N] dx \tag{4-13}$$

（4）地基梁的总刚度方程。总刚度方程由梁节点外荷载向量 $\{Q\}$ 的节点平衡条件可得：

$$\{Q\} - \{P\} = \{F\} \tag{4-14}$$

将式（4-6）、式（4-9）代入式（4-14）有：

$$\{Q\} = [K_b]\{\delta\} + [K_S]\{S\} \tag{4-15}$$

根据节点变形协调条件，梁节点的竖向位移应等于该节点处的地基竖向变形，由于地基土的转角等于零，因此，若将地基刚度矩阵 $[K_S]$ 扩充，使相应转角等于 0，就能将梁刚度矩阵 $[K_b]$ 和地基刚度矩阵 $[K_S]$ 相加，成为地基梁的总刚度矩阵 $[K]$。

得到：

$$\{Q\} = ([K_S] + [K_b])\{\delta\} = [K]\{\delta\} \tag{4-16}$$

4.2.2.3　结构体系的总刚度矩阵

对于整体结构而言，各单元采用的局部坐标系均不相同，故在建立整体刚度矩阵时，需按照式（4-17）将局部坐标系建立的单元刚度矩阵 $K^{(e)}$ 转换成结构整体坐标系中的单元刚度矩阵 $[K]^{(e)}$。

$$[K]^{(e)} = [T]^T K^{(e)} [T] \tag{4-17}$$

$$[T] = \begin{bmatrix} \cos\theta & \sin\theta & 0 & 0 & 0 & 0 \\ -\sin\theta & \cos\theta & 0 & 0 & 0 & 0 \\ 0 & 0 & 1 & 0 & 0 & 0 \\ 0 & 0 & 0 & \cos\theta & \sin\theta & 0 \\ 0 & 0 & 0 & -\sin\theta & \cos\theta & 0 \\ 0 & 0 & 0 & 0 & 0 & 1 \end{bmatrix} \tag{4-18}$$

式中，θ 为局部坐标系与整体坐标系之间的夹角；$[T]^T$ 为 $[T]$ 的转置矩阵。

应予指出，深埋隧道中的整体式衬砌、浅埋隧道中的整体或复合式衬砌及明洞衬砌等应采用荷载-结构法计算。此外，采用荷载-结构法计算隧道衬砌的内力和变形时，应通过考虑弹性抗力等体现岩土体对衬砌结构变形的约束作用。对回填密实的衬砌结构可采用局部变形理论确定弹性抗力的大小和分布。

4.3　地层-结构法

地层-结构模型把地下结构与围岩作为一个受力变形的整体，按照连续介质力学原理来计算地下结构以及围岩的变形；不仅计算出衬砌结构的内力和变形，而且计算围岩的应力和变形，充分考虑围岩与地下结构的相互作用。但是由于周围地层及围岩与结构相互作用的复杂性，地层-结构模型目前尚处于发展阶段，在很多工程的应用中仅作为一种辅助手段。由于地层-结构法相对荷载-结构法更能充分考虑地下结构与围岩的相互作用，结合具体的施工过程可以充分模拟地下结构以及围岩的施工力学行为，使结构内力及围岩变形更能符合工程实际。因此，地层-结构法将有更好的发展空间和前景。

地层-结构法主要包括以下几部分内容：围岩的合理化模拟、衬砌结构模拟、施工过程模拟、施工过程中围岩与地下结构相互作用、围岩-结构相互作用的模拟。

4.3.1 设计原理

地层-结构法的设计原理：将衬砌和地层视为共同受力的整体，在满足变形协调条件的前提下分别计算衬砌内力与地层压力，并据以验算围岩的稳定性和进行构件截面设计。目前计算方法以有限单元法为主，适用于设计构筑在软岩或较稳定的地层内的地下结构。

4.3.2 初始地应力计算

根据第 2 章初始地应力的计算方法，初始自重应力和构造应力可按下述步骤计算。

（1）初始自重应力。初始自重应力通常采用有限元方法或给定水平侧压力系数的方法计算。

1）有限元方法，即初始自重应力由有限元方法算得，并将其转化为等效节点荷载。

2）给定水平侧压力系数法，即在给定水平侧压力系数 K_0 后，按下式计算初始自重地应力：

$$\sigma_z^g = \sum \gamma_i H_i \tag{4-19}$$

$$\sigma_x^g = K_0(\sigma_z^g - p_w) + p_w \tag{4-20}$$

式中，σ_z^g、σ_x^g 分别为竖直方向和水平方向的初始自重应力；γ_i 为计算点以上第 i 层岩石的重度；H_i 为计算点以上第 i 层岩石的厚度；p_w 计算点的孔隙水压力。

在不考虑地下水头变化的条件下，p_w 由计算点的静水压力确定，即 $p_w=\gamma_w H_w$（γ_w 为地下水的重度，H_w 为地下水的水位差）。

（2）构造应力。构造地应力可假设为均布或线性分布应力，假设主应力作用方向保持不变，则二维平面应变的普遍表达式为：

$$\begin{cases} \sigma_x^S = a_1 + a_4 z \\ \sigma_z^S = a_2 + a_5 z \\ \tau_{xz}^S = a_3 \end{cases} \tag{4-21}$$

式中，$a_1 \sim a_5$为常数；z 为竖向坐标（深度）。

（3）初始地应力。将初始自重应力 σ^g 与构造应力 σ^S 叠加，即得到初始地应力 σ^0。

4.3.3 本构模型

4.3.3.1 岩土材料

A 线性弹性模型

对于横观各向同性弹性体，其应力增量可表示为：

$$\{\Delta\sigma\}=\begin{Bmatrix}\Delta\sigma_x\\ \Delta\sigma_y\\ \Delta\sigma_z\\ \Delta\tau_{xy}\\ \Delta\tau_{yz}\\ \Delta\tau_{zx}\end{Bmatrix}=\begin{bmatrix}\lambda n(1-n\mu'^2) & \lambda n(\mu+n\mu'^2) & \lambda n\mu'(1+\mu) & 0 & 0 & 0\\ \lambda n(\mu+n\mu'^2) & \lambda n(1-n\mu'^2) & \lambda n\mu'(1+\mu) & 0 & 0 & 0\\ \lambda n\mu'(1+\mu) & \lambda n\mu'(1+\mu) & \lambda(1-\mu^2) & 0 & 0 & 0\\ 0 & 0 & 0 & G' & 0 & 0\\ 0 & 0 & 0 & 0 & G' & 0\\ 0 & 0 & 0 & 0 & 0 & \dfrac{E}{2(1+\mu)}\end{bmatrix}\cdot\begin{Bmatrix}\Delta\varepsilon_x\\ \Delta\varepsilon_y\\ \Delta\varepsilon_z\\ \Delta\gamma_{xy}\\ \Delta\gamma_{yz}\\ \Delta\gamma_{zx}\end{Bmatrix} \tag{4-22}$$

式中，$n=\dfrac{E}{E'}$；$\lambda=\dfrac{E'}{(1+\mu)\ (1-\mu-2n\mu'^2)}$；$E$、$\mu$ 为平行于横观各向同性面的弹性模量和泊松比；E'、μ'为垂直横观各向同性面的弹性模量和泊松比；G'为垂直横观各向同性面的剪切模量。

对于平面应变问题，式（4-22）退化到各向同性弹性材料的应力-应变增量关系可表示为：

$$\{\Delta\sigma\}=\begin{Bmatrix}\Delta\sigma_x\\ \Delta\sigma_z\\ \Delta\tau_{zx}\end{Bmatrix}=[D]\{\Delta\varepsilon\}=\frac{E(1-\mu)}{(1+\mu)(1-2\mu)}\begin{bmatrix}1 & \dfrac{\mu}{1-\mu} & 0\\ \dfrac{\mu}{1-\mu} & 1 & 0\\ 0 & 0 & \dfrac{1-2\mu}{2(1-\mu)}\end{bmatrix}\begin{Bmatrix}\Delta\varepsilon_x\\ \Delta\varepsilon_z\\ \Delta\gamma_{zx}\end{Bmatrix} \tag{4-23}$$

B　非线性弹性模型（邓肯-张模型）

非线性弹性模型中最典型的就是邓肯-张模型，假设岩土材料的应力-应变关系呈双曲线形，如图 4-2 所示。

a　切线变形模量 E_t

在常规三轴压缩（$\sigma_2=\sigma_3$、$\varepsilon_a=\varepsilon_1$）试验中，康纳（Kondner）和邓肯等人认为应力-应变关系呈双曲线型，如图 4-2（a）所示，即

$$\sigma_1-\sigma_3=\frac{\varepsilon_1}{a+b\varepsilon_1} \tag{4-24}$$

式中，$\sigma_1-\sigma_3$ 为偏应力（σ_1 和 σ_3 分别为某点的最大和最小主应力，常规三轴试验中 σ_1

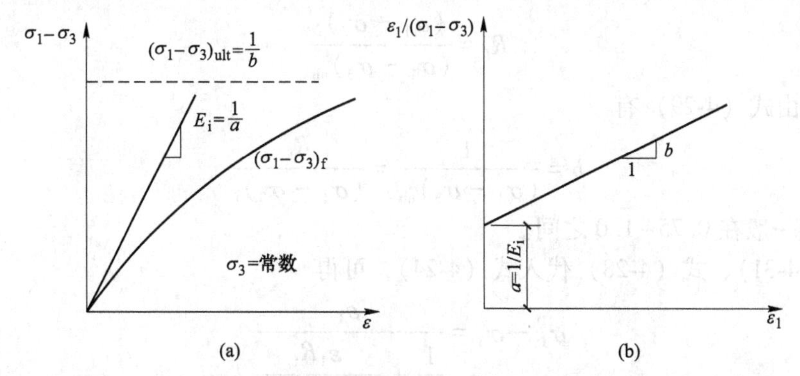

图 4-2　岩土材料的双曲线型应力-应变关系

为轴向压力，σ_3 为围压，是常规三轴试验中通常先在试样三个方向施加的压力）；ε_1 为常规三轴试验中的轴向主应变；a 和 b 均为试验参数，对于确定的周围压力 σ_3，其值为常数。

将常规三轴压缩试验结果按照$\dfrac{\varepsilon_1}{\sigma_1-\sigma_3}\sim\varepsilon_1$ 的关系进行整理，则二者近似成直线关系，如图 4-2（b）所示，该直线方程为

$$\frac{\varepsilon_1}{\sigma_1-\sigma_3}=a+b\varepsilon_1 \tag{4-25}$$

式中，a、b 分别为直线的截距和斜率，如图 4-2（b）所示。

根据切线模量 E_t 的定义，可以得到

$$E_t=\frac{d(\sigma_1-\sigma_3)}{d\varepsilon_1} \tag{4-26}$$

在常规三轴压缩试验过程中，保持围压不变，即 $\sigma_3=\sigma_2=C$（常数），也就是有 $d\sigma_3=d\sigma_2=0$，根据式（4-24）的表达，式（4-26）可以写成

$$E_t=\frac{d(\sigma_1-\sigma_3)}{d\varepsilon_1}=\frac{d\sigma_1}{d\varepsilon_1}=\frac{1\times(a+b\varepsilon_1)-\varepsilon_1 b}{(a+b\varepsilon_1)^2}=\frac{a}{(a+b\varepsilon_1)^2} \tag{4-27}$$

在试验的起点，$\varepsilon_1=0$，如图 4-2（a）所示，则切线变形模量 E_t 为起始切线变形模量 E_i，则

$$E_i=\frac{1}{a} \tag{4-28}$$

式（4-28）表明试验参数 a 的物理意义是起始切线变形模量 E_i 的倒数。

在式（4-24）中，当 $\varepsilon_1\to\infty$ 时，有

$$(\sigma_1-\sigma_3)_{ult}=\frac{1}{b} \tag{4-29}$$

式（4-29）表明试验参数 b 的物理意义是双曲线应力-应变关系的渐近线所对应的极限偏应力 $(\sigma_1-\sigma_3)_{ult}$ 的倒数。

由图 4-2（b）的直线很容易确定 a、b 值，从而得到在 σ_3 作用下的 E_i 和 $(\sigma_1-\sigma_3)_{ult}$。

在常规三轴压缩试验过程中，如果应力-应变曲线近似于双曲线关系，通常是根据一定的轴向应变值（如 $\varepsilon_1=15\%$）来确定试样破坏时的主应力差 $(\sigma_1-\sigma_3)_f$，而不可能在试验中使 ε_1 无限大，求得 $(\sigma_1-\sigma_3)_{ult}$；对于应力-应变曲线有峰值点的情况，取破坏时的主应力差 $(\sigma_1-\sigma_3)_f=(\sigma_1-\sigma_3)_{峰}$，这样，总有 $(\sigma_1-\sigma_3)_f<(\sigma_1-\sigma_3)_{ult}$。定义破坏比 R_f 为

$$R_f=\frac{(\sigma_1-\sigma_3)_f}{(\sigma_1-\sigma_3)_{ult}} \tag{4-30}$$

所以，由式（4-29）有

$$b=\frac{1}{(\sigma_1-\sigma_3)_{ult}}=\frac{R_f}{(\sigma_1-\sigma_3)_f} \tag{4-31}$$

R_f 的值一般在 0.75~1.0 之间。

将式（4-31）、式（4-28）代入式（4-24），可得

$$\sigma_1-\sigma_3=\frac{\varepsilon_1}{\dfrac{1}{E_i}+\dfrac{\varepsilon_1 R_f}{(\sigma_1-\sigma_3)_f}} \tag{4-32}$$

将式（4-31）、式（4-28）代入式（4-27），可得

$$E_t = \frac{1}{E_i} \frac{1}{\left[\frac{1}{E_i} + \frac{R_f \varepsilon_1}{(\sigma_1 - \sigma_3)_f}\right]^2} \tag{4-33}$$

式（4-33）中，用应变 ε_1 表示切线变形模量 E_t，使用时不够方便，可以用偏应力（σ_1-σ_3）来表示 E_t，从式（4-25）可以得到

$$\varepsilon_1 = \frac{a(\sigma_1 - \sigma_3)}{1 - b(\sigma_1 - \sigma_3)} \tag{4-34}$$

将式（4-34）代入式（4-33），可得

$$E_t = \frac{1}{a\left[\frac{1}{1 - b(\sigma_1 - \sigma_3)}\right]^2} = E_i\left[1 - R_f \frac{\sigma_1 - \sigma_3}{(\sigma_1 - \sigma_3)_f}\right]^2 \tag{4-35}$$

根据摩尔-库仑强度准则，有

$$(\sigma_1 - \sigma_3)_f = \frac{2c\cos\varphi + 2\sigma_3\sin\varphi}{1 - \sin\varphi} \tag{4-36}$$

据研究，认为 $\lg\left(\frac{E_i}{p_a}\right)$ 与 $\lg\left(\frac{\sigma_3}{p_a}\right)$ 近似成线性关系，如图 4-3 所示。

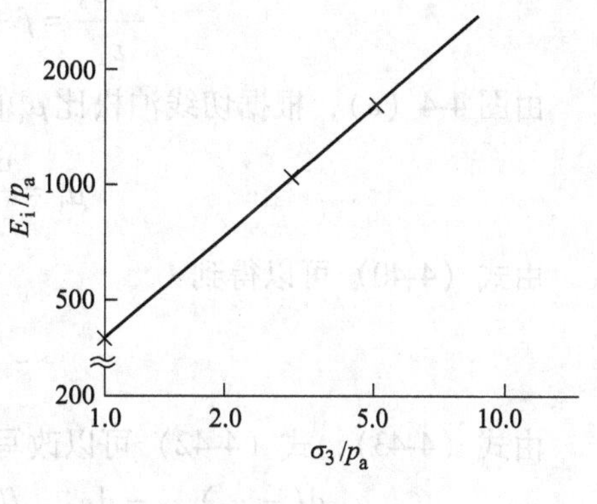

图 4-3　中密砂土 $\lg(E_i/p_a) \sim \lg(\sigma_3/p_a)$ 之间的试验关系

所以有

$$\lg\left(\frac{E_i}{p_a}\right) = \lg K + n\lg\left(\frac{\sigma_3}{p_a}\right) \tag{4-37}$$

即

$$E_i = K \cdot p_a \left(\frac{\sigma_3}{p_a}\right)^n \tag{4-38}$$

式中，p_a 为大气压，$p_a = 101.4\text{kPa}$，量纲与 σ_3 相同；K、n 为试验常数，即图 4-3 中直线的截距和斜率。将式（4-38）代入式（4-35），有

$$E_t = K \cdot p_a \left(\frac{\sigma_3}{p_a}\right)^n \left[1 - \frac{R_f(1 - \sin\varphi)(\sigma_1 - \sigma_3)}{2c\cos\varphi + 2\sigma_3\sin\varphi}\right]^2 \tag{4-39}$$

式中，φ、c 分别为土的内摩擦角、黏聚力；R_f、K、n 由三轴试验确定；p_a 为大气压力。

b　切线泊松比 μ_t

邓肯等人根据一些三轴压缩试验资料，假定在常规三轴压缩试验中轴向应变 ε_1 与侧向应变 $-\varepsilon_3$ 之间也存在双曲线关系，如图 4-4（a）所示。

所以有

$$\varepsilon_1 = \frac{-\varepsilon_3}{f + D(-\varepsilon_3)} \tag{4-40}$$

同理，将常规三轴压缩试验的结果按照 $\frac{-\varepsilon_3}{\varepsilon_1} \sim -\varepsilon_3$ 的关系进行整理，则二者近似呈直线关系，如图 4-4（b）所示，该直线方程为

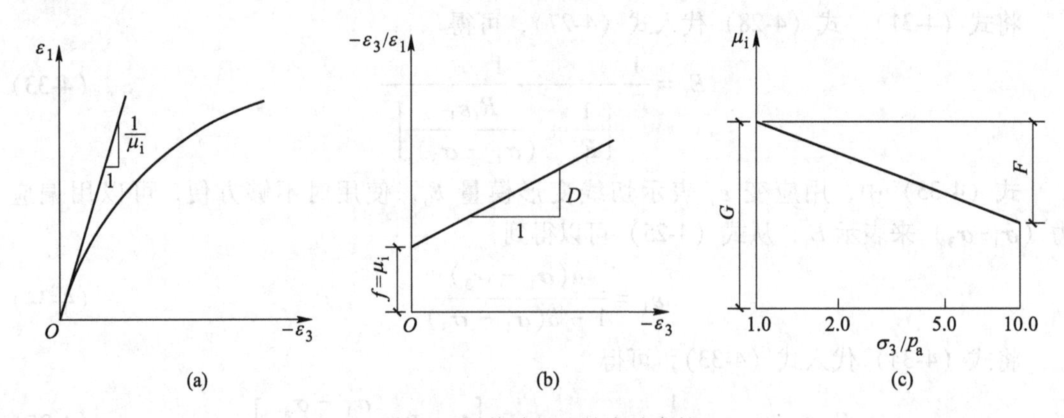

图 4-4 切线泊松比的有关参数

（a）$\varepsilon_1 \sim -\varepsilon_3$ 之间的双曲线；（b）$-\varepsilon_3/\varepsilon_1 \sim -\varepsilon_3$ 之间的线性关系；（c）$\mu_i \sim \lg(\sigma_3/p_a)$ 之间的线性关系

$$\frac{-\varepsilon_3}{\varepsilon_1} = f + D(-\varepsilon_3) = f - D\varepsilon_3 \tag{4-41}$$

由图 4-4（a），根据切线泊松比 μ_t 的定义，可以得到

$$\mu_t = \frac{d(-\varepsilon_3)}{d\varepsilon_1} = \frac{-d\varepsilon_3}{d\varepsilon_1} \tag{4-42}$$

由式（4-40）可以得到

$$-\varepsilon_3 = \frac{f\varepsilon_1}{1 - D\varepsilon_1} \tag{4-43}$$

由式（4-43），式（4-42）可以改写为

$$\mu_t = \frac{d(-\varepsilon_3)}{d\varepsilon_1} = \frac{-d\varepsilon_3}{d\varepsilon_1} = \frac{f(1 - D\varepsilon_1) - f\varepsilon_1(-D)}{(1 - D\varepsilon_1)^2} = \frac{f}{(1 - D\varepsilon_1)^2} \tag{4-44}$$

在试验的起点，$-\varepsilon_3 = 0$，如图 4-4（a）所示，则切线泊松比 $\frac{1}{\mu_t}$ 为起始切线泊松比 $\frac{1}{\mu_i}$，由式（4-41）有

$$\left(\frac{-\varepsilon_3}{\varepsilon_1}\right)_{-\varepsilon_3 \to 0} = f = \mu_i \tag{4-45}$$

式（4-45）表明试验参数 f 的物理意义是起始切线泊松比 μ_i。

在式（4-40）中，当 $-\varepsilon_3 \to \infty$ 时，D 为 $\varepsilon_1 \sim -\varepsilon_3$ 关系曲线的渐近线的倒数，如图 4-4（a）所示。即

$$D = \left(\frac{1}{\varepsilon_1}\right)_{-\varepsilon_3 \to \infty} \tag{4-46}$$

式（4-46）表明试验参数 D 的物理意义是 $\varepsilon_1 \sim -\varepsilon_3$ 关系曲线的渐近线的倒数；D 也是 $\frac{-\varepsilon_3}{\varepsilon_1} \sim -\varepsilon_3$ 直线的斜率。由图 4-4（b）的直线很容易确定截距 f 和斜率 D 的值，从而得到在 σ_3 作用下的起始切线泊松比 μ_i。

试验表明土的初始泊松比 μ_i 与试验时的围压 σ_3 有关，将不同围压 σ_3 下的初始泊松

比μ_i作$\mu_i \sim \lg\left(\frac{\sigma_3}{p_a}\right)$的关系曲线，如图4-4（c）所示，可以发现两者之间成线性关系，可以表达为

$$\mu_i = G - F \cdot \lg\left(\frac{\sigma_3}{p_a}\right) \tag{4-47}$$

式中，G、F分别为直线的截距和斜率，为试验常数。

将式（4-47）代入式（4-44），可以得到

$$\mu_t = \frac{f}{(1 - D\varepsilon_1)^2} = \frac{\mu_i}{(1 - D\varepsilon_1)^2} = \frac{G - F \cdot \lg\left(\frac{\sigma_3}{p_a}\right)}{(1 - D\varepsilon_1)^2} \tag{4-48}$$

式（4-48）中，用应变ε_1表示切线泊松比μ_t，使用时不够方便，可以用偏应力（$\sigma_1 - \sigma_3$）来表示μ_t，从式（4-34）可以得到

$$\varepsilon_1 = \frac{a(\sigma_1 - \sigma_3)}{1 - b(\sigma_1 - \sigma_3)} = \frac{\frac{1}{E_i}(\sigma_1 - \sigma_3)}{1 - \frac{R_f(\sigma_1 - \sigma_3)}{\frac{2c\cos\varphi + 2\sigma_3\sin\varphi}{1 - \sin\varphi}}} = \frac{1}{K \cdot p_a\left(\frac{\sigma_3}{p_a}\right)^n} \frac{\sigma_1 - \sigma_3}{1 - \frac{R_f(\sigma_1 - \sigma_3)}{\frac{2c\cos\varphi + 2\sigma_3\sin\varphi}{1 - \sin\varphi}}} \tag{4-49}$$

将式（4-49）代入式（4-48），可以得到

$$\mu_t = \frac{G - F \cdot \lg\left(\frac{\sigma_3}{p_a}\right)}{(1 - D\varepsilon_1)^2} = \frac{G - F \cdot \lg\left(\frac{\sigma_3}{p_a}\right)}{\left[1 - \frac{D}{K \cdot p_a\left(\frac{\sigma_3}{p_a}\right)^n} \cdot \frac{\sigma_1 - \sigma_3}{1 - \frac{R_f(\sigma_1 - \sigma_3)(1 - \sin\varphi)}{2c\cos\varphi + 2\sigma_3\sin\varphi}}\right]^2} \tag{4-50}$$

式中，G、F、D为三个土材料的试验常数，用于切线泊松比μ_t的计算。加上切线变形模量E_t的φ、c、R_f、K、n五个试验常数，所以，邓肯-张模型共有8个试验常数。

c　模型参数的确定

邓肯-张模型是基于常规三轴压缩试验得到的，8个模型参数可以通过以下方法获得，见表4-3。

表4-3　邓肯-张模型参数的确定方法

常规三轴压缩试验（某σ_3）		不同σ_3下的常规三轴压缩试验	
试验成果曲线	获得参数	试验成果曲线	获得参数
$\frac{\varepsilon_1}{\sigma_1-\sigma_3} \sim \varepsilon_1$直线，即 $\frac{\varepsilon_1}{\sigma_1-\sigma_3} = a + b\varepsilon_1$	$a = \frac{1}{E_i}$	$\lg\left(\frac{E_i}{p_a}\right) \sim \lg\left(\frac{\sigma_3}{p_a}\right)$直线，即 $\lg\left(\frac{E_i}{p_a}\right) = \lg K + n\lg\left(\frac{\sigma_3}{p_a}\right)$	K n
	$b = \frac{1}{(\sigma_1 - \sigma_3)_{ult}}$	摩尔-库仑强度曲线，即 $(\sigma_1 - \sigma_3)_f \sim \varepsilon_1$曲线 $\tau_f = c + \sigma\tan\varphi$	$R_f = \frac{(\sigma_1 - \sigma_3)_f}{(\sigma_1 - \sigma_3)_{ult}}$ c、φ

续表 4-3

常规三轴压缩试验（某 σ_3）		不同 σ_3 下的常规三轴压缩试验	
试验成果曲线	获得参数	试验成果曲线	获得参数
$\frac{-\varepsilon_3}{\varepsilon_1} \sim -\varepsilon_3$ 直线，即 $\frac{-\varepsilon_3}{\varepsilon_1}=f-D\varepsilon_3$	$f=\mu_i$	$\mu_i \sim \lg\left(\frac{\sigma_3}{p_a}\right)$ 直线，即 $\mu_i=G-F\cdot\lg\left(\frac{\sigma_3}{p_a}\right)$	G F
	$D=\left(\frac{1}{\varepsilon_1}\right)_{-\varepsilon_3\to\infty}$		D

邓肯-张模型有以下优点：其双曲线形可以反映土的非线性变形性质，并且在一定程度上可以反映土变形的弹塑性；基于广义胡克定律的弹性理论基础很容易为工程界所接受；模型参数及材料常数不多且物理意义明确，通过常规三轴压缩试验就可以确定，模型参数和材料常数适应性比较广；能用于建筑与地基基础共同作用的研究，并获得与实际相符的结果。所以该模型为工程界所熟悉，并得到广泛应用，成为土的最为普及的本构模型之一。

但是，该模型是建立在增量广义胡克定律基础上的变模量的弹性模型，在计算中要采用增量法，该模型的主要缺点是不能考虑应力路径和剪胀性的影响。除了常规三轴压缩试验以外，其他试验中的 $(\sigma_1-\sigma_3)\sim\varepsilon_1$ 之间的曲线可以用双曲线来描述，但其斜率却不一定就是切线变形模量 E_t，要根据广义胡克定律来推导。比如 σ_3 为常数的平面应变试验，$\frac{d(\sigma_1-\sigma_3)}{d\varepsilon_1}=\frac{E_t}{1-\mu_t^2}$ 而不是切线变形模量 E_t，等等。

C　弹塑性模型

岩土材料的弹塑性本构关系包括以下四个组成部分：屈服条件和破坏条件，确定材料是否塑性屈服和破坏；强化定律，确定屈服后应力状态的变化；流动法则，确定塑性应变的方向；加载和卸载准则，表明材料的工作状态。

地下工程的弹塑性问题很难得到解析解，但有限单元法在这方面却有很成功的应用。

a　屈服条件和破坏条件

所谓屈服条件就是物体内某一点开始产生塑性变形时，其应力所必须满足的条件，屈服条件也称为屈服准则。在复杂应力状态下，屈服条件一般说来应是 6 个应力分量的函数，可表示如下：

$$F(\sigma_x,\sigma_y,\sigma_z,\tau_{xy},\tau_{yz},\tau_{zx})=C \tag{4-51}$$

式中，C 为与材料相关的常数；F 为屈服函数，是一种标量函数。如果某点的 6 个应力分量使 $F<C$，表明该点处于弹性状态；如果 $F=C$，则表明该点处于塑性状态。

对于理想弹塑性材料，材料开始屈服也就是开始破坏，因此，其屈服条件亦即是破坏条件；对于应变硬化（软化）材料，在初始屈服之后，屈服面不断扩大（缩小）或发生平移，因此，这类材料的破坏面是代表极限状态的一个屈服面。

一般考虑的材料是各向同性的，坐标方向的改变对屈服条件没有影响，因此，屈服条件可用主应力 σ_1，σ_2，σ_3 表示，也可用应力张量不变量 I_1，I_2，I_3 表示，或应力偏张量不变量 J_1，J_2，J_3 来表示，如：

$$F(\sigma_1, \sigma_2, \sigma_3) = C \tag{4-52}$$

式（4-52）反映在主应力空间（由主应力 σ_1，σ_2，σ_3 构成的三维空间）内的图像称为屈服面，它是由多个屈服的应力点连接起来所构成的一个空间曲面。屈服面所包围的空间区域称为弹性区，在弹性区内的应力点处于弹性状态，位于屈服面上的应力点处于塑性状态。

在主应力空间中各点均有 $\sigma_1=\sigma_2=\sigma_3$ 的直线称为空间对角线，垂直于空间对角线的任意平面称为 π 平面，显然 π 平面上 $\sigma_1+\sigma_2+\sigma_3=$常数，空间对角线与空间曲面母线组成的平面称为子午平面。屈服面与 π 平面的交线称为 π 平面上的屈服曲线，屈服面与子午平面的交线称为子午平面上的屈服曲线。

对于岩土、混凝土材料，其屈服条件受到静水应力的影响，一般表示如：

$$F(I_1, J_2, J_3) = C \tag{4-53}$$

屈服条件的具体形式见下面介绍的几种常用的岩土类材料屈服准则。

（1）摩尔-库仑（Mohr-Coulomb）屈服准则。根据摩尔-库仑屈服准则，当应力状态达到下列极限时，材料即屈服。

$$\tau_{\max} = c - \sigma\tan\varphi \tag{4-54}$$

式中，$\tau_{\max}$ 为最大剪应力；σ 为作用在同一平面上的正应力，这里以拉应力为正；c 为材料的黏聚力；φ 为材料的内摩擦角。

当 $\sigma_1 \gg \sigma_2 \gg \sigma_3$ 时，式（4-54）在主应力空间内的表达式为

$$F(\sigma_1, \sigma_2, \sigma_3) = \frac{1}{2}(\sigma_1 - \sigma_3) + \frac{1}{2}(\sigma_1 + \sigma_3)\sin\varphi - c\cos\varphi = 0 \tag{4-55}$$

摩尔-库仑屈服准则在主应力空间的屈服面为一不规则的六角锥面，如图 4-5 所示，六角锥的顶点在静水应力轴上；$\sigma_1+\sigma_2+\sigma_3=c\cdot\cot\varphi$；图4-5（b）表示了在 π 平面上的屈服线。

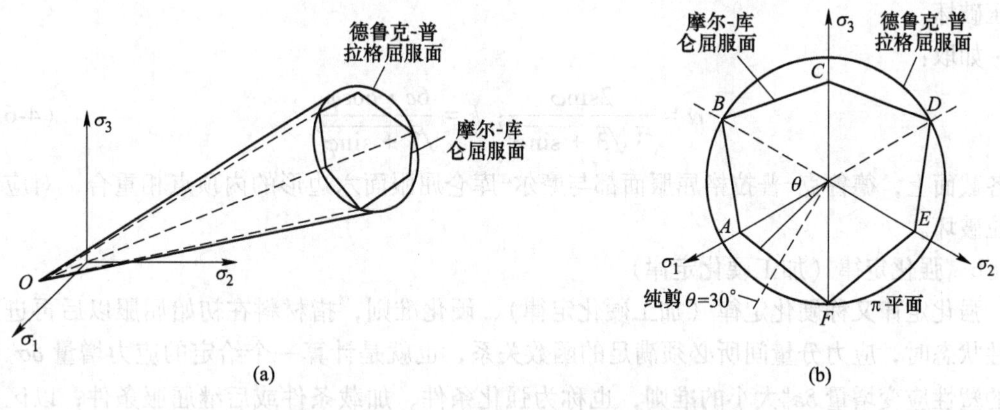

图 4-5　主应力空间及 π 平面上的屈服准则

（a）主应力空间中的屈服面；（b）π 平面上的屈服线

如用应力张量不变量与应力偏张量不变量表示，则摩尔-库仑屈服准则变为：

$$\frac{I_1}{3}\sin\varphi + \sqrt{J_2}\left(\cos\theta - \frac{1}{\sqrt{3}}\sin\theta\sin\varphi\right) = c\cdot\cos\varphi \tag{4-56}$$

式中，应力张量第一不变量 $I_1=\sigma_1+\sigma_2+\sigma_3$；应力洛德角 $\theta=\arctan\left(\frac{1}{\sqrt{3}}\frac{2\sigma_2-\sigma_1-\sigma_3}{\sigma_1-\sigma_3}\right)$；偏应力张量第二不变量 $J_2=\frac{1}{6}[(\sigma_1-\sigma_2)^2+(\sigma_2-\sigma_3)^2+(\sigma_3-\sigma_1)^2]$。

（2）德鲁克-普拉格（Drucker-Prager）屈服准则。由于摩尔-库仑屈服面为棱锥面，其角在数值计算中容易产生奇异点，常引起数值计算困难。为了得到近似于摩尔库仑屈服面的光滑屈服面，1952 年德鲁克-普拉格考虑岩土材料的静水压力因素，把 Von Mises 准则加以修改，提出了如下屈服准则：

$$F=\alpha I_1+\sqrt{J_2}-k=0 \tag{4-57}$$

式中，α、k 均为材料常数。

对于平面应变状态，常数 α、k 为：

$$\alpha=\frac{\sin\varphi}{\sqrt{3}\sqrt{3+\sin^2\varphi}} \tag{4-58}$$

$$k=\frac{\sqrt{3}\cdot c\cos\varphi}{\sqrt{3+\sin^2\varphi}} \tag{4-59}$$

在主应力空间内，德鲁克-普拉格屈服面是一个正圆锥面，如图 4-5（a）所示；它在 π 平面上的截线是一个圆，如图 4-5（b）所示。适当地选取材料常数 α，可使德鲁克-普拉格屈服曲面接近于摩尔-库仑屈服面。

如取：

$$\alpha=\frac{2\sin\varphi}{\sqrt{3}\sqrt{3-\sin\varphi}};\ k=\frac{6c\cdot\cos\varphi}{\sqrt{3-\sin\varphi}} \tag{4-60}$$

在各截面上，德鲁克-普拉格屈服面都与摩尔-库仑屈服面六边形的外顶点相重合，对应于受压破坏。

如取：

$$\alpha=\frac{2\sin\varphi}{\sqrt{3}\sqrt{3+\sin\varphi}};\ k=\frac{6c\cdot\cos\varphi}{\sqrt{3+\sin\varphi}} \tag{4-61}$$

在各截面上，德鲁克-普拉格屈服面都与摩尔-库仑屈服面六边形的内顶点相重合，对应于受拉破坏。

b　强化定律（加工硬化定律）

强化定律又称硬化定律（加工硬化定律）、硬化准则，指材料在初始屈服以后再进入塑性状态时，应力分量间所必须满足的函数关系，也就是计算一个给定的应力增量 $\delta\sigma_{ij}$ 引起的塑性应变增量 $\delta\varepsilon_{ij}^{p}$ 大小的准则，也称为强化条件、加载条件或后继屈服条件，以区别于初始屈服条件，强化条件在应力空间中的图形称为强化面或加载面。

硬化参数 H 一般为塑性应变的函数，即

$$H=H(\varepsilon_{ij}^{p}) \tag{4-62}$$

硬化参数 H 有一定的物理意义，它是塑性应变的函数，在不同本构模型中它常被假设为塑性变形功 $W_p=\int\sigma_{ij}\mathrm{d}\varepsilon_{ij}^{p}$、塑性八面体剪应变 ε_s^p、塑性体应变 ε_v^p 或 ε_s^p 与 ε_v^p 组合的函

数。塑性应变实质上反映了土中颗粒间相对位置变化和颗粒破碎的量，即土的状态和组构发生变化的情况。土受力以后，其状态和组构不再与初始状态相同，其变形特性也发生变化。可以认为硬化参数 $H(\varepsilon_{ij}^{p})$ 实际是一种土的状态与组构变化的内在尺度，从宏观上影响土的应力应变关系。一般情况下，增量弹塑性模型中塑性因子 $d\lambda$ 可根据屈服准则、流动法则和硬化参数定律来推导。

如图 4-6（a）所示，在单向受力时，当材料中应力超过初始屈服点 A 而进入塑性状态点 B 后卸载，此后再加载，应力-应变关系仍将按弹性规律变化，直至卸载前所达到的最高应力点 B，然后材料再次进入塑性状态。应力点 B 是材料在经历了塑性变形后的新屈服点，称为强化点；新屈服点 B 应力比初始屈服点 A 高，这种现象称为加工强化或应变强化。而理想弹塑性材料的后继屈服点与初始屈服点的应力是相等的，或者说加载面与初始屈服面是相同的，因此，不存在加工强化现象。图 4-6（b）表示了在二维应力平面中岩石、混凝土等脆性材料的初始屈服面和后续屈服面。

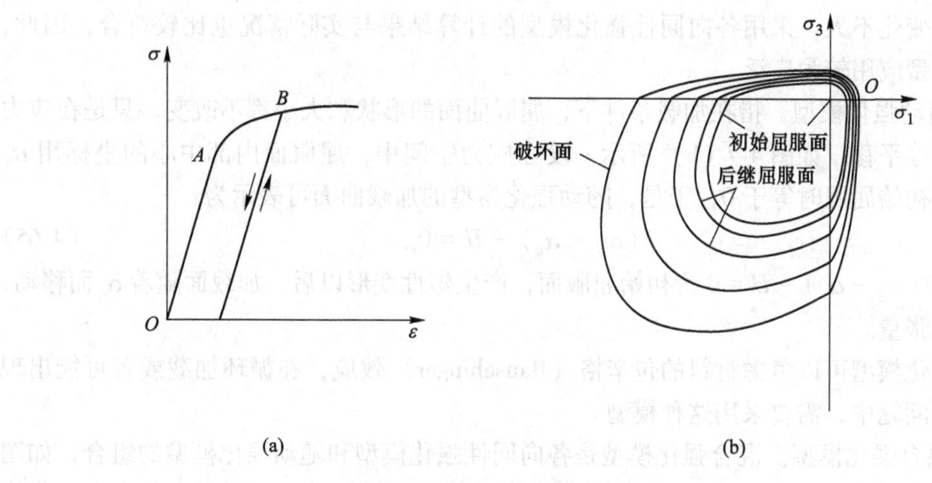

图 4-6 各种应力状态下的材料强度

在复杂应力状态下，加载条件可统一表示为：

$$F(\sigma_{ij}, H(\varepsilon_{ij}^{p})) = 0 \tag{4-63}$$

式中，$H(\varepsilon_{ij}^{p})$ 为硬化参数，是塑性应变 ε_{ij}^{p}的函数。

根据屈服面形状和大小的变化不同，材料的强化定律可分为三种类型，如图 4-7 所示。

（1）等向强化模型。指材料在初始受力状态下为各向同性，到达塑性状态后材料强化，但仍保持各向同性，即加载面在应力空间中的形状和中心位置保持不变，随着强化程度的增加，由初始屈服面在形状上作相似的扩大。加载面仅由其曾经达到过的最大应力点所决定，与加载历史无关，如图 4-7（a）所示，强化条件可表示为：

$$F(\sigma_{ij}) - H(\varepsilon_{p}) = 0$$

式中，$H(\varepsilon_{p})$ 为硬化参数，是等效塑性应变 ε_{p} 的函数。

等效塑性应变 ε_{p} 与塑性主应变 ε_{i}^{p} 的关系为：

$$\varepsilon_{p} = \frac{\sqrt{2}}{3}\sqrt{(\varepsilon_{1}^{p} - \varepsilon_{2}^{p})^{2} + (\varepsilon_{2}^{p} - \varepsilon_{3}^{p})^{2} + (\varepsilon_{3}^{p} - \varepsilon_{1}^{p})^{2}} \tag{4-64}$$

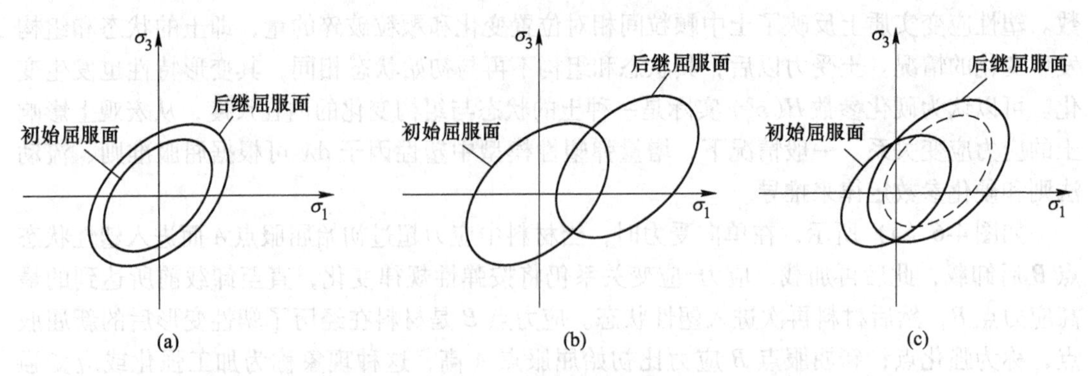

图 4-7　材料强化类型
（a）等向强化模型；（b）随动强化模型；（c）混合强化模型

等向强化模型由于它便于进行数学处理，另外，如果在加载过程中应力方向或各应力分量的比值变化不大，采用各向同性强化模型的计算结果与实际情况也比较符合，因此，等向强化模型应用较为广泛。

（2）随动强化模型。指在加载条件下，屈服曲面的形状和大小都不改变，只是在应力空间中作刚性平移，如图 4-7（b）所示。设在应力空间中，屈服面内部中心的坐标用 σ_{ij} 表示，它在初始屈服时等于 0，于是，随动强化模型的加载曲面可表示为：

$$F(\sigma_{ij} - \alpha_{ij}) - H = 0 \tag{4-65}$$

显然，$F(\sigma_{ij} - \alpha_{ij}) - H = 0$ 为初始屈服面，产生塑性变形以后，加载面随着 α_{ij} 而移动，α_{ij} 称为移动张量。

随动强化模型可以考虑材料的包辛格（Bauschinger）效应，在循环加载或者可能出现反向屈服的问题中，需要采用这种模型。

（3）混合强化模型。混合强化模型是各向同性强化模型和随动强化模型的组合，如图 4-7（c）所示，它在塑性变形过程中，加载曲面不但作刚性平移，还同时在各个方向作均匀扩大，加载曲面可表示为：

$$F(\sigma_{ij} - \alpha_{ij}) - H(\varepsilon_p) = 0 \tag{4-66}$$

c　流动法则

流动法则是用来确定塑性应变增量的方向或塑性应变分量之间的比例关系，即确定塑性应变增量 $d\varepsilon^p$ 的方向或塑性应变增量张量的各个分量 $d\varepsilon_v^p$、$d\varepsilon_s^p$ 间的比例关系。塑性应变方向在单轴受力状态下与应力方向是一致的，但在三维应力状态下，由于 6 个应力分量和 6 个应变分量，塑性应变方向的确定就较复杂了。塑性理论规定塑性应变增量的方向是由应力空间的塑性势面 g 决定，在应力空间中，各应力状态点的塑性应变增量方向必须与通过该点的塑性势面相垂直，所以流动法则也叫正交定律。这一规则的实质是假设在应力空间中一点的塑性应变增量的方向是唯一，即只与该点的应力状态有关，与施加的应力增量的方向无关。

塑性应变增量可以用下式表示

$$d\varepsilon_{ij}^p = d\lambda \frac{\partial g}{\partial \sigma_{ij}} \tag{4-67}$$

式中，ε_{ij}^{p}为塑性应变张量；$d\lambda$ 为塑性因子，是个标量；σ_{ij}为应力张量。

塑性势函数 g 与屈服函数 F 一样，也是应力状态的函数，可以表示为：

$$g(\sigma_{ij},H)=0 \tag{4-68}$$

式中，H 硬化参数，一般是塑性应变的函数。

在主应力空间的塑性势函数为一曲面，在该曲面上塑性应变增量的矢量与该曲面的外法线方向一致，且任一点的塑性应变能 W_p 均相等。当塑性势面与屈服面一致时，称为关联流动法则，此时 $F=g$，故有：

$$d\varepsilon_{ij}^{p}=d\lambda\frac{\partial F}{\partial\sigma_{ij}} \tag{4-69}$$

当塑性势面与屈服面不一致时，称为非关联流动法则。岩土材料一般并不遵从关联流动法则，但目前在岩土工程弹塑性分析中通常仍采用关联流动法则，原因是还不能有根据地确定塑性势函数，且由非关联流动法则所得到的弹塑性矩阵为非对称，导致计算工作量大大增加。

d 加载和卸载准则

对于单向受力时，只有一个应力分量，材料达到屈服状态以后，根据这个应力分量的增加或减小变化，就可判断是加载还是卸载；对于复杂应力状态，有 6 个应力分量，各分量可增可减，判断是加载还是卸载，材料不同判断准则也不同。

（1）理想塑性材料的加载和卸载准则。理想塑性材料不发生强化，应力点不可能位于屈服面外，当应力点保持在屈服面上时，称为加载，塑性变形可以继续增长；当应力点从屈服面上退回到屈服面内，称为卸载。设屈服条件为 $F(\sigma_{ij})=0$，当应力达到屈服状态后，对于应力增量 $d\sigma_{ij}$，引起屈服函数的微量变化 dF 为：

$$dF=F(\sigma_{ij}+d\sigma_{ij})-F(\sigma_{ij})=\frac{\partial F}{\partial\sigma_{ij}}d\sigma_{ij} \tag{4-70}$$

当 $F(\sigma_{ij})=0$，$dF=0$ 时为加载，表示为新的应力点保持在屈服面上；

当 $F(\sigma_{ij})=0$，$dF<0$ 时为卸载，表示为新的应力点从屈服面上退回屈服面内。

在应力空间中，如图 4-8（a）所示，屈服面的外法线方向 $\vec{n}$ 向量的分量与$\frac{\partial F}{\partial\sigma_{ij}}$成正比，$dF<0$ 表示应力增量向量 $d\sigma_{ij}$指向屈服面内，为卸载；$dF=0$ 表示 $\vec{n}\cdot d\sigma_{ij}=0$，应力点只能沿屈服面变化，属于加载。

（2）强化材料的加载和卸载准则。强化材料的加载面可以向屈服面外扩展，因此，当 $d\sigma_{ij}$沿加载面变化时，只表示一点的应力状态从一个塑性状态过渡到另一个塑性状态，但不引起新的塑性变形，这种变化过程称为中性变载；只有当 $d\sigma_{ij}$指向面外时才是加载；当 $d\sigma_{ij}$指向加载面内时为卸载，如图 4-8（b）所示。强化材料的加载和卸载准则可表示为对于式（4-70）确定的屈服函数的微量变化 dF：

当 $F(\sigma_{ij})=0$，$dF>0$ 时，为加载，表示为新的应力点移动到扩展后的屈服面上；

当 $F(\sigma_{ij})=0$，$dF=0$ 时，为中性变载，表示为新的应力点仍保持在屈服面上；

当 $F(\sigma_{ij})=0$，$dF<0$ 时，为卸载，表示为新的应力点从屈服面上退回到屈服面内。

D 黏弹性模型

图 4-9（a）表示一个三元件黏弹性模型，它是由线性弹簧和 Kelvin 模型串联组成，包

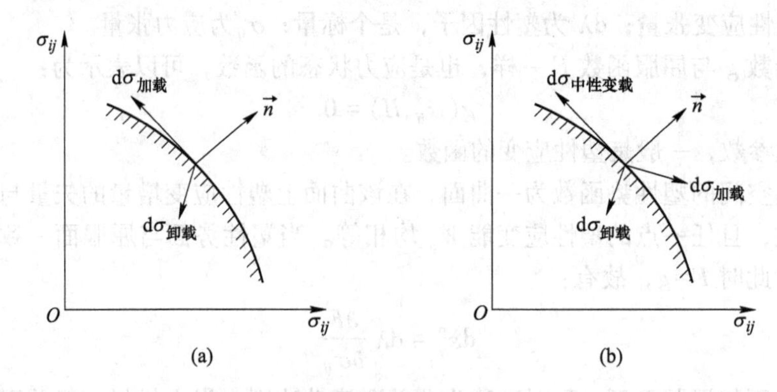

图 4-8 加载和卸载准则

括二个线性弹簧和一个牛顿黏壶，共三个元件，故称三元件黏弹性模型，又称广义 Kelvin 模型。用 ε_2 表示 Kelvin 模型的应变，ε_1 表示与 Kelvin 模型串联的线性弹簧的应变，σ_2 表示 Kelvin 模型中线性弹簧的应力，η 表示牛顿黏壶的黏滞系数，黏壶的应变率 $\dot{\varepsilon}$ 与 Kelvin 弹簧的应变率 $\dot{\varepsilon}_2$ 相等，σ 和 ε 分别表示总应力和总应变。

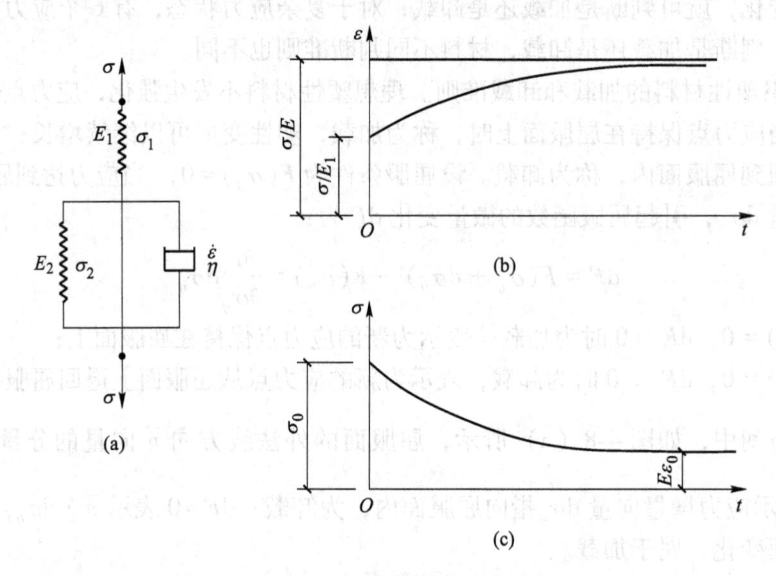

图 4-9 三元件弹性模型（广义 Kelvin 模型）

分析各元件的应力或应变相互间关系，不难得到下列各式：

$$\varepsilon = \varepsilon_1 + \varepsilon_2 \tag{4-71}$$

$$\begin{cases} \sigma = \sigma_1 = E_1\varepsilon_1 \\ \sigma = \sigma_2 + \eta \cdot \dot{\varepsilon} = E_2\varepsilon_2 + \eta \cdot \dot{\varepsilon}_2 \end{cases} \tag{4-72}$$

$$\dot{\varepsilon} = \dot{\varepsilon}_1 + \dot{\varepsilon}_2 \tag{4-73}$$

$$\dot{\sigma} = E_1\dot{\varepsilon}_1 \tag{4-74}$$

式中，E_1 为与 Kelvin 模型串联的线性弹簧的弹性模量；E_2 为 Kelvin 模型中线性弹簧的弹性模量；η 为牛顿黏壶的黏滞系数。

结合式（4-71）~式（4-74）各式，可得

$$\dot{\varepsilon}=\frac{\dot{\sigma}}{E_1}+\frac{\sigma-E_2\varepsilon_2}{\eta} \tag{4-75}$$

将式（4-75）改写为：

$$E_1\sigma+\eta\dot{\sigma}=E_1E_2\varepsilon_2+E_1\eta\dot{\varepsilon} \tag{4-76}$$

将式（4-76）两端都加上 $E_2\sigma$，可得

$$(E_1+E_2)\sigma+\eta\dot{\sigma}=E_1E_2\varepsilon+E_1\eta\dot{\varepsilon} \tag{4-77}$$

式（4-77）还可改写为：

$$n\dot{\sigma}+\sigma=nE_1\dot{\varepsilon}+E\varepsilon \tag{4-78}$$

式中

$$n=\frac{\eta}{E_1+E_2} \tag{4-79}$$

$$E=\frac{E_1E_2}{E_1+E_2} \tag{4-80}$$

若物体作用有初始应力 σ，且保持不变，即 $\dot{\sigma}=0$，且在 $t=0$ 时，$\varepsilon=\sigma/E_1$。于是，由式（4-78）可求得应变的变化规律为：

$$\varepsilon=\frac{\sigma}{E_1}+\frac{E_1-E}{E_1E}\sigma(1-\mathrm{e}^{-Et/E_1n}) \tag{4-81}$$

上式表示的应变随时间的变化规律如图 4-9（b）所示。图中应变起始值为 σ/E_1，最终值为 σ/E，其应变速率由起始时的最大值逐渐趋于零。

若物体获得初始弹性应变后总应变 ε_0 保持不变，即 $\varepsilon=\varepsilon_0$，$\dot{\varepsilon}=0$，且在 $t=0$ 时，$\sigma=E_1\varepsilon_0$。于是，由式（4-78）可求得应力随时间的变化规律为：

$$\sigma=E\varepsilon_0+(E_1-E)\varepsilon_0\mathrm{e}^{-t/n} \tag{4-82}$$

上式表示的应力变化规律如图 4-9（c）所示，由图可以看到，物体中的应力从最初的 $E_1\varepsilon_0$ 衰减到最终值 $E\varepsilon_0$。

若物体初始时作用有应力 $\sigma=\sigma_0$，以后随时间变化作用有应力 $\sigma=\sigma(t)$。根据叠加原理，由式（4-81）可以得到在时刻 t 时物体的变形为：

$$\varepsilon=\frac{\sigma_0}{E_1}+\frac{E_1-E}{E_1E}\sigma_0(1-\mathrm{e}^{-Et/E_1n})+\int_0^t\left[\frac{1}{E_1}+\frac{E_1-E}{E_1E}(1-\mathrm{e}^{-E(t-\tau)/E_1n})\right]\frac{\mathrm{d}\sigma}{\mathrm{d}\tau}\mathrm{d}\tau \tag{4-83}$$

对上式右端进行分部积分，得

$$\varepsilon=\frac{\sigma_0}{E_1}+\frac{E_1-E}{E_1^2n}\int_0^t\sigma(t)\mathrm{e}^{-E(t-\tau)/E_1n}\mathrm{d}\tau \tag{4-84}$$

记

$$\frac{E_1-E}{E_1^2n}\mathrm{e}^{-E(t-\tau)/E_1n}=K(t-\tau) \tag{4-85}$$

则式（4-84）可改写为

$$\varepsilon = \frac{\sigma_0}{E_1} + \int_0^t \sigma(\tau) K(t - \tau) \mathrm{d}\tau \tag{4-86}$$

式（4-86）通常称为线性遗传方程。式中 $K(t-\tau)$ 称为遗传函数，它表示在 τ 时刻作用的应力对时刻 t 的变形的影响。

三元件黏弹性模型除了上述介绍的基本形式外，还有其他组成方式的三元件黏弹性模型。如由 Maxwell 模型与一个黏壶并联组成，或由一个黏壶与 Kelvin 模型串联组成，在此不再赘述。

4.3.3.2　衬砌结构-梁单元

与 4.2 节荷载-结构法中“单元刚度矩阵的计算”相同，详见式（4-2）~式（4-4）。

4.3.3.3　接触面单元

接触面采用无厚度节理单元模拟，不考虑法向和切向的耦合作用时，增量表达式为：

$$\begin{Bmatrix} \Delta\tau_s \\ \Delta\tau_n \end{Bmatrix} = \begin{bmatrix} K_s & 0 \\ 0 & K_n \end{bmatrix} \begin{Bmatrix} \Delta u_s \\ \Delta u_n \end{Bmatrix} = [K]^e \begin{Bmatrix} \Delta u_s \\ \Delta u_n \end{Bmatrix} \tag{4-87}$$

式中，K_s 为接触面的切向刚度；K_n 为接触面的法向刚度；Δu_s 为切向位移增量；Δu_n 为法向位移增量。

接触面材料的应力-应变关系一般为非线性关系，并常处于塑性受力状态。当屈服条件采用摩尔-库仑屈服条件，并假定节理材料为理想塑性材料及采用关联流动法则时，对平面应变问题，可导出接触面单元剪切滑移的塑性矩阵为：

$$[D_p] = \frac{1}{S_0} \begin{bmatrix} K_s^2 & K_s S_1 \\ K_s S_1 & S_1^2 \end{bmatrix} \tag{4-88}$$

式中，$S_0 = K_s + K_n \tan^2\varphi$；$S_1 = K_n \tan\varphi$；$\varphi$ 为接触面的内摩擦角。

对处于非线性状态的接触面单元，应力与相对位移间的关系式为：

$$\begin{cases} \tau_s = K_s \cdot \Delta u_s \\ \sigma_n = K_n u_m \cdot \dfrac{\Delta u_n}{u_m - \Delta u_n} (\Delta u_n < u_m) \end{cases} \tag{4-89}$$

式中，u_m 为接触面单元的法向最大允许嵌入量。

4.3.4　单元模式

（1）一维单元。对两节点一维线性单元，设节点位移为 $\{\delta\} = \{u_i, v_i, u_j, v_j\}^T$ 时，单元上任意点的位移为：

$$u = \sum N_i u_i \tag{4-90}$$

$$N_1 = \frac{1-\xi}{2}; N_2 = \frac{1+\xi}{2} \tag{4-91}$$

式中，N 为插值函数，即形函数，是单元局部坐标系的函数；ξ 为局部坐标。

（2）三角形单元。对三节点三角形单元，设节点坐标为 $\{x_i, y_i, x_j, y_j, x_m, y_m\}$，节点位移为 $\{\delta\} = \{u_i, v_i, u_j, v_j, u_m, v_m\}^T$，对应的节点力为 $\{F\} = \{X_i, Y_i, X_j, Y_j, X_m, Y_m\}^T$。则当取线性位移模式时，单元内任意点的位移为：

$$\begin{Bmatrix} u \\ v \end{Bmatrix} = [N]\{\delta\} \tag{4-92}$$

$$[N] = \begin{bmatrix} N_i & 0 & N_j & 0 & N_m & 0 \\ 0 & N_i & 0 & N_j & 0 & N_m \end{bmatrix} \tag{4-93}$$

$$\begin{cases} a_i = x_i y_m - x_m y_i \\ b_i = y_j - y_m \\ c_i = x_m - x_i \end{cases} \tag{4-94}$$

式中，$[N]$ 为形函数矩阵；$N_i = \dfrac{1}{2\Delta}(a_i + b_i x + c_i y)$；$\Delta$ 为三角形单元的面积。

（3）四边形单元。采用四节点等参单元，并使节点位移为 $\{\delta\} = \{u_i, v_i, u_j, v_j, u_m, v_m, u_n, v_n\}^{\mathrm{T}}$ 时，位移模式可由双线性插值函数给出，形式为：

$$\begin{Bmatrix} u \\ v \end{Bmatrix} = [N]\{\delta\} = \begin{bmatrix} N_1 & 0 & N_2 & 0 & N_3 & 0 & N_4 & 0 \\ 0 & N_1 & 0 & N_2 & 0 & N_3 & 0 & N_4 \end{bmatrix} \begin{Bmatrix} u_i \\ v_i \\ u_j \\ v_j \\ u_m \\ v_m \\ u_n \\ v_n \end{Bmatrix} \tag{4-95}$$

$$\begin{cases} N_1 = \dfrac{1}{4}(1-\xi)(1-\eta) \\ N_2 = \dfrac{1}{4}(1+\xi)(1-\eta) \\ N_3 = \dfrac{1}{4}(1+\xi)(1+\eta) \\ N_4 = \dfrac{1}{4}(1-\xi)(1+\eta) \end{cases} \tag{4-96}$$

式中，N 为插值函数；$[N]$ 为形函数矩阵；(ξ, η) 为局部坐标。

4.3.5 施工过程的模拟

（1）一般表达式。开挖过程的模拟一般通过在开挖边界上施加荷载实现。将一个相对完整的施工阶段称为施工步；并设每个施工步包含若干增量步，则与该施工步相应的开挖释放荷载可在所包含的增量步中逐步释放，以便较真实地模拟施工过程。具体计算中，每个增量步的荷载释放量可由释放系数控制。

对各施工阶段的状态，有限元分析的表达式为：

$$[K]_i \{\Delta\delta\}_i = \{\Delta F_{\mathrm{r}}\}_i + \{\Delta F_{\mathrm{g}}\}_i + \{\Delta F_{\mathrm{p}}\}_i \qquad (i = 1,2,\cdots,L) \tag{4-97}$$

$$[K]_i = [K]_0 + \sum_{\lambda=1}^{i} [\Delta K]_\lambda \qquad (i \geqslant 1) \tag{4-98}$$

式中，L 为施工步总数；$[K]_i$ 为第 i 施工步岩土体和结构的总刚度矩阵；$[K]_0$ 为岩土体和结构（施工开始前存在）的初始总刚度矩阵；$[\Delta K]_\lambda$ 为施工过程中第 λ 施工步的岩土体和结构刚度的增量或减量，用以体现岩土体单元的挖除、填筑及结构单元的施作或拆除；$\{\Delta F_r\}_i$ 为第 i 施工步开挖边界上的释放荷载的等效节点力；$\{\Delta F_g\}_i$ 为第 i 施工步新增自重等的等效节点力；$\{\Delta F_p\}_i$ 为第 i 施工步增量荷载的等效节点力；$\{\Delta\delta\}_i$ 为第 i 施工步的节点位移增量。

对每个施工步，增量加载过程的有限元分析的表达式为：

$$[K]_{ij}\{\Delta\delta\}_{ij} = \{\Delta F_r\}_i\alpha_{ij} + \{\Delta F_g\}_{ij} + \{\Delta F_p\}_{ij} \qquad (i = 1,2,\cdots,L;\quad j = 1,2,\cdots,M) \tag{4-99}$$

$$[K]_{ij} = [K]_{i-1} + \sum_{\xi=1}^{j}[\Delta K]_{i\xi} \tag{4-100}$$

式中，M 为各施工步增量加载的次数；$[K]_{ij}$为第 i 施工步中施加第 j 荷载增量步时的刚度矩阵；α_{ij}为与第 i 施工步第 j 荷载增量步相应的开挖边界释放荷载系数，开挖边界荷载完全释放时有 $\sum_{j=1}^{M}\alpha_{ij} = 1$；$\{\Delta F_g\}_{ij}$ 为第 i 施工步第 j 增量步新增单元自重等的等效节点力；$\{\Delta\delta\}_{ij}$为第 i 施工步第 j 增量步的节点位移增量；$\{\Delta F_p\}_{ij}$为第 i 施工步第 j 增量步增量荷载的等效节点力。

（2）开挖工序的模拟。开挖效应可通过在开挖边界上设置释放荷载，并将其转化为等效节点力来模拟。表达式为：

$$[K - \Delta K]\{\Delta\delta\} = \{\Delta P\} \tag{4-101}$$

式中，$[K]$ 为开挖前系统的刚度矩阵；$[\Delta K]$ 为开挖工序中挖除部分刚度；$\{\Delta P\}$ 为开挖释放荷载的等效节点力。

（3）填筑工序的模拟。填筑效应包含两个部分，即整体刚度的改变和新增单元自重荷载的增加，其计算表达式为：

$$[K + \Delta K]\{\Delta\delta\} = \{\Delta P_g\} \tag{4-102}$$

式中，$[K]$ 为填筑前系统的刚度矩阵；$[\Delta K]$ 为新增实体单元的刚度；$\{\Delta P_g\}$ 为新增实体单元自重的等效节点力。

（4）结构的施作与拆除。结构施作的效应体现为整体刚度的增加及新增结构的自重对系统的影响，其计算表达式为：

$$[K + \Delta K]\{\Delta\delta\} = \{\Delta F_g^s\} \tag{4-103}$$

式中，$[K]$ 为结构施作前系统的刚度矩阵；$[\Delta K]$ 为新增结构的刚度；$\{\Delta F_g^s\}$ 为施作结构自重的等效节点力。

结构拆除的效应包含整体刚度的减小和支撑内力释放的影响，其中支撑内力的释放可通过施加一反向内力实现，其计算表达式为：

$$[K - \Delta K]\{\Delta\delta\} = -\{\Delta F\} \tag{4-104}$$

式中，$[K]$ 为结构施作前系统的刚度矩阵；$[\Delta K]$ 为拆除结构的刚度；$\{\Delta F\}$ 为拆除结构内力的等效节点力。

（5）增量荷载的施加。在施工过程中施加的外荷载，可在相应的增量步中用施加增量荷载表示，其计算式为：

$$[K]\{\Delta\delta\} = \{\Delta F\} \tag{4-105}$$

式中，$[K]$ 为增量荷载施加前系统的刚度矩阵；$\{\Delta F\}$ 为增量荷载的等效节点力。

思 考 题

4-1 简述地下结构计算理论的发展阶段。

4-2 简述地下结的设计模型和计算方法的分类和含义。

4-3 简述地下结构设计模型和计算方法的特点和适用条件。

4-4 简述邓肯-张模型的基本假定，并简述其 8 个参数的确定方法。

4-5 试述荷载-结构法、地层-结构法的区别和计算过程。

4-6 简述岩土材料弹塑性本构模型的屈服条件、强化定律、流动法则和加卸载准则。

5 浅埋式地下结构设计

5.1 概 述

一般情况下，按照土中埋置深度，可将地下结构分为浅埋式结构和深埋式结构两大类，地下结构是否属于深埋主要看其上覆土层中是否形成压力拱。一般来讲，对于埋置较深的地下结构，其上覆土层能够形成稳定的压力拱，其垂直土层压力在成拱条件下保持稳定，不会随深度增加。而对于浅埋式结构，其上覆土层的覆土深度 $H_{土}$ 无法达到压力拱成拱条件，即

$$H_{土} \leqslant (2 \sim 2.5)h_1$$

式中，h_1为压力拱高。

此时，可认为浅埋式地下结构将承受上覆土层的全部重量，即采用松散体理论计算垂直围压压力。

工程中决定采用浅埋式还是深埋式的影响因素包括：地下结构的功能需求、工程地质和水文条件、工程安全防护等级及现有施工技术等。

依据构筑形式，浅埋式地下结构可分为传统的矩形框架结构［见图 5-1（a）］、拱形结构［见图 5-1（b）］、圆形结构［见图 5-1（c）］、薄壳结构和异形结构等。

由于浅埋式矩形闭合结构具有空间利用率高、挖掘断面经济且易于施工等优点，在地下结构中应用较为广泛，特别是行人过街通道、行车立交地道、地铁车站等。根据地下结构的功能需求、跨度和上覆荷载等，矩形闭合框架结构可设计成单跨、双跨或多跨及梁板式等形式。

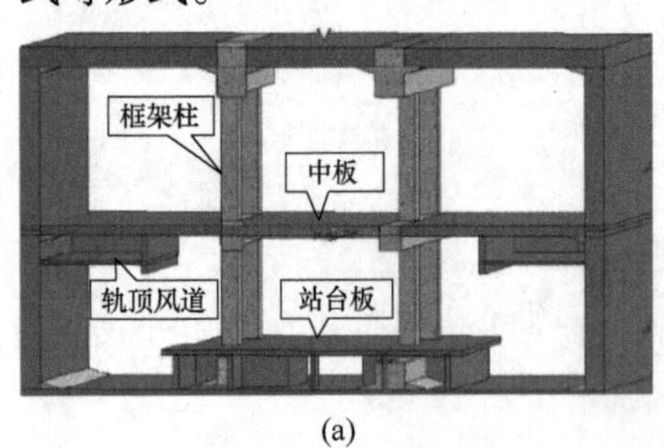

(a)

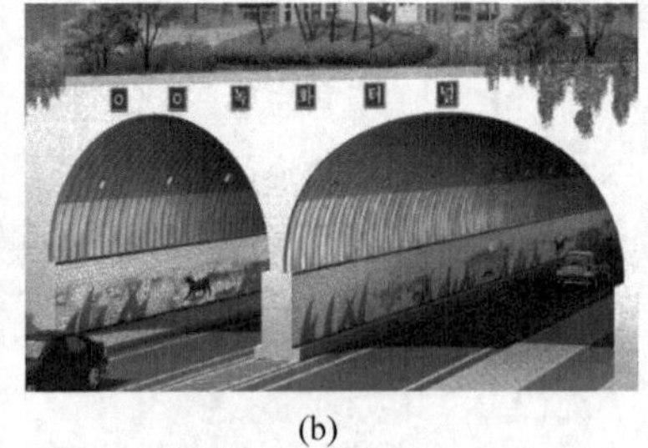

(b)

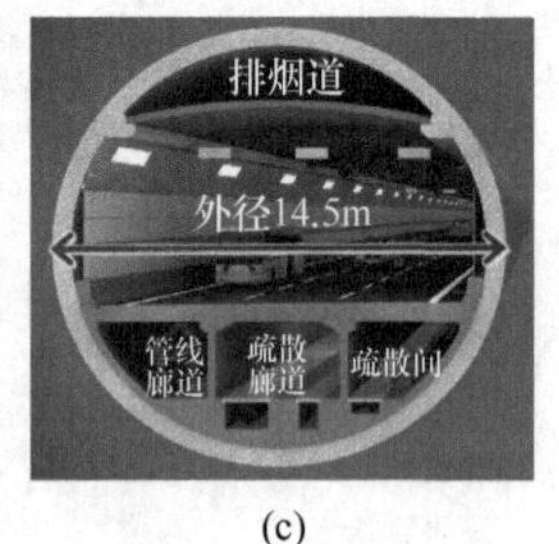

(c)

图 5-1　常见的浅埋式地下结构形式

（a）矩形框架结构；（b）拱形结构；（c）圆形结构

（1）单跨矩形闭合框架。当跨度较小时（一般小于 6m），可采用单跨矩形闭合框架，如地铁车站或大型人防工程的出入口、行人过街通道等。图 5-2（a）为单跨钢筋混凝土框架地下通道实景图，图 5-2（b）为对应的单跨矩形闭合框架结构断面图。

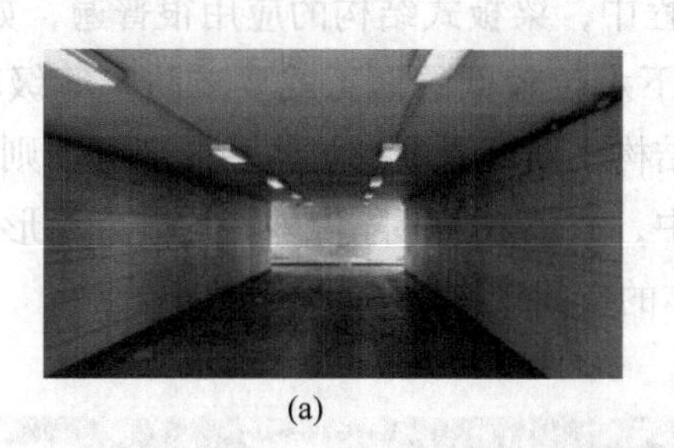

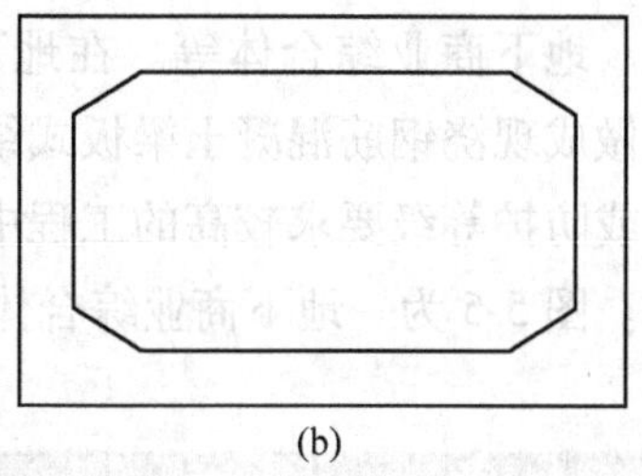

(a)　　　　　　　　　　(b)

图 5-2　单跨矩形闭合框架

（a）实景图；（b）断面图

（2）双跨或多跨矩形闭合框架。当跨度较大时（超过 6m 或更大），可采用双跨或多跨的矩形闭合框架结构。例如，第一条中国人建造的长江隧道——武汉长江公路隧道采用双跨钢筋混凝土框架，实景如图 5-3（a）所示，结构断面如图 5-3（b）所示。双跨或多跨结构的中隔墙在满足受力条件下，可设成孔洞或以梁柱形式代替，以减少材料的使用并改善通风条件；隔墙中孔洞在公路隧道中还可用作安全救援或车辆临时掉头的通道。梁柱隔墙式双跨闭合框架的断面图如图 5-3（c）所示。

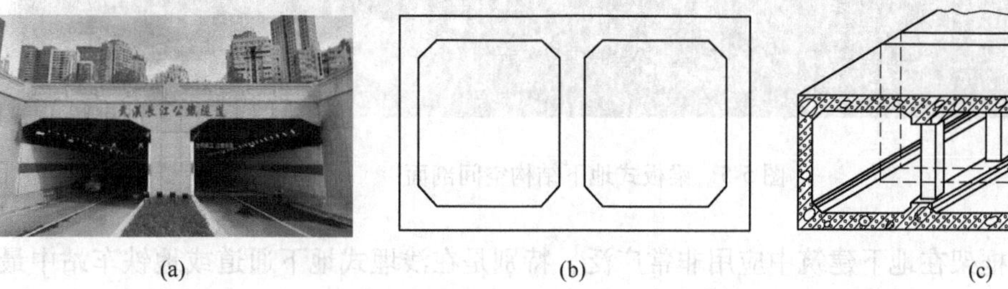

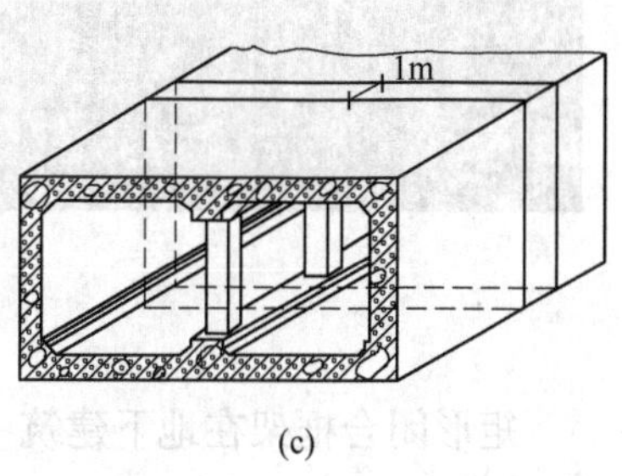

(a)　　　　　　　　　　(b)　　　　　　　　　　(c)

图 5-3　双跨矩形闭合框架

（a）实景图；（b）断面图；（c）梁柱式中隔墙

（3）多层多跨的矩形闭合框架。有些地下厂房（例如地下热电站）由于工艺要求必须做成多层多跨的结构。地铁车站为了达到换乘的目的，局部也做成双层多跨的结构，如图 5-4 所示。

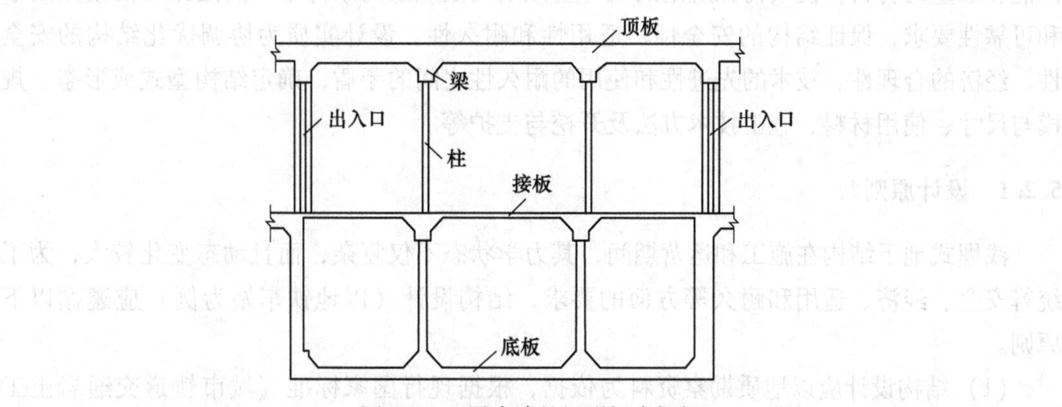

图 5-4　双层多跨的矩形闭合框架

（4）梁板式地下结构。浅埋式地下工程中，梁板式结构的应用很普遍，如地下医院、教室、指挥所、地下商业综合体等。在地下水位较低的地区或要求防护等级较低的工程中，顶、底板做成现浇钢筋混凝土梁板式结构，而四周围护结构和内部隔墙则为砖墙；在地下水位较高或防护等级要求较高的工程中，一般除内部隔墙外，均做成箱形闭合框架钢筋混凝土结构。图 5-5 为一地下商业综合体的空间剖面图。

图 5-5 梁板式地下结构空间剖面

矩形闭合框架在地下建筑中应用非常广泛，特别是在浅埋式地下通道或地铁车站中最为合适。本章将主要介绍浅埋式矩形闭合框架结构的设计原理和方法。

5.2 设计原则、内容及流程

地下结构设计要依据所承受的荷载及荷载组合，通过科学合理的结构形式，使用一定性能和数量的材料，使结构在规定的设计基准期内及规定的条件下，满足工程的使用要求和可靠性要求，保证结构的安全性、适用性和耐久性。设计实质为协调优化结构的安全性、经济的合理性、技术的先进性和使用的耐久性之间的矛盾；确定结构型式或形态、规模与尺寸、使用材料、施工技术方法及开挖与支护等。

5.2.1 设计原则

浅埋式地下结构在施工和运营期间，其力学状态不仅复杂，而且动态变化较大，为了统筹安全、经济、适用和耐久等方面的要求，结构设计（以地铁车站为例）应遵循以下原则。

（1）结构设计应以地质勘察资料为依据，根据现行国家标准《城市轨道交通岩土工程勘察规范》（GB 50307）的有关规定按不同设计阶段的任务和目的确定工程勘察的内容和范围，以及按不同施工方法对地质勘探的特殊要求，通过施工中对地层的观察和监测反馈进行验证。

（2）“以人为本，结构为功能服务”的原则，满足城市规划、行车运营、环境保护、抗震、人防、防水、防火、防腐蚀及施工等对结构的要求，同时做到结构安全、耐久、技术先进、经济合理。

（3）结构设计应考虑尽量减少施工中和建成后对环境造成的不利影响，以及城市规划引起周围环境的改变对地下结构的作用；对分期建设的线路，应根据线网规划，合理确定节点结构形式及是否同步实施或预留远期实施条件；换乘车站分期实施时，近期车站预留方式、预留工程的规模视工程建设期的远近、规划方案的稳定性、工程地质水文地质条件和工程实施的影响大小综合确定，应以尽量减小远期工程实施对地铁安全运营的影响为原则。

（4）应根据工程建筑物的特点及其场地的工程地质、水文地质及周围环境条件，通过技术、经济、工期、环境影响等多方面综合评价，选择安全可靠、经济合理的施工方法和结构型式；在含水地层中，应采取可靠的地下水处理和防治措施；车站主体结构应避开地裂缝（或活断层）影响范围，车站附属结构（通道、风道）一般应避开地裂缝（或活断层）影响范围，当无法避开时应开展专项论证，并采取可靠处理措施。

（5）结构设计应根据施工方法、结构或构件类型、使用条件及荷载特征等，选用与其特点相近的结构设计规范和设计方法，保证地下结构在施工和使用阶段具有足够的强度、刚度、稳定性及耐久性，并满足抗倾覆、滑移、漂浮、疲劳、抗裂的验算条件；应根据现行行业标准《地铁杂散电流腐蚀防护技术标准》（CJJ/T 49）的有关规定采取杂散电流防护措施，钢结构及钢连接件应进行防锈处理，结合工程监测采用信息化设计。

（6）车站结构型式应与两端的区间结构施工工法相协调，当区间结构采用盾构法施工时，车站及端头井的梁柱布置及净空尺寸应根据工程筹划安排满足相应的盾构始发、接收、调头或过站等施工工艺的要求。

（7）结构净空尺寸必须满足建筑限界、运营、维修等使用功能及施工工艺等要求，并考虑施工误差、结构变形和后期沉降的影响。

（8）一般地下结构只进行横断面的结构受力分析计算，但遇下列情况时应对纵向强度和变形进行分析。空间受力作用明显的区段，应按空间结构进行分析。

1）覆土荷载沿纵向有较大变化时。

2）结构直接承受建（构）筑物等较大局部荷载时。

3）地基或基础有显著差异时。

4）地基沿纵向产生不均匀沉降时。

5）地震作用时，结构应进行纵向挠曲和拉、压验算。

（9）结构计算模式及简图应符合结构的实际工作条件，反映围岩与结构的相互作用，满足施工工艺的要求，并应符合下列规定。

1）采用双层衬砌时，应根据两层衬砌之间的构造型式和结合情况，选用与其传力特征相符的计算模型；

2）当受力过程中受力体系、荷载形式等有较大变化时，宜根据构件的施作顺序及受力条件，按结构的实际承载过程及结构体系变形的连续性进行结构分析。

（10）结构应按施工阶段和正常使用阶段进行结构强度计算，必要时还应进行刚度和稳定性计算。对于钢筋混凝土结构，应进行裂缝宽度验算。有地震荷载和人防荷载参与组合时，不验算结构的裂缝宽度。砂性土地层的侧向水、土压力应采用水土分算；黏性土地层的侧向水、土压力，在施工阶段应采用水土合算，使用阶段可采用水土分算。

（11）地下结构基坑开挖支护引起的地面沉降和隆起均应严格控制在环境条件允许的范围以内，并根据周围环境、建筑物和地下管线对变形的敏感度，采取稳妥可靠的措施。地面沉降量一般控制在30mm以内，隆起量控制在10mm以内。

（12）地铁车站结构的抗震设防类别应为重点设防类（乙类），结构设计应按场地地震安全性评价成果或现行《地下结构抗震设计标准》（GB/T 51336）选择相应的设计基本地震动参数进行抗震验算；应根据设防烈度、场地条件、结构类型和埋深等因素选用能较好反映其临震工作状况的分析方法，地下结构的地震反应宜采用反应位移法或惯性静力法计算，结构体系复杂、体系不规则及结构断面变化较大时，宜采用动力时程分析法计算结构的地震反应；并采取必要的构造措施，提高结构和接头处的整体抗震性能，保证地震作用下结构的安全性。

（13）地下结构设计应根据城市规划和人防要求，按现行《人民防空工程设计规程》（GB 50225）、《人民防空地下室设计规范》（GB 50038）规定进行设计。人防防护门及防护段无论深埋浅埋，均采用现浇钢筋混凝土结构，不同地段的结构根据拟定的人防等级荷载进行强度验算，并按平战转换方式进行设计。

（14）混凝土结构的耐久性应根据结构的设计使用年限、结构所处的环境类别及作用等级，按现行国家标准《混凝土结构耐久性设计规范》（GB/T 50476）的规定执行。地下结构主体结构和使用期间不可更换的结构构件，按设计使用年限为100年的要求进行耐久性设计；使用期间可以更换且不影响运营的次要结构构件，可按设计使用年限50年的要求进行耐久性设计。

（15）当温度变形缝的间距较大时，应计及温度变化和混凝土收缩对结构纵向的影响。

5.2.2 设计内容

工程实践中，一般根据上述设计原则，确定车站地下结构设计的技术标准：

（1）结构设计使用年限：地下结构的主体结构和使用期间不可更换的结构构件，设计使用年限一般为100年；使用期间可以更换且不影响运营的次要结构构件，设计使用年限一般为50年。

（2）结构安全等级：车站主体结构和主要构件的安全等级一般为一级，其重要性系数应取 $\gamma_0=1.1$。

（3）抗震设防烈度：应按现行国家标准《建筑与市政工程抗震通用规范》（GB 55002—2021）、《地下结构抗震设计标准》（GB/T 51336—2018）有关规定进行抗震验算，确定结构重要性类别和抗震等级。同时，应参考现行行业标准《铁路工程抗震设计规范》（GB 50111—2006）、《公路工程抗震规范》（TGB 02—2013）、《地铁设计规范》（GB 50157—2013）、《建筑抗震设计规范》（GB 50011—2010）、《城市轨道交通结构抗震设计规范》（GB 50909—2014）等。

（4）人防设计标准：城市地下结构一般按甲类人防工程、工程防核武器抗力级别6级、防常规武器抗力级别6级的人防荷载进行结构强度核算。

（5）耐火等级：地下结构主要构件的耐火等级一般为一级。

（6）防水等级：车站结构防水等级一般为一级，区间隧道防水等级一般为二级。车站出入口的防洪设计洪水频率，按200年一遇洪水位设防要求执行。

（7）耐久性设计：地铁车站的主体结构按100年耐久性设计，处于一般环境中的结构，按荷载准永久组合并计及长期作用影响计算时，构件的最大计算裂缝宽度允许值应按现行《混凝土结构耐久性设计标准》（GB/T 50476—2019）进行控制；处于冻融环境或侵蚀环境等不利条件下的结构，其最大计算裂缝宽度允许值应根据有关规范要求确定。

（8）地面行车荷载可简化为均布荷载，地面超载可按20kPa计算；主要施工荷载中地面堆载宜采用20kPa，盾构井处不应小于30kPa；盾构吊出井端端头墙由于盾构解体吊出引起的临时地面超载按70kPa考虑。

（9）防火设计标准：按现行国家标准《地铁设计规范》（GB 50157—2013）的有关规定执行。

（10）结构设计应按最不利地下水位情况进行抗浮稳定验算。当不计地层侧摩阻力时抗浮安全系数不应小于1.05；当计及地层侧摩阻力时，其抗浮安全系数不得小于1.15。

根据工程概况及功能需求，结构设计原则和技术标准，确定车站地下结构的设计内容如下。

（1）必须遵守的法律法规、相关规范和标准。地下结构设计应满足工程项目的技术要求、规范及标准。

（2）确定结构层高和各构件基本尺寸。地下结构层高应由地下建筑功能所需要的地下空间决定，此空间的决定因素包括地铁隧道的车辆尺寸及列车轨距、交通客流量及列车编组、普通管道的设备种类及尺寸，还有平面和剖面线形、列车运行速度等，以及防灾和环境控制要求等综合决定。

（3）确定荷载。作用在结构上的荷载包括土压力、水压力、设备自重、地面超载及施工临时荷载等，以及各种可变荷载和偶然荷载（地震作用和人防荷载），需要确定衬砌结构所受的荷载模式及最不利荷载组合。

（4）确定地下结构形式。具体包括根据施工工艺、功能需求等确定地下结构型式，直墙拱、曲墙拱、闭合框架、梁板式结构等。

（5）结构内力计算。计算模型应符合结构的实际工作条件、反映结构与地层的相互作用关系，并满足施工工艺的要求，确定结构计算简图，计算结构弯矩、轴力和剪力等内力。

（6）地下结构截面设计。地下结构的正截面和斜截面承载力计算及配筋计算。

(7) 地基承载力和变形验算。

5.2.3 设计流程

浅埋式地下结构的设计流程如图 5-6 所示。

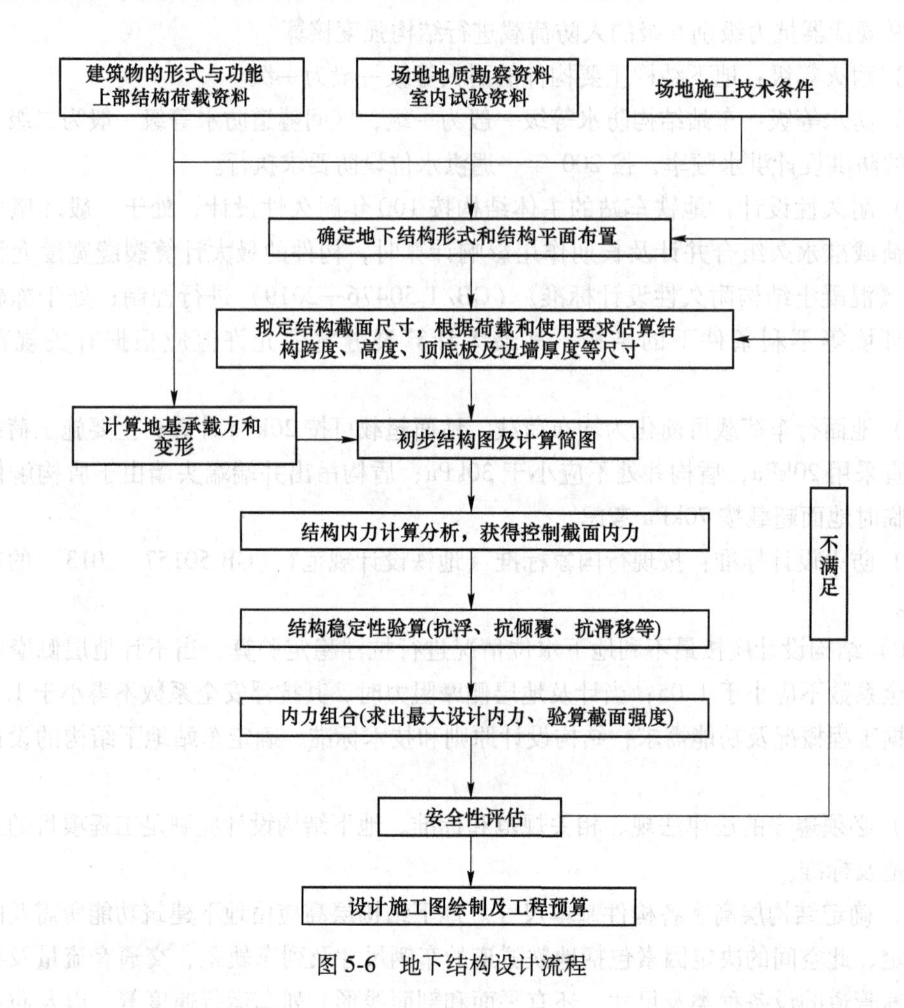

图 5-6 地下结构设计流程

5.3 荷载模式与计算

矩形闭合框架结构实际上是由钢筋混凝土墙、柱、梁、顶板和底板整体浇筑的空间盒子结构，此种结构的顶板、底板和梁均为水平构件，柱和侧墙为竖向构件。结构计算首先要确定结构的荷载模式，然后确定结构计算简图。

5.3.1 荷载模式

对于常见的浅埋式矩形闭合框架结构，一般不考虑侧墙所受到的水平地层抗力，侧墙水平荷载呈线性分布且左右对称，其荷载模式如图 5-7 所示。

浅埋式闭合框架结构（地铁车站）所承受荷载分类见表 5-1。

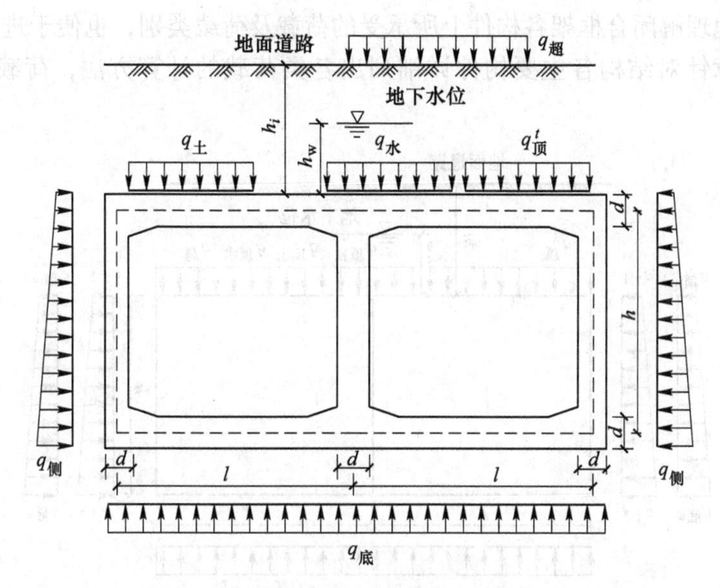

图 5-7　浅埋式闭合框架荷载模式

表 5-1　地铁车站结构的荷载分类

<table>
<tr><th>编号</th><th>荷载分类</th><th>荷载名称</th><th colspan="2">荷载分类</th></tr>
<tr><td>1</td><td rowspan="5">永久作用</td><td>地层压力</td><td rowspan="5">恒载</td><td rowspan="9">主要荷载</td></tr>
<tr><td>2</td><td>水压力</td></tr>
<tr><td>3</td><td>结构自重</td></tr>
<tr><td>4</td><td>设备自重</td></tr>
<tr><td>5</td><td>上覆地面恒载</td></tr>
<tr><td>6</td><td rowspan="6">可变作用</td><td>地面活载产生的竖向压力</td><td rowspan="4">活载</td></tr>
<tr><td>7</td><td>地面活载产生的水平压力</td></tr>
<tr><td>8</td><td>人群荷载</td></tr>
<tr><td>9</td><td>列车活载</td></tr>
<tr><td>10</td><td>施工荷载</td><td rowspan="2" colspan="2">附加荷载</td></tr>
<tr><td>11</td><td>内部其他活荷载</td></tr>
<tr><td>12</td><td rowspan="2">偶然作用</td><td>地震力</td><td rowspan="2" colspan="2">特殊荷载</td></tr>
<tr><td>13</td><td>人防荷载</td></tr>
</table>

5.3.2　荷载计算

地下结构所受的荷载分为永久荷载、可变荷载和偶然荷载三类。对于图 5-7 所示地铁通道结构而言，其永久荷载有结构自重、地层压力及水压力等；可变荷载主要为地面车辆荷载及其动力作用、地铁车辆荷载及其动力作用、人群荷载及施工荷载等；偶然荷载主要指车辆爆炸等灾害性荷载及地震影响等。对于人防工程中的矩形闭合框架，偶然荷载还应考虑常规武器（炮、炸弹）作用或核武器爆炸形成的荷载，即特载。

为了更好地理解闭合框架各构件上所承受的荷载及荷载类别，也便于进行荷载组合或内力组合，本章针对结构各主要构件详细列出各类荷载的计算方法，荷载分布如图 5-8 所示。

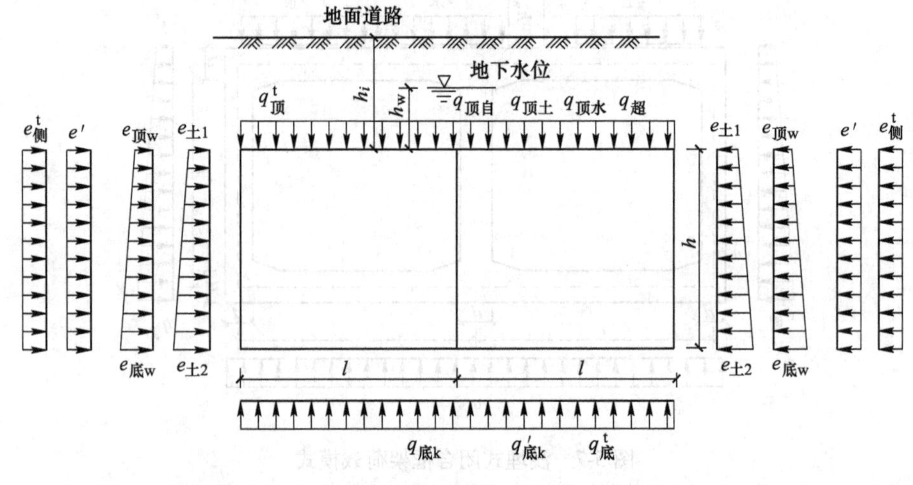

图 5-8 闭合框架所受荷载分类

5.3.2.1 顶板上的荷载

作用于顶板上的荷载，包括顶板以上的地层压力、水压力、顶板自重、路面活荷载以及特载。

A 恒载

(1) 覆土压力 $q_{顶土}$。因为是浅埋结构，所以计算覆土压力时，只需计算结构顶板板面以上各土层（包括路面材料）的自重应力之和。计算覆土压力时可用下式表示：

$$q_{顶土} = \sum \gamma_i h_i \tag{5-1}$$

式中，γ_i 为第 i 层土（或路面材料）的重度，地下水位以下取有效重度 γ'_i；h_i 为第 i 层土（或路面材料）的厚度。

(2) 水压力 $q_{顶水}$。计算水压力时可用下式表示

$$q_{顶水} = \gamma_w h_{顶w} \tag{5-2}$$

式中，γ_w 为水重度；$h_{顶w}$ 为地下水水位至顶板表面的距离。

(3) 顶板自重 $q_{顶自}$。

$$q_{顶自} = \gamma_G d_{顶} \tag{5-3}$$

式中，γ_G 为顶板混凝土的重度，一般取 25kN/m^3；$d_{顶}$ 为顶板的厚度。

B 可变荷载

(1) 地面超载 $q_{超}$。对于城市一般浅埋地下结构，地面超载 $q_{超}$ = 20kPa。

(2) 施工荷载参照有关规定计取。

C 偶然荷载 $q_{顶}^{t}$

(1) 地震作用，根据《地下结构抗震设计标准》(GB/T 51336) 有关规定确定。

(2) 人防荷载，根据设防级别参照《人民防空地下室设计规范》(GB 50038) 有关规

定确定。

综合起来，顶板上所受的荷载为：

$$q_{顶} = q_{顶土} + q_{顶水} + q_{顶自} + q^{t}_{顶} + q_{超} \tag{5-4}$$

$$q_{顶} = \sum \gamma_i h_i + \gamma_w h_{顶w} + \gamma_G d_{顶} + q^{t}_{顶} + q_{超} \tag{5-5}$$

在进行荷载组合或内力组合时，应按荷载类别分别计算，并考虑不同组合系数的取值。

5.3.2.2　底板上的荷载

一般情况下，地下结构（特别是考虑人防功能需求时）的刚度都比较大，而地基相对来说较松软，所以可假定地基反力为均匀分布。地基反力包括水土作用，不考虑底板及底板设备自重对结构变形的影响。

A　恒载

恒载部分引起的基底反力 $q_{底k}$（包括地基土反力和底板水压力，不考虑底板及其设备自重对结构变形的影响），可对结构顶板、中板和底板所受竖向恒载开展静力平衡分析计算：

$$q_{底k} = q_{顶土} + q_{顶水} + q_{顶自} + \frac{\sum P}{L} \tag{5-6}$$

式中，$\sum P$ 为顶板板底以下，底板板面以上的两边侧墙、中板、中间梁柱及设备等自重；L 为结构横断面的计算宽度，如图 5-7 所示。

若地下结构层数较少，为简化计算，也可忽略顶板和底板间的结构及设备自重 $\sum P$。

B　可变荷载

可变荷载部分引起的基底反力 $q'_{底k}$（不考虑底板上可变荷载对结构变形的影响），可对结构顶板、中板所受竖向可变荷载开展静力平衡分析计算：

$$q'_{底k} = q_{超} + q_{中} \tag{5-7}$$

式中，$q_{超}$ 为地面超载，一般取 20kPa；$q_{中}$ 为中板所受的可变荷载，参考有关规范确定。

C　偶然荷载 $q^{t}_{底}$

（1）地震作用，根据《地下结构抗震设计标准》（GB/T 51336）有关规定确定。

（2）人防荷载，根据防护级别参照《人民防空地下室设计规范》（GB 50038）有关规定确定。

可对结构顶板、中板所受竖向特载开展静力平衡分析计算：

$$q^{t}_{底} = q^{t}_{顶} \tag{5-8}$$

在进行荷载组合或内力组合时，应按荷载类别分别计算，并考虑不同组合系数的取值。

5.3.2.3　侧墙上的荷载

侧墙上所受的荷载有侧向土压力、水压力及特载（人防荷载或地震作用），要特别注意侧墙荷载计算时计算深度是根据结构计算简图所对应的深度计算，如图 5-8 所示。

A　恒载

（1）侧向土压力 $e_{土}$。

$$e_{土} = \left(\sum \gamma_i h_i\right) \tan^2\left(45^\circ - \frac{\varphi}{2}\right) \quad \text{(不考虑黏性土黏聚力的影响)} \tag{5-9}$$

式中，φ 为计算深度处土层的内摩擦角；γ_i 为计算深度处土层的重度，地下水位以下取有效重度 γ_i'；h_i 为结构计算简图中的计算深度。

（2）侧向水压力 e_w。

$$e_w = \psi \gamma_w h_w \tag{5-10}$$

式中，ψ 为折减系数，依土层透水性确定：对于砂土 $\psi=1$，对于黏土 $\psi=0.7$；h_w 为地下水位深度。

B 可变荷载

（1）地面超载引起的水平侧向压力 e'。由于地下结构周围土层的泊松效应，地面超载 $q_{超}$ 将产生水平侧向压力 e' 作用在侧墙上，通常按朗肯主动土压力计算。

$$e' = q_{超} \cdot \tan^2\left(45^\circ - \frac{\varphi}{2}\right) \tag{5-11}$$

（2）施工阶段的临时荷载。施工阶段的临时荷载也将对地下结构外墙产生一个水平作用效应，通常按照施工方案或规范有关规定计取，其水平泊松效应可参照朗肯主动土压力理论进行计算。

C 偶然荷载 $e_{侧}^{t}$

（1）地震作用，根据《地下结构抗震设计标准》（GB/T 51336）有关规定确定。

（2）人防荷载，根据防护级别参照《人民防空地下室设计规范》（GB 50038）有关规定确定。

所以，作用于侧墙上的荷载为：

$$q_{侧} = e_{土} + e_w + e' + e_{侧}^{t} \tag{5-12}$$

除上面所述荷载外，温度变化、沉陷不匀、材料收缩等因素也会使结构产生内力，但要精确考虑是很困难的，通常只在构造上采取适当措施，如加配一些构造钢筋、设置伸缩缝和沉降缝等。

在进行荷载组合或内力组合时，应按荷载类别分别计算，并考虑不同组合系数的取值。

5.4 矩形闭合框架结构内力计算

5.4.1 结构计算简图

矩形闭合框架在静荷载作用下，可将地基视作弹性半无限平面，作为弹性地基上的闭合框架进行分析。计算结构内力前应选择合理的计算简图，并初步假设截面尺寸。结构计算简图应能够反映结构受力体系的主要特征，且能简化计算。一般的矩形闭合框架横向断面比纵向短得多，不考虑结构纵向不均匀变形时，可以把结构受力问题视为平面应变问题。

由于闭合框架结构的顶板、底板厚度都比中隔墙大得多，中隔墙或柱的抗弯刚度相对较小。当侧向力不大时，可将中隔墙或柱按照只承受轴力的二力杆来计算，计算时可沿纵向取单位长度（1m）的截条作为闭合框架的计算单元，计算简图如图 5-9 所示。

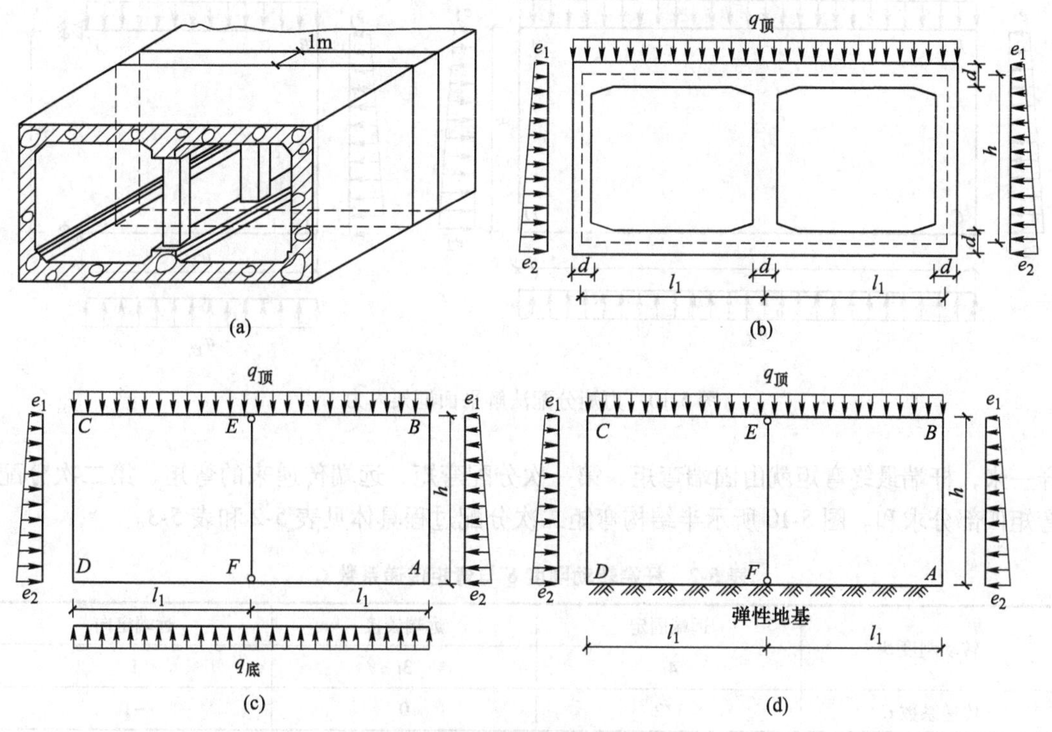

图 5-9 闭合框架结构计算简图及简化

（a）计算单元；（b）断面及荷载；（c）计算简图 1；（d）计算简图 2

当闭合框架结构跨度不大且较均匀时，基底反力近似线性分布，可采用结构力学方法按照一般平面框架来计算。当需要考虑底板与地基土相互作用时，宜采用力法来计算弹性地基上的闭合框架，详见本章 5. 5 节。

5. 4. 2 结构内力计算

5. 4. 2. 1 截面选择

根据结构力学知识，计算超静定结构内力时需要知道结构的截面尺寸，或者各杆件截面惯性矩的比值，否则无法进行内力计算，但截面尺寸必须在计算出内力之后才能确定。因此，通常根据工程经验或近似计算方法先假定截面尺寸，进行内力计算，然后再验算所设截面是否合适，如不满足要求，重复上述过程，直至所设截面合适为止。

5. 4. 2. 2 计算方法

（1）当地下结构刚度较大、地基刚度较小时，可假定地基反力为线性分布，按照一般平面框架计算内力，如图 5-9（c）所示。内力解法一般采用位移法，当不考虑线位移影响时，用弯矩分配法较为便捷，如图 5-10 所示。

弯矩二次分配法计算杆端弯矩的大体过程如下。

由固端弯矩转移到结点计算出待分配弯矩，按弯矩分配系数进行分配到固端，然后按传递系数传到远端，远端得到的传递弯矩不平衡，继续分配到远端杆端（二次分配）。这

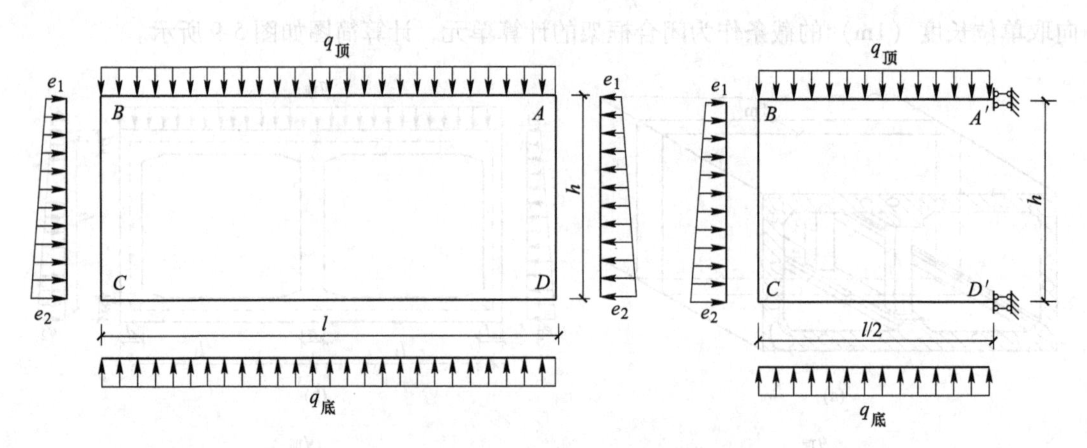

图 5-10 力矩分配法解平面框架内力

样一来，杆端最终弯矩就由固端弯矩、第一次分配弯矩、远端传递来的弯矩、第二次分配弯矩四部分求和。图 5-10 所示半结构弯矩二次分配过程具体见表 5-2 和表 5-3。

表 5-2 杆端转动刚度 S 与弯矩传递系数 C

转动刚度 S	远端固定	远端铰接	远端定向
	$4i$	$3i$	i
传递系数 C	1/2	0	−1

注：i 为线刚度。

表 5-3 弯矩二次分配法流程

结点	A	B		C		D
		BA	BC	CB	CD	
分配系数 μ		μ_{BA}	μ_{BC}	μ_{CB}	μ_{CD}	
杆端弯矩 M^F	M^F_{AB}	M^F_{BA}	M^F_{BC}	M^F_{CB}	M^F_{CD}	M^F_{DC}
锁 C，开 B	$-(M^F_{BA}+M^F_{BC})\cdot\mu_{BA}C_{BA}$ ←	$-(M^F_{BA}+M^F_{BC})\mu_{BA}$	$-(M^F_{BA}+M^F_{BC})\mu_{BC}$ →	$-(M^F_{BA}+M^F_{BC})\mu_{BC}C_{CB}$		
锁 B，开 C			传递弯矩 M ←	$-(M^F_{CB}+M^F_{CD})\mu_{CB}+(M^F_{BA}+M^F_{BC})\mu_{BC}C_{CB}\mu_{CB}$	$-(M^F_{CB}+M^F_{CD})\mu_{CD}+(M^F_{BA}+M^F_{BC})\mu_{BC}C_{CB}\mu_{CD}$ →	传递弯矩
锁 C，开 B	$-(M)\mu_{BA}C_{BA}$ ←	$-(M)\mu_{BA}$	↓ 分配 $-(M)\mu_{BC}$ →	$-(M)\mu_{BC}C_{CB}$		
锁 B，开 C			$(M)\mu_{BC}C_{CB}\cdot\mu_{CB}C_{BC}$ ←	$(M)\mu_{BC}C_{CB}\mu_{CB}$	$(M)\mu_{BC}C_{CB}\mu_{CD}$ →	$(M)\mu_{BC}C_{CB}\cdot\mu_{CD}C_{CD}$
最终 M	求和	求和	求和	求和	求和	求和

（2）当地下结构跨度较大或刚度较小，而地基相对较硬时，宜按弹性地基上的闭合框架进行计算。弹性地基可按文克勒地基考虑，也可视作弹性半无限平面，如图 5-9（d）所示。由于底板承受未知的地基弹性反力，使结构内力分析更为复杂，但与实际情况更加吻

合。对于弹性地基上平面框架的内力计算仍可采用结构力学方法，对于这类超静定结构内力计算，可以采用力法来计算，基本结构的选取有以下两种方法：

1）两铰框架+弹性地基梁。采用两铰框架（两柱端为固定铰支座的门式刚架）的角位移和线位移计算公式来计算，计算简图和基本结构如图 5-11 所示。

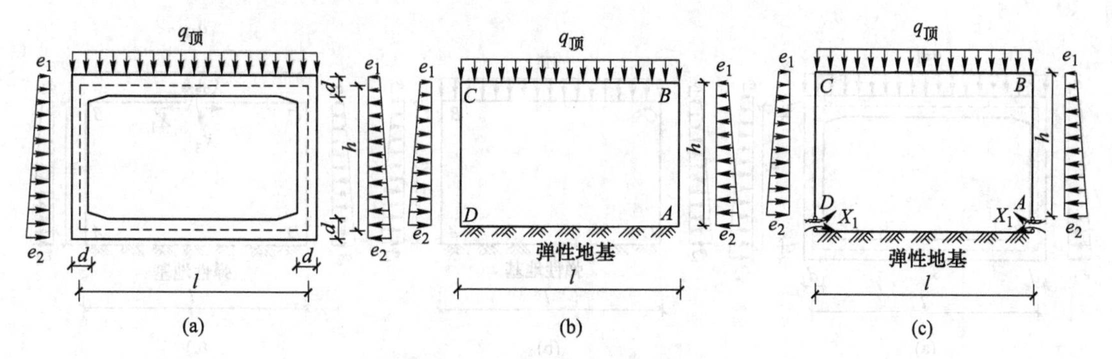

图 5-11　计算简图和基本结构

（a）断面及荷载；（b）计算简图；（c）基本结构

一平面闭合框架及所受荷载如图 5-11 所示，用力法计算内力时，可将刚架沿柱脚切开，形成一两铰框架和一个弹性地基梁组成的基本结构，如图 5-11（c）所示，写出典型力法方程：

$$\delta_{11}X_1 + \Delta_{1\mathrm{P}} = 0 \tag{5-13}$$

$$\left.\begin{aligned}\delta_{11} &= \theta'_{A1} + \theta''_{A1}\\ \Delta_{1P} &= \theta'_{AP} + \theta''_{AP}\end{aligned}\right\} \tag{5-14}$$

式中，δ_{11}为基本结构在单位力 $X_1=1$ 单独作用下产生的 X_1 方向位移（框架 A 点和地基梁 A 点角位移之和）；Δ_{1P}为基本结构在外荷载 P 作用下产生的 X_1 方向位移（框架 A 点和地基梁 A 点角位移之和）。

可利用两铰框架（两柱端为固定铰支座的门式刚架）的角位移和线位移计算公式，规定角位移 θ 顺时针为正、固端弯矩 M^{F} 以顺时针方向为正。将所求得的系数 δ_{11} 及自由项 Δ_{1P}代入力法方程，解出未知力 X_1，并进而绘出内力图。

2）沿横梁中间切开。一平面闭合框架及所受荷载如图 5-12 所示，用力法计算内力时，可将刚架沿横梁中间切开，形成的基本结构如图 5-12（c）所示。

写出典型力法方程如下：

$$\begin{cases}\delta_{11}X_1 + \delta_{12}X_2 + \delta_{13}X_3 + \Delta_{1P} = 0\\ \delta_{21}X_1 + \delta_{22}X_2 + \delta_{23}X_3 + \Delta_{2P} = 0\\ \delta_{31}X_1 + \delta_{32}X_2 + \delta_{33}X_3 + \Delta_{3P} = 0\end{cases} \tag{5-15}$$

系数 δ_{ij}是指在多余力 X_j单独作用下，沿 X_i方向的位移；自由项 Δ_{iP}是指外荷载 P 作用下沿 X_i方向的位移，按下式计算：

$$\begin{cases}\delta_{ij} = \delta'_{ij} + b_{ij}\\ \Delta_{iP} = \Delta'_{iP} + b_{iP}\end{cases} \tag{5-16}$$

$$\delta'_{ij} = \sum\int\frac{M_iM_j}{EI}\mathrm{d}s \tag{5-17}$$

式中，δ'_{ij}为框架基本结构在单位力 $X_j=1$ 单独作用下产生的 X_i方向的位移（不包括底板）；b_{ij}为底板按弹性地基梁在单位力 $X_j=1$ 单独作用下计算的切口处 X_i方向的位移；Δ'_{iP}为框架基本结构在外荷载 P 作用下产生的 X_i方向的位移（不包括底板）；b_{iP}为底板按弹性地基梁在外荷载 P 作用下计算的切口处 X_i方向上的位移。

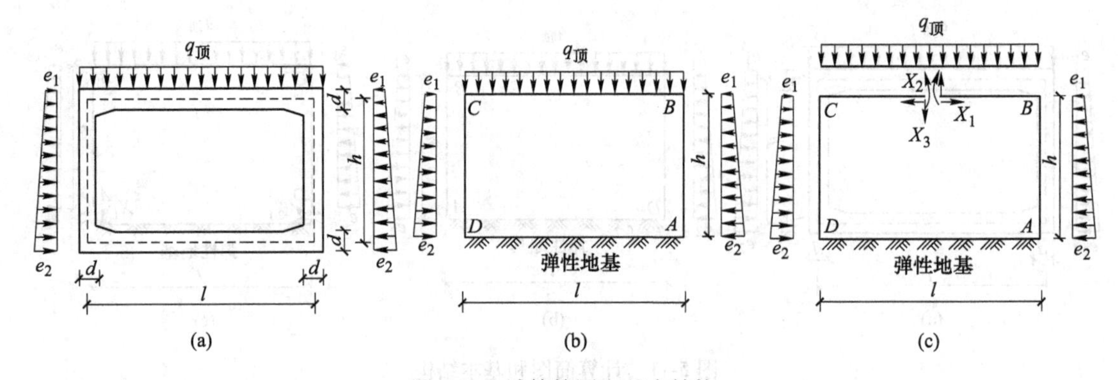

图 5-12 计算简图和基本结构

（a）断面及荷载；（b）计算简图；（c）基本结构

将所求得的系数 δ_{ij}及自由项 Δ_{iP}代入力法方程，解出未知力 X_i，进而绘出内力图。

5.4.3 抗浮验算

为保证结构不因为地下水的浮力而浮起，在设计完成后，尚需按下式进行抗浮验算：

$$K=\frac{Q_{重}}{Q_{浮}}\geqslant 1.05 \sim 1.10 \tag{5-18}$$

式中，K 为抗浮安全系数；$Q_{重}$为结构自重、设备自重及上覆土重之和；$Q_{浮}$为地下水浮力；考虑侧墙外侧摩阻力时，K 取 1.10，不考虑侧墙外侧摩阻力时，K 取 1.05。当箱体已经施工完毕，但未安装设备和回填土时，计算 $Q_{重}$时应只考虑结构自重。

5.5 基于两铰框架的弹性地基上闭合框架计算

5.5.1 单层单跨对称框架

单层单跨对称框架结构如图 5-13（a）所示，其假定的弹性地基上的框架力学解可建立图 5-13（b）所示的计算简图，由图可以看出，上部结构与底板之间视为铰接，加一个未知力 X_1，原封闭框架成为两铰框架。由变形连续条件可列出力法方程。

写出典型力法方程：

$$\delta_{11}X_1+\Delta_{1P}=0 \tag{5-19}$$

式中，δ_{11}为基本结构在单位力 $X_1=1$ 单独作用下产生的 X_1 方向位移（框架 A 点和地基梁 A 点角位移之和）；Δ_{1P}为基本结构在外荷载作用下产生的 X_1 方向位移（框架 A 点和地基梁 A 点角位移之和）。

可利用两铰框架（两柱端为固定铰支座的门式刚架）的角位移和线位移计算公式，规

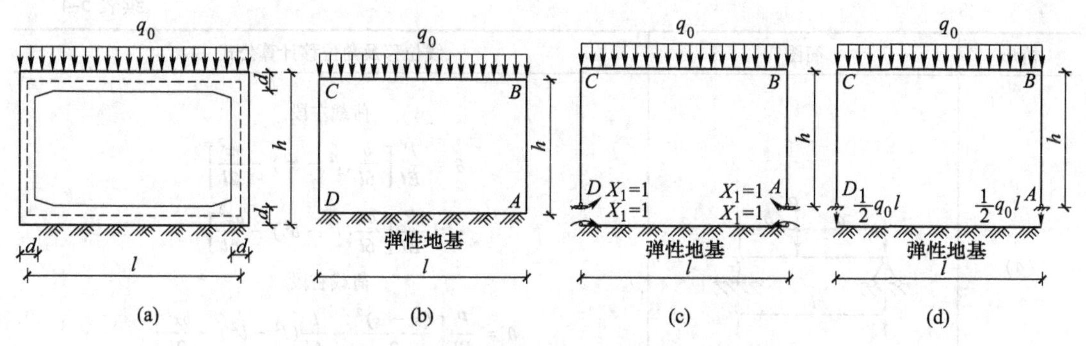

图 5-13 单跨对称框架的计算简图和基本结构

(a) 断面及荷载；(b) 计算简图；(c) 基本结构；(d) 外荷载作用

定角位移 θ 顺时针为正、固端弯矩 M^{F} 以顺时针方向为正。

计算过程包括如下几个步骤：

(1) 确定计算简图，取出基本结构，列出典型力法方程。将闭合框架划分为两铰框架和弹性地基梁，根据变形连续条件列出力法方程。

(2) 求解力法方程中的自由项和系数。求解两铰框架与弹性地基梁的有关角位移和线位移，弹性地基梁与两铰框架的角位移和线位移可以采用查表法，这样可简化计算过程，两铰框架的角位移和线位移见表 5-4。

(3) 求框架结构的内力图。将所求得的系数及自由项代入力法方程，解出未知力 X_i，进而绘出内力图。两铰框架的弯矩可采用力矩分配法计算，弹性地基梁的内力及地基反力可采用查表法进行。

表 5-4 两铰框架的角位移和线位移计算公式

情形	简图	线位移及角位移计算公式
(1) 对称		$\theta_A = \dfrac{M_{BA}^{\mathrm{F}} + M_{BC}^{\mathrm{F}} - \left(2 + \dfrac{K_2}{K_1}\right) M_{AB}^{\mathrm{F}}}{6EK_1 + 4EK_2}$
(2) 反对称		$\theta_A = \left[\left(\dfrac{3K_2}{3K_1} + \dfrac{1}{2}\right) hP - M_{BC}^{\mathrm{F}} + \left(\dfrac{6K_2}{K_1} + 1\right) m\right] \dfrac{1}{6EK_2}$
(3)		$\theta = \dfrac{q_0}{24EI}(l^3 + 6lx^2 + 4x^3)$ $y = \dfrac{q_0}{24EI}(l^3 x - 2lx^3 + x^4)$

续表 5-4

情形	简图	线位移及角位移计算公式
(4)	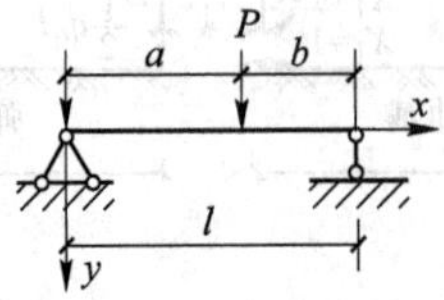	荷载左段 $\theta = \frac{P}{EI}\left[\frac{b}{6l}(l^2 - b^2) - \frac{bx^2}{2l}\right]$ $y = \frac{P}{EI}\left[\frac{bx}{6l}(l^2 - b^2) - \frac{bx^3}{6l}\right]$ 荷载右段 $\theta = \frac{P}{EI}\left[\frac{(x-a)^2}{2} + \frac{b}{6l}(l^2 - b^2) - \frac{bx^2}{2l}\right]$ $y = \frac{P}{EI}\left[\frac{(x-a)^3}{6} + \frac{bx}{6l}(l^2 - b^2) - \frac{bx^3}{6l}\right]$
(5)	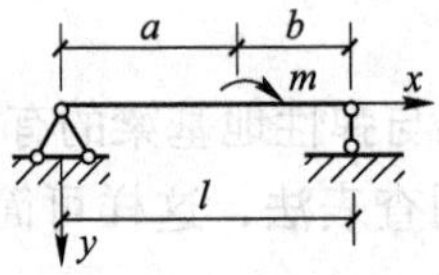	荷载左段 $\theta = \frac{m}{EI}\left(\frac{xl^2}{2l} - a + \frac{l}{3} + \frac{a^2}{2l}\right)$ $y = \frac{m}{EI}\left(\frac{x^3}{6l} - ax + \frac{lx}{3} + \frac{a^2x}{2l}\right)$ 荷载右段 $\theta = \frac{m}{EI}\left(\frac{xl^2}{2l} - x + \frac{l}{3} + \frac{a^2}{2l}\right)$ $y = \frac{m}{EI}\left(\frac{x^3}{6l} - \frac{x^2}{2} + \frac{lx}{3} + \frac{a^2x}{2l} - \frac{a^2}{2}\right)$
(6)	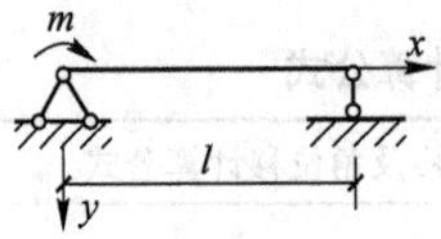	$\theta = \frac{m}{EI}\left(\frac{x^2}{2l} - x + \frac{l}{3}\right)$ $y = \frac{m}{EI}\left(\frac{x^3}{6l} - \frac{x^2}{2} + \frac{lx}{3}\right)$
(7)	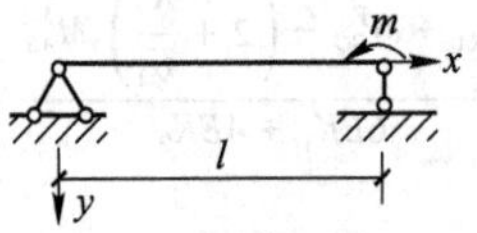	$\theta = \frac{m}{EI}\left(\frac{l}{6} - \frac{xl^2}{2l}\right)$ $y = \frac{m}{6EI}\left(lx - \frac{x^3}{l}\right)$
(8)	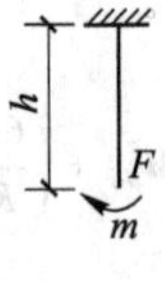	$\theta_F = \frac{mh}{EI}$（下端的角变） $y_F = \frac{mh^2}{2EI}$（下端的水平位移）
(9)	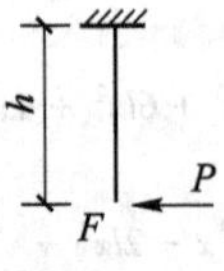	$\theta_F = \frac{Ph^2}{2EI}$（下端的角变） $y_F = \frac{Ph^3}{3EI}$（下端的水平位移）

续表 5-4

情形	简图	线位移及角位移计算公式
说明	角位移 θ 以顺时针方向为正，固端弯矩 M^{F} 以顺时针为正。$K=I/l$	
	对称情况求铰 A 处的角位移 θ 时用情形（1）的公式	
	反对称情况求解铰 A 处的 θ 时用情形（2）的公式。但应注意，M_{BA}^{F} 为零方可，否则不能使用该公式。图中所示的 m 和 P 为正方向	
	P, C, G, E, B, h, H, F, D, A, m, m (a) P, m_B, C, G, E, B, H, F, m, m (b)	欲求图（a）所示两铰框架截面 F 的角位移，首先求出此框架的弯矩图，然后取出杆 BC 作为简支梁，如图（b）所示。 按情形（4）~（7）算出截面 E 的角位移 θ_E 按情形（8）算出截面 F 的角位移 θ_F，截面 F 的最终角位移 θ'_F 为： $\theta'_F = \theta_E + \theta_F$

5.5.2 双跨对称框架

双跨对称框架结构如图 5-14（a）所示，其假定的弹性地基上的框架力学解可建立

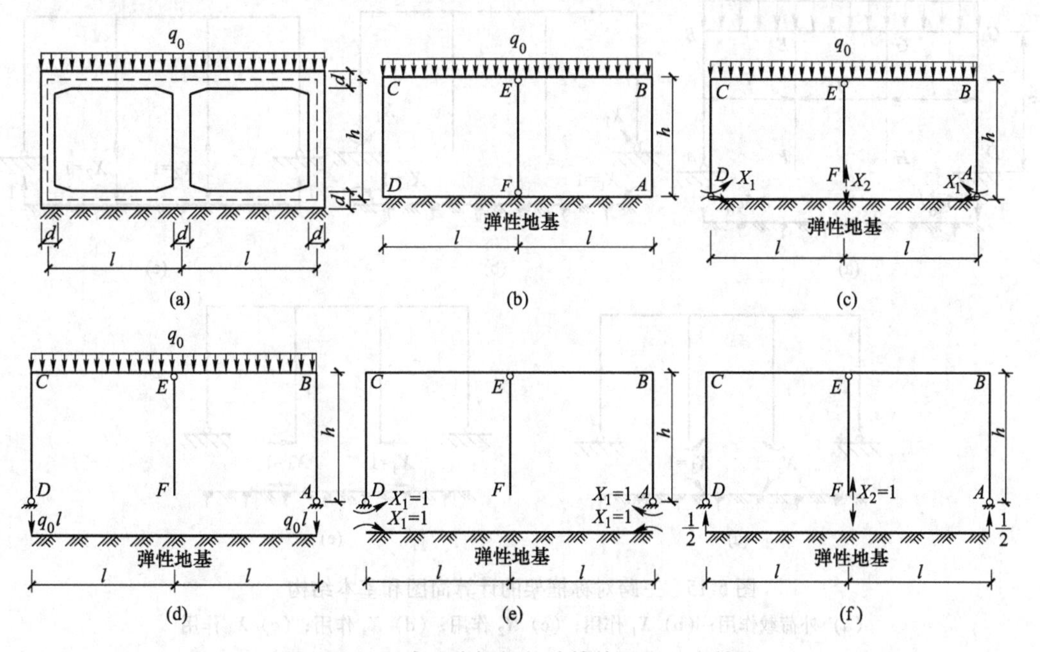

图 5-14 双跨对称框架的计算简图和基本结构

（a）断面及荷载；（b）计算简图；（c）基本结构；（d）外荷载作用；（e）X_1 作用；（f）X_2 作用

图 5-14（b）所示的计算简图。求该框架结构内力时，可建立图 5-14（c）的基本结构，A、D 两点为铰结点，加未知力 X_1，中间竖杆在 F 点断开，加未知力 X_2，此杆仅受轴向力。

根据 A、D 和 F 各截面的变形连续条件，建立如下典型力法方程：

$$\begin{cases}\delta_{11}X_1+\delta_{12}X_2+\Delta_{1P}=0\\\delta_{21}X_1+\delta_{22}X_2+\Delta_{2P}=0\end{cases} \tag{5-20}$$

式（5-20）中的各系数及自由项可按下述方法求得。

Δ_{1P}是框架与基础梁在 A 端的两角位移的代数和；Δ_{2P}是框架 F 点的竖向位移与基础梁中点的竖向位移的代数和，如图 5-14（d）所示；δ_{11}是框架与基础梁在 A 端的两角位移的代数和，如图 5-14（e）所示；δ_{22}是框架 F 点的竖向位移与基础梁中点的竖向位移的代数和，如图 5-14（f）所示；δ_{12}是框架与基础梁在 A 端的角位移的代数和，δ_{21}是框架 F 点与基础梁中点的竖向位移的代数和，由位移互等定理有 $\delta_{12}=\delta_{21}$。

上述各系数与自由项可利用表进行计算，框架计算可查表 5-4，基础梁的有关计算可查本书附录——弹性地基梁计算用表。

5.5.3 三跨对称框架

三跨对称框架结构如图 5-15（a）所示，其假定的弹性地基上的框架力学解可建立如图 5-15（b）所示的计算简图。求该框架结构内力时，可建立如图 5-15（c）所示的基本结构，A、D 两点为铰结点，加未知力 X_1，中间两根竖杆在 H、F 点断开，加未知力 X_2，此杆仅受轴向力。

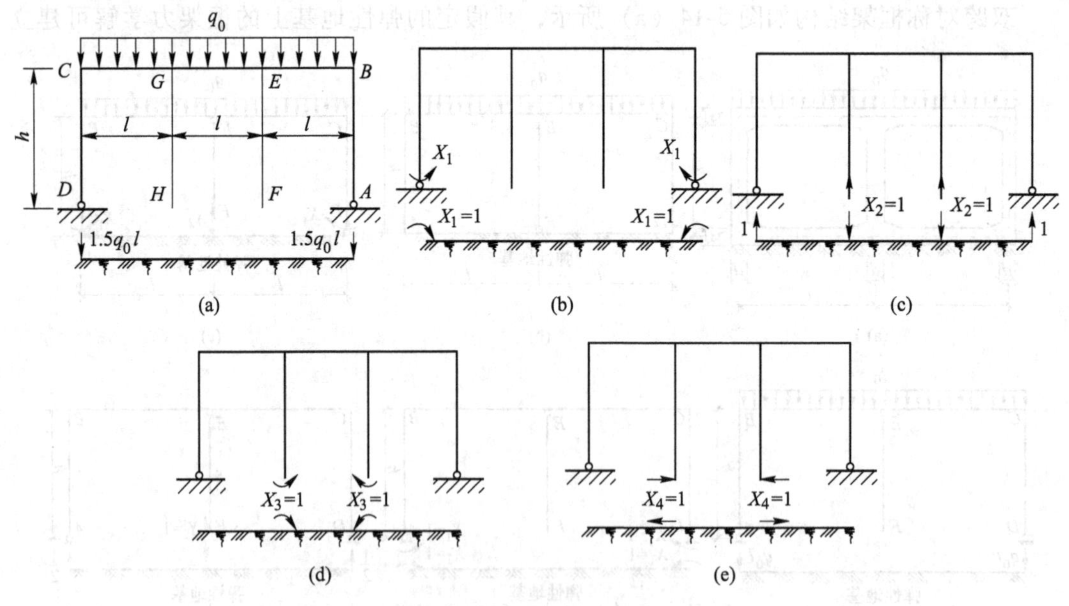

图 5-15　三跨对称框架的计算简图和基本结构

（a）外荷载作用；（b）X_1 作用；（c）X_2 作用；（d）X_3 作用；（e）X_4 作用

根据 A、D、F 和 H 各截面的变形连续条件及对称关系，建立如下典型力法方程：

$$
\begin{cases}
\delta_{11}X_1 + \delta_{12}X_2 + \delta_{13}X_3 + \delta_{14}X_4 + \Delta_{1P} = 0 \\
\delta_{21}X_1 + \delta_{22}X_2 + \delta_{23}X_3 + \delta_{24}X_4 + \Delta_{2P} = 0 \\
\delta_{31}X_1 + \delta_{32}X_2 + \delta_{33}X_3 + \delta_{34}X_4 + \Delta_{3P} = 0 \\
\delta_{41}X_1 + \delta_{42}X_2 + \delta_{43}X_3 + \delta_{44}X_4 + \Delta_{4P} = 0
\end{cases}
\tag{5-21}
$$

式（5-21）中各系数δ_{ij}及自由项Δ_{iP}的意义可按下述方法求得。

Δ_{1P}是框架与基础梁在截面A的相对角位移；Δ_{2P}是截面F的相对竖向位移；Δ_{3P}是截面F的相对角位移；Δ_{4P}是截面F的相对水平位移，如图5-15（a）所示。δ_{11}是框架与基础梁在截面A的相对角位移；δ_{21}是截面F的相对竖向位移；δ_{31}是截面F的相对角位移；δ_{41}是截面F的相对水平位移，如图5-15（b）所示。

同上述原理相似，δ_{12}为截面A处的相对角位移，δ_{22}为F处的相对竖向位移，δ_{32}为F处的相对角位移，δ_{42}为F处的相对水平位移，如图5-15（c）所示。δ_{13}为A处的相对角位移，δ_{23}为F处的相对竖向位移，δ_{33}为F处的相对角位移，δ_{43}为F处的相对水平位移，如图5-15（d）所示。δ_{14}为A处的相对角位移，δ_{24}为F处的相对竖向位移，δ_{34}为F处的相对角位移，δ_{44}为F处的相对水平位移，如图5-15（e）所示。

根据位移互等定理得：$\delta_{12}=\delta_{21}$，$\delta_{13}=\delta_{31}$，$\delta_{14}=\delta_{41}$，$\delta_{23}=\delta_{32}$，$\delta_{24}=\delta_{42}$，$\delta_{34}=\delta_{43}$。

5.6 截面设计与构造要求

5.6.1 截面设计

5.6.1.1 设计弯矩

根据计算简图求解超静定结构时，直接求得的是结点处的内力（即构件轴线相交处的内力），然后利用平衡条件可以求得各杆任意截面处的内力。由图5-16可以看出，结点弯矩（计算弯矩）虽然比附近截面的弯矩大，但其对应的截面高度是侧墙（支座）的高度。所以，实际不利的截面（弯矩大而截面高度又小）则是侧墙（支座）边缘处的截面，对应这个截面的弯矩称为设计弯矩。根据隔离体平衡条件，可以按式（5-22）或式（5-23）计算设计弯矩。

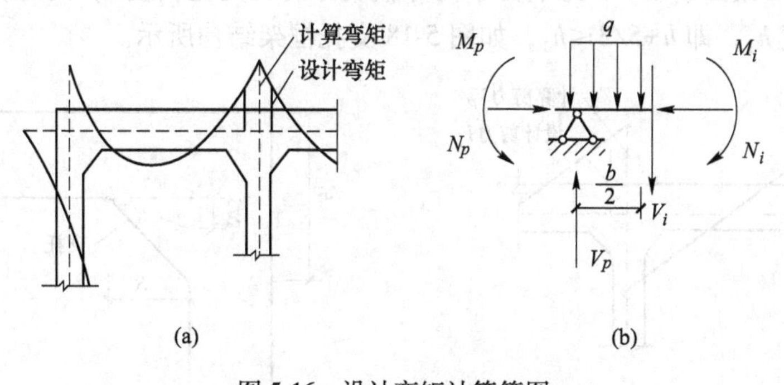

图5-16 设计弯矩计算简图

$$
M_i = M_p - V_p \times \frac{b}{2} + \frac{q}{2} \times \left(\frac{b}{2}\right)^2 \tag{5-22}
$$

式中，M_i 为设计弯矩；M_p 为计算弯矩；V_p 为计算剪力；b 为支座宽度；q 为作用于杆件上的均布荷载。为了简便起见，设计中常将式（5-22）近似地用下式代替：

$$M_i = M_p - V_p \times \frac{b}{2} \tag{5-23}$$

5.6.1.2 设计剪力

同理，对于剪力，不利截面仍然处于支座边缘处（见图 5-17），根据隔离体平衡条件，设计剪力 V_i 按下式（5-24）计算：

$$V_i = V_p - \frac{q}{2} \times b \tag{5-24}$$

5.6.1.3 设计轴力

由静载引起的设计轴力按下式计算：

$$N_i = N_p \tag{5-25}$$

式中，N_p 为由静载引起的计算轴力。

由特载引起的设计轴力按下式计算：

$$N_i^t = N^t \times \xi \tag{5-26}$$

式中，N^t 为由特载引起的计算轴力；ξ 为折减系数，对于顶板 ξ 可取 0.3，对于底板和侧墙可取 0.6。

将静载和动载求得的设计轴力 N_i、N_i^t 加起来即得各杆件的最后设计轴力。

地下结构的截面选择和承载力计算，一般以《混凝土结构设计规范》（GB 50010）为准，同时还需注意以下几点：

（1）地下矩形闭合框架结构的构件（顶板、底板、侧墙）均按偏心受压构件进行截面承载力验算。

（2）在特殊荷载和其他荷载共同作用下，按弯矩及轴力对构件进行强度验算时，要考虑材料在动载作用下的强度提高，而按剪力和扭力对构件进行强度验算时，则材料的强度不提高。

（3）在设有支托的框架结构中，进行构件截面验算时，杆件两端的截面计算高度采用 $h+S/3$（h 为构件截面高度，S 为平行于构件轴线方向的支托长度），同时，$h+S/3$ 不得超过杆件截面高度 h_1，即 $h+S/3 \leqslant h_1$，如图 5-18 支托框架结构所示。

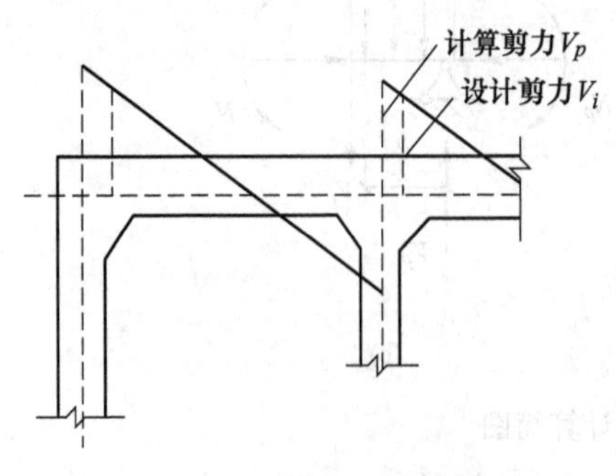

图 5-17 设计剪力计算简图

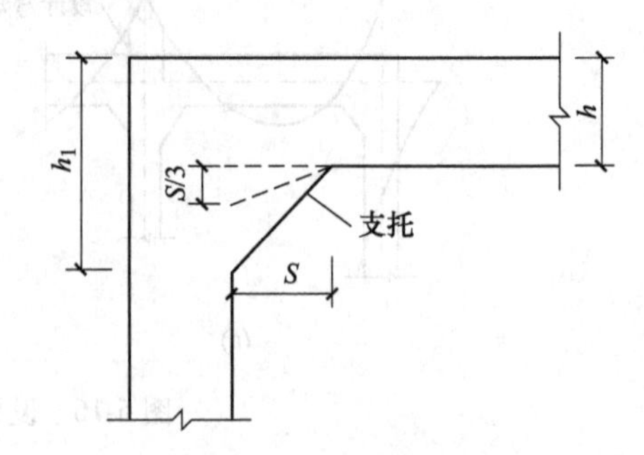

图 5-18 支托框架结构

（4）当沿矩形框架纵向的覆土厚度、上部建筑物荷载、内部结构形式变化较大，或地层有显著差异时，还应进行结构纵向受力分析。

5.6.2 构造要求

5.6.2.1 配筋形式

为改善地下闭合框架结构的受力条件，提高构件的抗冲击动力性能，闭合框架结构的顶板、底板和侧墙通常采用双层双向分离式配筋方式，如图 5-19 所示，它由横向受力钢筋和纵向分布钢筋组成。为便于施工也可将钢筋制成焊网，如某地铁通道将顶、底板的纵向分布钢筋和侧墙的横向受力钢筋均制成焊网，形成由内外侧双层横向受力钢筋组成的横向刚片和内外侧双层纵向分布钢筋组成的纵向刚片。

为减少应力集中，改善闭合框架的受力性能，一般在角部设置支托，并配支托钢筋。当荷载较大时，需验算抗剪强度，并配置箍筋和弯起钢筋，闭合框架结构的配筋形式如图 5-19 所示。

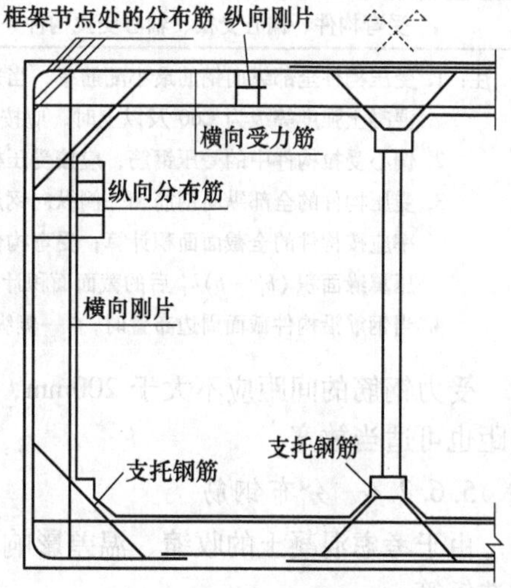

图 5-19 闭合框架配筋形式

5.6.2.2 混凝土保护层

地下结构的特点是顶底板和外墙外侧与水土直接接触，内侧相对湿度较高。因此，受力钢筋的保护层最小厚度（从钢筋的外边缘算起）比地面结构增加 5~10mm，应遵守《混凝土结构耐久性设计标准》（GB/T 50476）的有关要求，如表 5-5 规定。

表 5-5 混凝土保护层最小厚度

构件名称	钢筋直径/mm	保护层厚度/mm
墙板及环形结构	$d \leqslant 10$	15~20
	$12 \leqslant d \leqslant 14$	20~25
	$14 \leqslant d \leqslant 20$	25~30
梁柱	$d<32$	30~35
	$d \geqslant 32$	$d+(5\sim10)$
基础	有垫层	35
	无垫层	70

5.6.2.3 横向受力钢筋

横向受力钢筋的配筋率，应不小于表 5-6 中的规定。计算钢筋配筋率时，混凝土的面积要按计算面积计算。受弯构件及大偏心受压构件受拉主筋的配筋率，一般应不大于 1.2%，最大不得超过 1.5%。

配置受力钢筋要求细而密，为便于施工，同一结构中选用的钢筋直径和型号不宜过多。通常，受力钢筋直径 $d \leqslant 32$mm，对于以受弯为主的构件 $d \geqslant 10\sim14$mm，对于以受压为主的构件 $d \geqslant 12\sim16$mm。

表 5-6 钢筋的最小配筋率

受力类型		最小配筋率/%
受压构件	全部纵向钢筋	0.6
	一侧纵向钢筋	0.2
受弯构件、偏心受拉、轴心受拉构件一侧的受拉钢筋		0.2 和 $45f_t/f_y$ 中的最大值

注：1. 受压构件全部纵向钢筋最小配筋率，当采用 HRB400 级、RRB400 级钢筋时，应按表中规定减小 0.1%；当混凝土强度等级为 C60 及以上时，应按表中规定增大 0.1%；

2. 偏心受拉构件中的受压钢筋，应按受压构件一侧纵向钢筋考虑；

3. 受压构件的全部纵向钢筋和一侧纵向钢筋的配筋率及轴心受拉构件和小偏心受拉构件一侧受拉钢筋的配筋率应按构件的全截面面积计算；受弯构件、大偏心受拉构件一侧受拉钢筋的配筋率应按全截面面积扣除受压翼缘面积 $(b_f' - b)h_f'$ 后的截面面积计算；

4. 当钢筋沿构件截面周边布置时，"一侧纵向钢筋" 指沿受力方向两个对边中的一边布置的纵向钢筋。

受力钢筋的间距应不大于 200mm，不小于 70mm，但有时由于施工需要，局部钢筋的间距也可适当放宽。

5.6.2.4 分布钢筋

由于考虑混凝土的收缩、温差影响、不均匀沉降等因素的作用，必须配置一定数量的构造钢筋。

纵向分布钢筋的截面面积，一般应不小于受力钢筋截面积的 10%，同时，纵向分布钢筋的配筋率：对顶、底板不宜小于 0.15%；对侧墙不宜小于 0.20%。

纵向分布钢筋应沿框架周边各构件的内、外两侧布置，其间距可采用 100~300mm。框架角部，分布钢筋应适当加强（如加粗或加密），其直径不小于 12~14mm，如图 5-20 所示。

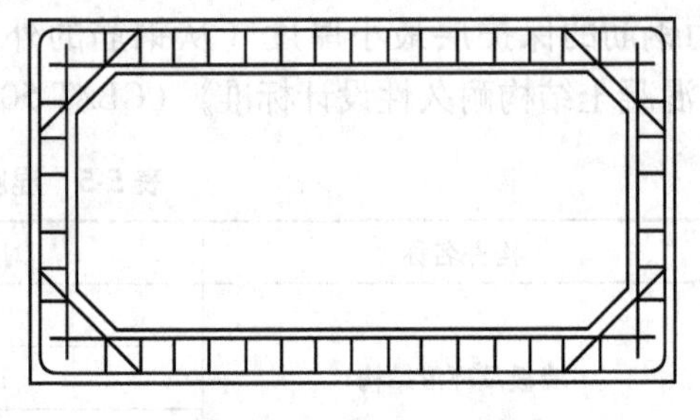

图 5-20 分布钢筋布置图

5.6.2.5 箍筋

地下结构断面厚度较大，一般可不配置箍筋，但需要配置拉结钢筋，将内外两片钢筋网连成整体。如计算需要时，可参照表 5-7，按下述规定配置：

（1）框架结构的箍筋间距在绑扎骨架中不应大于 $15d$，在焊接骨架中不应大于 $20d$（d 为受压钢筋中的最小直径），同时不应大于 400mm。

（2）在受力钢筋非焊接接头长度内，当搭接钢筋为受拉钢筋时，其箍筋间距不应大于 $5d$，当搭接钢筋为受压钢筋时，其箍筋间距不应大于 $10d$（d 为受力钢筋中的最小直径）。

表 5-7 箍筋最大间距

项次	板和墙厚/mm	$V>0.7f_t bh_0$/mm	$V\leqslant 0.7f_t bh_0$/mm
1	$150<h\leqslant 300$	150	200
2	$300<h\leqslant 500$	200	300
3	$500<h\leqslant 800$	250	350
4	$H>800$	300	400

(3) 框架结构的箍筋一般采用槽形直钩（槽形箍筋），这种钢筋多用于顶、底板，其弯钩必须配置在断面受压一侧；L 形箍筋多用于侧墙。

5.6.2.6 刚性节点构造

框架转角处的节点构造应保证整体性，即应有足够的强度、刚度及抗裂性，除满足受力要求外，还要便于施工。当框架转角处为直角时，应力集中较严重，如图 5-21（a）所示。为缓和应力集中现象，在节点处可加斜托，如图 5-21（b）所示。斜托的垂直长度与水平长度之比以 1∶3 为宜，斜托的大小视框架跨度大小而定。

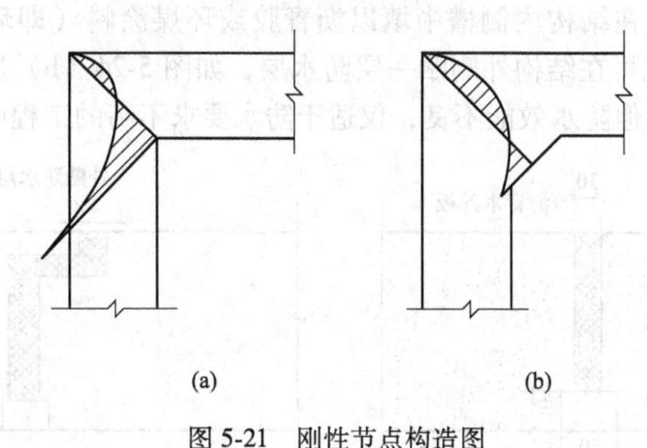

图 5-21　刚性节点构造图

框架节点处钢筋的布置原则如下：

(1) 沿节点内侧不可将水平构件中的受拉钢筋随意弯曲［见图 5-22（a）］，而应沿斜托另配直线钢筋［见图 5-22（b）］，或将此钢筋直接焊在侧墙的横向焊网上（见图 5-22）。

(2) 沿着框架转角部分外侧的钢筋，其弯曲半径 R 必须为所用钢筋直径的 10 倍以上，即 $R \geqslant 10d$［见图 5-22（b）］。

(3) 为避免在转角部分的内侧发生拉力时，若内侧钢筋与外侧钢筋无联系，使表面混凝土容易剥落，因此最好在角部配置足够数量的箍筋（见图 5-23）。

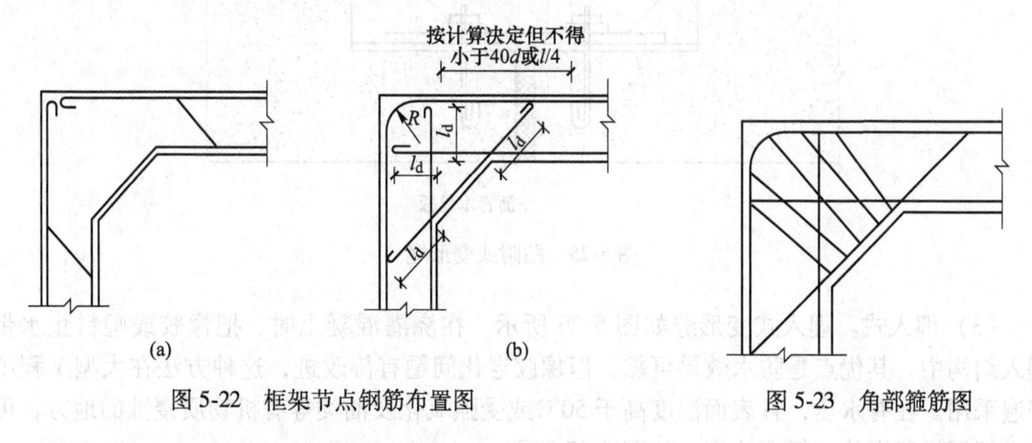

图 5-22　框架节点钢筋布置图　　图 5-23　角部箍筋图

5.6.2.7　变形缝的设置及构造

为防止结构由于不均匀沉降、温度变化和混凝土收缩等引起破坏，沿结构纵向每隔一定距离需设置变形缝，变形缝的间距为 30m 左右。

变形缝分为两种：一种是防止由于温度变化或混凝土收缩引起结构破坏而设置的缝，称为伸缩缝；另一种是防止由于不同结构类型（或相同结构承受不同荷载）或不同地基承载力引起结构不均匀沉降而设置的缝，称为沉降缝。

变形缝为满足伸缩和沉降需要，缝宽一般为20~30mm，缝中填充富有弹性且防水的材料。

变形缝的构造方式很多，主要分三类：嵌缝式、贴附式、埋入式。

（1）嵌缝式。嵌缝式变形缝如图5-24所示，材料可用沥青砂板、沥青板等。为防止板与结构物间有缝隙，在结构内侧槽中填以沥青胶或环煤涂料（即环氧树脂和煤焦油涂料）等以防止渗水；也可在结构外侧贴一层防水层，如图5-24（b）所示。嵌缝式的优点是造价低、施工容易，但防水效能不良，仅适于防水要求不高的工程中。

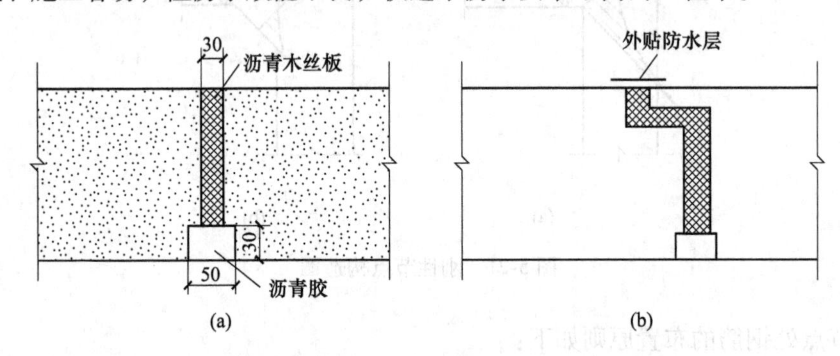

图5-24　嵌缝式变形缝（单位：mm）

（2）贴附式。贴附式变形缝如图5-25所示，将厚度6~8mm的橡胶平板用钢板条及螺栓固定在结构上，这种方式亦称为可卸式变形缝。其优点是橡胶平板年久老化后可以拆换，缺点是不易使橡胶平板和钢板密贴，这种构造可用于一般地下工程中。

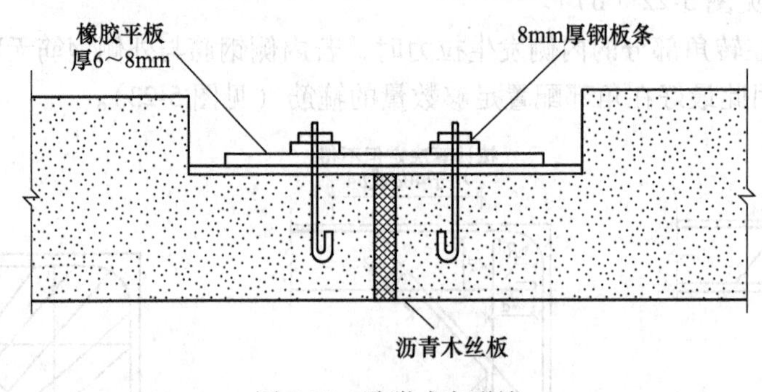

图5-25　贴附式变形缝

（3）埋入式。埋入式变形缝如图5-26所示，在浇灌混凝土时，把橡胶或塑料止水带埋入结构中。其优点是防水效果可靠，但橡胶老化问题有待改进，这种方法在大型工程中普遍采用。在有水压，且表面温度高于50℃或受强氧化及油类等有机物质侵蚀的地方，可在中间埋设紫铜片，但造价高，如图5-27所示。

当防水要求很高，承受较大的水压力时，可采用上述三种方法的组合，称为混合式。此法防水效果好，但施工程序多，造价高。

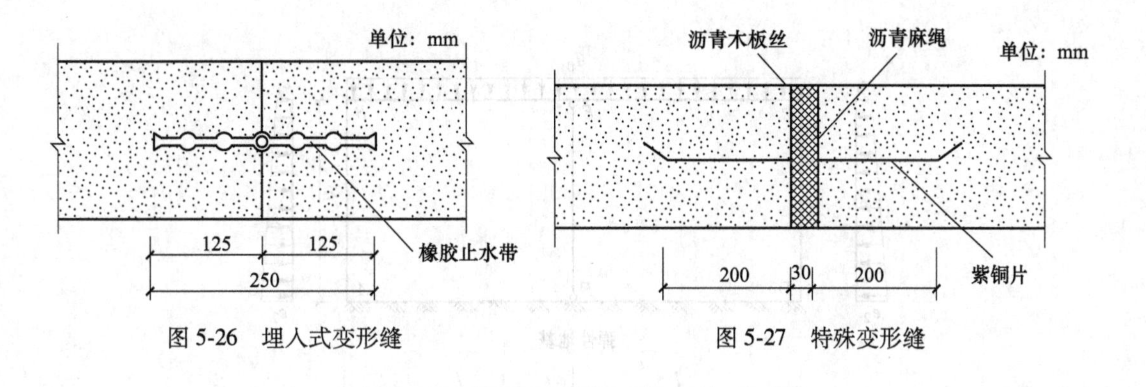

图 5-26 埋入式变形缝　　图 5-27 特殊变形缝

5.7 算 例

某工程为一浅埋式双跨闭合框架结构，初步几何尺寸及荷载设计值如图 5-28 所示，构件截面高度 $d=400\text{mm}$，$l=4500\text{mm}$、$h=3600\text{mm}$，$q_0=25\text{kPa}$，$e_1=20\text{kPa}$、$e_2=40\text{kPa}$。无地下水，试按荷载最不利组合进行结构内力计算和截面设计。

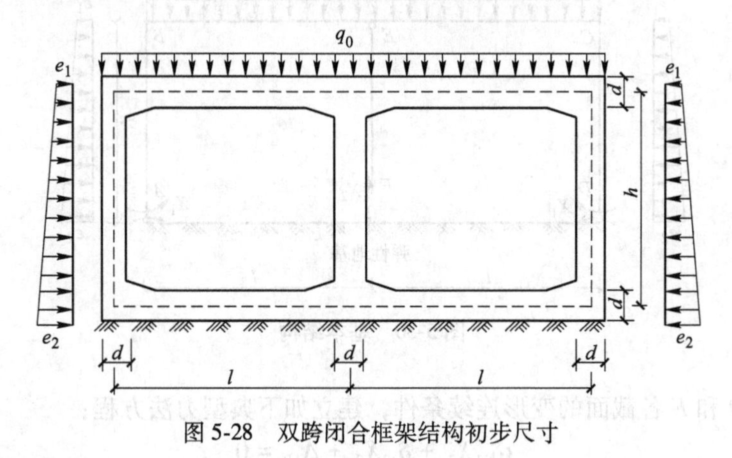

图 5-28 双跨闭合框架结构初步尺寸

5.7.1 结构荷载模式及结构计算简图

已知：地基弹性压缩系数 $K=4.0\times10^4\text{kN/m}^3$，地基弹性模量 $E_0=2000\text{kN/m}^2$；混凝土强度等级为 C30，$f_t=1.43\text{N/mm}^2$，$f_c=14.3\text{N/mm}^2$，弹性模量 $E=3.0\times10^7\text{kN/m}^2$；弹性地基梁的弹性特征 $\alpha=1$；受力筋采用 HRB400 级钢筋，其他钢筋采用 HPB300 级钢筋，$f_y=f_y'=270\text{N/mm}^2$，$\xi_b=0.576$；HRB400 级钢筋 $f_y=f_y'=360\text{N/mm}^2$，$\xi_b=0.518$；受力钢筋的混凝土保护层最小厚度 $c=50\text{mm}$。

沿框架长度方向取单位长度 1m，得到结构计算简图如图 5-29 所示，则构件截面尺寸为 1000mm×400mm。

5.7.2 基本结构及典型力法方程

求解图 5-29 所示弹性地基上的闭合框架结构内力时，根据前述“两铰框架+弹性地基

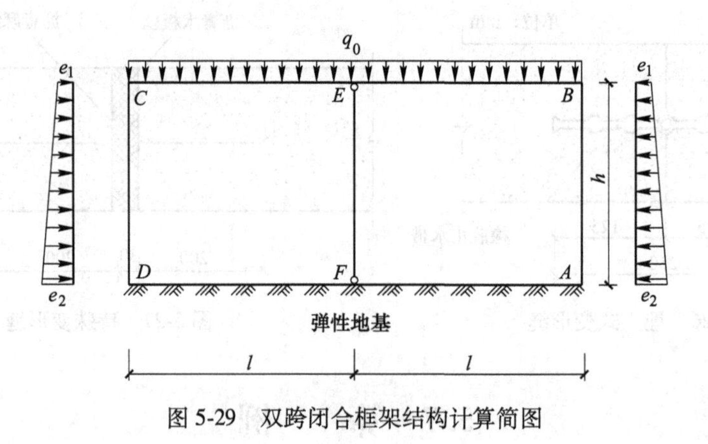

图 5-29 双跨闭合框架结构计算简图

梁”计算方法，可建立图 5-30 所示的基本结构，A、D 两节点为铰结点，加未知力 X_1，中间竖杆在 F 点断开，加未知力 X_2，此杆仅受轴向力。

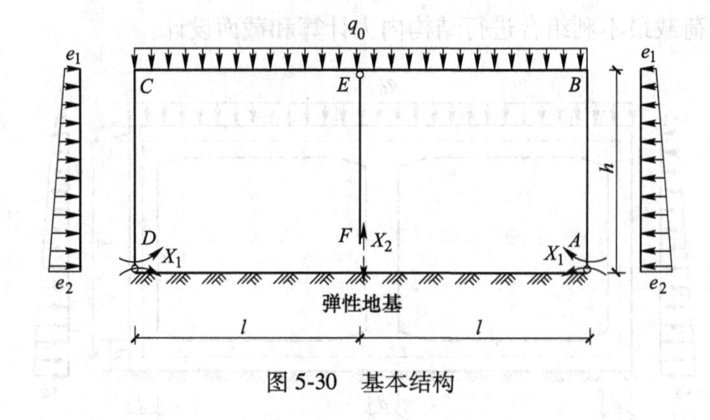

图 5-30 基本结构

根据 A、D 和 F 各截面的变形连续条件，建立如下典型力法方程：

$$\begin{cases}\delta_{11}X_1 + \delta_{12}X_2 + \Delta_{1P} = 0 \\ \delta_{21}X_1 + \delta_{22}X_2 + \Delta_{2P} = 0\end{cases} \tag{5-27}$$

$$\delta_{11} = \theta'_{A1} + \theta''_{A1}$$
$$\delta_{22} = \Delta'_{F2} + \Delta''_{F2};\quad \Delta_{1P} = \theta'_{AP} + \theta''_{AP}$$
$$\Delta_{2P} = \Delta'_{FP} + \Delta''_{FP}$$
$$\delta_{12} = \theta'_{A2} + \theta''_{A2}$$

式中，δ_{11}为基本结构在单位力 $X_1=1$ 单独作用下产生的 X_1 方向位移（框架 A 点和地基梁 A 点角位移之和）；δ_{22}为基本结构在单位力 $X_2=1$ 单独作用下产生的 X_2 方向位移（框架 F 点和地基梁 F 点竖向位移之和）；δ_{12}为基本结构在单位力 $X_2=1$ 单独作用下产生的 X_1 方向位移（框架 A 点和地基梁 A 点角位移之和）；Δ_{1P}为基本结构在外荷载作用下产生的 X_1 方向位移（框架 A 点和地基梁 A 点角位移之和）；Δ_{2P}为基本结构在外荷载作用下产生的 X_2 方向位移（框架 F 点和地基梁 F 点竖向位移之和）。

解法：采用两铰框架（两柱端为固定铰支座的门式刚架）的角位移和线位移计算公式。规定：角位移 θ 顺时针为正、固端弯矩 M^F 以顺时针方向为正。

5.7.3 系数及自由项的求解

（1）求 δ_{11}（单位力 $X_1=1$ 单独作用下产生的 X_1 方向位移，为框架 A 点和地基梁 A 点角位移之和，如图 5-31 所示）。

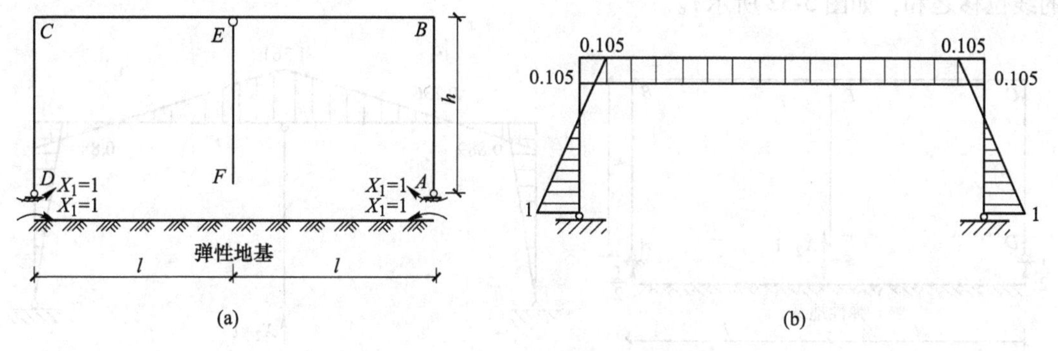

图 5-31 单位力 $X_1=1$ 引起的弯矩图

（a）X_1 作用；（b）$\overline{M}_1$ 图

1）单位力 $X_1=1$ 作用下两铰框架 A 处的角位移。

固端弯矩：$M_{BA}^{F}=0$，$M_{CB}^{F}=M_{BC}^{F}=0$，$M_{AB}^{F}=-1$（逆时针）

查表 5-4 得：$\theta'_{A1}=\dfrac{M_{BA}^{F}+M_{BC}^{F}-\left(2+\dfrac{K_{BC}}{K_{AB}}\right)\cdot M_{AB}^{F}}{6E\cdot K_{AB}+4E\cdot K_{BC}}$；其中 $K_{AB}=\dfrac{I_{AB}}{l_{AB}}$，$K_{BC}=\dfrac{I_{BC}}{l_{BC}}$

$$\theta'_{A1}=\frac{0+0-\left(2+\dfrac{K_{BC}}{K_{AB}}\right)\cdot(-1)}{6E\cdot K_{AB}+4E\cdot K_{BC}}$$

式中，$K_{AB}=\dfrac{I_{AB}}{l_{AB}}=\dfrac{I}{l_y}=\dfrac{I}{3.6}$，$K_{BC}=\dfrac{I_{AB}}{2l_x}=\dfrac{I}{9}$。

代入上式可得：

$$\theta'_{A}=\frac{1.137}{EI}\text{（与 }X_1\text{ 同向，顺时针方向）}$$

2）单位力 $X_1=1$ 作用下地基梁 A 处的角位移。首先计算地基梁的柔度指标 $t=3\pi\dfrac{E_0}{E}\dfrac{1-\mu^2}{1-\mu_0}\left(\dfrac{l}{h}\right)^3$；忽略 μ 和 μ_0 的影响（μ 和 μ_0 分别为基础梁混凝土和地基的泊松比），l 为梁的一半长度、h 为梁截面高度。

$$t=10\frac{E_0}{E}\left(\frac{l}{h}\right)^3=10\times\frac{2}{3\times10^4}\left(\frac{4.5}{0.4}\right)^3=0.949\approx1$$

由 $t=1$、$\alpha=1$、$\zeta=1$，查两个对称力矩作用下基础梁的角位移系数 $\overline{\theta}_{Am}=-0.952$

$$\theta''_{A1}=\overline{\theta}_{Am}\cdot\frac{ml}{EI}=-0.952\times\frac{1\times4.5}{EI}=-\frac{4.284}{EI}\text{（逆时针，与 }X_1\text{ 同向）}$$

所以

$$\delta_{11}=\theta'_{A1}+\theta''_{A1}=\frac{1.137}{EI}+\frac{4.284}{EI}=\frac{5.421}{EI}$$

（2）求 δ_{22}（单位力 $X_2=1$ 单独作用下产生的 X_2 方向位移，为框架 F 点和地基梁 F 点的线位移之和，如图 5-32 所示）。

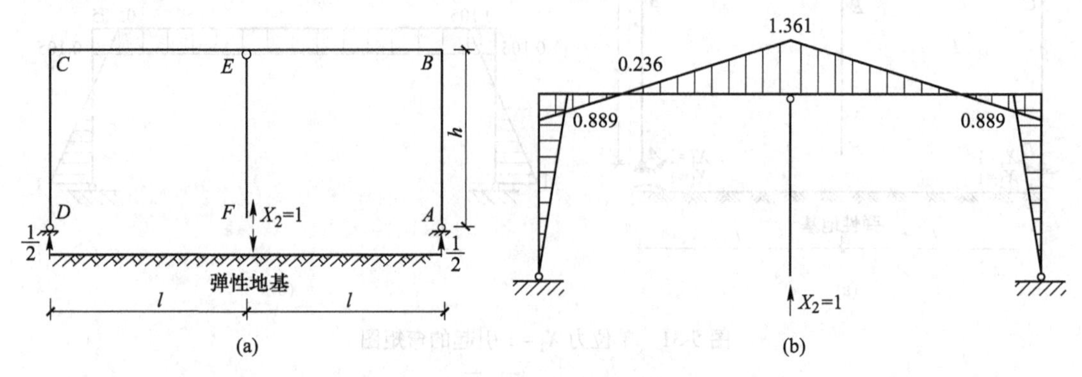

图 5-32 单位力 $X_2=1$ 引起的弯矩图

（a）X_2 作用；（b）$\overline{M}_2$ 图

1）单位力 $X_2=1$ 作用下两铰框架 F 处的竖向位移。查表 5-4（两铰框架的角位移和线位移计算公式），得

$$\Delta'_{F2}=\frac{pl_{BC}^3}{48EI}-2\times\frac{Ml_{BC}^2}{16EI}=\frac{-1\times9^3}{48EI}-2\times\frac{-0.889\times9^2}{16EI}=-\frac{6.186}{EI}\text{（与 }X_2\text{ 方向相同，向上）}$$

2）单位力 $X_2=1$ 作用下地基梁 F 处的竖向位移。为简化计算，将计算点外侧地基梁分成 10 段，弹性地基梁竖向位移近似等于计算点以外各段长度乘以各段中点转角之和。将中间集中力 $X_2=1$ 拆开为一对力，这时候 $\alpha\approx0$；因地基梁的柔度指标 $t=1$，分别查附表 8 中 $\alpha=0$、$\alpha=1$ 时两个对称集中荷载作用下基础梁的角位移系数 $\bar{\theta}_{AP}$，可得：

$$\Delta''_{F2}=-\left[\left(0.036+0.071+0.105+0.137+0.167+0.194+0.217+0.235+0.247+\frac{0.252}{2}\right)\times\frac{-0.5\times4.5^2}{EI}\times0.45\right]+$$

$$\left[\left(-0.053-0.098-0.134-0.162-0.184-0.199-0.209-0.215-0.217-\frac{0.218}{2}\right)\times\frac{-0.5\times4.5^2}{EI}\times0.45\right]$$

$$=\frac{14.193}{EI}\text{（与 }X_2\text{ 方向相同，向下）}$$

所以有：$\delta_{22}=\Delta'_{F2}+\Delta''_{F2}=\dfrac{6.186+14.193}{EI}=\dfrac{20.379}{EI}$

（3）求 δ_{12} 和 δ_{21}。

1）单位力 $X_2=1$ 单独作用下两铰框架 A 点的角位移

固端弯矩：$M_{AB}^{\mathrm{F}}=M_{BA}^{\mathrm{F}}=0$，$M_{BC}^{\mathrm{F}}=-\dfrac{pl}{8}=-\dfrac{1\times9}{8}=-1.125$（逆时针）

查表 5-4 可得：

$$\theta'_{A2}=\frac{M_{BA}^{F}+M_{BC}^{F}-\left(2+\frac{K_{BC}}{K_{AB}}\right)\cdot M_{AB}^{F}}{6E\cdot K_{AB}+4E\cdot K_{BC}};\text{其中 }K_{AB}=\frac{I_{AB}}{l_{AB}},K_{BC}=\frac{I_{BC}}{l_{BC}}$$

$$\theta'_{A2}=\frac{-1.125}{6E\cdot\frac{I}{3.6}+4E\cdot\frac{I}{9}}=-\frac{0.533}{EI}\text{（与 }X_1\text{ 方向相反，逆时针）}$$

2）单位力 $X_2=1$ 单独作用下地基梁 A 点的角位移。因地基梁柔度指标 $t=1$，将地基梁中间集中力 $X_2=1$ 拆开为一对力，这时候 $\alpha\approx0$，将 $t=1$、$\alpha=0$、$\zeta=1$，查附表 8 得到两个对称集中荷载作用下基础梁的角位移系数 $\bar{\theta}_{AP}=-0.218$；另一对称集中荷载（边支座反力$\frac{X_2}{2}=-0.5$）作用下，$t=1$、$\alpha=1$、$\zeta=1$，查附表 8 得到两个对称集中荷载作用下基础梁的角位移系数 $\bar{\theta}_{AP}=0.252$。所以有：

$$\theta''_{A2}=\bar{\theta}_{AP}\cdot\frac{pl_x^2}{EI}=(-0.218)\times\frac{0.5\times4.5^2}{EI}+0.252\times\frac{-0.5\times4.5^2}{EI}$$

$$=-\frac{4.759}{EI}\text{（与 }X_1\text{ 方向相同，逆时针）}$$

所以有：

$$\delta_{12}=\theta'_{A2}+\theta''_{A2}=\frac{4.759-0.533}{EI}=\frac{4.226}{EI}$$

（4）求 Δ_{1P}（外荷载作用下 X_1 方向的位移，如图 5-33 所示）。

1）外荷载作用下两铰框架 A 处的角位移

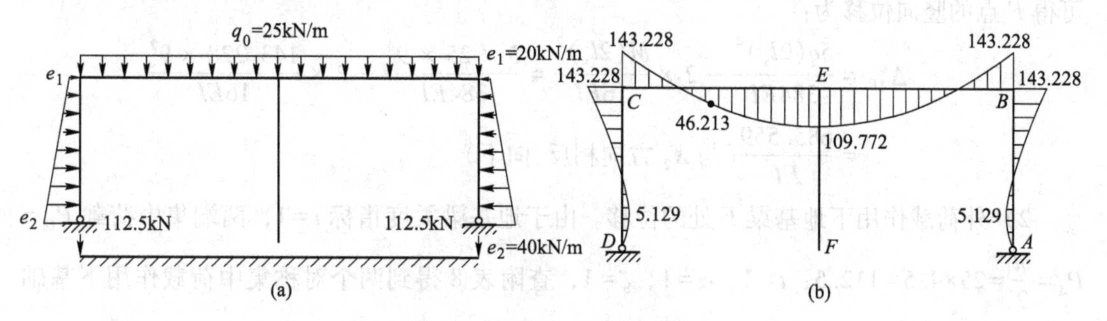

图 5-33 外荷载引起的弯矩图

（a）外荷载作用；（b）$\overline{M}_P$ 图

由图 5-33（a）可知，固端弯矩：

$$M_{BC}^{F}=\frac{1}{12}q_0(2l_x)^2=\frac{1}{12}\times25\times9^2=168.75\text{kN}\cdot\text{m（顺时针方向）}$$

$$M_{BA}^{F}=-\frac{1}{12}e_1l_y^2-\frac{1}{30}(e_1-e_2)l_y^2=-\frac{1}{12}\times20\times3.6^2-\frac{1}{30}(40-20)\times3.6^2=-30.24\text{kN}\cdot\text{m（逆时针方向）}$$

$$M_{AB}^{F}=\frac{1}{12}e_1l_y^2+\frac{1}{20}(e_1-e_2)l_y^2=\frac{1}{12}\times20\times3.6^2+\frac{1}{20}(40-20)\times3.6^2=34.56\text{kN}\cdot\text{m（顺时针方向）}$$

查表 5-4 可得

$$\theta'_{AP}=\frac{M^{F}_{BA}+M^{F}_{BC}-\left(2+\frac{K_{BC}}{K_{AB}}\right)\cdot M^{F}_{AB}}{6E\cdot K_{AB}+4E\cdot K_{BC}};\text{其中 }K_{AB}=\frac{I_{AB}}{l_{AB}},K_{BC}=\frac{I_{BC}}{l_{BC}}$$

$$\theta'_{AP}=\frac{-30.24+168.75-\left(2+\frac{I/9}{I/3.6}\right)\times 34.56}{\frac{6EI}{3.6}+\frac{4EI}{9}}=\frac{26.321}{EI}(\text{与 }X_1\text{ 同向,顺时针})$$

2）外荷载作用下地基梁 A 处的角位移。由图 5-33（a），因地基梁柔度指标 $t=1$，两端集中荷载 $P_D=P_A=\frac{ql}{2}=25\times4.5=112.5$；$t=1$、$\alpha=1$、$\zeta=1$，查附表 8 得到两个对称集中荷载作用下基础梁的角位移系数 $\bar{\theta}_{AP}=0.252$。所以有：

$$\theta''_{AP}=\bar{\theta}_{AP}\frac{Pl^2}{EI}=0.252\times\frac{112.5\times4.5^2}{EI}=\frac{574.088}{EI}(\text{与 }X_1\text{ 反向,顺时针})$$

由此得

$$\Delta_{1P}=\theta'_{AP}+\theta''_{AP}=\frac{26.321}{EI}-\frac{574.088}{EI}=-\frac{547.767}{EI}$$

（5）求 Δ_{2P}(外荷载作用下 X_2 方向的位移)。

1）外荷载作用下两铰框架 F 处的位移。根据图 5-33（a），先求出框架下 F 点的竖向位移 Δ_{FP}。其弯矩图如图 5-33（b）所示，由于不考虑竖杆的压缩，F 点的竖向位移等于 E 点的竖向位移。因此，将图 5-33（a）中的 BC 杆作为简支梁，按材料力学中梁挠曲公式可得 F 点的竖向位移为：

$$\Delta'_{FP}=\frac{5q(2l_x)^4}{384EI}-2\times\frac{M(2l_x)^2}{16EI}=\frac{5\times25\times9^4}{384EI}-2\times\frac{143.228\times9^2}{16EI}$$

$$=\frac{685.559}{EI}(\text{与 }X_2\text{ 方向相反,向下})$$

2）外荷载作用下地基梁 F 处的位移。由于地基梁柔度指标 $t=1$，两端集中荷载 $P_D=P_A=\frac{ql}{2}=25\times4.5=112.5$；$t=1$、$\alpha=1$、$\zeta=1$，查附表 8 得到两个对称集中荷载作用下基础梁 F 点处的竖向位移系数。为简化计算，将计算点外侧地基梁分成 10 段，弹性地基梁竖向位移近似等于计算点以外各段长度乘以各段中点转角之和，查表可得：

$$\Delta''_{FP}=\left(0.036+0.071+0.105+0.137+0.167+0.194+0.217+0.235+0.247+\frac{0.252}{2}\right)\times$$

$$\frac{112.5\times4.5^2}{EI}\times0.45=\frac{1573.615}{EI}(\text{与 }X_2\text{ 方向相反,向上})$$

所以有：

$$\Delta_{2P}=\Delta'_{FP}+\Delta''_{FP}=-\frac{685.559+1573.615}{EI}=-\frac{2259.174}{EI}$$

（6）求未知力 X_1 和 X_2。将以上求出的各种系数与自由项代入典型力法方程，可得：

$$\begin{cases}\dfrac{5.421}{EI}X_1+\dfrac{4.226}{EI}X_2-\dfrac{547.767}{EI}=0\\[2mm]\dfrac{4.226}{EI}X_1+\dfrac{20.379}{EI}X_2-\dfrac{2259.174}{EI}=0\end{cases}$$

解方程组得：

$$\begin{cases}X_1=17.445\text{kN}\cdot\text{m}\\X_2=107.240\text{kN}\end{cases}$$

5.7.4 结构弯矩计算

（1）求两铰框架弯矩。可将图 5-31（b）乘以 X_1，图 5-32（b）乘以 X_2，然后再叠加图 5-33（b），两铰框架的最终弯矩如图 5-34 所示。

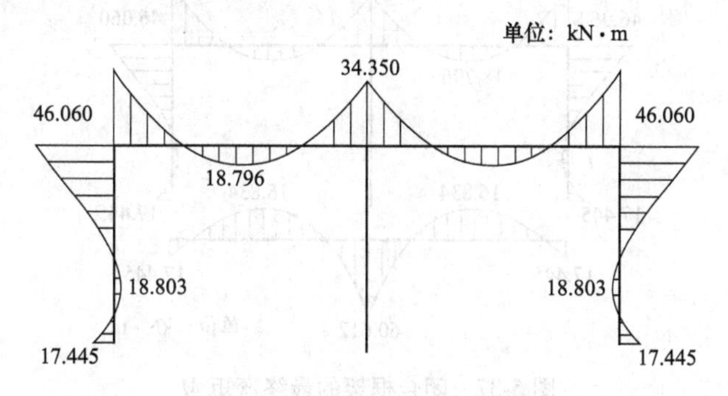

图 5-34　两铰框架最终弯矩图

（2）求地基梁的弯矩。基本结构中弹性地基梁所承受的荷载如图 5-35 所示。

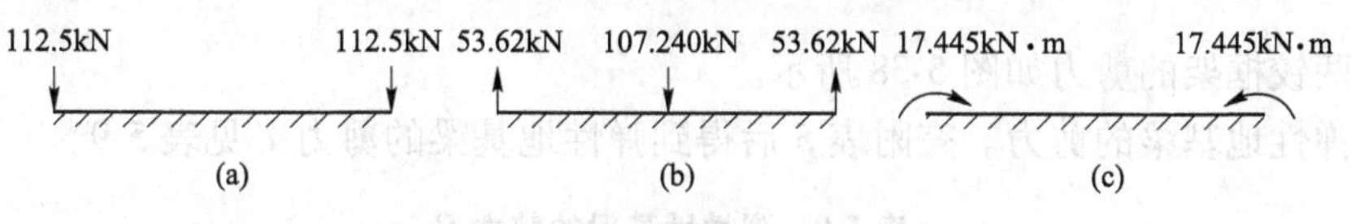

图 5-35　弹性地基梁承受的荷载

查附表 5 后得到弹性地基梁的弯矩系数 $\overline{M}$ 见表 5-8。

表 5-8　弹性地基梁的弯矩系数 $\overline{M}$ 和弯矩 M

序号	荷载/kN	α	弯矩系数 $\overline{M}$			弯矩 M/kN·m		
			$\zeta=0$	$\zeta=0.5$	$\zeta=1$	$\zeta=0$	$\zeta=0.5$	$\zeta=1$
1	112.5	1	−0.18	−0.21	0	−91.125	−106.313	0
2	112.5	−1	−0.18	−0.08	0	−91.125	−40.5	0
3	107.240	0	0.29	0.09	0	139.948	43.432	0
4	−53.62	1	−0.18	−0.21	0	43.432	50.671	0
5	−53.62	−1	−0.18	−0.08	0	43.432	19.303	0
6	−17.445	1	−0.46	−0.79	−1	8.025	13.782	17.445
7	−17.445	−1	−0.46	−0.16	0	8.025	2.791	0
						60.612	−16.834	17.445

叠加后得地基梁的最终弯矩如图 5-36 所示。

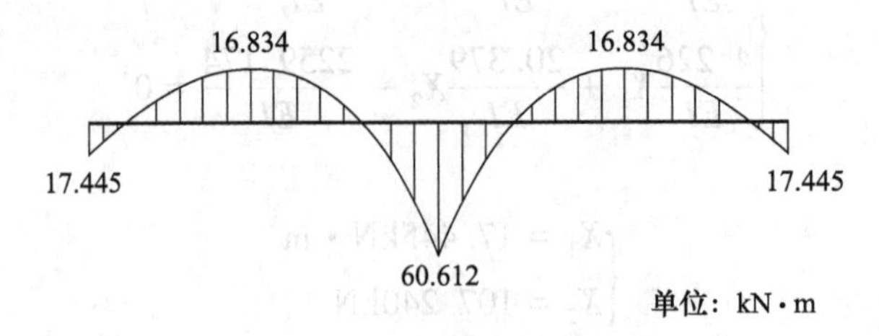

图 5-36 地基梁最终弯矩图

将图 5-35 和图 5-36 叠加，得到双跨闭合框架的最终弯矩如图 5-37 所示。

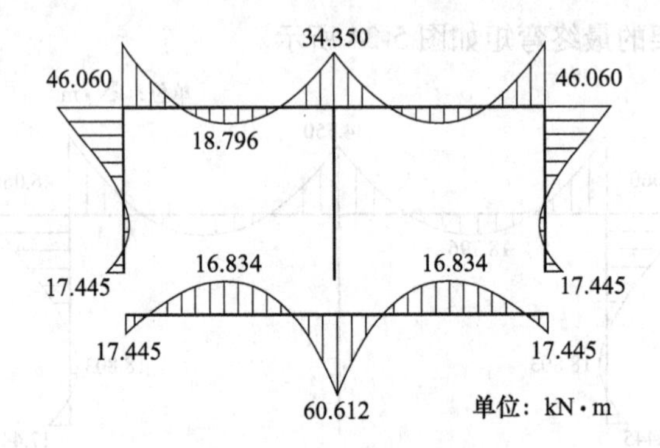

图 5-37 闭合框架的最终弯矩 M

5.7.5 结构剪力计算

（1）两铰框架的剪力如图 5-38 所示。

（2）弹性地基梁的剪力。查附表 5 后得到弹性地基梁的剪力 V 见表 5-9。

表 5-9 弹性地基梁的剪力 V

序号	荷载/kN	α	剪力 V/kN					
			$V_{\zeta=-1}$	$V_{\zeta=-0.5}$	$V_{\zeta=0}$	$V_{\zeta=0}$	$V_{\zeta=0.5}$	$V_{\zeta=1}$
1	112.5	1	0	−24.75	18	−18	10.125	112.5
2	112.5	−1	−112.5	10.125	−18	18	−24.75	0
3	107.240	0	0	32.172	53.62	−53.62	32.172	0
4	−53.62	1	0	11.803	8.579	−8.151	−4.826	−53.62
5	−53.62	−1	53.62	−4.826	−8.579	8.579	11.803	0
6	−17.445	1	0	8.722	11.339	11.339	10.99	0
7	−17.445	−1	0	10.99	−11.339	−11.339	8.722	0
			−58.88	44.236	53.62	−53.62	44.236	58.88

累加后即可得出地基梁的剪力，闭合框架的最终剪力如图 5-39 所示。

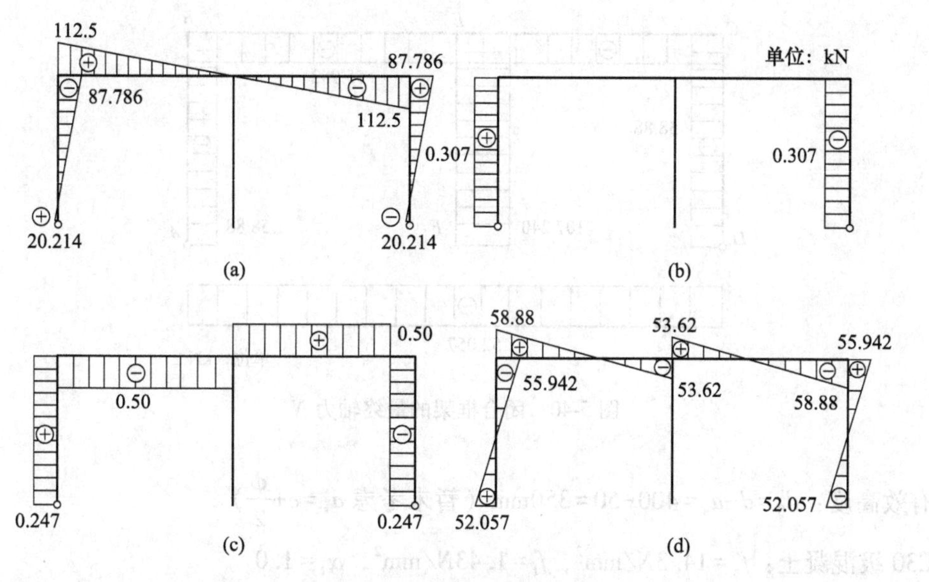

图 5-38　两铰框架剪力图

（a）荷载引起的剪力图；（b）X_1 引起的剪力图；（c）X_2 引起的剪力图；（d）两铰框架最终剪力图

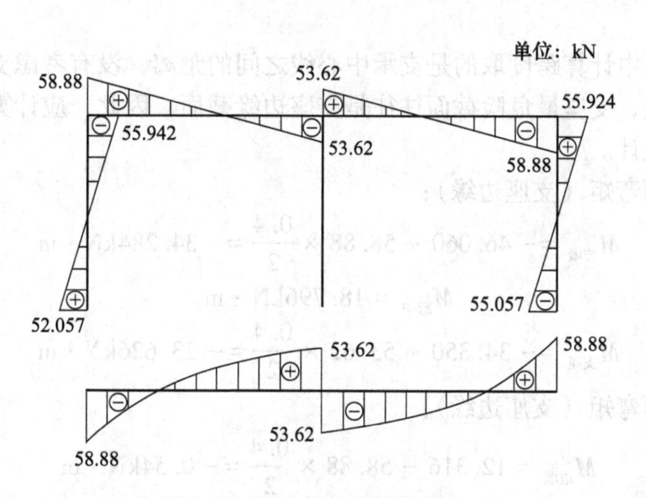

图 5-39　闭合框架的最终剪力 V

5.7.6　结构轴力计算

通过轴力和剪力关系，得到闭合框架的最终轴力 N 如图 5-40 所示。

5.7.7　截面配筋计算

5.7.7.1　顶底板配筋计算

（1）计算参数

取 1m 宽板带作为计算单元，一跨的计算跨度为：$l=4500\text{mm}$

截面尺寸：$b\times d=1000\text{mm}\times400\text{mm}$

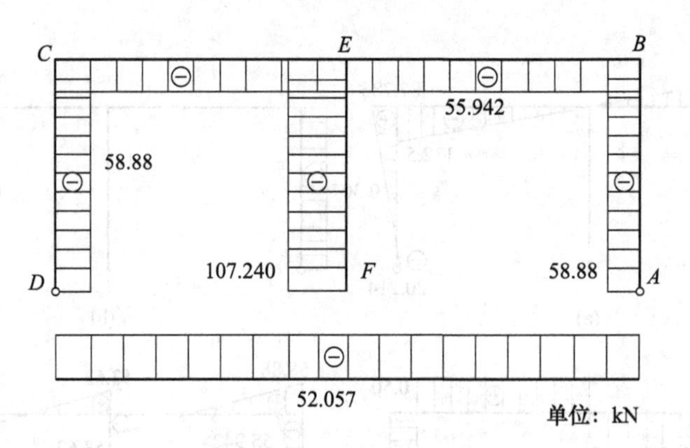

图 5-40 闭合框架的最终轴力 N

有效高度：$d_0 = d - a_s = 400 - 50 = 350\text{mm}$（暂未考虑 $a_s = c + \frac{\phi}{2}$）

C30 级混凝土：$f_c = 14.3\text{N/mm}^2$，$f_t = 1.43\text{N/mm}^2$，$\alpha_1 = 1.0$

HRB400 钢筋：$f_y = f_y' = 360\text{N/mm}^2$，$\xi_b = 0.518$，$\alpha_{s,\max} = 0.384$

（2）计算配筋。如果顶底板轴力较小，可按纯弯构件计算；如果轴力较大，宜按偏心受压构件计算。

结构计算简图中计算跨度取的是支承中心线之间的距离，没有考虑支座宽度，因地下结构支座宽度较大，支座最危险截面往往是支座边缘截面，因此，应计算支座边缘截面的内力，进行截面设计。

顶板控制截面弯矩（支座边缘）：

$$M_{边墙} = -46.060 + 58.88 \times \frac{0.4}{2} = -34.284\text{kN} \cdot \text{m}$$

$$M_{跨中} = 18.796\text{kN} \cdot \text{m}$$

$$M_{支座} = -34.350 + 53.62 \times \frac{0.4}{2} = -23.626\text{kN} \cdot \text{m}$$

底板控制截面弯矩（支座边缘）：

$$M_{边墙} = 12.316 - 58.88 \times \frac{0.4}{2} = -0.54\text{kN} \cdot \text{m}$$

$$M_{跨中} = -21.706\text{kN} \cdot \text{m}$$

$$M_{支座} = 55.892 - 53.62 \times \frac{0.4}{2} = 45.168\text{kN} \cdot \text{m}$$

控制截面的正截面强度计算见表 5-10。

表 5-10 顶底板正截面强度计算

截面位置	顶板			底板		
	边墙	跨中	支座	边墙	跨中	支座
M/kN·m	−34.284	18.796	−23.626	0.54	−21.706	45.168
$\alpha_s = \dfrac{M}{\alpha_1 f_c b h_0^2}$	0.0196	0.0107	0.0135	0.0003	0.0124	0.0258
$\gamma_s = 0.5(1 + \sqrt{1 - 2\alpha_s})$	0.9901	0.9946	0.9932	0.9998	0.9938	0.9869

续表 5-10

截面位置	顶板			底板		
	边墙	跨中	支座	边墙	跨中	支座
$A_s=\dfrac{M}{f_y\gamma_s h_0}$	274.811	149.984	188.790	4.286	173.351	363.221
选用钢筋	6⌀14	6⌀14	6⌀14	6⌀14	6⌀14	6⌀14
实际配筋面积/mm	923	923	923	923	923	923

经验算，配筋率 $\rho=\dfrac{A_S}{bd}=\dfrac{923}{1000\times400}\approx0.23\% > \left\{0.45\times\dfrac{1.43}{360},\ 0.20\%\right\}_{\max}=0.2\%$

5.7.7.2 侧墙的配筋计算

（1）计算参数

截面尺寸：$b\times d=1000\text{mm}\times400\text{mm}$

截面有效高度：$d_0=d-\alpha_s=400-50=350\text{mm}$（暂未考虑 $a_s=c+\dfrac{\phi}{2}$）

C30 级混凝土：$f_c=14.3\text{N/mm}^2$，$f_t=1.43\text{N/mm}^2$，$\alpha_1=1.0$

HRB400 钢筋：$f_y=f_y'=360\text{N/mm}$，$\xi_b=0.518$，$\alpha_{s,\max}=0.384$

（2）计算配筋（按压弯构件计算）

杆端弯矩设计值：$M_1=12.316\text{kN}\cdot\text{m}$，$M_2=46.060\text{kN}\cdot\text{m}$

轴力设计值：$N=58.88\text{kN}$

1）计算设计弯矩

$$\frac{M_1}{M_2}=\frac{12.316}{46.060}=0.267,i=\sqrt{\frac{I}{A}}=\sqrt{\frac{1000\times400^3\times1/12}{1000\times400}}=115.5\text{mm}$$

$$\frac{l_c}{i}=\frac{3600}{115.5}=31.169>34-12\left(\frac{M_1}{M_2}\right)=30.796$$

故应考虑附加弯矩的影响。按现行国家标准《混凝土结构设计规范》，计算得到构件端截面偏心距调节系数 $c_m=0.7+0.3\dfrac{M_1}{M_2}=0.7801$；截面曲率修正系数 $\zeta_c=\dfrac{0.5f_cA}{N}=48.57>1.0$，取 $\zeta_c=1.0$；弯矩增大系数 $\eta_{ns}=1.027$，所以有 $c_m\eta_{ns}=0.7801\times1.027=0.8013<1.0$，故考虑轴力二阶效应的弯矩设计值 $M=c_m\eta_{ns}\cdot M_2=M_2=46.06\text{kN}\cdot\text{m}$。

2）判别大小偏心

$$e_0=\frac{M}{N}=\frac{46.06\times10^6}{58.88\times10^3}=782.269\text{mm}$$

附加偏心距：$e_a=\left\{20,\dfrac{d}{30}\right\}_{\max}=20\text{mm}$

初始偏心距：$e_i=e_0+e_a=802.269\text{mm}>0.3h_0=105\text{mm}$

故属于大偏心受压构件。

3）计算受压钢筋面积 A_s'

$$e=e_i+\frac{d}{2}-a_s=802.269+\frac{400}{2}-50=952.269\text{mm}$$

$$A'_s = \frac{Ne - \xi_b(1 - 0.5\xi_b)\alpha_1 f_c b h_0^2}{f_y(h_0 - a'_s)}$$

$$= \frac{58.88 \times 10^3 \times 952.269 - 0.518 \times (1 - 0.5 \times 0.518) \times 1 \times 14.3 \times 1000 \times 350^2}{360 \times (350 - 50)}$$

$= - 5706.654\text{mm} < 0$,故按最小配筋率配筋即可。

全部纵向钢筋最小配筋率 $\rho_{min} = 0.55\%$，$A_{min} = \rho_{min} bd = 0.55\% \times 1000 \times 400 = 2200\text{mm}^2$，选用 10⌀18，$A = 2545\text{mm}^2$。受压钢筋 A'_s 选用⌀18@200，实配 $A'_s = 1272\text{mm}^2$。

4）计算受拉钢筋面积 A_s

$$\alpha_s = \frac{M}{\alpha_1 f_c b h_0^2}; \alpha_s = \frac{Ne - f'_y A'_s(h_0 - a'_s)}{\alpha_1 f_c b h_0^2} = \frac{58.88 \times 10^3 \times 952.269 - 360 \times 2545 \times (350 - 50)}{1.0 \times 14.3 \times 1000 \times 350^2}$$

$= - 0.124 < 0$

按最小配筋率配筋 $A_s = A'_s$，选用⌀18@200，$A'_s = 1272\text{mm}^2$。

5.7.7.3 中隔墙配筋计算

$$l_0 = l - \frac{d}{2} \times 2 = 3600 - \frac{400}{2} \times 2 = 3200\text{mm}$$

稳定系数 φ：$\frac{l_0}{d} = \frac{3200}{400} = 8$，查表 $\varphi = 0.91$

$$A'_s = \frac{\frac{N}{0.9\varphi} - f_c \cdot A}{f_y} = \frac{\frac{107.240 \times 10^3}{0.9 \times 0.91} - 14.3 \times 400 \times 1000}{360} = - 15525.166\text{mm}^2 < 0$$

按最小配筋率的 1.3 倍计算

$$A'_s = (1.3\rho_{min})bh = (1.3 \times 0.55\%) \times 1000 \times 400 = 2860\text{mm}^2$$

两侧均选用⌀20@200，实际配筋面积 3140mm²。

思 考 题

5-1 列举几种常见的浅埋式结构形式并简述其特点。

5-2 简述浅埋式地下结构的设计原则。

5-3 简述浅埋式地下结构的设计内容和流程。

5-4 简述浅埋式结构的地层荷载如何考虑？

5-5 如何确定浅埋矩形框架结构内力的计算简图。

5-6 简述不考虑弹性地基的矩形闭合框架结构计算原理，计算时如何简化？

5-7 简述弹性地基上矩形闭合框架结构计算的基本原理和方法。

5-8 简述弹性地基上闭合框架结构计算的“两铰框架法”的基本原理和步骤。

5-9 浅埋式结构考虑与不考虑弹性地基影响有何区别？

5-10 浅埋式地下结构节点设计弯矩和计算弯矩有何区别，如何计算节点的设计弯矩？

5-11 简述浅埋式地下结构设计的基本步骤。

6 盾构法隧道结构设计

6.1 概　述

盾构机是指用钢板制成的、能支承地层荷载且能在地层中推进的圆形、矩形、马蹄形等特殊形状的筒形结构物，它是集开挖、支护衬砌等多种作业于一体的大型隧道施工机械。使用盾构机修筑隧道的方法称为盾构施工法，简称盾构法。用盾构法修建的隧道称为盾构隧道。

盾构法的概貌如图 6-1 所示。首先，在隧道某段的一端建造竖井或基坑，以供盾构安装就位。盾构从竖井或基坑的墙壁开孔出发，在地层中沿着设计轴线，向另一竖井或基坑的孔洞推进，在盾构推进过程中不断将开挖面的土方排出。盾构推进中所受到的地层阻力，通过盾构千斤顶传至盾构尾部已拼装的隧道衬砌结构上，再传到竖井或基坑的后靠壁上。

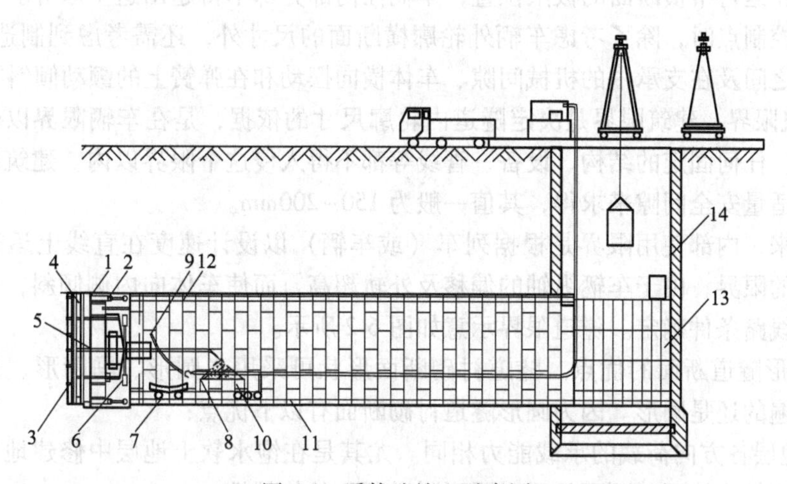

图 6-1　盾构法施工示意图

1—盾构；2—盾构千斤顶；3—盾构刀盘；4—出土转盘；5—出土皮带运输机；6—管片拼装机；7—管片；8—注浆泵；9—注浆孔；10—出土机；11—由管片组成的隧道衬砌结构；12—在盾尾空隙中的注浆；13—后盾管片；14—竖井

1818 年法国工程师布鲁诺尔发明盾构法以来，至今已有 200 余年的历史，从气压盾构到泥水加压盾构及更新颖的土压平衡盾构，已使盾构法能适用于任何水文地质条件下的施工，无论是松软的、坚硬的、有地下水的、无地下水的暗挖隧道工程都可用盾构法。加之随着盾构机机械设备技术的提高，各种断面形式、特殊功能的盾构机械相继出现，使得盾构法施工的应用范围不断扩大，为地下空间的开发利用提供了有力支持。

6.1.1 衬砌形式与管片分类

6.1.1.1 衬砌断面形式与选型

盾构法隧道衬砌结构、盾构机身及刀盘在施工阶段作为隧道施工的支护结构，盾构机刀盘及土仓内渣土主要维持开挖面稳定，防止土体坍塌和泥水渗入，并承受盾构推进时千斤顶顶力及其他施工荷载；在隧道竣工后作为永久性支护结构，支撑衬砌周围的水土压力和使用荷载及特殊荷载，以满足隧道的功能使用要求。因此，必须依据隧道的功能要求、地质条件和施工方法，合理选择衬砌的强度、结构、形式和种类。盾构隧道横断面形式有圆形、矩形、半圆形、马蹄形等，最常见的为圆形和矩形。在饱水软土地层中修建隧道，由于地层竖向压力和水平压力较为接近，较为有利的结构形式为圆形结构。目前，盾构法在隧道施工中应用非常普遍，装配式圆形衬砌结构得到了广泛应用。

（1）使用限界的确定。隧道内部轮廓的净尺寸应根据建筑限界或工艺要求，并考虑线型影响及盾构施工偏差和隧道不均匀沉降来决定。对于地下铁道，为了确保列车安全运行，凡接近地下铁道线路的各种建筑物（隧道衬砌、站台等）及设备、管线，必须与线路保持一定距离。因此，应根据线路上运行的车辆在横断面上所占有的空间，正确决定内部使用限界。

1）车辆限界。车辆限界是指在平、直线路上运行中的车辆可能达到的最大运动包迹线，即车辆在运行中横断面的极限位置，车辆任何部分都不得超出这个限界。在确定车辆限界的各个控制点时，除了考虑车辆外轮廓横断面的尺寸外，还需考虑到制造上的公差、车轮和钢轨之间及在支承中的机械间隙、车体横向摆动和在弹簧上的颤动倾斜等。

2）建筑限界。建筑限界是决定隧道内轮廓尺寸的依据，是在车辆限界以外一个形状类似的轮廓。任何固定的结构、设备、管线等都不得入侵这个限界以内。建筑限界由车辆限界外增加适量安全间隙来求得，其值一般为150~200mm。

一般说来，内部使用限界是根据列车（或车辆）以设计速度在直线上运行条件确定的。曲线上的限界，由于车辆纵轴的偏移及外轨超高，而使车体向内侧倾斜，因而需要加宽，其值视线路条件确定。隧道限界示意如图6-2所示。

（2）圆形隧道断面的优点。隧道衬砌断面形状可采用半圆形、马蹄形、长方形等形式，但最普遍的还是圆形。因为圆形隧道衬砌断面有以下优点：

1）对地层各方向荷载的承载能力相同。尤其是在饱水软土地层中修建地下隧道，由于顶压、侧压较为接近，更可显示出圆形隧道断面的优越性。

2）施工中易于盾构推进。

3）便于管片的制作、拼装。

4）盾构机即使发生转动，对断面的利用也毫无妨碍。

用于圆形隧道的拼装式管片衬砌一般由若干块组成，分块的数量由隧道直径、受力要求、运输和拼装能力等因素确定。管片类型分为标准块、邻接块和封顶块三类。管片的宽度一般为700~1500mm，厚度为隧道外径的5%~6%，块与块、环与环之间用螺栓连接。圆形隧道管片衬砌结构的分块与拼装如图6-3所示。

（3）单双层衬砌的选择。隧道衬砌是直接支承地层、保持规定的隧道净空，防止地下水渗漏，同时又能承受施工荷载的结构。通常它是由管片拼装的一次衬砌和必要时在其内

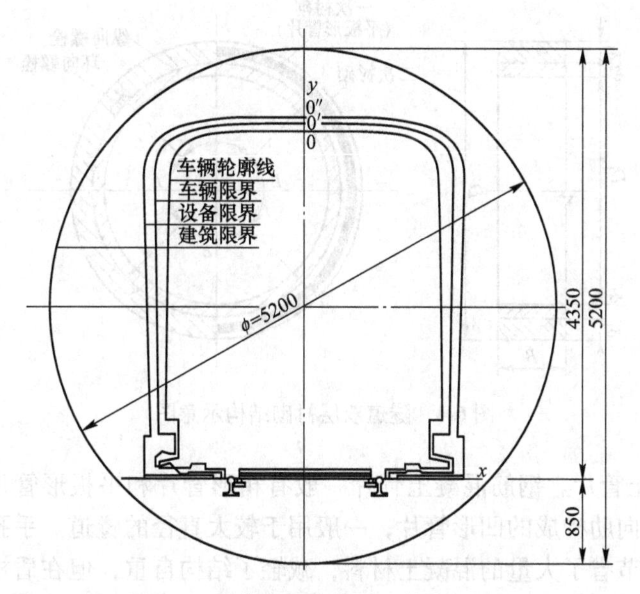

图 6-2　隧道限界示意图（单位：mm）

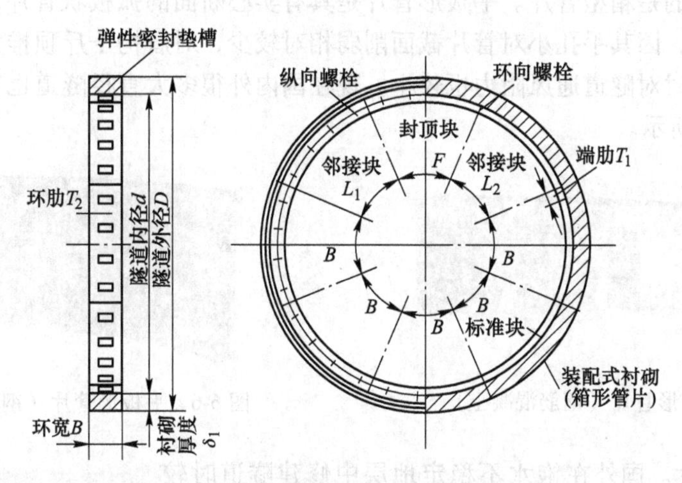

图 6-3　隧道管片衬砌结构的分块与拼装示意图

面灌注混凝土的二次衬砌所组成。一次衬砌为承重结构的主体，二次衬砌主要是为了一次衬砌的补强和防止漏水与侵蚀而修筑的。近年来，由于防水材料质量提高，对于一次注浆均匀且强度满足要求的隧道，可以考虑省略二次衬砌，采用单层的一次衬砌，既承重又防水。但对于有压的输水隧道，为了承受较大的内水压力，需做二次衬砌，如图 6-4 所示。

由于单层预制装配式钢筋混凝土衬砌的施工工艺简单，工程施工周期短，节省投资；而双层衬砌施工周期长，造价高，且它的止水效果在很大程度上还是取决于外层衬砌的施工质量和渗漏情况，所以只有当隧道功能有特殊要求时，才选用双层衬砌。

6.1.1.2　衬砌管片结构的分类

(1) 按材料和形式分类。

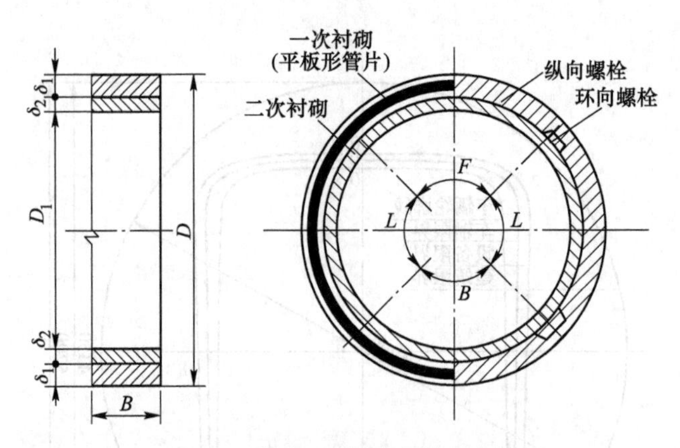

图 6-4　隧道双层衬砌结构示意图

1）钢筋混凝土管片。钢筋混凝土管片一般有箱形管片和平板形管片。箱形管片是由主肋、接头板或纵向肋构成的凹形管片，一般用于较大直径的隧道。手孔较大利于螺栓的穿入和拧紧，同时节省了大量的混凝土材料，减轻了结构自重，但在盾构顶力作用下容易开裂，国内已经很少采用（见图 6-5），在上海穿越黄浦江的打浦路公路隧道和延安东路公路隧道中都采用的是箱型管片。平板形管片是具有实心断面的弧板状管片，一般用于中小直径的盾构隧道，因其手孔小对管片截面削弱相对较少，对盾构千斤顶推力有较大的抵抗能力，正常运营时对隧道通风阻力也较小。现在国内外很多大直径隧道也普遍采用平板型管片，如图 6-6 所示。

图 6-5　箱形管片（钢筋混凝土）

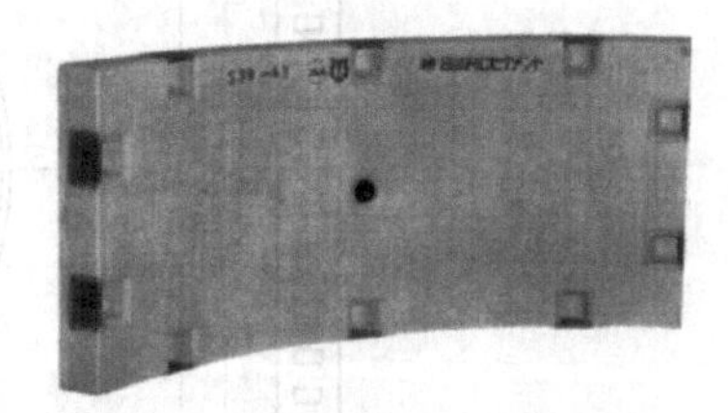

图 6-6　平板形管片（钢筋混凝土）

2）铸铁管片。国外在饱水不稳定地层中修建隧道时较多采用铸铁管片（图 6-7），最初采用的铸铁材料全为灰口铸铁，第二次世界大战后逐步改用球墨铸铁，其延性和强度接近于钢材，因此管片就显得较轻，耐蚀性好，机械加工后管片精度高，能有效地防渗抗漏；缺点是金属消耗量大，机械加工量也大，价格昂贵，近十几年来已逐步由钢筋混凝土管片所取代。由于铸铁管片具有脆性破坏的特点，不宜用作承受冲击荷载的隧道衬砌结构。

图 6-7　铸铁管片

3）钢管片。钢管片的优点是质量轻，强度高；缺点是刚度小，耐锈蚀性差（见图 6-8）,需进行机械加工以满足防水要求。成本昂贵，金属消耗量大，国外在使用钢管片的同时，再在其内浇注混凝土或钢筋混凝土内衬。

4）复合管片。外壳采用钢板制成，在钢壳内浇注钢筋混凝土，组成一复合结构，如

图 6-9 所示。这样，其质量比钢筋混凝土管片轻，刚度比钢管片大，金属消耗量比钢管片小，缺点是钢板耐蚀性差，加工复杂冗繁。

图 6-8　钢管片

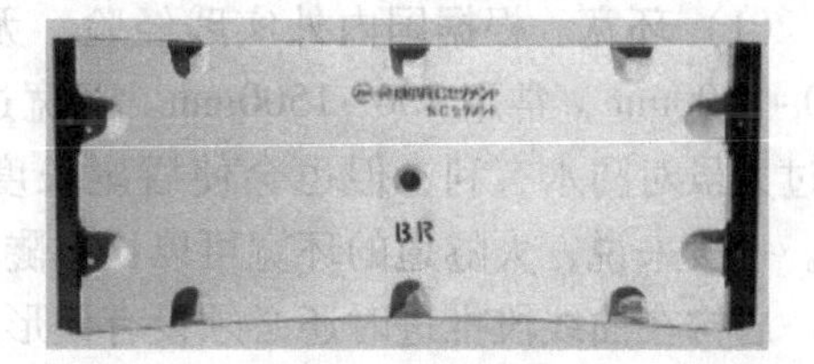

图 6-9　复合管片

(2) 按结构形式分类。根据不同的使用要求，隧道外层装配式钢筋混凝土衬砌结构分为箱形管片、平板形管片等结构形式。钢筋混凝土管片四周都设有螺栓与相邻管片连接起来。平板形管片在特定条件下可不设螺栓（此时称为砌块），砌块四周设有不同几何形状的接缝槽口，以便砌块间和环间相互衔接起来。

1) 管片。管片适用于不稳定地层的各种直径隧道，接缝间通过螺栓予以连接。由错缝拼装的钢筋混凝土衬砌环可近似地视为一刚度匀质圆环，由于纵缝设置了一排或两排螺栓，可承受较大的正、负弯矩；环缝上设置了纵向螺栓，使隧道衬砌结构具有抵抗纵向变形的能力。由于设置了数量众多的环、纵向螺栓，使管片拼装效率大为降低，也相应增加了施工费用。

2) 砌块。砌块一般适用于含水量较低的稳定地层。由于隧道衬砌的分块要求，由砌块拼成的圆环（超过三块以上）成为一个不稳定的多铰圆形结构，衬砌结构变形后（变形量必须予以限制），地层介质对衬砌环的约束使圆环得以稳定。砌块间及相邻环间接缝防水、防泥必须得到解决，否则会引起圆环变形量的急剧增加而导致圆环丧失稳定，造成工程事故。由于砌块在接缝上不设置螺栓，拼装施工进度就可加快，隧道的施工费用也随之而降低。

(3) 按形成方式分类。按衬砌的形成方式可分为装配式衬砌和挤压混凝土衬砌两种。

装配式衬砌圆环一般由分块的预制管片在盾尾拼装而成，按照管片所在位置及拼装顺序可将管片分为标准块、邻接块和封顶块。目前我国广泛使用的是钢筋混凝土管片，与整体式现浇衬砌相比，装配式衬砌的特点在于：

1) 安装后能立即承受荷载。

2) 管片生产工厂化，质量易于保证；管片安装机械化，方便快捷。

3) 接缝处防水需要采取特别有效的措施。

近年来，国外发展了盾尾现浇混凝土的挤压式衬砌工艺，即盾尾刚浇筑而未硬化的混凝土处于高压作用下，作为盾尾推进的后座。盾尾在推进过程中，不产生建筑空隙，空隙由注入的混凝土直接填充。挤压混凝土衬砌施工方法的特点是：

1) 自动化程度高，施工速度快。

2) 整体式衬砌结构可以达到理想的受力、防水要求，建成的隧道有满意的使用效果。

3) 采用钢纤维混凝土能提高衬砌的抗裂性能。

4) 在渗透性较好的砂砾层中要达到防水要求尚有困难。

(4) 按构造形式分类。按衬砌的构造形式大致可分为单层和双层衬砌两种。

6.1.2 钢筋混凝土管片的构造

（1）环宽。根据国内外实践经验，无论是钢筋混凝土管片或金属管片，环宽一般为300~2000mm，常用700~1500mm。环宽过小会导致接缝数量增加而加大防水难度；而环宽过大虽对防水有利，但也会使盾尾长度增长而影响盾构的灵敏度，单块管片质量也增大。一般来说，大隧道的环宽可以比小隧道的大一些。

盾构在曲线段推进时还必须设有楔形环，楔形环的锥度可按隧道曲率半径计算。隧道外径与管片环宽锥度的经验值见表6-1。

表6-1 隧道外径与管片环宽锥度的经验值

隧道外径/m	$D_{外}<3$	$3\leq D_{外}<6$	$D_{外}\geq6$
锥度/mm	15~30	20~40	30~50

（2）分块。单线地下铁道衬砌一般可分成6~8块，双线地下铁道衬砌可分为8~10块，小断面隧道可分为4~6块。衬砌圆环的分块主要考虑管片制作、运输、安装等方面的实践经验而定。但也有少数从受力角度考虑采用4等份管片，把管片接缝设置在内力较小的45°或135°处，使衬砌圆环具有较好的刚度和强度，接缝构造也相应得到简化。管片的最大弧、弦长一般较少超过4m，管片越薄其长度越短。

（3）封顶管片形式。根据隧道施工的实践经验，考虑到施工方便及受力的需要，目前封顶块一般趋向于采用小封顶形式。封顶块的拼装形式有两种：一种为径向楔入；另一种为纵向插入。采用后者形式的封顶块受力情况较好，在受荷后，封顶块不易向内滑移；其缺点是需加长盾构千斤顶行程。在一些隧道工程中也有把封顶块设置于45°、135°和185°处。

（4）拼装方式。圆环的拼装方式有通缝、错缝两种，所有衬砌环的纵缝环环对齐的称为通缝，而环间纵缝相互错开，犹如砖砌体一样的称为错缝。

圆形衬砌采用错缝拼装较普遍，其优点在于能加强圆环接缝刚度，约束接缝变形，圆环近似地可按匀质刚度考虑。当管片制作精度不够好时，采用错缝拼装方式容易使管片在盾构推进过程中顶碎。另外，在错缝拼装条件下，环、纵缝相交处呈丁字形式，而通缝拼装时则为十字形式，在接缝防水上丁字缝比十字缝较难处理。

衬砌拼装方法按照施工机械的不同分为举重臂拼装和拱托架拼装。采用举重臂拼装管片的原则应是自下而上，左右交叉，最后封顶成环。按照成环的先后可分为“先环后纵”和“先纵后环”两种。先环后纵是拼装前将所有盾构千斤顶缩回，管片先拼成圆环，然后拼装好的圆环沿纵向靠拢形成衬砌，拧紧纵向螺栓。这种方法的优点是环面平整，纵缝拼装质量好；缺点是在易产生盾构后退的地段，不宜采用。先纵后环的方法可以有效防止盾构后退，拼一块缩回这部分的千斤顶，其他千斤顶仍在支撑着盾构；这样逐块轮流，直至拼装成环。

（5）接头构造。管片间的接头有两类，沿纵向（接头面平行于纵轴）的称为纵向接头，沿环向（接头面垂直于纵轴）的称为环向接头。从其力学特性来看，可分为柔性接头和刚性接头，前者要求相邻管片间允许产生微小的转动和压缩，使整个衬砌能屈从于内力的方向产生一定的变形，后者则是通过增加螺栓数量等手段，力求在构造上使接头的刚度与构件本身相同。早期的管片接头多为刚性，认为越刚越安全，通过长期的试验、实践和研究，管片的连接方式逐渐过渡到了柔性连接方式。

目前采用的接头结构有螺栓接头、铰接头、插入式销接头、楔形接头和榫接头等，螺栓接头在我国使用最为广泛。

1）螺栓接头。螺栓接头是环向接头和纵向接头上最为常用的接头结构，是一种利用螺栓将接头板紧固起来，将管片环组装起来的抗拉连接结构，如图6-10所示。

环向螺栓根据衬砌纵缝内力情况设置成单排或双排。对于直径较大的隧道，按内力设计的管片厚度也较大，常在管片纵缝上设置双排螺栓，外排螺栓抵抗负弯矩，内排螺栓抵抗正弯矩，每一排螺栓配有2~3只螺栓；对小直径隧道则通常采用单排螺栓，螺栓孔一般设置在离隧道内侧1/3h（管片衬砌厚度）处。纵向螺栓是按管片分块和结构受力等要求配置，其数量不宜过多，纵向螺栓孔位置设置在离隧道内侧的（1/4~1/3)h处。

环向、纵向螺栓孔一般比螺栓直径大3~6mm。环向、纵向螺栓形式有直螺栓、弯螺栓两种。直螺栓受力性能好、效果显著、加工简单，但会扩大螺栓手孔的尺寸，影响管片承受盾构千斤顶顶力的承载能力。弯螺栓的设置能缩小螺栓手孔的尺寸，较少地影响管片的纵向承载能力，但其抵抗圆环横向内力的结构效能较差，且加工麻烦。试验表明，弯螺栓接头比直螺栓接头易变形，且实践也说明弯螺栓对施工亦不方便，用料又多，已逐渐被直螺栓取代，如图6-11所示。

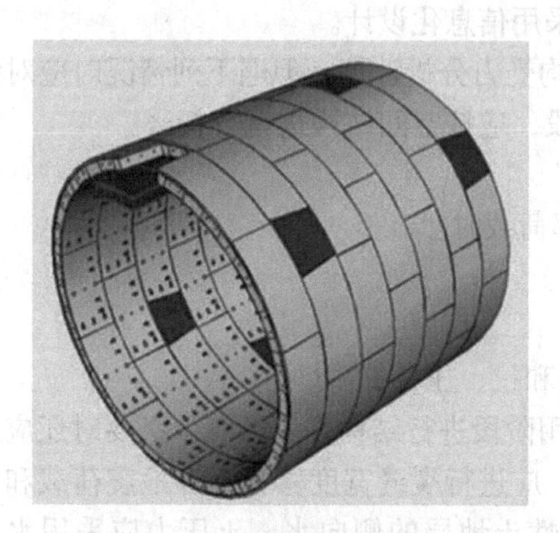

图6-10 环向接头和纵向接头

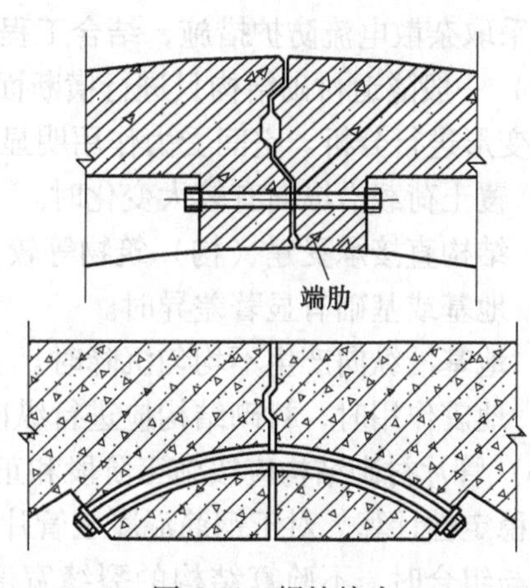

图6-11 螺栓接头

2）铰接头。作为多铰环的环向接头，一般多为转向接头结构，在英国和俄罗斯地基条件良好的地区得到了广泛应用。由于几乎不产生弯曲，轴向压力占主导地位，在良好地基条件下是一种合理的结构；但是，在地基软弱，地下水位又高的日本几乎未被采用过。

6.2 设计原则、内容和流程

盾构法隧道设计内容包括三个部分：一是确定隧道的线路、线形、埋置深度及隧道的断面形状与尺寸等；二是衬砌结构设计，包括管片的相关参数，如厚度、分块及拼装方式等；三是管片内力计算及断面校核。实际应用中盾构隧道设计较为复杂，往往需要结合工程经验和理论知识，相关衬砌参数不仅取决于地层情况，也取决于施工工艺。本节主要就盾构隧道衬砌结构设计进行说明。

6.2.1 设计原则

盾构隧道在施工和运营期间，其力学状态不仅复杂，而且动态变化较大，为了统筹安全、经济、适用和耐久等方面的要求，管片衬砌结构设计应遵循以下原则：

（1）“以人为本、结构为功能服务”的原则，满足城市规划、行车运营、环境保护、抗震、人防、防水、防火、防腐蚀及施工等对结构的要求，同时做到安全可靠、经济合理、技术先进。

（2）结构设计应考虑尽量减少施工中和建成后对环境造成的不利影响，以及城市规划引起周围环境的改变（包括未来地铁线路的实施）对隧道衬砌结构的作用。

（3）结构型式应与线路敷设方式相协调，并根据工程地质、水文地质及周围环境条件选择安全可靠、经济合理的施工方法和结构型式；衬砌结构净空尺寸应满足建筑限界、运营、维修等使用功能及施工工艺等要求，并考虑施工误差、结构变形和后期沉降的影响。

（4）结构设计应根据施工方法、结构或构件类型、使用条件及荷载特征等，选用与其特点相近的结构设计规范和设计方法，保证衬砌结构在施工和使用阶段具有足够的强度、刚度、稳定性和耐久性，并满足抗震、抗裂、抗浮和人防的验算条件；结构计算模型应符合结构的实际工作条件、反映结构与地层的相互作用关系，并满足施工工艺的要求；结构设计应采取杂散电流防护措施，结合工程监测采用信息化设计。

（5）一般隧道衬砌结构只进行横断面的结构受力分析计算，但遇下列情况时应对纵向强度和变形进行分析。空间受力作用明显的区段，应按空间结构进行分析。

1）覆土荷载沿纵向有较大变化时。

2）结构直接承受建（构）筑物等较大局部荷载时。

3）地基或基础有显著差异时。

4）地基沿纵向产生不均匀沉降时。

5）地震作用时，衬砌结构应进行纵向挠曲和拉、压验算。

（6）管片衬砌结构应按施工阶段和正常使用阶段进行结构强度计算，必要时还应进行刚度和稳定性计算。对于钢筋混凝土管片结构，应进行裂缝宽度验算，有地震荷载和人防荷载参与组合时，不验算结构的裂缝宽度。砂性土地层的侧向水、土压力应采用水土分算；黏性土地层的侧向水、土压力可采用水土合算。

（7）隧道施工引起的地面沉降和隆起均应严格控制在环境条件允许的范围以内，并根据周围环境、建筑物和地下管线对变形的敏感度，采取稳妥可靠的措施。地面沉降量一般控制在30mm以内，隆起量控制在10mm以内。当盾构穿越重要建筑物时，应根据实际情况确定允许沉降量，并因地制宜地采取措施。

（8）盾构法施工的平行隧道间的净距，应根据工程地质条件、埋置深度、施工方法等因素确定，且不宜小于隧道外轮廓直径。当因功能需要或其他原因不能满足上述要求时，应在设计和施工中采取必要的措施。

（9）隧道衬砌结构的抗震设防类别应为重点设防类（乙类），结构设计应按场地地震安全性评价成果或《地下结构抗震设计标准》（GB/T 51336）选择相应的设计基本地震动参数进行抗震验算；应根据设防烈度、场地条件、结构类型和埋深等因素选用能较好反映其临震工作状况的分析方法，管片衬砌结构的地震反应宜采用反应位移法或惯性静力法，并采取必要的构造措施，提高结构和接头处的整体抗震性能，保证地震作用下衬砌结构的安全性。

（10）隧道结构设计应根据城市规划和人防要求，按现行《人民防空工程设计规程》（GB 50225）、《人民防空地下室设计规范》（GB 50038）的有关规定进行设计。人防防护门及防护段无论深埋浅埋，均采用现浇钢筋混凝土结构，不同地段的结构根据拟定的人防等级荷载进行强度验算，并按平战转换方式进行设计。

（11）混凝土管片结构的耐久性应根据隧道结构的设计使用年限、结构所处的环境类别及作用等级，按照现行国家标准《混凝土结构耐久性设计规范》（GB/T 50476）的规定执行，隧道衬砌结构的设计使用年限一般为 100 年。

6.2.2 技术标准和设计内容

工程实践中，一般根据上述设计原则，确定隧道衬砌结构设计的技术标准如下：

（1）结构设计使用年限：盾构区间隧道衬砌结构的设计使用年限一般为 100 年。

（2）结构安全等级：盾构区间隧道衬砌结构的安全等级一般为一级，其重要性系数应取 $\gamma_0=1.1$。

（3）抗震设防烈度：应按现行国家标准《建筑与市政工程抗震通用规范》（GB 55002）、《地下结构抗震设计标准》（GB/T 51336）有关规定进行抗震验算，确定结构抗震设防类别和抗震等级。同时，应参考现行行业标准：《铁路工程抗震设计规范》（GB 50111）、《公路工程抗震规范》（TG B02）、《地铁设计规范》（GB 50157）、《建筑抗震设计规范》（GB 50011）、《城市轨道交通结构抗震设计规范》（GB 50909）等。

（4）人防设计标准：隧道衬砌结构一般按甲类人防工程、工程防核武器抗力级别 6 级、防常规武器抗力级别 6 级的人防荷载进行结构强度核算。

（5）耐火等级：盾构区间隧道衬砌结构的耐火等级一般为一级。

（6）防水等级：盾构区间隧道衬砌结构防水等级一般为二级。管片衬砌自身应具有良好的防水能力，管片混凝土的抗渗等级 P12；管片接缝的密封防水应采取“多道设防、综合治理”的原则。

（7）耐久性设计：盾构隧道衬砌结构按 100 年耐久性设计，处于一般环境中的衬砌结构，按荷载准永久组合并计及长期作用影响计算时，构件的最大计算裂缝宽度允许值应按现行《混凝土结构耐久性设计标准》（GB/T 50476）进行控制；处于冻融环境或侵蚀环境等不利条件下的结构，其最大计算裂缝宽度允许值应根据规范要求确定。

（8）地面行车荷载可简化为均布荷载，地面超载可按 20kPa 计算，主要施工荷载应考虑同步注浆和二次注浆压力、盾构千斤顶推力共同作用。

（9）防火设计标准：两条单线区间隧道应设联络通道，相邻两个联络通道之间的距离不应大于 600m，联络通道内应设并列反向开启的甲级防火门，门扇的开启不得侵入限界。

（10）抗浮标准：衬砌结构设计应按最不利地下水位情况进行抗浮稳定性验算。当不计地层侧摩阻力时抗浮安全系数不应小于 1.05；当计及地层侧摩阻力时，其抗浮安全系数不得小于 1.15。

根据工程概况及功能需求、结构设计原则和技术标准，确定盾构隧道衬砌结构的设计内容如下：

（1）必须遵守的法律法规、相关规范和标准。隧道设计应满足工程项目的技术要求、规范及标准。

（2）确定隧道限界。隧道限界应由隧道功能所需要的地下空间决定，决定因素包括地铁车辆尺寸及列车轨距、公路隧道的交通客流量及车道数量、给水排水管道的计算流量、普通管道设备的类型及尺寸，以及平面和剖面线形、交通速度等。

（3）确定荷载。作用在衬砌结构上的荷载包括土压力、水压力、设备自重、地面超载及盾构千斤顶的推力和注浆压力等，以及各种可变荷载和偶然荷载（地震作用和人防荷载），需要确定衬砌结构所受的荷载模式及最不利荷载组合。

（4）确定衬砌形式。具体包括衬砌尺寸（内径、外径和厚度）、环宽及分块形式、拼装方式和材料强度等。

（5）结构内力计算。结构计算模型应符合管片结构的实际工作状态、反映结构与地层的相互作用关系，并满足施工工艺的要求，确定结构计算简图，计算结构内力。

（6）管片衬砌截面设计。管片衬砌结构的正截面和斜截面承载力计算及配筋计算。

（7）衬砌接头设计。接头设计包括接头内力和承载力计算、管片环及接缝变形计算。

6.2.3　设计流程

盾构法隧道结构设计流程如图 6-12 所示。

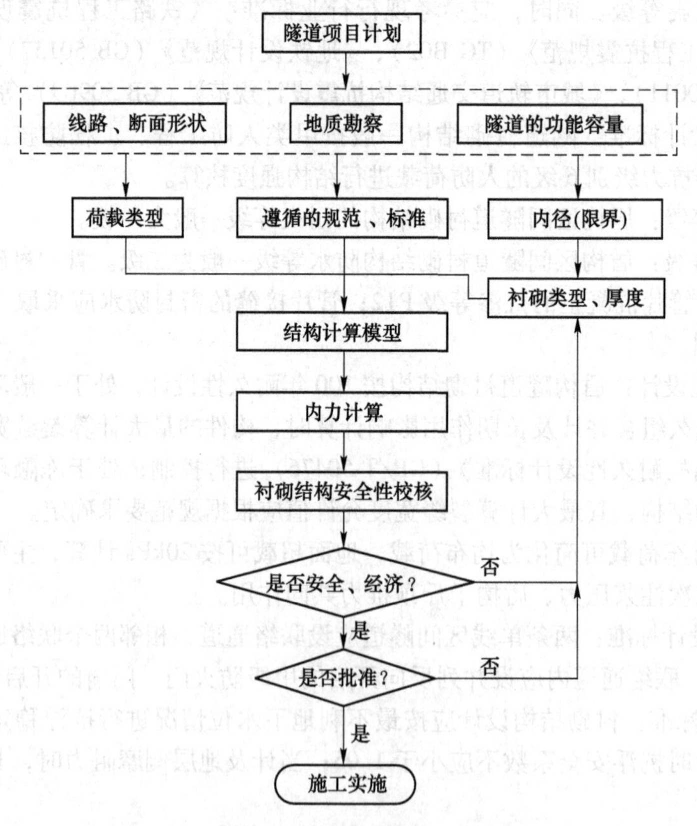

图 6-12　盾构隧道衬砌设计流程

（1）必须遵守的法律法规、相关规范和标准、结构设计原则和技术标准；
（2）确定隧道限界；
（3）确定荷载模式及最不利组合；
（4）确定衬砌形式；
（5）结构内力计算；
（6）管片衬砌截面设计；
（7）衬砌接头设计；
（8）安全性校核；
（9）复查检验；
（10）设计审批。

6.3 衬砌结构荷载模式与计算

结构设计原则规定“衬砌结构应按施工阶段和正常使用阶段进行结构强度计算”，因此，应分别针对施工阶段和正常使用阶段进行荷载计算。根据荷载性质，作用在管片圆环上的荷载一般分为恒载、可变荷载和偶然荷载，设计中根据不同阶段衬砌结构的受力特点进行不同的荷载组合。

6.3.1 管片环的荷载模式

隧道衬砌结构计算中，管片衬砌结构通常按平面应变问题考虑，管片环取单位宽度（通常 1m），结构所受荷载模式如图 6-13 所示。

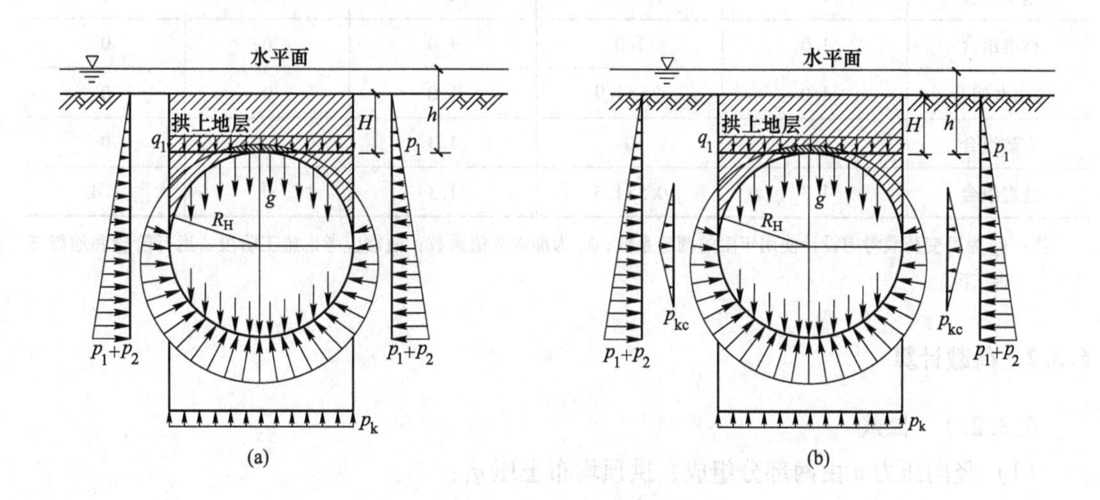

图 6-13 管片环的荷载模式
（a）不考虑地层抗力；（b）考虑局部地层抗力

盾构隧道管片衬砌结构所承受荷载分类及常用组合方式分别见表 6-2 和表 6-3。

表 6-2 盾构隧道管片衬砌结构荷载分类

编号	荷载分类	荷载名称	荷载分类	
1	永久作用	地层压力	恒载	主要荷载
2		水压力		
3		结构自重		
4		上覆地面恒载		
5		地基抗力		
6	可变作用	地面活载产生的竖向压力	活载	
7		地面活载产生的水平压力		
8		列车活载		
9		内部荷载	附加荷载	
10		施工荷载-顶推力		
11		施工荷载-注浆压力		
12		平行配置隧道的影响		
13	偶然作用	地震作用	特殊荷载	
14		人防荷载		
15		接近施工的影响		

表 6-3 常用荷载组合方式、作用分项系数及组合系数

荷载类型 / 荷载组合	永久荷载	可变荷载	水土压力	偶然荷载	
				人防荷载	地震荷载
基本组合	1.3	$\gamma_L \times 1.5$	1.3	0	0
标准组合	1.0	1.0	1.0	0	0
准永久组合	1.0	$\psi_q \times 1.0$	1.0	0	0
人防组合	1.3	0	1.3	1.0	0
地震组合	1.3	0.5×1.3	1.3	0	1.4

注：γ_L 为可变荷载考虑设计使用年限的调整系数；ψ_q 为准永久值系数；通常应考虑施工阶段、运行阶段和地震三种工况。

6.3.2 荷载计算

6.3.2.1 恒载

（1）竖向压力 q 由两部分组成，拱顶均布土压 q_1：

$$q_1 = \sum_{i=1}^{n} \gamma_i h_i \tag{6-1}$$

拱背（三角形）土重 G：

$$G = 2\left(\gamma R_{\mathrm{H}}^2 - \frac{\gamma \pi R_{\mathrm{H}}^2}{4}\right) = 2\gamma R_{\mathrm{H}}^2\left(1 - \frac{\pi}{4}\right) = 0.43\gamma R_{\mathrm{H}}^2 \tag{6-2}$$

式中，R_H 为管片厚度中心线的圆环半径。通常情况下，将拱背土重简化为均布荷载 q_2 作用在圆环拱顶。

$$q_2 = \frac{G}{2R_H} = \frac{2\left(\gamma R_H^2 - \frac{\gamma\pi R_H^2}{4}\right)}{2R_H} = \frac{2\gamma R_H^2\left(1 - \frac{\pi}{4}\right)}{2R_H}$$

$$= 0.215\gamma R_H \tag{6-3}$$

当隧道埋设在抗剪强度较高的地层内（例如砂层），且隧道埋深超过隧道衬砌外径（$h>D$）时，拱顶垂直土压就会小于上覆全部土压 γh，可按所谓“松动高度”理论进行计算，也就是普氏拱理论，计算简图如图 6-14 所示。用得较多的是美国泰沙基公式和前苏联的普罗托季雅柯诺夫公式，见表 6-4。

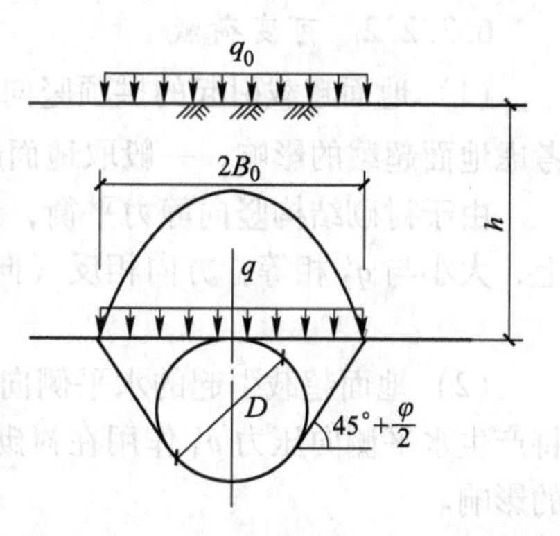

图 6-14　深埋隧道竖向土压计算简图

表 6-4　深埋隧道竖向土压（松动荷载）

泰沙基公式	$q = \frac{B_0(\gamma - c/B_0)}{\tan\varphi}\left[1 - \exp\left(-\frac{h}{B_0}\tan\varphi\right)\right] + q_0 \cdot \exp\left(-\frac{h}{B_0}\tan\varphi\right)$
普氏公式	$q = \frac{2}{3}\gamma\frac{B_0}{\tan\varphi}$

（2）水平侧向土层压力 p。水平侧向土层压力 p 按照朗肯主动土压力理论计算：

$$p = q\tan^2\left(45° - \frac{\varphi}{2}\right) - 2c\tan\left(45° - \frac{\varphi}{2}\right) \tag{6-4}$$

式中，q 为地面至圆环任意高度处的竖向土压力；p 为梯形分布，可以看成由均匀土压力 p_1 和三角形土压 p_2 组成（不考虑黏聚力 c 的影响）。

$$p_1 = q_1\tan^2\left(45° - \frac{\varphi}{2}\right) - 2c\tan\left(45° - \frac{\varphi}{2}\right) \tag{6-5}$$

$$p_2 = \gamma \cdot 2R_H \cdot \tan^2\left(45° - \frac{\varphi}{2}\right) \tag{6-6}$$

式中，γ、φ、c 分别取各个土层值的加权平均值。

（3）水压力。按静水压力考虑：

$$q_w = \gamma_w h_i \tag{6-7}$$

式中，h_i 为地下水位至圆环任意点的高度。

（4）衬砌自重 g：

$$g = \gamma_{RC}\delta \tag{6-8}$$

式中，γ_{RC} 为钢筋混凝土重度，一般取 25kN/m³；δ 为管片厚度，当采用箱形管片时可考虑采用折算厚度。

（5）地基反力 p_k。对于恒载部分的地基反力，可以由竖向上的静力平衡条件得到

$$p_k = q_1 + \frac{G}{2R_H} + \frac{2\pi R_H g}{2R_H} - F_{浮}$$

$$= q_1 + \frac{2\left(1 - \frac{\pi}{4}\right)\gamma R_H^2}{2R_H} + \frac{2\pi R_H g}{2R_H} - \frac{\pi R_H^2\gamma_w}{2R_H}$$

$$= q_1 + 0.215\gamma R_H + \pi g - \frac{\pi}{2} R_H \gamma_w \quad (6\text{-}9)$$

6.3.2.2 可变荷载

（1）地面超载引起的拱顶竖向压力 q_3' 和拱底地基反力 p_k'。当隧道埋深较浅时，必须考虑地面超载的影响，一般取地面超载 $q_3' = 20\text{kN/m}^2$。

由于衬砌结构竖向静力平衡，地面超载 q_3' 将产生新的地基反力作用在衬砌结构拱底上，大小与 q_3' 相等，方向相反（向上），所以拱底地基反力 p_k' 为：

$$p_k' = q_3' \quad (6\text{-}10)$$

（2）地面超载引起的水平侧向压力 p_3'。由于隧道周围土层的泊松效应，地面超载 q_3' 将产生水平侧向压力 p_3' 作用在衬砌结构上，通常按朗肯主动土压力计算，不考虑黏聚力 c 的影响。

$$p_3' = q_3' \cdot \tan^2\left(45° - \frac{\varphi}{2}\right) \quad (6\text{-}11)$$

（3）施工阶段自重引起的临时荷载。施工临时荷载是随盾构推进所产生的，一般来自千斤顶顶力和壁后注浆压力。装配式圆形隧道衬砌在施工装配阶段有它自己的特点：在到达基本使用阶段前，它保留着装配中由其自重作用所产生的受力状态，特别是为了改善衬砌结构的工作条件和防止地表出现较大沉降，向衬砌背后的建筑空隙内注浆。它与基本使用阶段所产生的内力之和，不能超过容许值。

常见的由下向上装配的衬砌环，在装配时可支承于盾构底面，相当于一块管片长度的弧面上。此时拱底截面产生的内力最大。

$$M = \frac{WR_H}{2\pi\sin\alpha}[\alpha(1 + \cos\alpha) - 1.5\sin\alpha] \quad (6\text{-}12)$$

$$N = \frac{W}{2\pi\sin\alpha}(0.5\sin\alpha - \alpha\cos\alpha) \quad (6\text{-}13)$$

式中，W 为 1m 宽的衬砌环重量；α 为 1/2 支承弧面长度所对的中心角；R_H 为管片环计算半径，m。

（4）施工阶段管片拼装及盾构推进引起的临时集中荷载。钢筋混凝土管片拼装成环时，由于管片制作精度不高、端面不平，拧紧螺栓时往往使管片局部产生较大的应力，导致管片开裂。或因拼装管片误差累积，当盾构千斤顶施加在环缝面上，特别是偏心作用时，也会使管片顶裂、顶碎，成为管片设计中的一个重要控制因素。对钢筋混凝土管片进行的顶力试验表明，当顶力作用点施加在钢筋混凝土管片壳板部位时，承载力较大，作用在环肋面上，则明显降低；若大部分在环肋面上，管片极易顶碎、崩裂。唯一改善的方法是合理选择管片型式，提高钢模制作精度和管片混凝土强度；在拼装管片时提高拼装质量，采用错缝拼装也是较好的办法。

此外，因注浆造成的管片圆环局部变形和集中荷载，或衬砌刚出盾尾侧向压力因某种原因尚未作用等，都可能造成比基本使用阶段更不利的工作条件。由于施工因素复杂，很难预先估计，故常采用附加安全系数，以保证衬砌结构的安全度。

6.3.2.3 偶然荷载

偶然荷载是一种瞬时性的、作用时间极短的动力荷载。这个阶段的结构验算往往是控制衬砌结构设计的关键，比如地震作用和武器爆炸产生的冲击荷载作用等。关于结构动力计算一般可用等效静力法，按弹性或弹塑性工作阶段进行，结构内力计算方法与静载时相同，并可适当提高材料强度和降低强度安全系数。

6.4 衬砌结构内力计算

6.4.1 隧道控制断面

衬砌横断面的设计计算应按下列各控制断面进行：

（1）上覆地层厚度最大的横断面。

（2）上覆地层厚度最小的横断面。

（3）地下水位最高的横断面。

（4）地下水位最低的横断面。

（5）超载最大的横断面。

（6）有偏压的横断面。

（7）隧道穿越地层或地表地形有突变的横断面。

（8）附近现有或将来拟建新隧道的横断面。

6.4.2 内力计算方法

盾构隧道管片衬砌结构内力计算时，应主要考虑好管片间的接头结构力学特性和管片-地层间的相互作用效应两个问题。对管片衬砌环的处理方法有：把管片衬砌环视为抗弯刚度相同的圆环；把管片衬砌环视为多铰体系；把管片衬砌环视为具有能抵抗弯矩的旋转弹簧的环形结构。对管片衬砌结构与地层之间的相互作用分为部分考虑、完全考虑和完全不考虑三种程度，“完全考虑”就是采用地层结构法来计算，“完全不考虑”就是采用荷载结构法来计算，“部分考虑”就是考虑圆环拱腰处的地层抗力并采用荷载结构法来计算。

常用的荷载结构计算方法有：

（1）均质圆环法，即不考虑管片接头的弯曲刚度差异，把管片衬砌环视为抗弯刚度相同的圆环。事实上，接缝处的刚度远远小于管片断面部分的刚度，与整体式等刚度圆形衬砌差异较大。据工程实践资料可知，接头刚度折减系数η，对于铸铁管片η=0.9~1.0，钢筋混凝土管片η=0.5~0.7。如果采用“部分考虑”衬砌-地层相互作用，可按有弹性抗力的整体式均质圆环进行内力计算，常用的有日本和前苏联的假定抗力法等。如采用“完全不考虑”衬砌-地层相互作用，可按自由变形的均质圆环来计算。

（2）多铰圆环法或有弹性抗力的多铰圆环方法。

（3）梁-弹簧模型。

（4）修正惯用法。

土层中的盾构隧道衬砌结构典型设计方法见表6-5。

表 6-5 不同国家盾构隧道典型设计方法

国家	方 法
中国	自由变形圆环法或圆环-弹性地基梁法
美国	圆环-弹性地基梁法
英国	圆环-弹性地基梁法；Muir Wood 法
日本	圆环-局部弹性地基梁法
法国	圆环-弹性地基梁法；有限元法
德国	圆环或完全弹性地基梁法；有限元法
澳大利亚	圆环-弹性地基梁法

6.4.3 衬砌结构内力计算

6.4.3.1 自由变形的均质圆环计算

管片衬砌结构荷载模型如图 6-15 所示，结构计算简图如图 6-16 所示，采用弹性中心法计算。

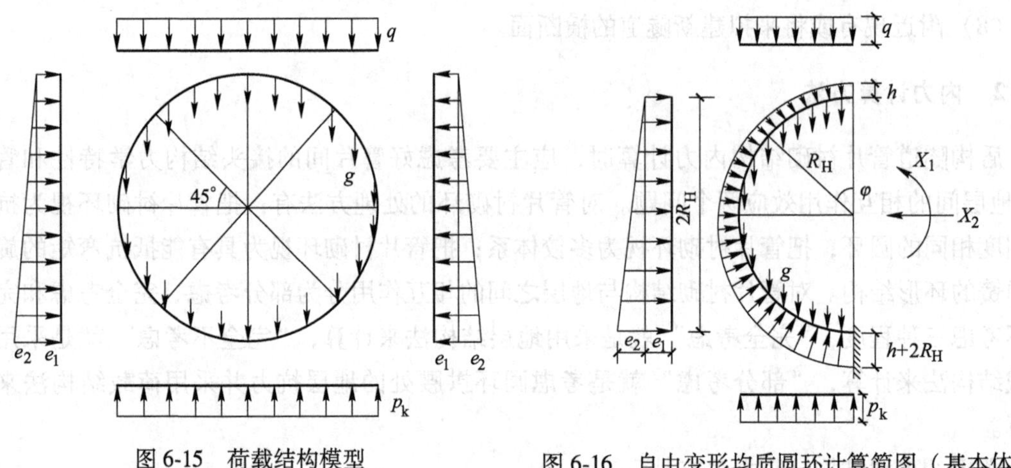

图 6-15 荷载结构模型 图 6-16 自由变形均质圆环计算简图（基本体系）

由于结构及荷载对称，拱顶剪力等于零，属二次超静定结构。根据弹性中心处的相对角位移和水平位移等于零的条件（$\delta_{12}=\delta_{21}=0$）可列出力法方程

$$\begin{cases}\delta_{11}X_1+\Delta_{1P}=0\\ \delta_{22}X_2+\Delta_{2P}=0\end{cases} \tag{6-14}$$

由于 EI 为常数，$ds=R_H d\varphi$（R_H 为圆环中心线半径），故

$$\delta_{11}=\frac{1}{EI}\int_0^{\pi}\overline{M}_1^2 ds=\frac{1}{EI}\int_0^{\pi}R_H d\varphi=\frac{\pi R_H}{EI} \tag{6-15}$$

$$\delta_{22}=\frac{1}{EI}\int_0^{\pi}\overline{M}_2^2 ds=\frac{1}{EI}\int_0^{\pi}(R_H\cos\varphi)^2 R_H d\varphi=\frac{\pi R_H^3}{2EI} \tag{6-16}$$

$$\Delta_{1P}=\frac{1}{EI}\int_0^{\pi}M_P R_H \mathrm{d}\varphi \tag{6-17}$$

$$\Delta_{2P}=\frac{R_H^2}{EI}\int_0^{\pi}M_P \cos\varphi \mathrm{d}\varphi \tag{6-18}$$

式中，δ_{11} 为基本体系在单位力 $X_1=1$ 单独作用下沿 X_1 方向产生的位移；δ_{22} 为基本体系在单位力 $X_2=1$ 单独作用下沿 X_2 方向产生的位移；Δ_{1P}、Δ_{2P} 分别为基本体系在外荷载作用下沿 X_1、X_2 方向产生的位移；M_P 为外荷载在基本体系任意角度截面产生的弯矩。

由式（6-14）得

$$X_1=-\frac{\Delta_{1P}}{\delta_{11}}=-\frac{\dfrac{R_H}{EI}\int_0^{\pi}M_P\mathrm{d}\varphi}{\dfrac{\pi R_H}{EI}}=-\frac{1}{\pi}\int_0^{\pi}M_P\mathrm{d}\varphi \tag{6-19}$$

$$X_2=-\frac{\Delta_{2P}}{\delta_{22}}=-\frac{\dfrac{R_H^2}{EI}\int_0^{\pi}M_P\cos\varphi\mathrm{d}\varphi}{\dfrac{\pi R_H^3}{2EI}}=-\frac{2}{\pi R_H}\int_0^{\pi}M_P\cos\varphi\mathrm{d}\varphi \tag{6-20}$$

圆环中任意角度 φ 截面上的内力可由下式得到

$$\begin{cases}M_\varphi=X_1-X_2R_H\cos\varphi+M_p\\N_\varphi=X_2\cos\varphi+N_p\\V_\varphi=X_2\sin\varphi+V_p\end{cases} \tag{6-21}$$

圆环内力计算详见表 6-6，设计时可直接利用这些公式。表 6-6 中，R_H 为衬砌计算半径。

表 6-6　自由变形圆环各计算截面的内力

荷载种类	公式应用范围	与圆环竖直轴呈 φ 角的计算截面的内力			荷载
		M_φ	N_φ	V_φ	
自重	$\varphi=0\sim\pi$	$gR_H^2(1-0.5\cos\varphi-\varphi\sin\varphi)$	$gR_H(\varphi\sin\varphi-0.5\cos\varphi)$	$gR_H(\varphi\cos\varphi-0.5\sin\varphi)$	g
均布竖向土压	$\varphi=0\sim\pi/2$	$qR_H^2(0.193+0.106\cos\varphi-0.5\sin^2\varphi)$	$qR_H(\sin^2\varphi-0.106\cos\varphi)$	$qR_H(\sin\varphi\cos\varphi-0.106\sin\varphi)$	q
	$\varphi=\pi/2\sim\pi$	$qR_H^2(0.693+0.106\cos\varphi-\sin\varphi)$	$qR_H(\sin\varphi-0.106\cos\varphi)$	$qR_H(\cos\varphi-0.106\sin\varphi)$	
均布水平土压	$\varphi=0\sim\pi$	$e_1R_H^2(0.25-0.5\cos^2\varphi)$	$e_1R_H\cos^2\varphi$	$e_1R_H\cos\varphi\sin\varphi$	e_1
三角形水平土压	$\varphi=0\sim\pi$	$e_2R_H^2(0.25\sin^2\varphi+0.083\cos^3\varphi-0.063\cos\varphi-0.125)$	$e_2R_H\cos\varphi(0.063+0.5\cos\varphi-0.25\cos^2\varphi)$	$e_2R_H\sin\varphi(0.063+0.5\cos\varphi-0.25\cos^2\varphi)$	e_2

续表 6-6

荷载种类	公式应用范围	与圆环竖直轴呈 φ 角的计算截面的内力			荷载
		M_φ	N_φ	V_φ	
水压力	$\varphi=0\sim\pi$	$-R_H^3(0.5-0.25\cos\varphi-0.5\varphi\sin\varphi)\gamma_w$	$[R_H^2(1-0.25\cos\varphi-0.5\varphi\sin\varphi)+h\cdot R_H]\cdot\gamma_w$	$R_H^2(1.25\sin\varphi-0.5\varphi\cos\varphi)\cdot\gamma_w$	$\gamma_w h$
地基竖向反力	$\varphi=0\sim\pi/2$	$p_k R_H^2(0.057-0.106\cos\varphi)$	$0.106p_k R_H\cos\varphi$	$0.106p_k R_H\sin\varphi$	p_k
	$\varphi=\pi/2\sim\pi$	$p_k R_H^2(-0.443+\sin\varphi-0.106\cos\varphi-0.5\sin^2\varphi)$	$p_k R_H(\sin^2\varphi-\sin\varphi-0.106\cos\varphi)$	$p_k R_H(\sin\varphi\cos\varphi-\cos\varphi+0.106\sin\varphi)$	

注：表内所示圆环内力均以 1m 为单位，若环宽为 b，则环宽截面内力尚应乘以 b；弯矩 M 以内缘受拉为正，外缘受拉为负；轴力 N 以受压为正，受拉为负；h 为圆环顶点水位深度；R_H 为圆环计算半径。

6.4.3.2　考虑侧向弹性抗力的均质圆环计算

当外荷载作用在隧道衬砌上，一部分衬砌向地层方向变形，使地层产生弹性抗力。弹性抗力的分布规律很难确定，目前通常假定的弹性抗力分布形式有日本的三角形分布、前苏联 O. E. 布加耶娃的月牙形分布，以及二次、三次抛物线分布等方法。

（1）日本的三角形分布法。假定抗力分布呈一等腰直角三角形，分布在水平直径上下各 45°范围内，如图 6-17 所示。

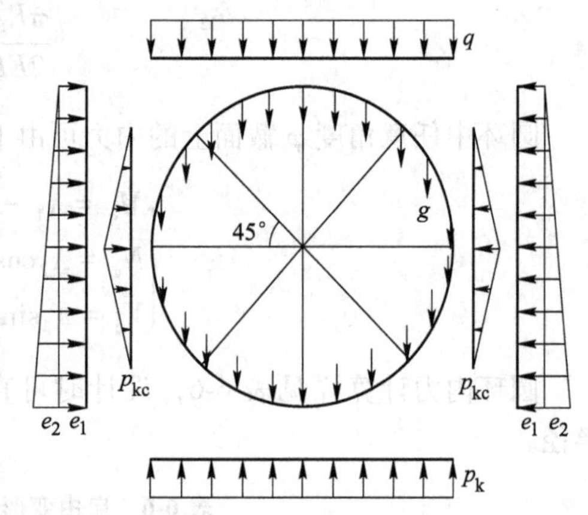

图 6-17　日本的三角形地层抗力计算图式

按文克勒局部变形理论，假定土层侧向弹性抗力 $p_{kc}=K\cdot y$，其中 K 为地层侧向抗力系数，y 为衬砌圆环产生的向地层方向的水平变形，在水平直径处的最大值 y_{90} 可由式（6-22）计算。

$$y_{90}=\frac{(2q-e_1-e_2+\pi g)R_H^4}{24(\eta EI+0.0454KR_H^4)} \tag{6-22}$$

式中，EI 为衬砌圆环抗弯刚度；η 为接头刚度折减系数，取 0.25~0.8。

地层抗力图形分布在水平直径上下各 45°范围内，与圆环竖直轴成 φ 角处的侧向地层抗力为

$$p_{kc}=Ky_{90}\cdot(1-\sqrt{2}\,|\cos\varphi|) \tag{6-23}$$

地层水平抗力系数 K 一般通过静载实验求得，也可根据静力触探或动力触探的锤击数 N 来综合确定，常见地层的水平抗力系数可参考表 6-7。

表 6-7 地层水平抗力系数

土的种类	抗力系数 $K/\mathrm{kN}\cdot\mathrm{m}^{-3}$	土的种类	抗力系数 $K/\mathrm{kN}\cdot\mathrm{m}^{-3}$
固结密实黏性土	30000~50000	中硬黏性土	5000~10000
极坚实砂质土		松散砂质土	0~10000
密实砂质土	10000~30000	软弱黏性土	0~5000
硬黏土		非常软黏性土	0

由 p_{kc} 引起的圆环内力 M、N、V 制成表格见表 6-8。其余各项荷载引起衬砌圆环的内力按上节自由变形圆环计算，可直接查表 6-6。把 p_{kc} 引起的圆环内力和其他外荷载引起的圆环内力进行叠加，形成最终的圆环内力，便为圆环衬砌的设计内力。

表 6-8 拱腰处地层抗力 p_{kc} 引起的圆环内力

内力	$0\leqslant\varphi\leqslant\pi/4$	$\pi/4\leqslant\varphi\leqslant\pi/2$
M	$p_{kc}R_H^2(0.2346-0.3536\cos\varphi)$	$p_{kc}R_H^2(-0.3487+0.5\cos^2\varphi+0.2357\cos^3\varphi)$
N	$0.3536\cos\varphi\cdot p_{kc}R_H$	$(-0.707\cos\varphi+\cos^2\varphi+0.707\sin^2\varphi\cos\varphi)\cdot p_{kc}R_H$
V	$0.3536\sin\varphi\cdot p_{kc}R_H$	$(\sin\varphi\cos\varphi-0.707\cos^2\varphi\sin\varphi)\cdot p_{kc}R_H$

（2）前苏联布加耶娃法。前苏联 O. E. 布加耶娃提出的弹性抗力分布图形按圆形半径方向作用在衬砌上，呈一新月形，其分布规律如图 6-18 所示。

当 $\alpha=0\sim45°$ 时，结构与土体脱离，无弹性抗力；

当 $\alpha=45°\sim90°$ 时，

$$p_k=-Ky_a\cos2\alpha \tag{6-24}$$

当 $\alpha=90°\sim180°$ 时，

$$p_k=Ky_a\sin2\alpha+Ky_b\cos^2\alpha \tag{6-25}$$

式中，y_a 为衬砌水平直径处的变形；y_b 为衬砌底部的变形。

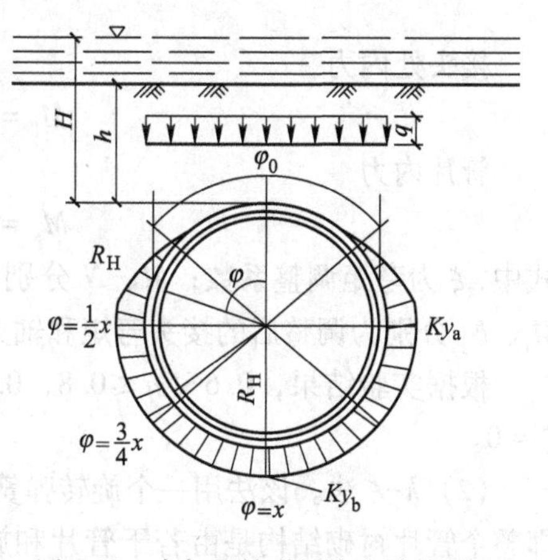

图 6-18 布加耶娃弹性抗力计算图式

在圆环自重、内水压力和外水压力作用下，都采用上述的弹性抗力分布规律。但在外水压力作用下弹性抗力是负值，只有当地层压力和圆环自重引起的弹性抗力大于此负值时才考虑它，否则不予考虑。由地层压力 q、自重 g、内水压力和静水压力四种荷载引起的圆环各个截面的内力已制成专门的表格，计算非常方便，可查阅相关资料。

6.4.3.3 修正惯用法

错缝拼装的衬砌圆环，可通过环间剪切键或凹凸榫等结构使接头部分弯矩传递到相邻管片。对于错缝拼装的管片，挠曲刚度较小的接头承受的弯矩不同于与之邻接的挠曲刚度较大的管片承受的弯矩，事实上这种弯矩传递主要由环间剪切来完成。目前考虑接头的影响主要通过假定弯矩传递的比例来实现，国际隧道协会推荐了两种估算方法，即 η-ξ 法和旋转弹簧（半铰）又叫 k-ξ 法。

（1）η-ξ 法。为了考虑管片接头位置的刚度变化，即管片接头拼装对整个管片环所带来的折减，在计算管片内力过程中引入弯曲刚度有效率 η 和弯矩调整系数 ξ 两个参数。将衬砌环视为等效抗弯刚度为 ηEI 的均质圆环，管片接头处的弯矩可以向相邻环的管片进行部分传递。η 与接头的种类、管片接头的结构特征、环间相互的错缝拼装方法、结构特点等有关，尤其受周围地层的影响最为显著，在实际计算中多根据经验来确定其数值。

首先将衬砌环按均质圆环计算，但考虑纵缝接头的存在，导致整体抗弯刚度降低，取圆环抗弯刚度为 ηEI（η 为弯曲刚度有效率，$\eta \leqslant 1$）。计算圆环水平直径处的变位 y，两侧抗力 $p_{kc}=Ky$ 后，考虑错缝拼装管片接头弯矩的传递，错缝拼装弯矩重分配如图 6-19 所示。

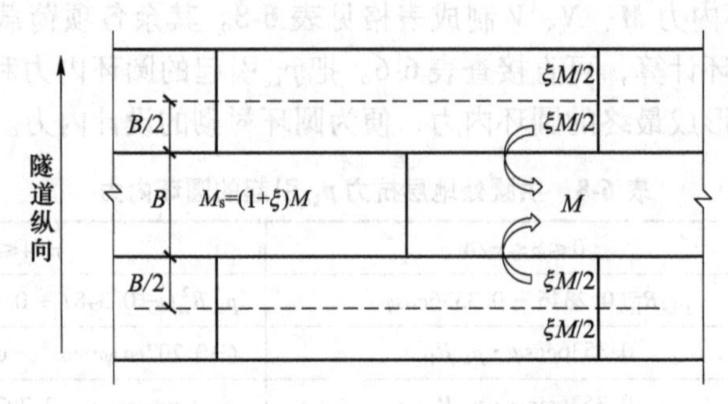

图 6-19 错缝拼装管片接头的弯矩传递

接头处内力

$$M_j = (1-\xi)M; N_j = N \tag{6-26}$$

管片内力

$$M_s = (1+\xi)M; N_s = N \tag{6-27}$$

式中，ξ 为弯矩调整系数；M、N 分别为均质圆环（ηEI 刚度折减后）计算弯矩和轴力；M_j、N_j 分别为调整后的接头弯矩和轴力；M_s、N_s 分别为调整后的管片弯矩和轴力。

根据实验结果，$0.6 \leqslant \eta \leqslant 0.8$，$0.3 \leqslant \xi \leqslant 0.5$。如果管片环内没有接头，则 $\eta = 1$，$\xi = 0$。

（2）k-ξ 法。该法用一个旋转弹簧模拟接头，且假定弹簧的弯矩 M 与转角 θ 成正比，即整个管片衬砌结构是由若干管片和旋转弹簧连接而成，如图 6-20 所示。管片接头弯矩的计算公式为

$$M = k\theta \tag{6-28}$$

式中，k 为旋转弹簧常数，kN · m/rad。

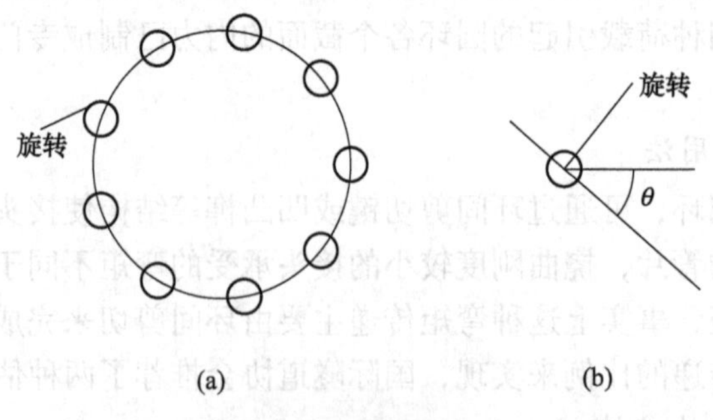

图 6-20 弹簧铰模型
（a）旋转弹簧接头；（b）旋转角度

若 $k=\infty$，$\xi=0$，则管片环没有接头，其内力计算与均质圆环法相同；若 $k=0$，$\xi=1$，则管片环的接头连接形式为铰接，基本上与多铰圆环的内力计算方法相同。k-ξ 法在计算时，首先将衬砌环按照均质圆环计算，然后将管片接头处的弯矩传递到管片上，由此得到该方法下管片的弯矩。

6.4.3.4 梁-弹簧模型

梁-弹簧模型法又称 *M-K* 法，此方法将管片间的纵向接头考虑为转动弹簧，环间接头考虑为剪切弹簧。对接头相邻管片主断面进行计算时，可以求出由相邻管片传递过来的弯矩、环间接头所产生的剪力及管片环的变形量，这也是与其他方法的最大不同。梁-弹簧模型法的计算内容主要包括以下七个方面：

（1）选定管片和接头的形式。管片与接头形式的选择要充分考虑工程实践经验及现有研究成果。

（2）管片的几何参数及钢筋量的确定。根据管片的种类，确定管片的宽度、厚度等几何参数，确定断面形状和钢筋量等，从而计算管片的断面特性。

（3）管片的分块数以及接头位置的确定。管片的分块数和接缝位置，由隧道的外径、管片单片的重量和形状综合确定。计算模型中的节点数量和位置，要布置地层弹簧、接头的转动弹簧及剪切弹簧等。

（4）自重及其他荷载作用引起的地层抗力的处理方式。

1）不考虑自重引起的地层抗力。此种情况下，根据各自内力的计算公式分别求出由管片自重引起的截面内力以及在地层抗力作用下的截面内力。此地层抗力仅仅考虑水压和土压所引起的变形特点。

2）考虑自重引起的地层抗力。此种情况发生在合理的壁后注浆中，将水土压力及自重一同作用在管片环上，从而计算出截面内力。

（5）地层抗力系数的确定。一般情况下，可根据岩土工程勘察报告的标准贯入锤击数 *N* 值获得地层的密实度（或侧向土压力系数），从而查表 6-7 确定地层抗力系数。

（6）转动弹簧系数的确定。

1）管片接头的转动弹簧系数。转动弹簧系数可以根据解析法和试验方法确定。解析法包括村上-小泉纯方法与现行《铁路隧道设计规范》（TB 1003）中的方法；试验方法是通过管片接头的弯曲试验，获得接头位置的弯矩与转角，通过两者的比值求得转动弹簧系数。

2）环间接头的剪切弹簧系数。环间接头弹簧系数的确定多采用试验和经验确定。一般情况下，剪切弹簧系数取 1×10^6 ~ 5×10^6 kN/m 左右。

（7）计算环数和管片环内力。确定计算环数时，多采用 2 环模型计算，最后，通过梁-弹簧模型进行主断面和接头位置断面的内力计算。根据此方法，可以准确真实地反映管片的分块数、接缝的位置、管片接头旋转弹簧刚度和剪切刚度的大小。该方法在力学上是一种非常有效的方法，可以很好地模拟出不同拼装形式下管片的受力情况。

6.5 管片截面设计

衬砌结构在各个阶段的内力计算完成后，就可以分别或组合几个工作阶段的内力情况进行截面设计。在基本使用阶段，需进行抗裂计算、强度和变形验算；在组合基本荷载和特殊荷载的衬砌内力时，一般仅进行强度检验，变形和裂缝验算可不予以考虑。截面承载能力极限状态的设计计算参照现行国家标准《混凝土结构设计规范》(GB 50010）进行。

6.5.1 管片截面承载力计算

盾构隧道管片衬砌圆环承受的压缩变形较受弯变形更显著，一般呈偏心受压状态，可将管片圆环看作受弯构件和偏心受压构件来考虑，主要计算正截面受弯承载力和受压承载力，以及斜截面受剪承载力。

6.5.1.1 正截面受弯承载力

管片环纵向截面一般为矩形，按照现行国家标准《混凝土结构设计规范》(GB 50010）有关规定，矩形截面受弯构件的正截面受弯承载力应符合下列规定，如图 6-21 所示。

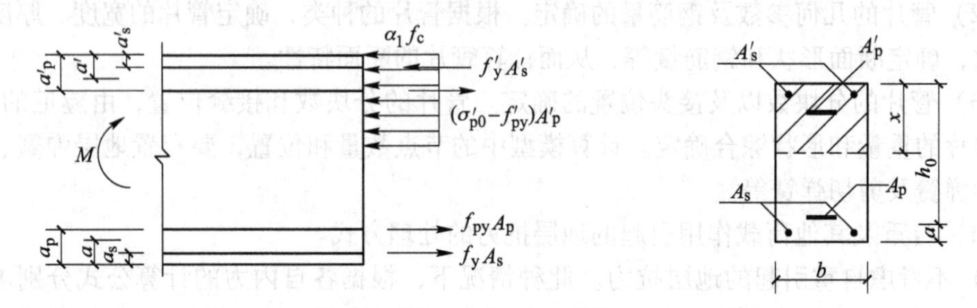

图 6-21 矩形截面受弯构件正截面受弯承载力计算

$$M \leqslant \alpha_1 f_c bx\left(h_0 - \frac{x}{2}\right) + f'_y A'_s(h_0 - a'_s) - (\sigma'_{p0} - f'_{py})A'_p(h_0 - a'_p) \tag{6-29}$$

混凝土受压区高度应按下列公式确定：

$$\alpha_1 f_c bx = f_y A_s - f'_y A'_s + f_{py}A_p + (\sigma'_{p0} - f'_{py})A'_p \tag{6-30}$$

混凝土受压区高度 x 尚应符合下列条件：

$$2a' \leqslant x \leqslant \xi_b h_0 \tag{6-31}$$

式中，M 为弯矩设计值；α_1 为矩形截面等效应力图系数；f_c 为混凝土轴心抗压强度设计值；A_s、A'_s 分别为受拉区、受压区纵向普通钢筋的截面面积；A_p、A'_p 分别为受拉区、受压区纵向预应力筋的截面面积；σ'_{p0}为受压区纵向预应力筋合力点处混凝土法向应力等于零时的预应力筋应力；b 为矩形截面的宽度；h_0 为截面有效高度；a'_s、a'_p 分别为受压区纵向普通钢筋合力点、预应力筋合力点至截面受压边缘的距离；a'为受压区全部纵向钢筋合力点至截面受压边缘的距离，当受压区未配纵向预应力筋或受压区纵向预应力（$\sigma'_{po} - f'_{py}$）为拉应力时，则用 a'_s；ξ_b 为相对界限受压区高度。

6.5.1.2 正截面受压承载力

矩形截面偏心受压构件正截面受力如图 6-22 所示。受压承载力应符合下列规定：

$$N \leqslant \alpha_1 f_c bx + f'_y A'_s - \sigma_s A_s - (\sigma'_{p0} - f'_{py})A'_p - \sigma_p A_p \tag{6-32}$$

$$Ne \leqslant \alpha_1 f_c bx\left(h_0 - \frac{x}{2}\right) + f'_y A'_s(h_0 - a'_s) - (\sigma'_{p0} - f'_{py})A'_p(h_0 - a'_p) \tag{6-33}$$

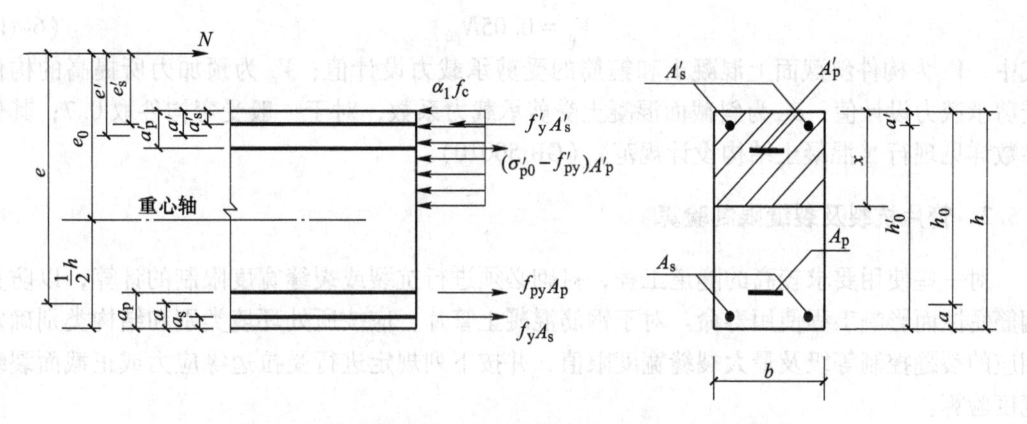

图 6-22　矩形截面偏心受压构件正截面受压承载力计算

$$e = e_i + \frac{h}{2} - a \tag{6-34}$$

$$e_i = e_0 + e_a \tag{6-35}$$

式中，e 为轴向压力作用点至纵向受拉普通钢筋和受拉预应力筋的合力点的距离；σ_s、σ_p 为受拉边或受压较小边的纵向普通钢筋、预应力筋的应力，当相对受压区高度 $\xi = x/h_0$ 不大于 ξ_b 时，$\sigma_s = f_y$，$\sigma_p = f_{py}$；e_i 为初始偏心距；a 为纵向受拉普通钢筋和受拉预应力筋的合力点至截面近边缘的距离；e_0 为轴向压力对截面重心的偏心距，取为 M/N，当需要考虑二阶效应时，按规范有关规定计算；e_a 为附加偏心距。

6.5.1.3　斜截面受剪承载力

矩形截面受弯构件的受剪截面应符合下列规定：

当 $h_w/b \leqslant 4$ 时

$$V \leqslant 0.25\beta_c f_c b h_0 \tag{6-36}$$

当 $h_w/b \geqslant 6$ 时

$$V \leqslant 0.2\beta_c f_c b h_0 \tag{6-37}$$

当 $4 < h_w/b < 6$ 时，按线性内插法确定。

式中，V 为构件斜截面上的最大剪力设计值；β_c 为混凝土强度影响系数；b 为矩形截面的宽度；h_0 为截面的有效高度；h_w 为截面的腹板高度，矩形截面取有效高度。

计算斜截面受剪承载力时，剪力设计值的计算截面应考虑下列截面：支座边缘处的截面、受拉区弯起钢筋弯起点处的截面、箍筋截面面积或间距改变处的截面、截面尺寸改变处的截面。

（1）不配置箍筋和弯起钢筋的一般板类受弯构件，其斜截面受剪承载力应符合下列规定：

$$V \leqslant 0.7\beta_h f_t b h_0 \tag{6-38}$$

式中，β_h 为混凝土截面高度影响系数。

（2）当仅配置箍筋时，矩形截面受弯构件的斜截面受剪承载力应符合下列规定：

$$V \leqslant V_{cs} + V_p \tag{6-39}$$

$$V_{cs} = \alpha_{cv} f_t b h_0 + f_{yv}\frac{A_{sv}}{s}h_0 \tag{6-40}$$

$$V_p = 0.05N_{p0} \tag{6-41}$$

式中，V_{cs}为构件斜截面上混凝土和箍筋的受剪承载力设计值；V_p为预加力所提高的构件受剪承载力设计值；α_{cv}为斜截面混凝土受剪承载力系数，对于一般受弯构件取0.7；其他参数详见现行《混凝土结构设计规范》(GB 50010)。

6.5.2 管片抗裂及裂缝限制验算

对一些使用要求较高的隧道工程，衬砌必须进行抗裂或裂缝宽度限制的计算，以防止钢筋锈蚀而影响工程使用寿命。对于钢筋混凝土管片，应按所处环境类别和结构类别确定相应的裂缝控制等级及最大裂缝宽度限值，并按下列规定进行受拉边缘应力或正截面裂缝宽度验算。

(1) 一级——严格要求不出现裂缝的构件。在荷载标准组合下，应符合下列规定：

$$\sigma_{ck} - \sigma_{pc} \leqslant 0 \tag{6-42}$$

(2) 二级——一般要求不出现裂缝的构件。在荷载效应的标准组合下应符合下列规定：

$$\sigma_{ck} - \sigma_{pc} \leqslant f_{tk} \tag{6-43}$$

在荷载效应的准永久组合下宜符合下列规定：

$$\sigma_{cq} - \sigma_{pc} \leqslant 0 \tag{6-44}$$

(3) 三级——允许出现裂缝的构件。按荷载效应的标准组合并考虑长期作用影响计算的最大裂缝宽度，应符合下列规定：

$$W_{max} \leqslant W_{lim} \tag{6-45}$$

式中，σ_{ck}、σ_{cq}分别为荷载效应的标准组合、准永久组合下抗裂验算边缘的混凝土法向应力；σ_{pc}为扣除全部预应力损失后在抗裂验算边缘混凝土的预压应力，按混凝土规范公式计算；W_{max}为按荷载效应的标准组合并考虑长期作用影响计算的最大裂缝宽度；f_{tk}为混凝土轴心抗拉强度标准值；W_{lim}为最大裂缝宽度限值。

假定偏压状态的混凝土管片截面内力分别为弯矩 M 和轴力 N，截面裂缝出现前的中和轴 x 位置如图6-23所示。

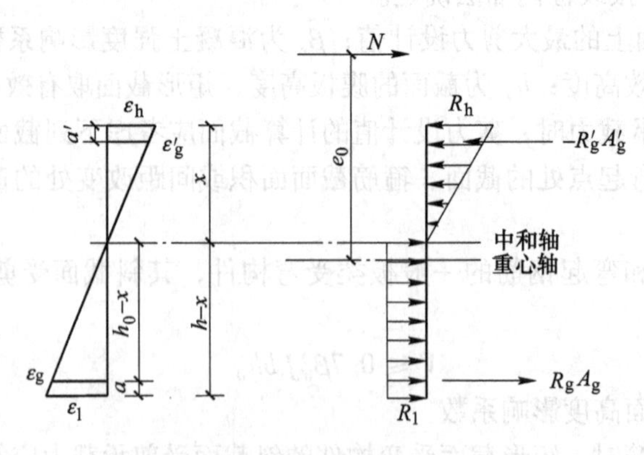

图6-23 管片衬砌截面应力、应变图

混凝土抗拉极限应变值：$\varepsilon_l = 0.6R_l(1+0.3\beta^2)\times10^{-5}$

$$\beta = \frac{\mu}{d}, \mu = \frac{A_g}{bh} \times 100\%$$

式中，μ 为管片断面的含钢百分率。

所以有：

$$\varepsilon_1 \approx (1.5 \sim 2.5) \times 10^{-4}$$

受拉钢筋的应变值：$\varepsilon_g = \dfrac{h_0 - x}{h - x}\varepsilon_1$

混凝土最大压应变：$\varepsilon_h = \dfrac{x}{h - x}\varepsilon_1$

受压钢筋的应变值：$\varepsilon'_g = \dfrac{x - a'}{x}\varepsilon_h = \dfrac{x - a'}{h - x}\varepsilon_1$

X 方向静力平衡，$\sum X=0$，有：

$$N + (h - x)bR_1 + A_g\varepsilon_g E_g = A'_g\varepsilon'_g E'_g + \frac{1}{2}R_h xb \tag{6-46}$$

从上式可解出中和轴高度 x。

对截面受拉钢筋合力点取矩，$\sum M_{A_g} = 0$，有

$$KN(e_0 + h_0 - x) + (h - x)bR_1\left(\frac{h - x}{2} - a\right) = \frac{1}{2}R_h xb\left(\frac{2}{3}x + h_0 - x\right) + A'_g R'_g(h_0 - a') \tag{6-47}$$

由上式可解出 K。

对偏心距 e_0 取矩，则有

$$N(K_{e_0}e_0 + h_0 - x) + (h - x)bR_1\left(\frac{h - x}{2} - a\right) = \frac{1}{2}R_h xb\left(\frac{2}{3}x + h_0 - x\right) + A'_g R'_g(h_0 - a') \tag{6-48}$$

式中，A'_g、A_g 为受压、受拉钢筋面积，mm；R_h、R_1 分别为裂缝出现前混凝土压应力和拉应力，MPa；b、h 为衬砌断面的宽度、高度，mm；ε_1、ε_g 为混凝土截面纤维最大拉应变和受拉钢筋应变值；ε_h、ε' 为混凝土截面纤维最大压应变和受压钢筋应变值；E_h、E_g 为混凝土构件和钢筋的弹性模量，MPa。

由上式可求出 K_{e_0}，K 和 K_{e_0} 都要求大于或等于 1.3。一般隧道衬砌结构常处于偏心受压状态，由于衬砌结构受荷情况常常不够明确，大偏心受压状态下，结构的承载能力往往是由受拉情况下特别是弯矩 M 控制，故为偏于安全考虑，常按 K_{e_0} 验算。

6.5.3 施工阶段管片环面抗压验算

由于管片制作和拼装的误差，管片的环缝面往往是参差不平的。当盾构千斤顶施加在环缝面上，特别是千斤顶顶力存在偏心状态时，极易使管片开裂和顶碎。这种现象在目前往往被看作衬砌设计计算的一个重要控制因素。由于管片在环缝面上的支撑条件不够明确，在承受盾构千斤顶顶力时，衬砌环的受力难以确切计算，一般采用盾构总的推力除以衬砌环环缝面积计算。

$$\sigma = \frac{P}{F} \leqslant \frac{[\sigma]}{K} \tag{6-49}$$

式中，P 为盾构总推力，kN；F 为环缝面积，m^2；$[\sigma]$ 为混凝土容许抗压强度，kN/m^2；K 为安全系数，一般取 $K \geqslant 3$。

盾构施工过程中，千斤顶顶力直接作用在混凝土管片端部上。若剪力、弯矩或拉力引起局部应力过大，则易引起连接处的混凝土破碎，故应对其进行局部受压承载力验算：

$$F_1 \leqslant 1.35 \beta_c \beta_1 f_c A_1 \tag{6-50}$$

$$\beta_1 = \sqrt{\frac{A_b}{A_1}} \tag{6-51}$$

式中，F_1 为千斤顶顶力设计值；f_c 为混凝土轴心抗压强度设计值；β_c 为混凝土强度影响系数，按现行《混凝土结构设计规范》（GB 50010）的规定取用；β_1 为混凝土局部受压时的强度提高系数；A_1 为混凝土局部受压面积；A_b 为局部受压的计算底面积。

6.6 管片接头设计

6.6.1 管片接头抗弯抗剪承载力计算

计算管片接头承载力时，一般将连接螺栓看作受拉（或受压）钢筋，按钢筋混凝土截面进行计算。一般先假定螺栓直径、数量和位置，然后计算中和轴 x，按偏心受压构件对接缝强度进行验算。

纵向接缝中环向螺栓位置：只设单排螺栓时，其位置大致在管片厚度的 1/3 处；设双排螺栓时，内外排螺栓的位置离管片内外两侧各不小于 100mm。

箱形管片端肋厚度可近似地按三边固定、一边自由的钢筋混凝土双向板进行计算。一般端肋厚度大致等于或略大于环肋宽度。试验表明，由于环向螺栓集中分布在端肋中间一定宽度范围内，端肋具有一定的柔性，往往中间部位变形小，两侧变形大，螺栓也是两侧受力大，中间稍小。端肋在承受正弯矩临近破坏时，往往在螺栓孔附近端肋与环肋交界处出现裂缝；随着荷载增加，螺栓附近出现八字裂缝，裂缝宽度不断增加直至破坏。

平板形管片纵缝上的螺栓钢盒是接缝上的主要受力构件，螺栓在受力后通过螺栓钢盒传至管片上。螺栓钢盒特别是端板应与螺栓等强度，螺栓钢盒的端板也可近似地按三边固定、一边自由的双向板进行计算。从试验资料及已有使用资料来看，钢盒端板厚度大致为螺栓直径的 0.65~0.75 倍。

6.6.1.1 纵向接头抗弯承载力

（1）正弯矩作用下管片纵向接缝受力变形如图 6-24 所示，一般是接缝内侧张开，外侧闭合，有利于接缝防水，如拱顶、拱底位置。此时，纵向接缝的环向螺栓承受拉力，截面外侧混凝土承受压应力，截面静力平衡条件如下。

平衡方程有：

$$\sum X = 0, N = \alpha_1 f_c bx - \sigma_s A_s \tag{6-52}$$

对重心轴取矩，有

$$\sum M = 0, N\eta e_i = \alpha_1 f_c bx\left(\frac{h}{2} - \frac{x}{2}\right) + \left(\frac{h}{2} - a\right)\sigma_s A_s \tag{6-53}$$

式中，e_i 为初始偏心矩，$e_i = e_0 + e_a$，轴向压力对截面重心轴的偏心矩 $e_0 = M/N$，e_a 为附加偏心矩；η 为偏心受压构件考虑二阶弯矩影响的轴向压力偏心矩增大系数，由于管片的长高比小，按规范公式计算的增大系数一般为 1；x 为混凝土受压区的高度；α_1 为矩形截面等效应力图系数；f_c 为混凝土抗压强度设计值；b 为管片计算宽度；f_y 为环向螺栓的抗拉强度设计值；A_s 为螺栓截面面积；σ_s 为螺栓的应力，分大小偏心两种情况分别确定，当 $\xi \leqslant \xi_b$ 时，大偏心受压，$\sigma_s = f_y$，当 $\xi > \xi_b$ 时，小偏心受压，$\sigma_{si} = \dfrac{f_y}{\xi_b - \beta_1}\left(\dfrac{x}{h_{0i}} - \beta_1\right)$；$\xi_b = \dfrac{\beta_1}{1 + \dfrac{f_y}{E_s \varepsilon_{cu}}}$，$E_s$ 为螺栓的弹性模量；ξ 为相对受压区高度，$\xi = \dfrac{x}{h_0}$。

由于隧道衬砌承受的轴力较大、弯矩较小，通常在正弯矩作用下处于小偏心受压状态。

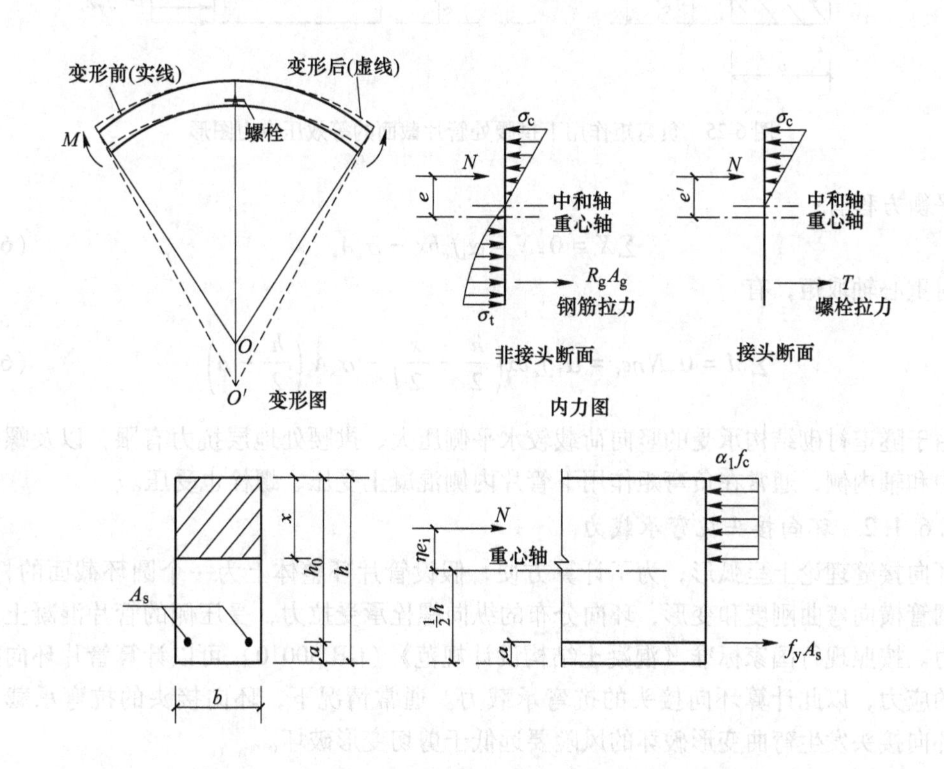

图 6-24　正弯矩作用下管片及接头处的变形与内力图

（2）负弯矩作用下管片纵向接缝受力变形如图 6-25 所示，一般是接缝外侧张开，内侧闭合，不利于接缝防水，如拱腰位置。此时，纵向接缝的环向螺栓承受的拉力较小或局部承受压力，截面外侧混凝土很少受压，而内侧混凝土通常承压，截面静力平衡条件如下。

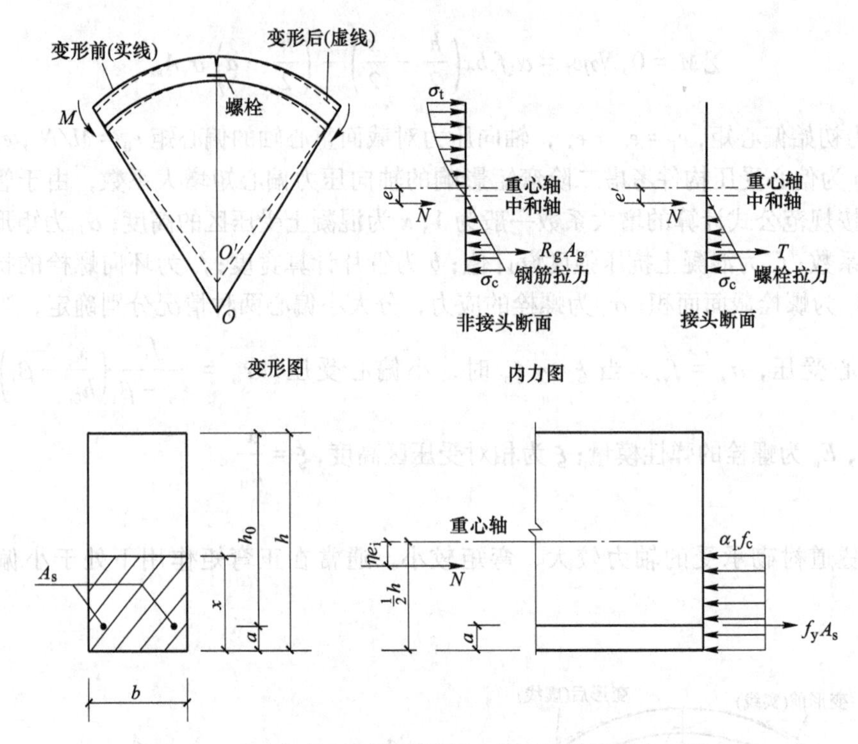

图 6-25 负弯矩作用下拱腰处管片截面的等效压应力图形

平衡方程有：

$$\sum X = 0, N = \alpha_1 f_c bx - \sigma_s A_s \tag{6-54}$$

对重心轴取矩，有

$$\sum M = 0, N\eta e_i = \alpha_1 f_c bx\left(\frac{h}{2} - \frac{x}{2}\right) - \sigma_s A_s\left(\frac{h}{2} - a\right) \tag{6-55}$$

由于隧道衬砌结构承受的竖向荷载较水平侧压大、拱腰处地层抗力有限，以及螺栓位置偏中和轴内侧，通常在负弯矩作用下管片内侧混凝土受压、螺栓也受压。

6.6.1.2 环向接头抗弯承载力

环向接缝理论上呈弧形，为了计算方便，假设管片环整体上为一个圆环截面的杆件，计算圆管横向弯曲刚度和变形，环向分布的纵向螺栓承受拉力，受压侧的管片混凝土承受压应力。按照现行国家标准《混凝土结构设计规范》（GB 50010）可以计算管片环向接缝螺栓的应力，以此计算环向接头的抗弯承载力。通常情况下，环向接头的抗弯承载力很高，环向接头发生弯曲变形破坏的风险要远低于剪切变形破坏。

6.6.2 管片接缝变形计算

6.6.2.1 衬砌圆环的直径变形

为满足隧道使用功能和结构计算的需要，必须对衬砌圆环直径的变形量进行计算和控制，直径变形的计算可采用一般结构力学方法求得。由于变形计算与衬砌圆环刚度 EI 有关，装配式衬砌组成正圆环 EI 很难用计算方法表达出来，必须通过衬砌结构整环试验测得，从一些工程实践资料可知衬砌实测的刚度 EI 远比理论计算值小，其比例可称为刚度效率 η，η 与隧道衬砌直径、管片厚度及分块、接缝构造及拼装方式等均有密切关系，η 大致在 0.25~0.8 之间。

衬砌圆环的水平直径变形计算简图如图 6-26 所示。

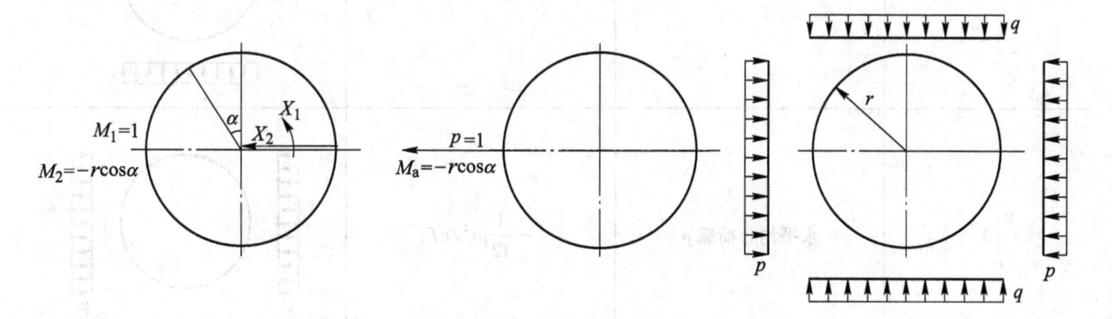

图 6-26 衬砌圆环计算简图

$$\begin{cases} M_1 = 1 \\ M_2 = - r\cos\alpha \\ \delta_{11} = \int \dfrac{M_1^2 \mathrm{d}s}{EI} \\ \delta_{22} = \int \dfrac{M_2^2 \mathrm{d}s}{EI} \end{cases} \tag{6-56}$$

$$\begin{cases} M_a = - r\cos\alpha \\ \delta_{1a} = \int \dfrac{M_1 M_a \mathrm{d}s}{EI} \\ \delta_{2a} = \int \dfrac{M_2 M_a \mathrm{d}s}{EI} \end{cases} \tag{6-57}$$

$$\begin{cases} M_q = - \dfrac{1}{2} q(r\sin\alpha)^2 \\ M_p = - \dfrac{1}{2} pr^2 (1 - r\cos\alpha)^2 \\ \delta_{aq} = \int \dfrac{M_a M_q \mathrm{d}s}{EI} \\ \delta_{ap} = \int \dfrac{M_a M_p \mathrm{d}s}{EI} \end{cases} \tag{6-58}$$

衬砌圆环的水平直径变形通过上式可以求得，$y_{水平} = X_1\delta_{1a} + X_2\delta_{2a} + \delta_{ap} + \delta_{aq}$。式中，$X_1$、$X_2$ 为圆环超静定内力。

各种荷载条件下圆环水平直径变形系数见表 6-9。

表 6-9　各种荷载条件下圆环水平直径变形系数

编号	荷载形式	水平直径处（半径方向）	图示
1	垂直均布荷载 q	$\frac{1}{12}qr^4/EI$	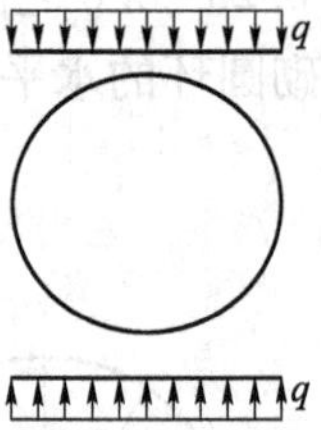
2	水平均布荷载 p	$-\frac{1}{12}pr^4/EI$	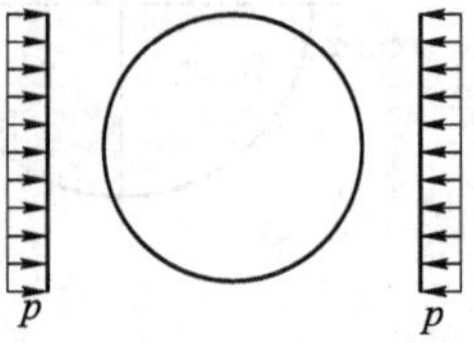
3	等边分布荷载	0	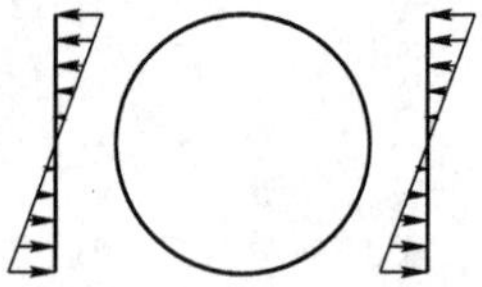
4	等腰三角形分布荷载 p_{kc}	$-0.0454p_{kc}r^4/EI$	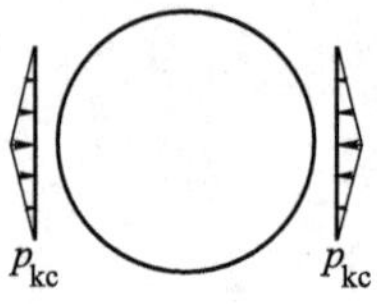
5	自重 g	$0.1304gr^4/EI$	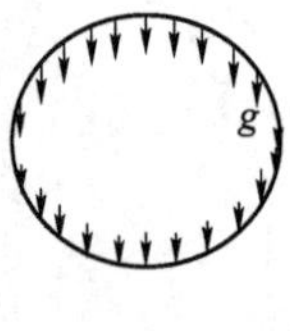

注：衬砌圆环垂直直径的计算与水平直径相同。

6.6.2.2　纵向接缝变形计算

由装配式衬砌结构组成的隧道衬砌，接缝是结构较关键的部位，从一些试验来看，结构破坏大都开始于薄弱的接缝处。因此，接缝构造、接缝变形量与防水要求，以及接缝强度计算在整个结构计算中占有一定地位，但考虑到影响接缝计算的因素很多（包括施工时螺栓预加应力的大小等），故都采用一种近似的计算方法。实际的接缝张开及承载能力必须通过接头试验和整环试验求得。接缝张开量的计算步骤如下。

（1）管片拼装之际，由于受到螺栓预紧力的作用，在接缝上产生预压应力 σ_{c1}、σ_{c2}，如图 6-27 所示。

$$\frac{\sigma_{c1}}{\sigma_{c2}} = \frac{N}{A} \pm \frac{N \cdot e_0}{W} \tag{6-59}$$

式中，N 为螺栓预加应力 σ_1 引起的轴向力，$N=\sigma_1 \cdot A_g$，A_g 为螺栓的有效面积，σ_1 一般为 50~100MPa；e_0 为螺栓位置与重心轴的偏心距；A、W 分别为管片截面面积和截面模量。

（2）受到外荷载后，在接缝上下边缘产生的应力为 σ_{a1}、σ_{a2}，如图 6-28 所示。

$$\frac{\sigma_{a1}}{\sigma_{a2}} = \frac{N'}{A} \pm \frac{N' \cdot e_0'}{W} \tag{6-60}$$

式中，N'为外荷载引起的轴向力；e_0' 为外荷载引起的偏心距。

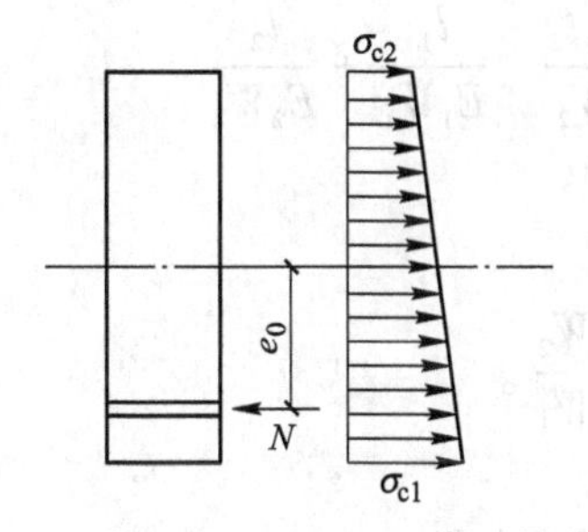

图 6-27 接缝螺栓预紧力

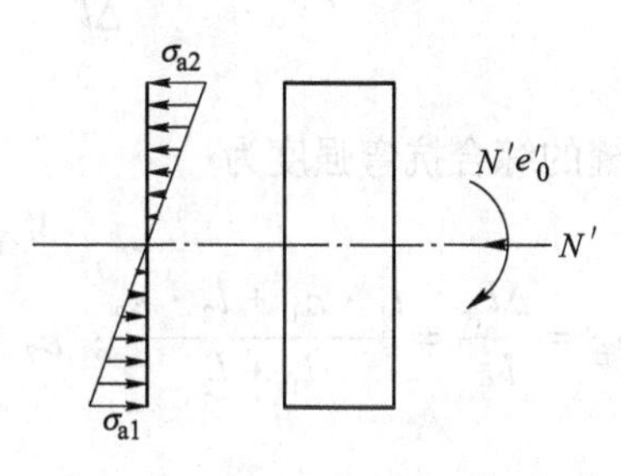

图 6-28 外力作用下接缝受力状态

（3）接缝边缘的最终应力（见图 6-29）为：

上边缘为：

$$\sigma_p = \sigma_{a2} - \sigma_{c2} \tag{6-61}$$

下边缘为：

$$\sigma_c = \sigma_{a1} + \sigma_{c1} \tag{6-62}$$

当接缝最终应力 σ_p 为拉应力时，接缝变形量为

$$\Delta l = \frac{\sigma_p}{E} l \tag{6-63}$$

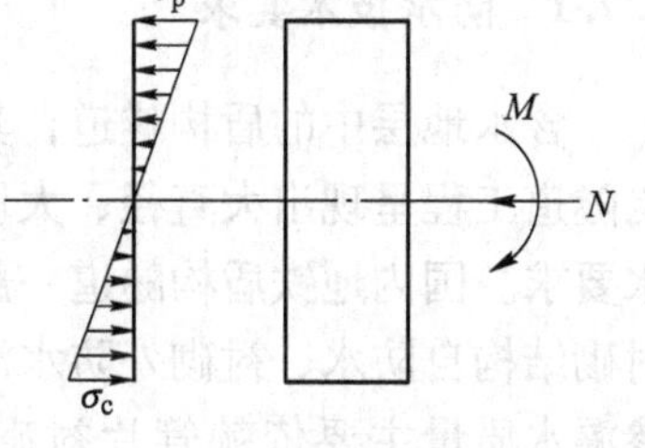

图 6-29 最终接缝应力

式中，E 为防水涂料抗拉弹性模量；l 为涂料厚度。

当 σ_p 出现拉应力，但小于接缝涂料与接缝面的黏结力或其变形量 Δl 在涂料和橡胶密封垫的弹性变形范围内时，则接缝不会张开或虽有一定张开而不影响接缝防水使用要求。

以上这种接缝张开验算，对负弯矩大偏心接头处需要特别慎重对待。

6.6.2.3 环向接缝变形计算

盾构在地层中推进，由于地层、埋深及施工工艺变化，其影响和扰动地层的程度在隧道纵向长度范围内也有所不同，使装配式隧道衬砌产生纵向变形。由于管片衬砌接缝密封情况不好，引起隧道底部漏水、漏泥，从而引起隧道不均匀沉降和环面间的相互错动。此外，隧道穿越建（构）筑物，盾构推进时千斤顶推力引起大偏心荷载都会引起隧道纵向变形。管片环缝构造设计和计算必须考虑上述各种因素，就是要使隧道在纵向上具有足够的

抗弯刚度，尤其是纵向螺栓的选择要确保环间连接良好，并能将纵向接缝上的部分内力传到相邻环管片上，由于环缝属空间结构，受力复杂，较难计算，故常按构造要求设置。

环向接缝是由钢筋混凝土管片和纵向螺栓两部分组成。

环缝的综合伸长量　　$\Delta l = \Delta l_1 + \Delta l_2$

管片伸长量　　$\Delta l_1 = \dfrac{M \cdot l_1}{E_1 W_1}$

纵向螺栓伸长量　　$\Delta l_2 = \dfrac{M \cdot l_2}{E_2 W_2}$

式中，l_1、E_1、W_1 分别为衬砌环宽、弹性模量、截面模量；l_2、E_2、W_2 分别为纵向螺栓长度、弹性模量、截面模量。

环缝的综合刚度为

$$(EW)_{合} = \frac{M \cdot (l_1 + l_2)}{\Delta l} = \frac{M \cdot (l_1 + l_2)}{\dfrac{M \cdot l_1}{E_1 W_1} + \dfrac{M \cdot l_2}{E_2 W_2}} = \frac{l_1 + l_2}{\dfrac{l_1}{E_1 W_1} + \dfrac{l_2}{E_2 W_2}} \tag{6-64}$$

环缝的综合抗弯强度为

$$M_{合} = (EW)_{合} \cdot \varepsilon_{合} \tag{6-65}$$

式中，$\varepsilon_{合} = \dfrac{\Delta l_{合}}{l_{合}} = \dfrac{l_1 \cdot \varepsilon_1 + l_2 \cdot \varepsilon_2}{l_1 + l_2}$；$\varepsilon_2 = \dfrac{\sigma_2}{E_2}$；$\varepsilon_1 = \varepsilon_2 \dfrac{E_2 W_2}{E_1 W_1}$。

6.7　隧道防水及构造要求

6.7.1　防水技术要求

含水地层中的盾构隧道，其衬砌除应满足强度要求外，还应满足防水要求。目前，盾构隧道工程呈现出大直径、大埋深、高水压、地质条件复杂化等特点，因而要特别注意防水要求。国内地铁盾构隧道一般采用单层预制混凝土管片衬砌，其防水措施主要包括管片衬砌结构自防水、衬砌外防水涂层、衬砌接缝防水、螺栓孔防水、渗漏处理等，控制隧道渗漏水质量主要依赖管片衬砌结构自防水和接缝防水。盾构隧道防水设计应坚持以下原则。

（1）遵循“以防为主、刚柔结合、多道设防、因地制宜、综合治理”的原则，满足现行《地铁设计规范》（GB 50157）和《地下工程防水技术规范》（GB 50108）的防水要求，在管片自防水的基础上重点处理管片接缝防水。

（2）以结构自防水为主，在防水混凝土设计施工中，采取切实有效的防裂抗裂措施，保证混凝土有良好的密实性，加强钢筋混凝土结构的抗裂防渗能力并改善钢筋混凝土结构的性能，提高其耐久性。

（3）以施工缝、变形缝、诱导缝等接缝防水作为重点设防，并在结构迎水面设置柔性全外包防水层，以增强防水能力。

（4）防水材料的选择应根据环境和地下水水质等条件，以可靠性好，耐久性高，方便施工，安全经济，保护环境为原则。卷材及其胶粘剂应具有良好的防水性、耐穿刺性、耐腐蚀性和耐久性。

盾构隧道防水技术要求如下。

（1）防水等级。根据现行国家标准《地下工程防水技术规程》（GB 50108），地下铁道区间隧道的防水等级为2级，具体技术要求为：1）隧道顶部不得滴漏，其他部位不得漏水；2）结构表面可有少量湿渍，总湿渍面积不大于总防水面积的2/1000，任意100m^{2}防水面积上的湿渍不超过3处，单个湿渍的最大面积不大于0.2m^2；3）隧道工程中漏水的平均渗漏量不大于0.05L/(m^2·d)，同时任意100m^{2}防水面积渗漏量不大于0.15L/(m^2·d)。

（2）防水混凝土的抗渗等级。防水混凝土的抗渗等级应根据结构的埋置深度进行确定，不得小于P8，并根据需要铺设柔性防水层或采取其他防水措施，详见表6-10。

表6-10 防水混凝土的设计抗渗等级

结构埋置深度/m	设计抗渗等级	
	现浇混凝土结构	装配式钢筋混凝土结构
h<20	P8	P10
20≤h<30	P10	P10
40>h≥30	P12	P12

（3）防水混凝土结构的混凝土垫层，其强度等级不得小于C15，厚度不得小于100mm，在软弱土层中不应小于150mm。

（4）防水混凝土结构厚度不应小于250mm，裂缝宽度不大于0.2mm且不得贯通；厚度大于等于300mm的结构构件，裂缝宽度可按照地铁规范0.3mm执行。

（5）自防水混凝土结构在设计和施工过程中，要求采取切实有效的防裂、抗裂措施，并保证混凝土良好的密实性、整体性，减少结构裂缝的产生，提高结构自防水能力。

（6）防水混凝土的环境温度不得高于80℃；当结构处于侵蚀性地层中时，防水混凝土的氯离子扩散系数不宜大于4×10^{-12}m^2/s，装配式钢筋混凝土结构的氯离子扩散系数不宜大于3×10^{-12}m^2/s。

（7）选用的柔性防水材料应保证具有一定的连续性和较好的物性指标，适应混凝土结构的伸缩变形，方便施工并具有一定的抗微生物和耐腐蚀性能。优先选用能够与现浇混凝土结构外表面密贴的防水材料。

（8）在车站和区间隧道相邻处，选用的不同材料应能互相过渡粘接或焊接，保证防水层的连续性和完整性。同时应考虑防水材料在不同施工条件下的可操作性，不得使用施工性差或互相之间无法过渡连接的防水材料。

（9）后浇带接缝部位极易出现渗漏水现象，因此在进行结构设计时，应尽量避免设置后浇带。

（10）盾构法施工的隧道结构混凝土渗透系数不宜大于5×10^{-13}m/s，氯离子扩散系数不宜大于8×10^{-9}cm^2/s。

6.7.2 管片衬砌结构自防水

一般情况下，管片衬砌结构的抗渗等级不低于P10。对于钢筋混凝土管片来说，管片材料、制作质量、工艺和外加剂的使用对提高管片的自防水性能有显著效果。钢筋混凝土管片材料一般采用防水混凝土，通过调整配合比，或者掺入少量防水剂、减水剂、加气剂、密实剂、早强剂、膨胀剂等外加剂来改善混凝土的密实性，补偿混凝土的收缩，增加抗裂性和抗渗性。通常，人们只注意到混凝土的强度等级和抗渗等级，往往认为混凝土的强度越高，其抗拉强度随之提高，从而抗裂性能越好；混凝土的抗渗等级越高，其抗渗能力越强，于是出现了片面提高混凝土强度等级和抗渗等级的现象。实际上，混凝土强度等级越高，抗渗等级也越高，单位水泥用量越大，水化热增高，收缩量加大，从而导致裂缝产生。因此必须合理地选择混凝土强度等级、抗渗等级和外加剂。

国内外隧道工程实践证明，管片制作精度对于盾构隧道的防水效果也有很大影响。钢筋混凝土管片在含水地层中的应用受到限制，其主要原因是管片制作精度不够而引起隧道漏水。制作精度较差的管片，加上拼装误差的积累，往往导致衬砌拼缝不密贴而出现较大的原始裂隙，当管片防水密封垫的弹性变形量不能适应这一初始裂隙时就出现渗漏水现象。另外，管片制作精度不够，在盾构推进过程中造成管片顶碎和开裂，同样会产生漏水现象。

6.7.3 接缝防水

管片接缝防水包括密封垫防水、管片内嵌缝防水、螺栓孔防水等三项内容，其中弹性密封垫防水最重要也最可靠，是接缝防水的重点。

（1）弹性密封垫防水。

1）弹性密封垫的功能要求。密封垫在设计水压力下的允许张开量应大于衬砌环纵向挠曲时的环缝张开量；同时，还要求密封垫传给密封槽的接触面应力大于设计水压。接触面应力是由拧紧连接螺栓、盾构千斤顶推力、密封垫膨胀等因素产生的；另外，当密封垫一侧受压力作用时也会产生一定的接触面应力，即所谓“自封作用”。

2）密封垫的材料要求。密封垫的材料性能极大地影响接缝防水的短期或长期效果，尤其是防水性能的耐久性，即要求密封垫能长时间保持接触面应力不松弛。其他耐久性要求则包括耐水性、耐疲劳性、耐干湿疲劳性、耐化学腐蚀性等。遇水膨胀橡胶还要求能长期保持其膨胀压力。密封垫材料之间及密封材料与管片之间应有足够的黏结性，而且不能影响管片的拼装精度，施工还要方便。

（2）内嵌缝防水。内嵌缝防水即在管片内侧嵌缝槽内设置嵌缝材料，构成接缝防水的第二道防线。嵌缝槽的形状要考虑拱顶嵌缝时，不致使填料坠落、流淌，因而通常设计为口窄肚宽。嵌缝材料应具有良好的水密性、耐侵蚀性、伸缩复原性、硬化时间短、收缩小、便于施工等特点，满足上述要求的材料有环氧类、聚硫橡胶类、尿素树脂类等材料。变形缝的嵌缝槽形状和填料必须满足在变形情况下亦能止水的要求。嵌缝作业应在衬砌变形稳定后，在无千斤顶推力影响的范围内进行。

（3）接缝处注浆堵漏。接缝处的防水堵漏应遵循先易后难、先上下后两边的原则，尽量用内嵌缝法堵漏，对于渗漏严重的地方，仅用嵌缝不够时，就要进行注浆。注浆材料可采用聚氨酯浆材、丙烯酰胺（或丙烯酸盐）超细水泥浆液或两者复合材料及水泥、水玻璃等化学注浆材料。

（4）螺栓孔和压浆孔堵漏。螺栓与螺栓孔或压浆孔之间的装配间隙也是渗漏多发处，所采用的堵漏措施就是用塑性和弹性密封圈垫，在拧紧螺栓时，密封圈受挤压变形填充在螺栓和孔壁之间，达到止水效果。另一种方法是采用一种塑料螺栓孔套管，浇筑混凝土时预埋在管片内，与密封垫圈结合起来使用，防水效果更佳。

6.7.4 构造要求

（1）盾构法隧道的管片衬砌构造、接头应符合以下规定：

1）装配式衬砌宜采用具有一定接头刚度的柔性结构，通过螺栓实现管片块与块、环与环之间的连接，应限制荷载作用下变形和接头张开量，并满足其承载和防水要求。

2）隧道衬砌宜采用“标准环”或“通用环”管片形式，并宜采用错缝拼装形式。

3）衬砌环宽可采用1000~2000mm。衬砌厚度应根据隧道直径、埋深、工程地质及水文地质条件，使用阶段及施工阶段的荷载情况等确定。衬砌厚度宜为隧道外径的0.040~0.060倍。

4）管片楔形量应根据线路最小曲率半径计算，并留有余量满足最小曲率半径段的纠偏等施工要求。

5）衬砌环的分块应根据管片制作、运输、盾构设备、施工方法和受力要求确定。单线区间隧道宜采用6块，双线区间隧道宜采用8块。

6）在管片手孔周围应设置加强筋，并在管片中心预留二次注浆孔，二次注浆孔周围应设置螺旋加强筋。

（2）盾构法隧道为满足抗震要求，应采取以下构造措施。

1）盾构隧道的接头构造，应有利于减小地震时防止管片接头的错动和管片因地震动的磕碰破坏。

2）盾构管片间的连接螺栓，在满足常规受力的要求下，宜采用小的刚度。

3）管片应采用错缝拼装方式，在软弱地层或地震后易产生液化的地层，管片端面宜设置凹凸榫槽。

4）盾构管片衬砌结构的抗震构造可按现行国家标准《建筑抗震设计规范》(GB 50011)的有关规定执行。

思 考 题

6-1 简述盾构法隧道的适用条件和特点。

6-2 盾构法隧道衬砌管片形式有哪些，并简述其特点和使用条件。

6-3 盾构法圆形衬砌管片拼装方式有哪几种，各有何优缺点和适用性？

6-4 简述盾构法隧道的设计原则、内容和流程。

6-5 简述盾构法隧道衬砌结构常见的两种荷载模式，如何计算荷载？

6-6 盾构管片衬砌圆环的内力计算方法常见的有哪几种？各有何特点？

6-7 盾构管片结构截面设计内容有哪些，验算时应注意哪些？

6-8 简述盾构管片接头设计的主要内容？

6-9 简述管片衬砌结构的变形计算内容，验算时应注意哪些？

6-10 盾构法隧道管片衬砌结构的防水抗渗措施有哪些？

7 地下连续墙结构设计

7.1 概 述

7.1.1 地下连续墙的概念和特点

地下连续墙施工方法又称槽壁法，是利用特定的设备和机具，沿着深开挖工程的周边轴线，在泥浆护壁条件下，开挖出一条狭长的深槽；清槽后，在槽内吊放钢筋笼，然后用导管法水下灌注混凝土筑成一个单元槽段，如此逐段进行的一种施工方法。因此，地下连续墙指通过专用机械分槽段成槽、水下浇筑钢筋混凝土所形成的连续地下墙体，可以作为承重、截水、防渗和挡土结构。其施工工序如图 7-1 所示。

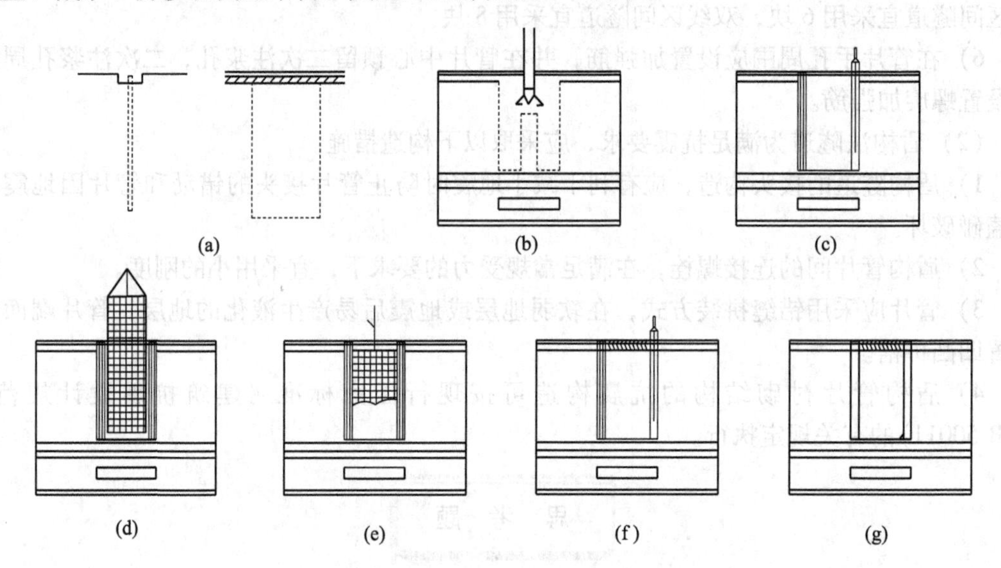

图 7-1 地下连续墙施工工序

(a) 导墙施工；(b) 沟槽开挖；(c) 安放锁口管；(d) 吊放钢筋笼；(e) 水下灌注混凝土；(f) 拔出锁口管；(g) 已完工槽段

地下连续墙工法之所以得到广泛的应用与发展，是因为它具有以下优点：

(1) 施工时振动少、噪声低，对周围环境的影响较小；能够紧邻既有建筑及地下管线施工，对沉降及变形较易控制。

(2) 墙体刚度大、整体性好，因而结构和地基的变形都较小，既可用于超深围护结构，也可用于主体结构。

(3) 地下连续墙为整体连续结构，且墙体厚度一般不小于 60cm，钢筋保护层厚度亦较大，故耐久性好，抗渗性能好。

（4）地下连续墙作为主体结构外墙时，可用逆作法施工，有利于施工安全，并加快施工进度、降低工程造价。

尽管地下连续墙具有上述优点，但也有自身的缺点和尚待完善的地方，归纳起来有以下几方面。

（1）弃土及废泥浆的处理问题。除增加工程费用外，若处理不当，还会造成新的环境污染。

（2）地质条件和施工的适应性问题。从理论上讲，地下连续墙可适用于各种地层，但最适应的还是软塑、可塑的黏性土层。当地层条件复杂时，会增加施工难度和影响工程造价。

（3）槽壁坍塌问题。引起槽壁坍塌的原因可能是地下水位急剧上升、护壁泥浆液面急剧下降、存在软弱疏松或砂性夹层、泥浆性质不当或已变质、施工管理等其他方面的因素。槽壁坍塌轻则引起墙体混凝土超方、结构尺寸超出允许的界限；重则引起相邻地面沉降、坍塌，危害邻近建筑和地下管线的安全。

（4）现浇地下连续墙的墙面通常较粗糙，如果对墙面平整度要求较高，虽然可使用喷浆或喷砂等方法进行表面处理或另做衬壁来改善，但也增加工作量。

（5）地下连续墙如单纯用作施工期间的临时挡土结构，工程造价较高导致其经济性较差，因此连续墙结构近年来一般用在兼做主体结构的场合较多。

7.1.2 地下连续墙的类型和适用范围

地下连续墙按成墙方式可分为桩排式、壁板式和组合式；按挖槽方式大致可分为抓斗式、冲击式和回转式；按墙的用途可分为临时挡土墙、临时挡土墙兼作一部分主体结构的地下连续墙、用作多边形基础兼作墙体的地下连续墙。

地下连续墙整体刚度大，止水防渗效果好，适用于地下水位以下的软黏土和砂土等多种地层条件和复杂施工环境，尤其是基坑底面以下有深厚软土需将支护结构插入很深的情况，因此在国内外地下工程中得到了广泛应用。随着施工技术的发展和施工机械的改进，地下连续墙发展到既是基坑施工时的围护结构，又是拟建主体结构的侧墙。与板桩、灌注桩及水泥搅拌桩相比，地下连续墙是一种造价较高的围护结构，因此，工程使用前应进行技术经济性分析。一般情况下，其在基础工程中的适用条件可归纳如下：

（1）基坑深度大于10m。

（2）软土地基或砂土地基。

（3）在密集的建筑群中施工基坑，对周围地面沉降、建筑物的沉降有严格要求时，宜用地下连续墙。

（4）围护结构亦作为主体结构的一部分，且对抗渗有较严格要求时，宜用地下连续墙。

（5）采用逆作法施工，地上和地下同步施工时，宜用地下连续墙。

7.1.3 地下连续墙的破坏类型

地下连续墙挡土结构体系是由墙体、支撑（或地锚）及墙前后土体共同组成的受力体系。其受力变形状态与基坑形状及尺寸、墙体刚度、支撑刚度、墙体插入深度、土体力学性能、地下水状况、施工工序和开挖方法等多种因素有关。具体的设计计算内容通常根据墙体可能的破坏形式确定，地下连续墙的破坏形式可分为以下类型。

（1）稳定性破坏。

1）整体失稳。松软地层中因支撑位置不当或施工中支撑系统连接不牢等原因使墙体位移过大，或因地下连续墙插入深度太浅，导致基坑外侧土体产生大面积滑移或塌方，进一步致使地下连续墙支护系统整体失稳破坏，如图 7-2（a）所示。

2）坑底隆起。在软弱黏性土层中，若墙体插入深度不足，开挖到一定深度后，基坑内侧土体发生大量隆起，基坑外侧地面发生过量沉陷，导致地下连续墙支挡结构失稳破坏，如图 7-2（b）所示。

3）管涌及流砂。在含水砂层中采用地下连续墙作为挡土、止水结构时，降水设计不合理或降水井点失效后，开挖形成的水头差可能会引起管涌或流砂，如图 7-2（c）所示，地层中的砂大量流失会导致地面沉降。

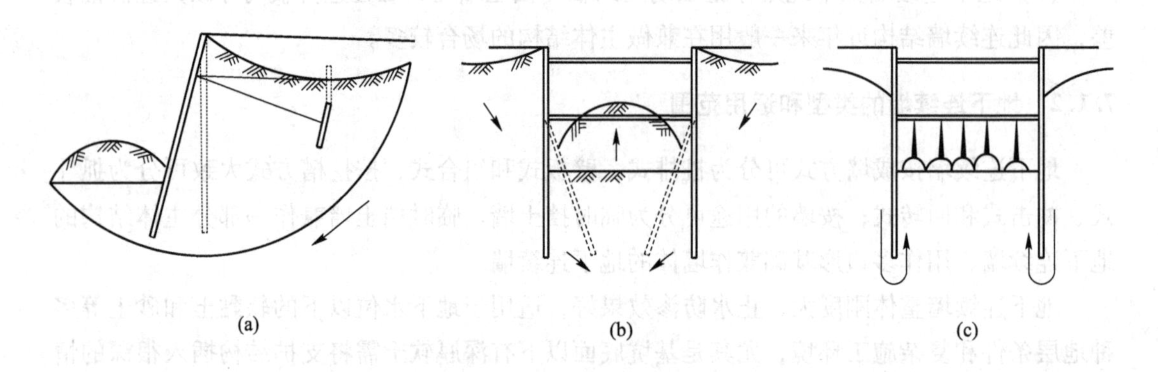

图 7-2 地下连续墙的稳定性破坏
（a）整体失稳破坏；（b）坑底隆起破坏；（c）管涌及流砂

（2）强度破坏。

1）支撑强度不足或压屈。当设置的支撑强度不足或刚度太小时，在侧向土压力作用下出现支撑损坏或压屈，从而引起墙体上部或下部变形过大，导致支挡系统破坏。

2）墙体强度不足。由土压力引起的墙体弯矩超过墙体的抗弯承载能力或剪力超过墙体的抗剪承载能力，导致墙体开裂或断裂而破坏。

3）变形过大。由于地下连续墙刚度不足，变形过大或者由于墙体渗水漏泥引起地层损失，导致基坑外的地表沉降和水平位移过大，引起基坑周围的地下管线断裂或地面建筑损坏。

7.2　结构设计原则、内容与流程

7.2.1　结构设计原则

地下连续墙结构在基坑开挖和地下结构运营期间，其力学状态不仅复杂，而且动态变化较大，为了统筹安全、经济、适用和环保等方面的要求，结构设计应遵循以下原则。

（1）结构设计应以岩土工程勘察资料为依据，根据现行行业标准《建筑基坑支护技术规程》（JGJ 120）的有关规定，综合考虑地质条件、基坑周边环境要求、主体地下结构要求、施工季节变化及支护结构使用期限等因素，因地制宜、合理选型，开展地下连续墙结构优化设计，并加强施工监测反馈。

（2）“以人为本，结构为功能服务”的原则，应满足基坑周边建（构）筑物、地下管线、道路的安全和正常使用，保证主体地下结构的施工空间。如果是永久性结构的一部分，还要满足永久性结构对地下连续墙的功能需求。同时做到结构安全、耐久、技术先进、经济合理。

（3）连续墙结构应根据具体结构形式、受力和变形特征，分为锚拉式、支挡式和悬臂式结构，采用平面杆系结构弹性支点法、空间结构分析法或数值分析方法进行分析，结构计算模式及简图应符合结构的实际工作条件，且应反映支护结构与土体的相互作用。

（4）连续墙结构按承载能力极限状态设计时，作用基本组合的综合分项系数 γ_F 不应小于1.25。对安全等级为一级、二级、三级的支护结构，其结构重要性系数 γ_0 分别应不小于1.1、1.0、0.9。

（5）地下连续墙结构设计时应采用的承载能力极限状态包括：1）连续墙结构或支撑构件因超过材料强度而破坏，或因过度变形而不适于继续承受荷载，或出现压屈、局部失稳；2）连续墙结构及土体整体滑动；3）坑底土体隆起而丧失稳定；4）坑底土体丧失嵌固能力而使连续墙结构滑移或倾覆；5）地下水渗流引起的土体渗透破坏。

（6）地下连续墙结构设计时应采用的正常使用极限状态包括：1）造成基坑周边建（构）筑物、地下管线、道路等损坏或超过其正常使用的位移；2）因地下水位下降、地下水渗流或施工因素而造成基坑周边建（构）筑物、地下管线、道路等损坏或影响连续墙结构正常使用的土体变形；3）影响主体地下结构正常施工的连续墙结构位移；4）影响主体地下结构正常施工的地下水渗流。

（7）土压力及水压力计算、土的各类稳定性验算时，水土压力的分算合算方法应符合下列规定：1）地下水位以下的黏性土、黏质粉土，可采用水土压力合算，土压力计算、土的滑动稳定性验算可采用总应力法；2）地下水位以下的砂质粉土、砂土和碎石土，应采用水土压力分算，土压力计算、土的滑动稳定性验算应采用有效应力法；3）水土压力分算时，水压力可按静水压力计算；4）当地下水渗流时，宜按渗流理论计算水压力和土的竖向有效应力；5）当存在多个含水层时，应分别计算各含水层的水压力。

（8）应按实际的基坑周边建筑物、地下管线、道路和施工荷载等条件进行地下连续墙结构设计，设计中应提出明确的基坑周边荷载限值、地下水和地表水控制、支护结构各构件施工顺序及相应的基坑开挖深度等要求。

（9）按平面结构分析时，应按基坑各部位的开挖深度、周边环境条件、地质条件等因素划分设计计算剖面。对每一计算剖面，应按基坑开挖各阶段和支护结构使用阶段的最不利条件进行分阶段计算。

（10）当地下连续墙结构兼作地下永久性结构的构件时，应遵循地下永久性结构设计所应遵循的有关标准、规范要求，如抗震、人防、防水、防腐蚀和施工等要求，确保连续墙结构的安全、经济、适用、耐久和环保。

7.2.2 结构设计内容

工程实践中，一般根据上述设计原则，确定地下连续墙结构设计的技术标准。

（1）作为基坑支护结构时，地下连续墙的设计使用年限不应小于一年；兼作地下建筑永久性结构的构件时，地下连续墙的设计使用年限与永久性地下结构的设计使用年限相同。

（2）作为基坑支护结构时，应综合考虑基坑周边环境和地质条件的复杂程度、基坑深度等因素，确定地下连续墙支护结构的安全等级，根据支护结构的安全等级确定荷载分项系数 γ_F 和结构重要性系数 γ_0。

（3）确定地下连续墙支护结构的水平位移控制值和基坑周边环境的沉降控制值时，要考虑基坑开挖影响范围内的建筑物、地下管线、地下构筑物、道路和地下结构构件的正常使用要求，地表沉降、建（构）筑物沉降限值由现行《建筑基坑工程监测技术规范》及各省市地方标准确定。

（4）安全等级为一级、二级、三级的悬臂式、锚拉式和支撑式支挡结构，嵌固稳定安全系数分别应不小于1.25、1.2、1.15；锚拉式、悬臂式和双排桩支挡结构的圆弧滑动整体稳定安全系数，对于安全等级为一级、二级、三级的支挡结构，分别应不小于1.35、1.3、1.25。锚拉式和支撑式支挡结构的抗隆起安全系数，对于安全等级为一级、二级、三级的支护结构，抗隆起安全系数分别应不小于1.8、1.6、1.4。锚拉式和支撑式支挡结构，当坑底以下为软土时，以最下层支点为转动轴心的圆弧滑动模式下的圆弧滑动稳定安全系数，对于安全等级为一级、二级、三级的支挡式结构，最下层支点的圆弧滑动稳定安全系数分别应不小于2.2、1.9、1.7。

（5）地下连续墙的嵌固深度除应满足上述稳定性计算要求外，对悬臂式结构，尚不宜小于0.8h（h 为基坑开挖深度）；对单支点支挡式结构，尚不宜小于0.3h；对多支点支挡式结构，尚不宜小于0.2h。

根据工程概况及功能需求、结构设计原则和技术标准、地下连续墙可能发生的破坏形式，确定地下连续墙的设计内容如下。

（1）必须遵守的法律法规、相关规范和标准。地下连续墙结构设计应满足工程项目的技术要求、规范及标准。

（2）确定荷载。根据地下连续墙结构的功能需求（支护结构或地下永久性结构），确定在施工过程和使用阶段各工况的荷载，包括作用于连续墙的土压力、水压力、地面超载、临时施工荷载以及上部结构（或地下结构）传来的荷载等，以及各种可变荷载和偶然荷载（地震作用和人防荷载），确定连续墙结构所受的荷载模式及最不利荷载组合。

（3）确定地下连续墙的嵌固深度。根据基坑开挖过程中的抗管涌、抗隆起、防止基坑整体失稳破坏及满足地基承载力的需要，计算连续墙结构的嵌固深度。

（4）验算开挖槽段的槽壁稳定性，必要时重新调整槽段的长、宽和深度。

（5）地下连续墙结构体系（包括墙体和支撑）的内力计算。结构计算模型应符合结构的实际工作条件、反映结构与地层的相互作用，反映施工阶段和正常使用阶段的受力特征并满足施工工艺的要求，确定结构计算简图，按承载能力极限状态计算结构弯矩、轴力和剪力等内力。

（6）地下连续墙结构体系（包括墙体和支撑）的变形验算。根据连续墙结构形式、受力和变形特征，采用平面杆系结构弹性支点法、空间结构分析法或数值分析方法进行受力分析，确定结构计算简图，按正常使用极限状态验算连续墙的变形是否满足有关要求。估算基坑施工对周围环境的影响程度，包括连续墙的墙顶位移和墙后地面沉降的大小和范围。

（7）连续墙结构截面设计。连续墙和支撑结构的正截面和斜截面承载力计算及配筋计算，导墙结构设计，节点、接头的联结强度验算和构造处理。

7.2.3 结构设计流程

地下连续墙结构设计主要满足结构强度、变形和稳定性三个方面的要求，包括墙体和支撑结构。强度要求主要指墙体在水平方向和竖直方向的截面承载力、支撑结构的截面承载力和屈曲失稳等；变形主要指墙体的水平变形和沉降；稳定性主要指支护结构的整体稳定性、抗倾覆稳定性、坑底抗隆起稳定性和抗渗流稳定性等。地下连续墙结构设计的步骤如下。

（1）必须遵守的法律法规、相关规范和标准、结构设计原则和技术标准。

（2）墙体厚度和槽段宽度设计。

（3）确定荷载模式及最不利组合。

（4）确定地下连续墙的入土深度。

（5）验算开挖槽段的槽壁稳定性，必要时重新调整槽段长、宽、深度等尺寸。

（6）确定连续墙结构计算简图。

（7）连续墙结构体系的内力计算。

（8）连续墙结构体系的变形验算。

（9）连续墙结构与支撑结构截面设计。

（10）地下连续墙的构造设计、施工接头设计。

（11）安全性校核。

（12）复核检验。

（13）设计审批。

具体流程如图 7-3 所示。

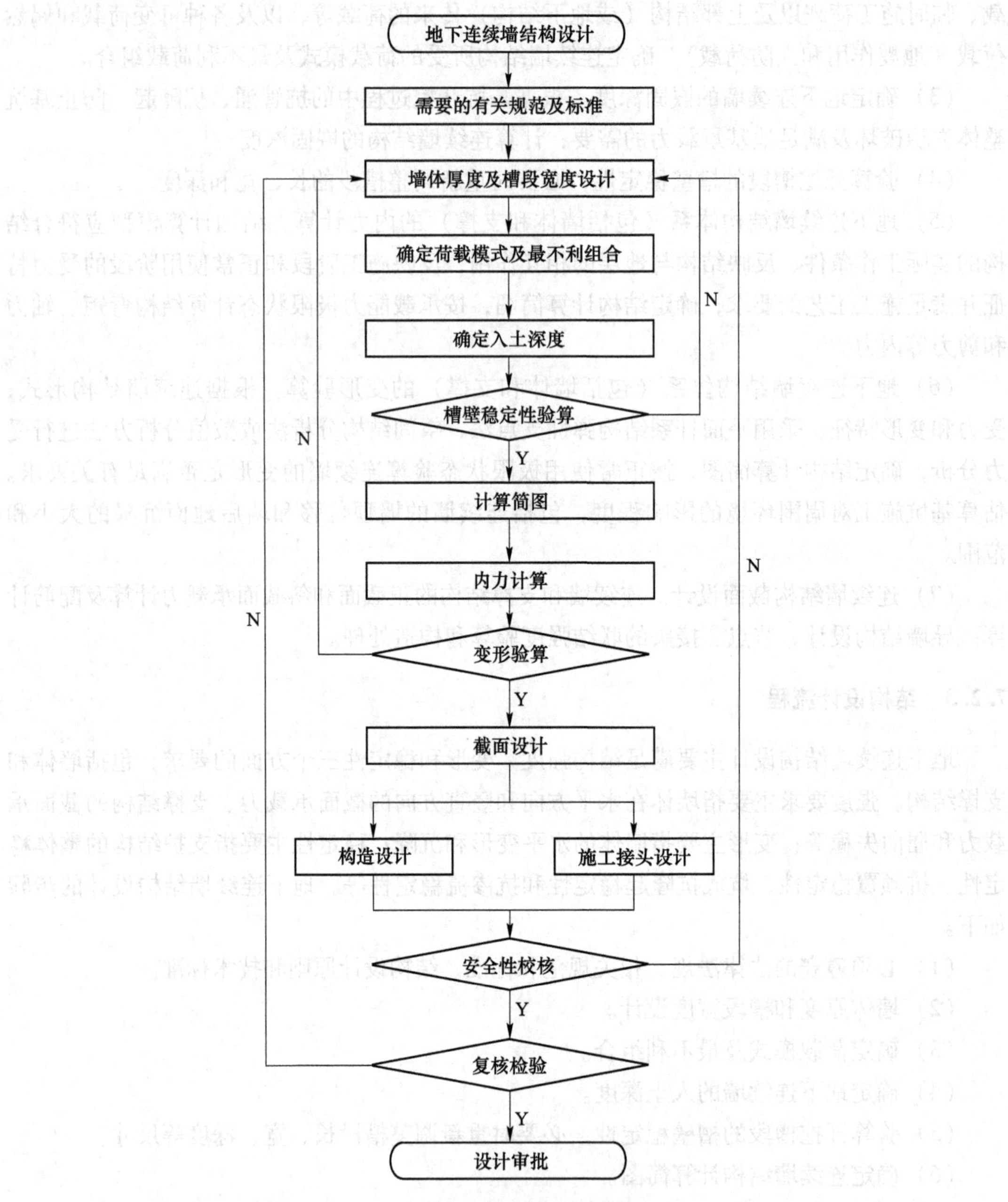

图 7-3 地下连续墙结构设计流程

7.3 地下连续墙结构内力计算

地下连续墙结构计算理论的发展过程：从古典的假定土压力已知，不考虑墙体变形，不考虑横撑变形，逐渐发展到考虑墙体变形，考虑横撑变形，直至考虑结构与土的相互作用，土压力随墙体位移而变化等。地下连续墙结构计算方法详见表 7-1。

表 7-1 地下连续墙结构计算方法

分类	假设条件	方法名称
较古典的理论	土压力已知；不考虑墙体变形；不考虑横撑变形	自由端法、线弹性法、等值梁法、1/2 分割法、矩形荷载经验法、太沙基法等
横撑轴向力、墙体弯矩不变化	土压力已知；考虑墙体变形；不考虑横撑变形	山肩邦男弹塑性法、张有龄法、*m* 法
横撑轴向力、墙体弯矩可变化	土压力已知；考虑墙体变形；考虑横撑变形	日本的《建筑基础结构设计法规》的弹塑性法、有限单元法
共同变形理论	土压力随墙体变形而变化；考虑墙体变形；考虑横撑变形	森重马龙法、有限单元法

墙体变形与土体类别、墙体刚度、插入深度、支撑系统刚度等因素密切相关，当缺乏可靠依据时，一般墙体变位（δ）、基坑开挖深度（H）与土压力的关系可参考表 7-2。

表 7-2 墙体变位与土压力的关系

土压力类别	墙体变位	土压力类别	墙体变位
静止土压力	$0 \leqslant \delta/H \leqslant 0.2\%$	降低的被动土压力	$0 \leqslant \delta/H \leqslant 2\%$
提高的主动土压力	$0.2\% < \delta/H \leqslant 0.4\%$	被动土压力	$2\% < \delta/H \leqslant 5\%$
主动土压力	$0.4\% < \delta/H \leqslant 1\%$		

7.3.1 荷载模式与计算

地下连续墙结构在施工阶段和使用阶段所承受的荷载不同，施工阶段的荷载主要指基坑开挖阶段的水土压力、地面施工荷载、逆作法施工时的上部结构传递的垂直荷载等。兼作永久性结构的地下连续墙在使用阶段承受的荷载包括使用阶段的水土压力、主体结构使用阶段传递的各种恒载和活载等。从结构可靠性设计角度来看，荷载组合方式及其组合系数也不相同，主要涉及作用于连续墙上的土压力、水压力及上部传来的垂直荷载等。

7.3.1.1 地下连续墙结构的荷载模式

地下连续墙结构体系的常见形式有悬臂式、支撑式和锚拉式三种，荷载模式如图 7-4 所示。

7.3.1.2 连续墙结构的荷载计算

（1）作用在支护结构上的土压力。作用在支护结构外侧和内侧的主动土压力强度标准值、被动土压力强度标准值如图 7-5 所示，按下列公式计算。

1）地下水位以上或水土合算的土层

$$p_{ak} = \sigma_{ak} K_{a,i} - 2c_i \sqrt{K_{a,i}} \tag{7-1}$$

$$K_{a,i} = \tan^2\left(45° - \frac{\varphi_i}{2}\right) \tag{7-2}$$

$$p_{pk} = \sigma_{pk} K_{p,i} + 2c_i \sqrt{K_{p,i}} \tag{7-3}$$

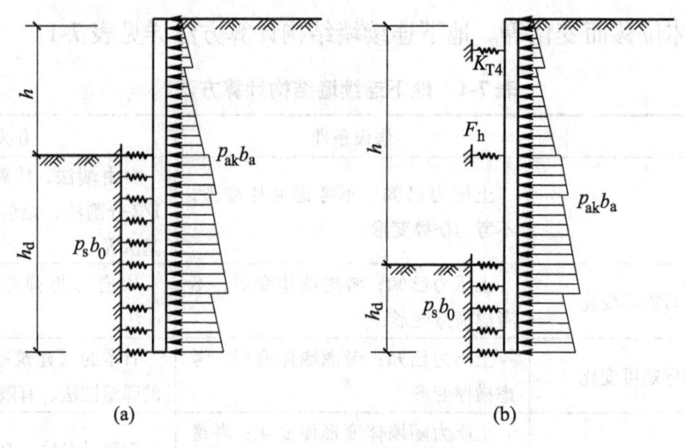

图 7-4 连续墙结构荷载模式

（a）悬臂式；（b）支撑式或锚拉式

$$K_{p,i} = \tan^2\left(45° + \frac{\varphi_i}{2}\right) \tag{7-4}$$

式中，p_{ak}为支护结构外侧第 i 层土中计算点的主动土压力强度标准值，当 $p_{ak}<0$ 时，应取 $p_{ak}=0$；σ_{ak}、σ_{pk}分别为支护结构外侧、内侧计算点的土中竖向应力标准值；$K_{a,i}$、$K_{p,i}$分别为第 i 层土的主动土压力系数、被动土压力系数；c_i、φ_i 分别为第 i 层土的黏聚力、内摩擦角；p_{pk}为支护结构内侧第 i 层土中计算点的被动土压力强度标准值。

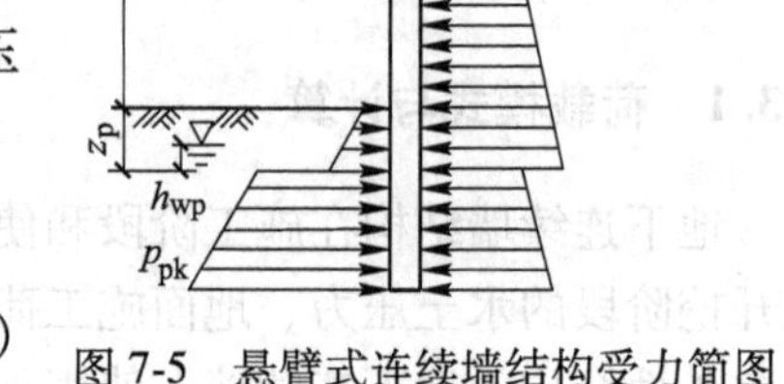

图 7-5 悬臂式连续墙结构受力简图

2）水土分算的土层

$$p_{ak} = (\sigma_{ak} - u_a)K_{a,i} - 2c_i\sqrt{K_{a,i}} + u_a \tag{7-5}$$

$$p_{pk} = (\sigma_{pk} - u_p)K_{p,i} - 2c_i\sqrt{K_{p,i}} + u_p \tag{7-6}$$

式中，u_a、u_p 分别为支护结构外侧、内侧计算点的水压力。

（2）在支护结构土压力的影响范围内，存在相邻建筑物地下墙体等稳定的刚性界面时，可采用库仑土压力理论计算界面内有限滑动楔体产生的主动土压力，此时，同一土层的土压力可采用沿深度线性分布形式。

（3）严格限制支护结构的水平位移时，支护结构外侧的土压力宜取静止土压力；有可靠经验时，可采用支护结构与土相互作用的方法计算土压力（参考表 7-2）。

7.3.1.3 连续墙结构的荷载组合

作为临时性围护结构的连续墙所受的恒载有支护结构内外侧的水土压力、周边环境的恒载；活荷载有道路超载、基坑周边的施工荷载、周边环境的活荷载。兼作地下结构一部分的连续墙结构所受的恒载有支护结构内外侧水土压力、周边环境的恒载、地下结构附加恒载；活荷载有道路超载、周边环境的活荷载、地下结构附加活载、地震作用和人防荷载等。荷载组合方式详见表 7-3。

表 7-3　地下连续墙结构的荷载组合方式

临时性围护结构		兼作永久性结构	
恒载	基坑外侧土压力	恒载	基坑外侧土压力
	基坑外侧水压力		基坑外侧水压力
	基坑内侧土压力		基坑周边恒载
	基坑内侧水压力		地下结构附加恒载
	动水压力	活荷载	道路超载
活荷载	基坑周边超载		基坑周边活载
	施工临时荷载		地下结构附加活载
		偶然荷载	地震作用
			人防荷载
组合方式	基本组合综合分项系数 $\gamma_F = 1.25$	组合方式	按永久性结构的荷载组合要求

7.3.2　结构计算简图及嵌固深度

地下连续墙结构的内力和变形计算比较复杂，其合理计算模型应是能考虑支护结构-土-支点三者共同作用的空间分析模型，但这样往往比较复杂，工程上常采用分段平面应变分析模型。参照现行《建筑基坑支护技术规程》（JGJ 120），连续墙结构的平面应变分析模型及计算内容具体如下。

7.3.2.1　连续墙结构的计算简图

地下连续墙结构的计算简图如图 7-6 所示。

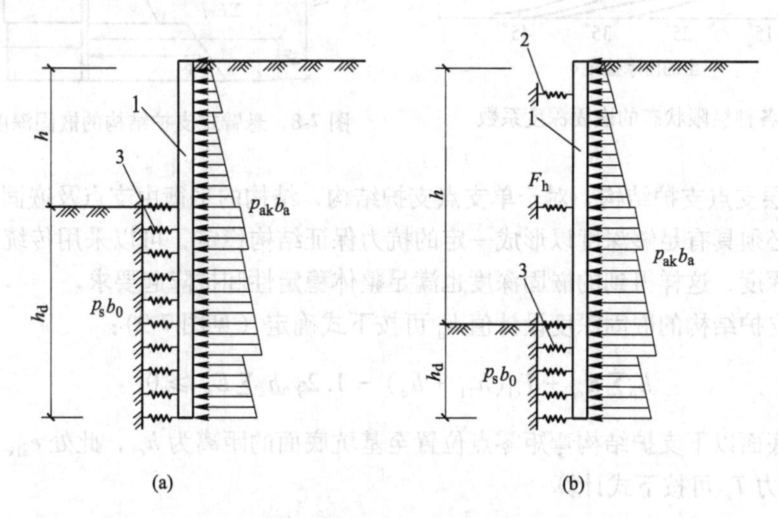

图 7-6　悬臂式和支撑式连续墙结构计算简图

（a）悬臂式；（b）支撑式或锚拉式

1—连续墙结构；2—支撑或拉锚支座；3—地基弹簧

7.3.2.2　嵌固深度的计算

（1）悬臂式支护结构。通过悬臂式支护结构在 $c=0$、$5°<\varphi<45°$ 变化范围的各种极限

状态计算分析，得到悬臂式支护结构的嵌固深度系数如图 7-7 所示。由图 7-7 可知，在极限状态下要求嵌固深度的大小顺序依次是抗倾覆、抗滑移、整体稳定性、抗隆起。因此，按抗倾覆要求确定的嵌固深度基本上可以保证其他各种验算所要求的安全系数。嵌固深度系数 n_0 指各种验算条件下安全系数为 1 时的嵌固深度 h_d 与基坑开挖深度 h 的比值，即 $n_0=h_d/h$。

悬臂式支护结构的嵌固深度设计值 h_d 按下式确定（见图 7-8）：

$$h_p\sum E_{pj}-1.2\gamma_0 h_a\sum E_{ai}\geqslant 0 \tag{7-7}$$

式中，$\sum E_{pj}$ 为墙底以上基坑内侧各土层水平抗力标准值 e_{pjk} 的合力；h_p 为合力 $\sum E_{pj}$ 作用点至墙底的距离；$\sum E_{ai}$ 为墙底以上基坑外侧各土层水平荷载标准值 e_{aik} 的合力；h_a 为合力 $\sum E_{ai}$ 作用点至墙底的距离；γ_0 为支护结构重要性系数。

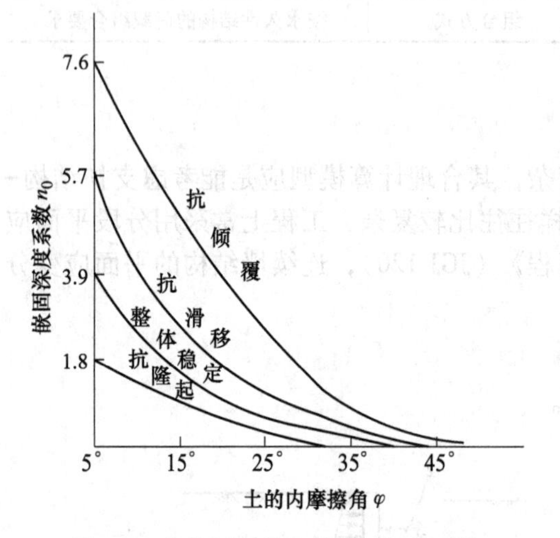

图 7-7　各种极限状态的嵌固深度系数

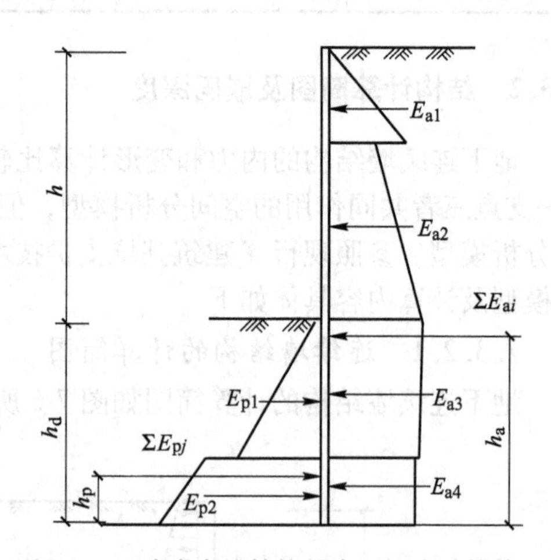

图 7-8　悬臂式支护结构的嵌固深度计算简图

（2）单层支点支护结构。对于单支点支护结构，结构的平衡由支点及嵌固深度两者共同维持，故必须具有足够深度以形成一定的抗力保证结构稳定，可以采用传统的等值梁法来确定嵌固深度，这样得到的嵌固深度也满足整体稳定性和抗隆起要求。

单支点支护结构的嵌固深度设计值 h_d 可按下式确定（见图 7-9）：

$$h_p\sum E_{pj}+T_{c1}(h_{T1}+h_d)-1.2\gamma_0 h_a\sum E_{ai}\geqslant 0 \tag{7-8}$$

设基坑底面以下支护结构弯矩零点位置至基坑底面的距离为 h_{c1}，此处 $e_{a1k}=e_{p1k}$（见图 7-10），支点力 T_{c1} 可按下式计算

$$T_{c1}=\frac{h_{a1}\sum E_{ai}-h_{p1}\sum E_{pj}}{h_{T1}+h_{c1}} \tag{7-9}$$

式中，$\sum E_{ai}$ 为弯矩零点位置以上基坑外侧各土层水平荷载标准值的合力；h_{a1} 为合力 $\sum E_{ai}$ 作用点至设定弯矩零点的距离；$\sum E_{pj}$ 为弯矩零点位置以上基坑内侧各土层水平抗力标准值的合力；h_{p1} 为合力 $\sum E_{pj}$ 作用点至设定弯矩零点的距离；h_{T1} 为支点至基坑底面的距离；h_{c1}

为基坑底面至设定弯矩零点位置的距离。

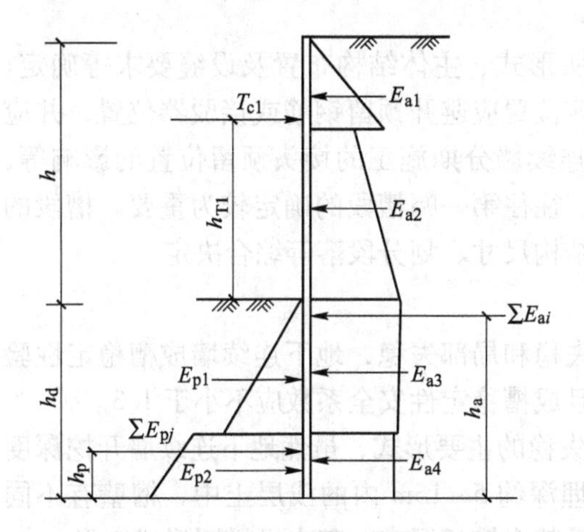

图 7-9 单层支点支护结构的嵌固深度计算简图

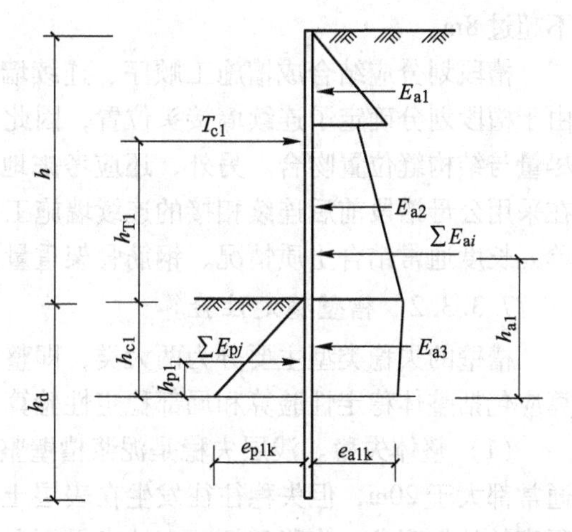

图 7-10 单层支点支护结构的支点力计算简图

(3) 多层支点支护结构。

多层支点的地下连续墙嵌固深度设计值 h_d 宜按圆弧滑动简单条分法确定，如图 7-11 所示。

$$\sum c_{ik} l_i + \sum (q_0 b_i + w_i) \cos\theta_i \tan\varphi_{ik} - \gamma_k \sum (q_0 b_i + w_i) \sin\theta_i \geqslant 0 \quad (7\text{-}10)$$

式中，c_{ik}、φ_{ik}为最危险滑动面上第 i 土条滑动面上土的固结不排水（快剪）黏聚力、内摩擦角标准值；l_i 为第 i 土条的弧长；b_i 为第 i 土条的宽度；γ_k 整体稳定分项系数，根据经验确定，当无经验时取 1.3；w_i 为第 i 土条的重量，按上覆土层的天然重度计算；θ_i 为第 i 土条弧线中点切线与水平线夹角。

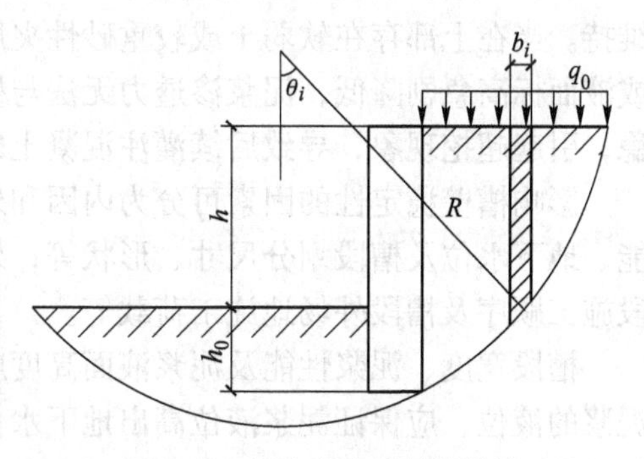

图 7-11 多支点支护结构的嵌固深度计算简图

当式（7-7）、式（7-8）确定的悬臂式及单支点支护结构嵌固深度设计值 $h_d<0.3h$ 时，宜取 $h_d=0.3h$；当按式（7-10）确定的多支点支护结构嵌固深度设计值 $h_d<0.2h$ 时，宜取 $h_d=0.2h$。

当基坑底为碎石土及砂土、基坑内排水且作用有渗透水压力时，地下连续墙嵌固深度设计值除满足上述规定外，尚应满足抗渗透稳定条件。即：

$$h_d \geqslant 1.2\gamma_0(h - h_{wa}) \quad (7\text{-}11)$$

式中，h_{wa}为墙外地下水位深度；γ_0 为支护结构重要性系数。

7.3.3 槽段的划分与槽壁稳定性验算

7.3.3.1 槽段的划分

地下连续墙槽段又称为槽幅，指一次开挖成槽的槽壁长度。槽壁长度最好与施工所选用的连续墙成槽设备的尺寸（抓斗张开尺寸、钻挖设备的宽度等）成模数关系，最小不得小于一次抓挖（钻挖）的宽度，而最大尺寸则应根据槽壁稳定性确定。目前常用的槽幅为

3~6m，地层稳定性越好，槽幅可设计得越长，但考虑施工工效及槽壁稳定的时效，一般不超过 8m。

槽段划分应结合成槽施工顺序、连续墙接头形式、主体结构布置及设缝要求等确定。由于槽段划分确定了连续墙接头位置，因此，该位置应避开预留钢筋或接驳器位置，并应尽量与结构缝位置吻合。另外，还应考虑地下连续墙分期施工的接头预留位置的影响等，在采用公母槽段前后连续相接的连续墙施工中，往往第一幅槽段的确定较为重要。槽段的单元长度通常结合土质情况、钢筋骨架重量及结构尺寸、划分段落等综合决定。

7.3.3.2 槽壁稳定性验算

槽壁的失稳类型主要分为两大类，即整体失稳和局部失稳，地下连续墙成槽稳定性验算应包括整体稳定性验算和局部稳定性验算，且成槽稳定性安全系数应不小于 1.3。

（1）整体失稳。浅层失稳是泥浆槽壁整体失稳的主要形式，虽然地下连续墙开挖深度通常都大于 20m，但失稳往往发生在表层土及埋深约 5~15m 内的浅层土中，槽壁有不同程度的外鼓现象，失稳破坏面在地表平面上会沿整个槽长展布，基本呈椭圆形或矩形。

（2）局部失稳。在槽壁泥皮形成之前，槽壁局部稳定主要靠泥浆外渗产生的渗透力来维持。当在上部存在软弱土或较重砂性夹层的地层中成槽时，如槽段内泥浆液面波动过大或液面标高急剧降低，泥浆渗透力无法与槽壁土压力维持平衡时，泥浆槽壁将产生局部失稳，引起超挖现象，导致后续灌注混凝土的充盈系数增大，增加施工成本和难度。

影响槽壁稳定性的因素可分为内因和外因两个方面：内因主要包括地层条件、泥浆性能、地下水位及槽段划分尺寸、形状等；外因主要包括成槽开挖机械、开挖施工时间、槽段施工顺序及槽段外场地施工荷载等。

槽段宽度、泥浆性能及泥浆液面高度应能保证施工过程中的成槽稳定性，需严格控制泥浆的液位，应保证泥浆液位高出地下水位 0.5m 以上，并不低于导墙顶面以下 0.3m。对松砂及软黏土地层，应控制泥浆的液面位置及泥浆密度；对于渗透系数较大的砂性土层，应提高泥浆密度及黏度或对土体进行加固。

地下连续墙的槽壁稳定性计算是地下连续墙工程的一项重要内容，它主要用来确定在深度已知条件下的设计分段长度。槽壁稳定性计算的方法有理论分析和经验公式两种，理论计算一般采用楔形体破坏面假定，计算相对烦琐，工程中应用较多的是经验公式，下面介绍梅耶霍夫经验公式或工程经验公式。

（1）梅耶霍夫经验公式。

1）开挖槽段的临界深度 H_{cr}：

$$H_{cr}=\frac{N\cdot c_u}{K_0\gamma'-\gamma_1'},(N=4(1+B/L)) \tag{7-12}$$

式中，γ'、γ_1' 分别为黏土、泥浆的有效重度；N 为条形基础的承载力系数；B、L 分别为槽壁的平面宽度、长度；K_0 为静止土压力系数；c_u 为土的不排水剪强度指标。

2）槽壁的坍塌安全系数 F_s：

$$F_s=\frac{N\cdot c_u}{P_{0m}-P_{1m}} \tag{7-13}$$

式中，P_{0m} 为开挖外侧（土压力）槽底水平压力强度；P_{1m} 为开挖内侧（泥浆压力）槽底水平压力强度。

3）开挖槽壁的横向变形 Δ：

$$\Delta = (1-\mu^2)(K_0\gamma' - \gamma_1')\frac{zL}{E_s} \tag{7-14}$$

式中，z 为计算点深度；E_s 为土的压缩模量；γ'、γ_1' 分别为黏土、泥浆的有效重度；L 为槽壁的平面长度；K_0 为静止土压力系数；μ 为土的泊松比。

（2）非黏性土的经验公式。对于无黏性土（$c=0$），槽壁的坍塌安全系数 F_s 可由下式求得

$$F_s = \frac{2(\gamma-\gamma_1)^{1/2}\cdot\tan\varphi_d}{\gamma-\gamma_1} \tag{7-15}$$

式中，γ、γ_1 分别为砂土、泥浆的重度；φ_d 为砂土的内摩擦角。由式（7-15）可知，对于砂土没有临界深度，F_s 为常数，与槽壁深度无关。

7.3.4 连续墙结构内力计算

目前，我国支护结构常用计算方法可分为弹性支点法与极限平衡法。工程实践证明，当嵌固深度合理时，具有试验数据或由当地经验确定弹性支点刚度时，用弹性支点法确定支护结构内力及变形较为合理，其计算简图如图7-12所示。

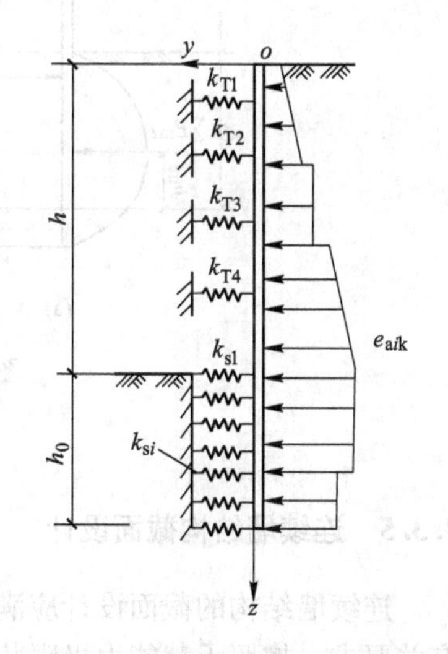

图 7-12 弹性支点法计算简图

支护结构的基本挠曲方程如下：

$$\begin{cases} EI\dfrac{d^4y}{dz^4} - e_{aik}\cdot b_s = 0 \quad (0 \leqslant z \leqslant h_n) \\ EI\dfrac{d^4y}{dz^4} + mb_0(z-h_n)y - e_{aik}\cdot b_s = 0 \quad (z \geqslant h_n) \end{cases} \tag{7-16}$$

式中，m 为地基土水平抗力系数的比例系数；b_0 为抗力计算宽度；z 为支护结构顶部至计算点的距离；h_n 为第 n 工况基坑开挖深度；y 为计算点水平变形；b_s 为荷载计算宽度。

支点处边界条件为：

$$T_j = k_{Tj}(y_j - y_{0j}) + T_{0j} \tag{7-17}$$

式中，k_{Tj} 为第 j 层支点水平刚度系数；y_j 为第 j 层支点水平位移；y_{0j} 为支点设置前的水平位移；T_{0j} 为第 j 层支点预加力。

当支点有预加力 T_{0j} 且按式（7-17）确定的支点力 $T_j \leqslant T_{0j}$ 时，第 j 层支点力 T_j 应按该层支点位移为 y_{0j} 时的边界条件修正。

解式（7-16）得到支护结构的水平位移 y，从而可以计算结构任意截面的内力 M 和 V。

（1）悬臂式支护结构弯矩计算值 M_c 及剪力计算值 V_c 可按下式计算，如图 7-13（a）所示。

$$M_c = h_{mz}\sum E_{mz} - h_{az}\sum E_{az} \tag{7-18}$$

$$V_c = \sum E_{mz} - \sum E_{az} \tag{7-19}$$

式中，$\sum E_{mz}$ 为计算截面以上基坑内侧各土层弹性抗力值 $mb_0(z-h_n)y$ 的合力；h_{mz} 为合力

$\sum E_{mz}$ 作用点至计算截面的距离；$\sum E_{az}$ 为计算截面以上基坑外侧各土层水平荷载标准值 $e_{aik}b_s$ 的合力；h_{az}为合力 $\sum E_{az}$ 作用点至计算截面的距离。

（2）支撑式支护结构弯矩计算值M_c 及剪力计算值 V_c 可按下式计算，如图 7-13（b）所示。

$$M_c = \sum T_j(h_j + h_c) + h_{mz}\sum E_{mz} - h_{az}\sum E_{az} \tag{7-20}$$

$$V_c = \sum T_j + \sum E_{mz} - \sum E_{az} \tag{7-21}$$

式中，h_j 为支点力 T_j 至基坑底的距离；h_c 为基坑底面至计算截面的距离，当计算截面在基坑底面以上时取负值。

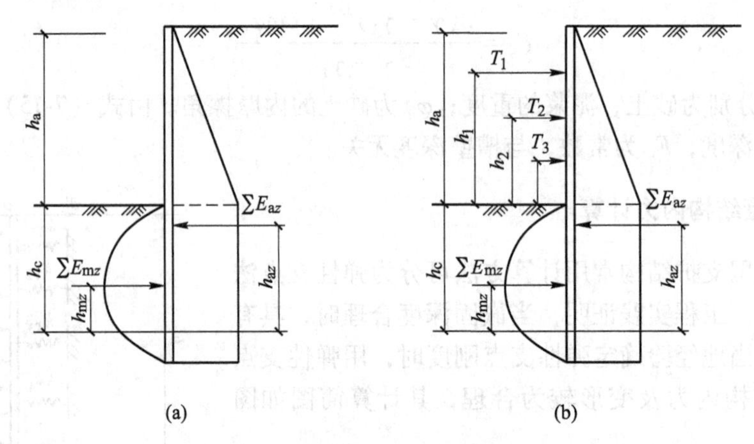

图 7-13 连续墙结构内力计算简图

（a）悬臂式；（b）支撑式

7.3.5 连续墙结构截面设计

连续墙结构的截面设计应满足现行国家标准《混凝土结构设计规范》（GB 50010）的有关要求，按照承载能力极限状态开展正截面和斜截面承载力计算；如果连续墙结构是永久性地下结构的一部分，还需要按照正常使用极限状态和耐久性极限状态开展变形和裂缝宽度验算。

地下连续墙厚度应根据墙体不同阶段的受力大小、变形及裂缝控制要求等确定。根据国内现有施工设备条件，常用厚度有 600mm、800mm、1000mm、1200mm 等。在地下连续墙结构设计计算前，可根据工程经验预先设定墙体厚度，一般为基坑开挖深度的 3%～5%，最终由结构计算结果复核来决定。

连续墙结构厚度大，其变形破坏模式已不同于常规的建筑结构楼板的破坏方式，一般采用双层双向分离式配筋方式，通过拉结钢筋将两片钢筋网连接成钢筋骨架。

（1）正截面受弯承载力计算。地下连续墙结构的截面一般为矩形，其正截面受弯承载力计算应满足现行国家标准《混凝土结构设计规范》（GB 50010）的有关规定，可按式（7-22）来计算，其计算简图如图 7-14 所示。

$$M \leqslant \alpha_1 f_c bx\left(h_0 - \frac{x}{2}\right) + f'_y A'_s(h_0 - a'_s) - (\sigma'_{p0} - f'_{py})A'_p(h_0 - a'_p) \tag{7-22}$$

混凝土受压区高度应按下列公式确定：

$$\alpha_1 f_c bx = f_y A_s - f'_y A'_s + f_{py} A_p + (\sigma'_{p0} - f'_{py})A'_p \tag{7-23}$$

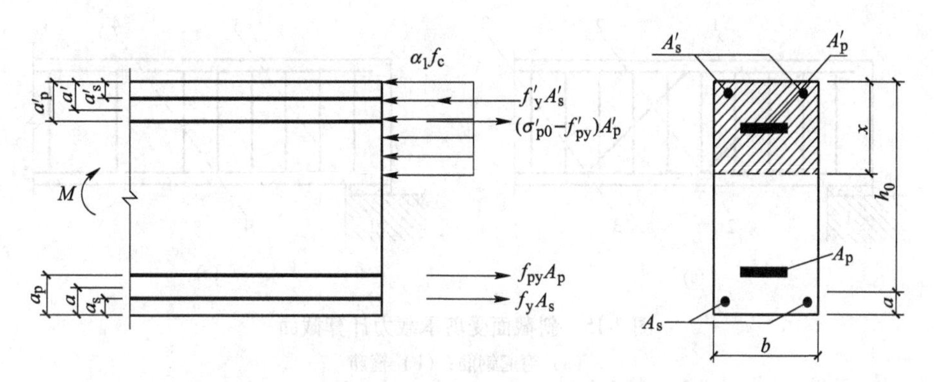

图 7-14 矩形截面受弯构件正截面承载力计算简图

混凝土受压区高度尚应符合下列条件：

$$\begin{cases} x \leqslant \xi_b h_0 \\ x \geqslant 2a' \end{cases} \tag{7-24}$$

式中，M 为弯矩设计值；α_1 为矩形截面等效应力图系数，当混凝土强度等级不超过 C50 时，α_1 取为 1.0，当混凝土强度等级为 C80 时，α_1 取 0.94，其间按线性内插法确定；f_c 为混凝土轴心抗压强度设计值；A_s、A'_s 分别为受拉区、受压区纵向普通钢筋的截面面积；A_p、A'_p 分别为受拉区、受压区纵向预应力筋的截面面积；σ'_{p0} 为受压区纵向预应力筋合力点处混凝土法向应力等于零时的预应力筋应力；b 为矩形截面的宽度，即连续墙单位长度；h_0 为截面有效高度；a'_s、a'_p 分别为受压区纵向普通钢筋合力点、预应力筋合力点至截面受压边缘的距离；a' 为受压区全部纵向钢筋合力点至截面受压边缘的距离；ξ_b 为相对界限受压区高度。

（2）斜截面受剪承载力计算。矩形截面受弯构件的斜截面受剪承载力计算应符合下列规定：

当 $h_w/b \leqslant 4$ 时

$$V \leqslant 0.25\beta_c f_c b h_0 \tag{7-25}$$

当 $h_w/b \geqslant 6$ 时

$$V \leqslant 0.2\beta_c f_c b h_0 \tag{7-26}$$

当 $4 < h_w/b < 6$ 时，按线性内插法确定。

式中，V 为构件斜截面上的最大剪力设计值；β_c 为混凝土强度影响系数，当混凝土强度等级不超过 C50 时，β_c 取 1.0，当混凝土强度等级为 C80 时，β_c 取 0.8，其间按线性内插法确定；b 为矩形截面的宽度；h_0 为截面的有效高度；h_w 为截面的腹板高度，矩形截面取有效高度。

计算斜截面受剪承载力时，剪力设计值的计算截面应按下列规定采用：

1）支座边缘处的截面，如图 7-15（a）、（b）截面 1—1 所示。

2）受拉区弯起钢筋弯起点处的截面，如图 7-15（a）截面 2—2、3—3 所示。

3）箍筋截面面积或间距改变处的截面，如图 7-15（b）截面 4—4 所示。

4）截面尺寸改变处的截面。

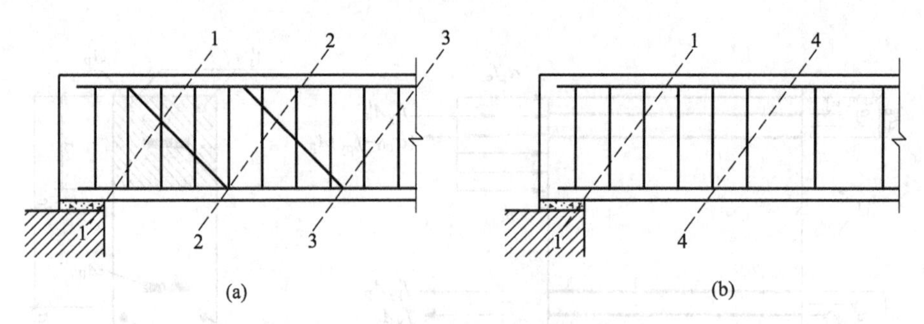

图 7-15 斜截面受剪承载力计算截面

（a）弯起钢筋；（b）箍筋

1—1 支座边缘处的斜截面；2—2、3—3 受拉区弯起钢筋弯起点的斜截面；

4—4 箍筋截面面积或间距改变处的斜截面

7.4 地下连续墙兼做外墙时的设计

地下连续墙工艺在发展初期，主要作为基坑开挖的挡土、止水及防渗结构。随着成槽机械日臻完善，施工精度逐渐提高，在地下连续墙作为基坑围护结构的前提下，为充分利用地下连续墙刚度大、强度高和防渗性能好的特点，降低工程成本，工程中将地下连续墙常作为地下室外墙直接承受上部结构的垂直荷载，工程实践表明效果良好。

将地下连续墙作为主体结构来设计时，必须验算三种荷载效应：（1）施工阶段作用在地下连续墙上的土压力、水压力；（2）主体结构竣工后，作用在墙体上的土压力、水压力及作用在主体结构上的垂直、水平荷载；（3）主体结构建成若干年后，土压力、水压力从施工阶段恢复到稳定状态：土压力由主动土压力变为静止土压力，水位恢复到稳定静水位。

当地下连续墙作为主体结构的一部分时，其设计方法因地下连续墙布置方式（即与主体结构的结合方式）不同而有差别。地下连续墙与主体结构的结合方式主要有四种：单一墙、分离墙、重合墙和复合墙。设计方法不同之处主要在于：荷载模式不同、荷载及其组合系数不同、连续墙与主体结构相互作用方式不同（即协同工作机制不同——协同受力和协同变形不同，刚度大小不同）。

7.4.1 单一墙

单一墙指地下连续墙直接用作主体结构的地下室外墙。此种布置方式壁体构造简单，地下室内部无需另做受力结构层，但主体结构与地下连续墙的连接节点需满足结构受力要求，连续墙槽段接头要有较好的防渗性能，许多工程中常在地下连续墙内侧做一道建筑内墙（砖墙），两墙之间设排水沟，以解决渗漏问题。

由于地下连续墙用作围护结构时的水平支撑位置和主体结构的水平构件位置不同，且支撑与地下连续墙和主体结构与地下连续墙的结合状态不同，所以施工期间的地下连续墙内力与主体结构竣工后的地下连续墙内力也不同。主体结构竣工后的地下连续墙内力是施工时地下连续墙内力与建成后作用在主体结构（包括地下连续墙）上的外荷载产生的内力之和。单一墙形式地下连续墙各阶段的荷载与弯矩情况如图 7-16 所示。

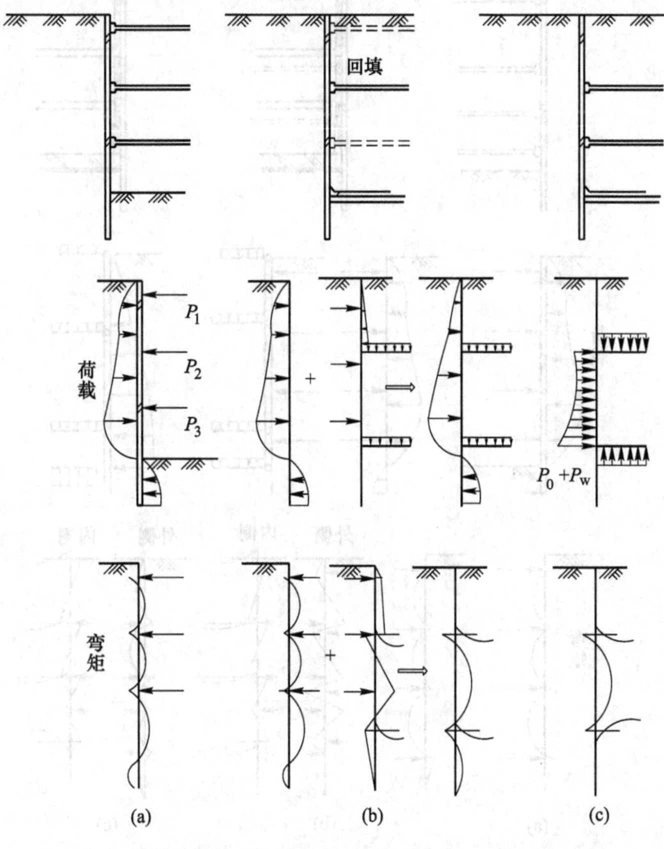

图 7-16　单一墙形式地下连续墙各阶段的荷载与弯矩图
（a）施工期间；（b）刚竣工时；（c）经过长时期之后

需注意，在计算地下连续墙与主体结构物结合后的应力时，有时还需要对地下连续墙与主体结构因温差和干缩引起的应力或蠕变影响等进行验算。

7.4.2　分离墙

分离墙指在主体结构的水平构件上设置支点，将主体结构作为地下连续墙的水平支撑点。这种布置形式的特点是地下连续墙与主体结构结合简单，且各自受力明确；地下连续墙在施工和使用阶段都起着挡土和防渗的作用，而主体结构的外墙或柱子只承受垂直荷载。当起水平横撑作用的主体结构各层楼板间距较大时，地下连续墙可能强度不足，可在主体结构水平构件之间设几个中间支点，并将主体结构的边墙加强。可根据主体结构的刚度近似计算中间支点的弹簧系数，进而计算地下连续墙的内力。

分离墙除温度变化、干燥等引起横梁伸缩而产生的作用力外，其他均不予考虑。分离墙形式地下连续墙各阶段的荷载与弯矩情况如图 7-17 所示。

7.4.3　重合墙

重合墙指主体结构的外墙重合在地下连续墙的内侧，两者之间填充隔绝材料、不传递

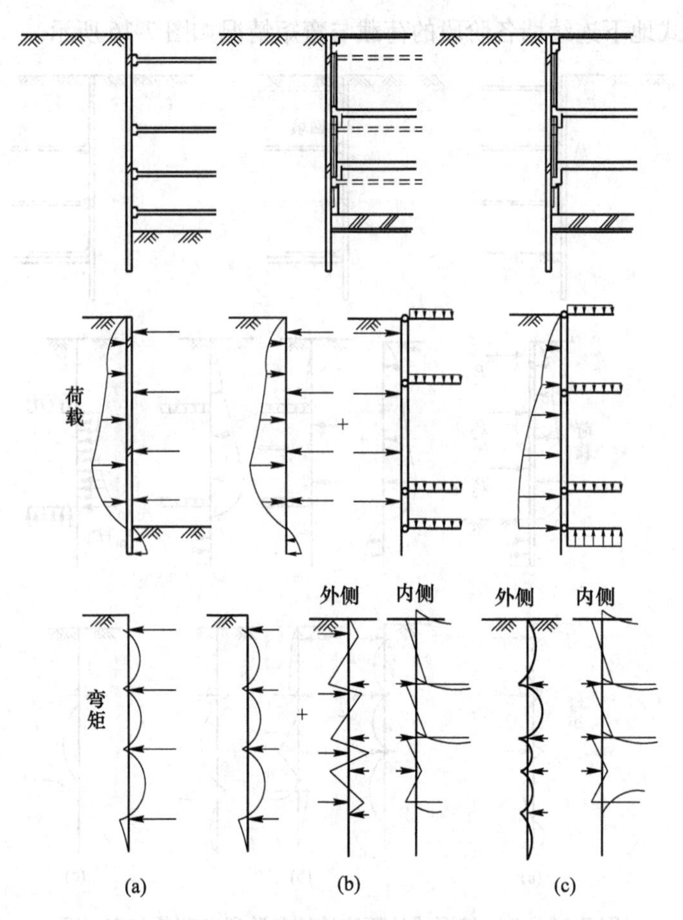

图 7-17　分离墙形式地下连续墙各阶段的荷载与弯矩图

（a）施工期间；（b）刚竣工时；（c）经过长时期之后

剪力。这种形式的地下连续墙与主体结构地下室外墙在垂直方向上所产生的变形相互不影响，但水平方向的变形相同。从受力上来看，这种形式较单一墙和分离墙均更为有利。这种结构可以随地下结构埋深而增加主体结构外墙厚度，即使地下连续墙厚度受到限制，也能承受较大应力。但是由于地下连续墙表面凹凸不平，于施工不利，衬垫材料厚薄不等、应力传递不均匀。

主体结构刚建成时，地下连续墙内力是施工阶段墙体内力与建成后作用于主体结构上的外力所产生的应力之和。由于地下连续墙与主体结构是分离的，应该按地下连续墙与主体结构相接触的状态进行结构计算。但由于这种计算方法极为复杂，所以对于连续墙与主体结构接触之后产生的应力，一般是先计算出地下连续墙与主体结构外墙的截面积及其截面惯性矩，然后按刚度比分配截面内力，即：

$$M_1 = \frac{I_1 M_0}{I_1 + I_2};\quad N_1 = \frac{A_1 N_0}{A_1 + A_2} \tag{7-27}$$

$$M_2 = \frac{I_2 M_0}{I_1 + I_2};\quad N_2 = \frac{A_2 N_0}{A_1 + A_2} \tag{7-28}$$

式中，M_0、N_0 为重合墙的总弯矩、总轴向力；M_1、N_1 为地下连续墙分担的弯矩、轴力；

M_2、N_2 为主体结构外墙分担的弯矩、轴力；A_1、I_1 为地下连续墙的截面积、截面惯性矩；A_2、I_2 主体结构外墙的截面积、截面惯性矩。

刚建成后的地下连续墙内力是拆除支撑前的地下连续墙内力与由式（7-27）计算得出的内力之和，建成若干年后的重合墙内力计算与分离墙类似。重合墙形式地下连续墙各阶段的荷载与弯矩情况如图 7-18 所示。

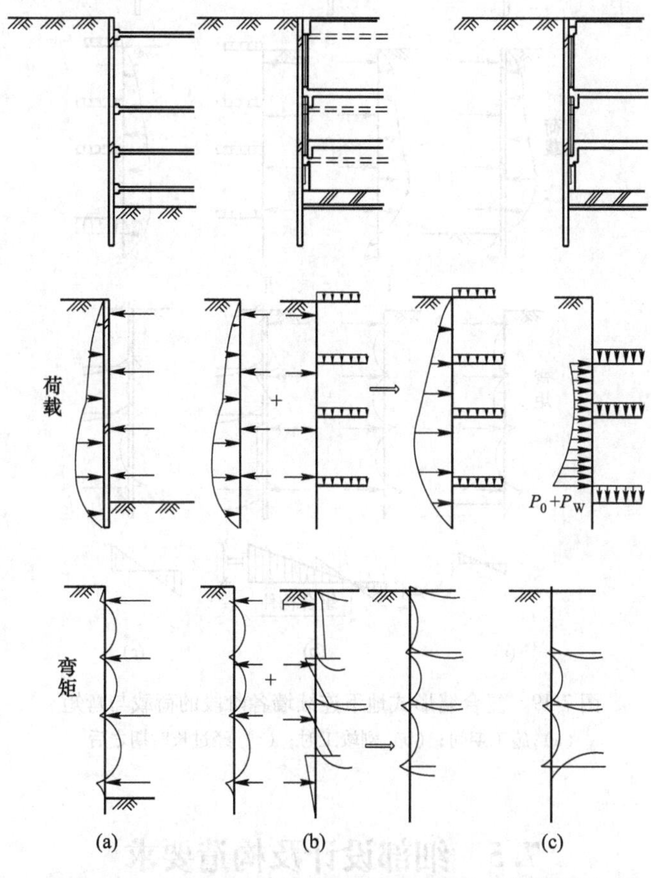

图 7-18 重合墙形式地下连续墙各阶段的荷载与弯矩
（a）施工期间；（b）刚竣工时；（c）经过长时期之后

7.4.4 复合墙

复合墙指地下连续墙与主体结构地下室外墙做成一个整体，将地下连续墙内侧凿毛或用剪力块将地下连续墙与主体结构外墙连接起来，使之在结合部位能够传递剪力。

复合墙形式的墙体刚度大，防渗性能较单一墙好，且框架节点处（内墙与结构楼板或框架梁）构造简单。该种形式地下连续墙与主体结构外墙的结合比较重要，一般在浇筑主体结构外墙混凝土前，需将地下连续墙内侧凿毛、清理干净，并用剪力块将地下连续墙与主体结构连成整体。需要注意的是：有时需要考虑新老混凝土之间因干燥收缩不同而产生的应变差会使复合墙产生较大的应力。复合墙形式地下连续墙各阶段的荷载与弯矩情况如图 7-19 所示。

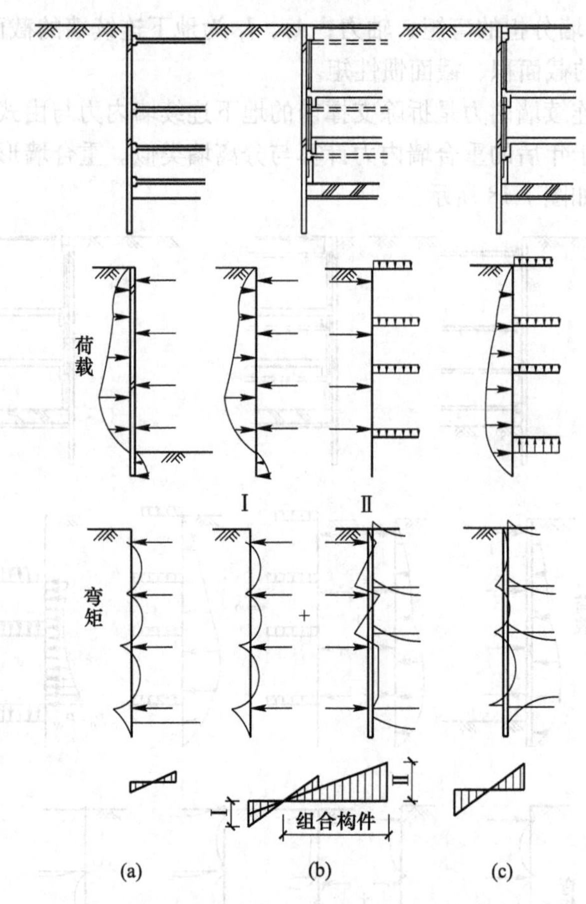

图 7-19　复合墙形式地下连续墙各阶段的荷载与弯矩

（a）施工期间；（b）刚竣工时；（c）经过长时期之后

7.5　细部设计及构造要求

7.5.1　导墙设计

导墙是指地下连续墙开槽施工前，沿连续墙轴线方向全长周边设置的导向槽。导墙的位置、尺寸准确度和施工质量将直接决定地下连续墙的平面位置、平直度和垂直度。

导墙的作用主要包括：

（1）作为地下连续墙的测量基准和成槽导向。

（2）存储泥浆、稳定液位，以维护槽壁的稳定。

（3）维持上部土层的稳定，防止槽口塌方。

（4）作为施工荷载支承平台，可承受诸如成槽机械、钢筋笼搁置点、导管架、顶升架、接头管等重载和动载。

导墙多采用现浇钢筋混凝土结构，也有钢制或预制钢筋混凝土的装配式结构。根据工程经验，预制式导墙很难做到底部与土层紧密结合，达不到防止泥浆流失的理想效果。常用导墙的断面形式主要有三种：倒 L 形、L 形和][形，如图 7-20 所示。倒 L 形导墙多用于土质较好的场地，开挖后略作修整即可用土体作侧模，立另一侧模板即可浇混凝土；L 形和][形导墙多用于土质较差的场地，其底部外伸以扩大支撑面积。][形导墙先开挖导墙基坑，然后两侧立模，待导墙混凝土达到一定强度后，拆除模板，选用黏性土回填并分层夯实。

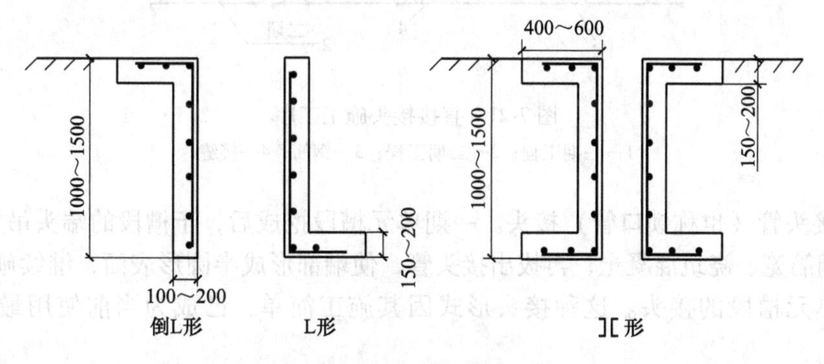

图 7-20　导墙断面形式

导墙的构造应符合下列规定：

(1) 导墙顶面应高出地下水位 500mm 以上，且宜高出地面 200mm 以上，防止周围散水流入槽段内。

(2) 导墙高度不应小于 1.3m，不宜大于 1.8m；墙底宜进入原状土或改良土体 200mm 以上。

(3) 导墙内侧面应垂直，其净距宜大于地下连续墙墙体厚度 30~50mm。

(4) 当采用现浇混凝土结构时，混凝土强度等级不应低于 C20，厚度不应小于 200mm；主筋应采用钢筋 HRB400 及以上规格的钢筋，直径不应小于 12mm，间距不应大于 200mm。

7.5.2　接头设计

地下连续墙的接头形式较多，可分为两类：施工接头和结构接头。施工接头是浇注地下连续墙时连接两相邻槽段的接头，包括直接连接接头、接头管接头、接头箱接头、隔板接头、预制构件接头。结构接头是已竣工的地下连续墙与地下结构其他构件（梁、柱、楼板）相连接的接头，包括直接连接接成的接头和间接连接接成的接头，其中间接连接接成的接头包含钢板连接和剪刀块连接。

7.5.2.1　施工接头

施工接头应满足受力和防渗要求，并且施工简便、质量可靠。但目前尚缺少既能满足结构要求又方便施工的最佳方法，对各种接头的评价也少定论。

(1) 直接连接接头。连续墙单元槽段挖成后，随即吊放钢筋笼，浇筑混凝土，混凝土与未开挖土体直接接触。在开挖下一单元槽段时，用冲击锤等将与土体相接触的混凝土改造成凹凸不平的连接面，再浇筑混凝土形成所谓“直接接头”，如图 7-21 所示。粘附在连接面上的沉渣与土可用抓斗的斗齿或射水等方法清除，但往往难以清除干净，故受力与防渗性能均较差。

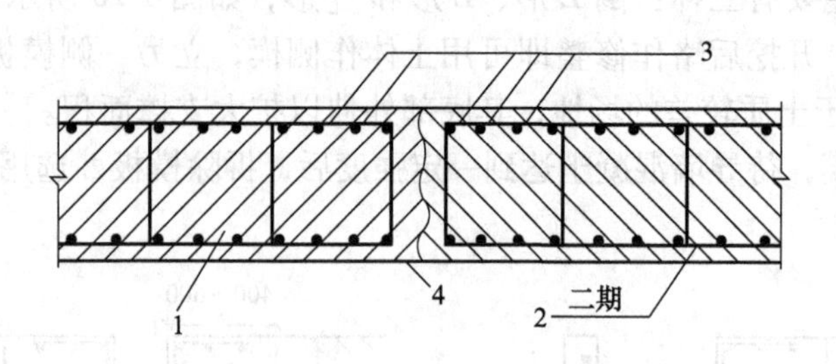

图 7-21 直接接头施工工序

1—一期工程；2—二期工程；3—钢筋；4—接缝

（2）接头管（也称锁口管）接头。一期单元槽段挖成后，于槽段的端头吊放接头管，槽内吊放钢筋笼、浇筑混凝土，再拔出接头管，使端部形成半圆形表面，继续施工就能形成两相邻单元槽段的接头。这种接头形式因其施工简单，已成为当前使用最多的一种方法。

接头管大多为圆形，也有缺口圆形、带翼形及带凸榫形等，如图 7-22 所示。接头管的外径应不小于设计混凝土墙厚的 93%。除特殊情况外，一般不用带翼形的接头管，因为使用这种接头管时泥浆容易淤积，影响工程质量。带凸榫形的接头管也很少使用。

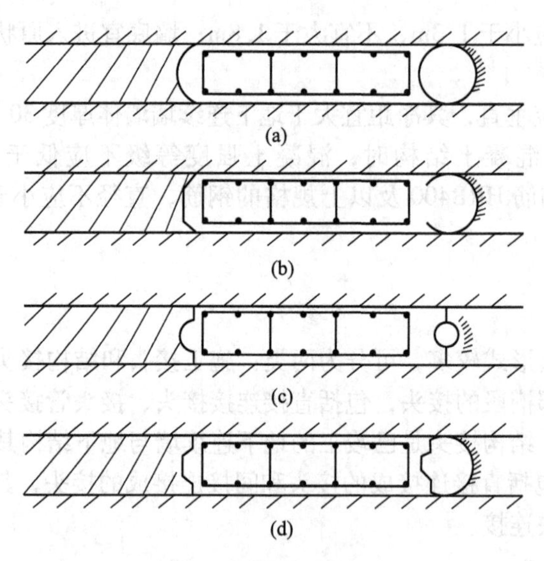

图 7-22 接头管形式

（a）圆形；（b）缺口圆形；（c）带翼形；（d）带凸榫形

（3）接头箱接头。施工方法与接头管法相似，施工工序如图 7-23 所示。一期单元槽段挖成后，放下接头箱，再吊放钢筋笼；由于接头箱在浇筑混凝土的一侧敞开，故可将钢筋笼端头的水平钢筋插入接头箱内。浇筑混凝土时，由于接头箱的长开口被焊在钢筋笼上的钢板所遮蔽，因而会阻挡混凝土进入接头箱内。接头箱拔出后再开挖二期单元槽段，吊放二期墙段钢筋笼，浇筑混凝土形成接头。采用这种接头方法，可使两相邻单元墙段的水平钢筋交错搭接（虽然不及钢筋直接绑扎或焊接），也能使墙体结构连成整体。

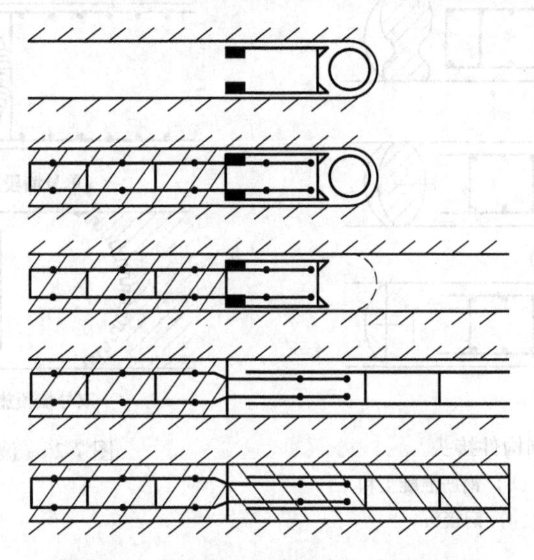

图 7-23　使用接头箱建成接头的施工工序

（4）隔板接头。用隔板建成的接头形式，按隔板的形状可分为平隔板、V 形隔板和榫形隔板；按水平钢筋的关系可分成搭接接头和不搭接接头。其施工工序如图 7-24 所示。

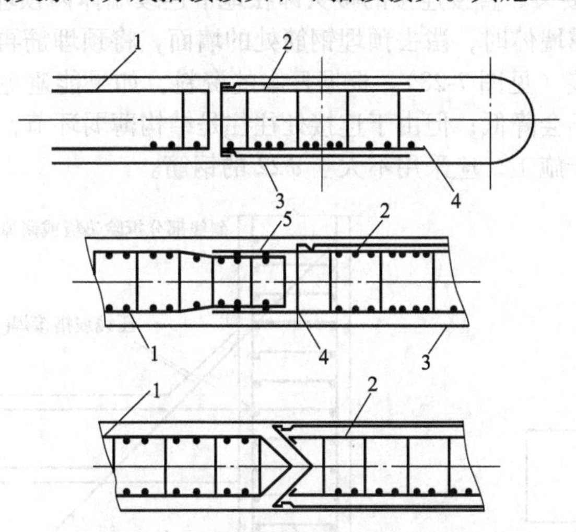

图 7-24　用隔板建成接头的施工工序

1—钢筋笼（正在施工地段）；2—钢筋笼（完工地段）；3—用化纤布覆盖；4—钢制隔板；5—连接钢筋

（5）预制构件接头。用预制构件作为接头的连接件，按所用材料可分为钢筋混凝土接头、钢接头、钢筋混凝土和钢材组合接头，如图 7-25 所示。

图 7-26 是日本大阪某工程所用的波形接头，他们认为这种接头适用于较深地下连续墙，且对于受力和防渗都相当有效。图 7-27 是英国首创的接头方法，这种接头借助钢板桩防水并承受拉力。

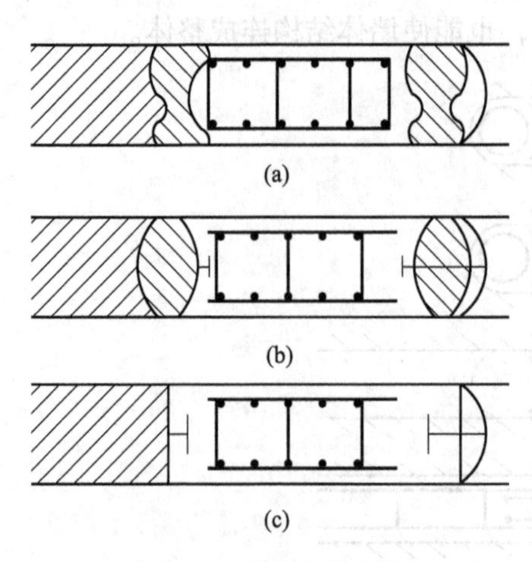

图 7-25 预制构件接头

（a）钢筋混凝土接头；（b）钢筋混凝土和钢材组合接头；（c）钢接头

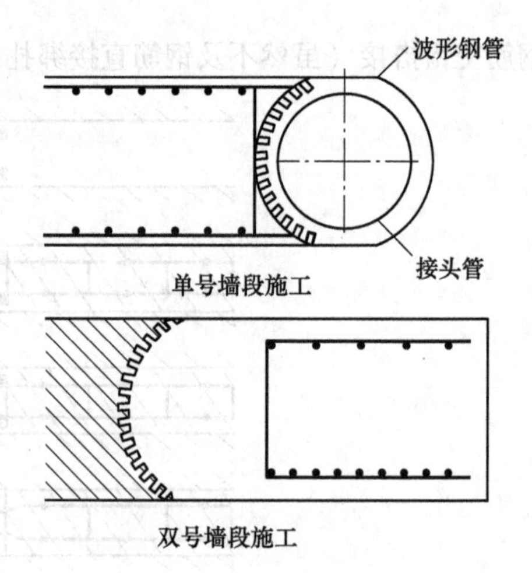

图 7-26 波形钢板接头

7.5.2.2 结构接头

结构接头可分为直接连接和间接连接两大类。

（1）直接连接的接头。直接连接的接头即在地下连续墙体内预埋钢筋，待地下连续墙竣工后，开挖土体出露墙体时，凿去预埋钢筋处的墙面，将预埋筋再弯成原状，与地下结构其他构件的钢筋连接（见图 7-28）。根据日本的资料，如果能避免急剧加热并施工仔细的话，钢筋强度几乎不会降低；但由于连接处往往是结构薄弱环节，所以设计时应留 20% 的冗余；另外，为便于施工，应采用不大于 $\phi22$ 的钢筋。

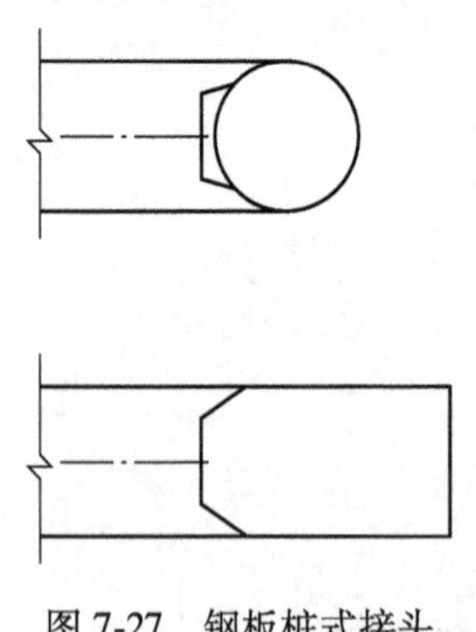

图 7-27 钢板桩式接头

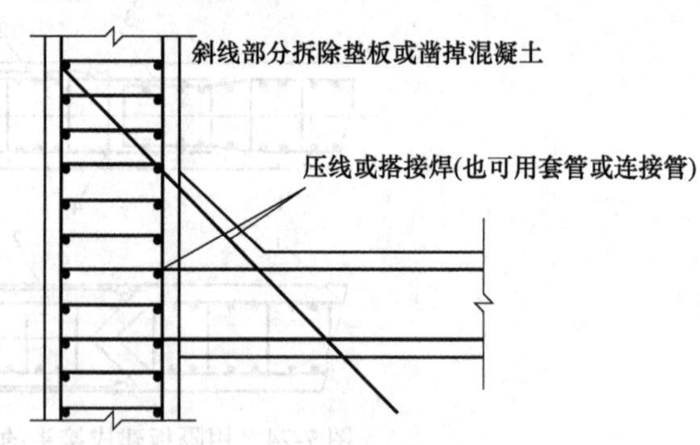

图 7-28 直接接头

（2）间接连接的接头。间接连接的接头即通过焊接将地下连续墙的钢筋与地下结构其他构件的钢筋连接起来，这种接头又分为钢板连接（见图 7-29）和剪刀块连接（见图 7-30）两种。

（3）钢筋接驳器连接接头。钢筋接驳器连接接头是利用连续墙中预埋的锥螺纹或直螺纹钢筋（又称钢筋接驳器），采用机械连接的方式连接。这种方式方便、快速、可靠，是目前应用较广的一种方式。但是，由于受到施工工艺及地层条件等的影响，接驳器的预留精度不易控制，因此，对成槽精度、钢筋笼制作、吊放等施工控制要求较高。

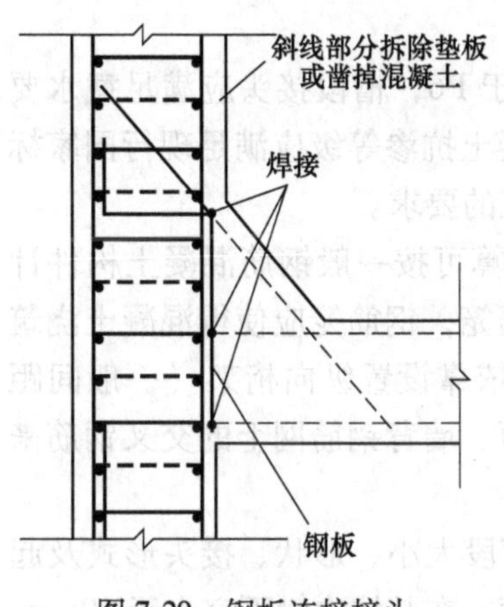

图 7-29 钢板连接接头

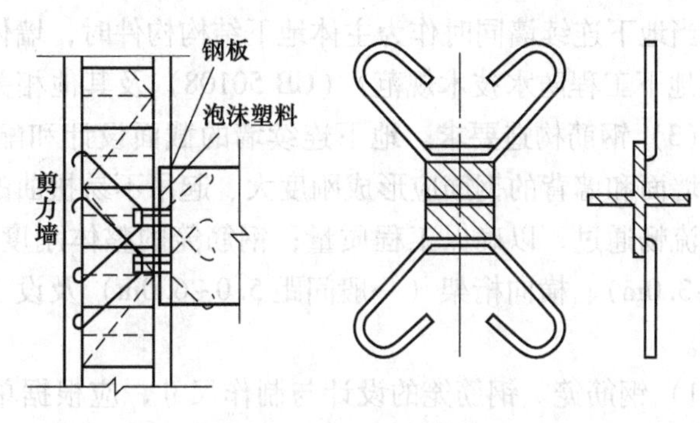

图 7-30 剪刀块连接接头

（4）植筋法接头。在很多情况下，由于预埋钢筋受到多种因素限制，难以预埋；有时即使已经预埋，其位置可能偏离设计位置较大，以致无法利用。在这些情况下，通常可以采取在连续墙上直接钻孔埋设化学螺栓来代替预埋钢筋，称为植筋法。

7.5.3 构造要求

（1）冠梁和结构接头。地下连续墙墙顶应设置混凝土冠梁，冠梁宽度不宜小于墙厚，高度不宜小于墙厚的 0.6 倍。冠梁钢筋应符合现行国家标准《混凝土结构设计规范》(GB 50010)对梁的构造配筋要求。冠梁用作支撑或锚杆的传力构件或按空间结构设计时，尚应按受力构件进行截面设计。冠梁按构造设置时，墙身纵向受力钢筋锚入冠梁的长度宜取冠梁厚度；冠梁按结构受力构件设置时，墙身纵向受力钢筋伸入冠梁的锚固长度应符合现行国家标准《混凝土结构设计规范》（GB 50010）对钢筋锚固的有关规定；当不能满足锚固长度的要求时，其钢筋末端可采取机械锚固措施。

当地下连续墙作为主体地下结构外墙，且需要形成整体墙体时，宜采用刚性接头；刚性接头可采用一字形或十字形穿孔钢板接头、钢筋承插式接头等；当地下连续墙顶设置通长的冠梁、墙壁内侧槽段接缝位置设置结构壁柱、基础底板与地下连续墙刚性连接等措施时，也可采用柔性接头。

（2）混凝土。地下连续墙的正截面受弯承载力、斜截面受剪承载力应按现行国家标准《混凝土结构设计规范》（GB 50010）的有关规定进行计算，但其弯矩、剪力设计值应按《建筑基坑支护规程》（JGJ120）相关规定确定。地下连续墙的转角处或有特殊要求时，单元槽段的平面形状可采用 L 形、T 形等。

地下连续墙的混凝土设计强度等级宜取 C30~C40。由于混凝土是在泥浆中浇筑，其强度经常略低于空气中浇筑的混凝土强度，同时在整个墙面上强度分散性较大，因此，施工时混凝土一般应按结构设计强度等级提高 C5 进行配合比设计；对于重要工程，在断面配筋设计时，还应将混凝土强度等级的各种强度指标乘以 0.7~0.75 的减值系数。为了混凝土具有良好的和易性，能在槽内均衡地、基本水平地上升，水泥用量不应小于 400kg/m^3；坍落度以 18~20cm 为宜；水灰比不宜大于 0.6。配制混凝土用的骨料宜用粒度良好的河砂和粒径不大于 25mm 的坚硬河卵石；如使用碎石，应增加水泥用量及砂率；水泥宜采用普通硅酸盐水泥或矿渣硅酸盐水泥。

地下连续墙用于截水时，墙体混凝土抗渗等级不宜小于P6，槽段接头应满足截水要求。当地下连续墙同时作为主体地下结构构件时，墙体混凝土抗渗等级应满足现行国家标准《地下工程防水技术规范》（GB 50108）及其他相关规范的要求。

（3）钢筋构造要求。地下连续墙的截面设计和配筋计算可按一般钢筋混凝土构件计算。墙面和墙背的钢筋应形成刚度大、起吊不易扭曲的钢筋笼，钢筋笼应使得混凝土浇筑时能流畅通过，以确保工程质量；钢筋笼的整体刚度主要依靠设置纵向桁架（一般间距2.5~3.0m）、横向桁架（一般间距5.0~6.0m）及设于墙面、墙背钢筋网上的交叉钢筋来保证。

1）钢筋笼。钢筋笼的设计与制作尺寸，应根据单元槽段大小、形状、接头形式及起吊能力等综合确定。地下连续墙纵向受力钢筋的保护层厚度，在基坑内侧不宜小于50mm，在基坑外侧不宜小于70mm。钢筋笼两侧的端部与槽段接头之间、钢筋笼两侧的端部与相邻墙段混凝土接头面之间的间隙应不大于150mm，纵筋下端500mm长度范围内宜按1：10的斜度向内收口。为便于钢筋笼下放入槽，异形钢筋笼（如L、T及多边形）的钢筋保护层厚度可取大值。

为确保钢筋的设计保护层厚度及钢筋笼在吊运过程中具有足够刚度，应正确布置保护层构件，包括纵、横向钢筋桁架及主筋平面的交叉钢筋。保护层垫块厚5cm，在垫块与墙面之间留有2~3cm间隙，垫块采用薄钢板制作焊接在钢筋笼上，也可用预制混凝土垫块。在钢筋笼内布置的纵、横桁架，应根据钢筋笼重量、起吊方式和吊点位置布置；桁架上下弦杆、斜杆应通过计算确定，一般以加大相应位置受力钢筋断面作为桁架上下弦杆，且桁架应注意留有插入导管的空间。

钢筋笼在起吊、运输及入槽过程中，不允许发生不可恢复的变形，不得强行入槽，必要时应采取措施防止在浇灌混凝土时钢筋笼上浮（例如槽段钢筋笼内预留孔洞较多时）。钢筋笼必要时可分节制作吊放，接头应尽量布置在应力小的位置，接头处纵向钢筋预留的搭接长度应满足设计要求并相互错开。受力钢筋搭接时，最小搭接长度为45d，受力钢筋搭接接头在同一断面时，最小搭接长度为70d，且不少于1.5m。

2）钢筋构造要求。连续墙作为挡土结构时，一般以纵向垂直钢筋为主筋，纵向受力钢筋应沿墙身每侧均匀配置，可按内力大小沿墙体纵向分段配置，且通长配置的纵向钢筋不应小于50%；纵向受力钢筋宜采用HRB335级或HRB400级钢筋，直径不宜小于16mm且不宜大于32mm，净间距不宜小于75mm。水平钢筋及构造钢筋宜选用HPB300、HRB335或HRB400级钢筋，直径不宜小于12mm，水平钢筋间距宜取200~400mm。混凝土骨料粒径大于20mm时，主筋之间的净距不宜小于100mm；骨料粒径小于或等于20mm时，主筋之间的净距不得小于钢筋最大直径或粗骨料最大尺寸的2~2.5倍；当断面一侧必须配置双层钢筋时，外排钢筋与内排钢筋间距至少80mm。

墙身纵向受力钢筋一般从槽底10~20cm开始布置，但按设计要求不通到底的钢筋除外。为了便于钢筋笼插入槽内，其底部做成稍许闭合状。顶部钢筋应预留伸入顶圈梁或其他上部结构的锚固长度。地下连续墙与主体结构连接时，预埋在墙内的受拉和受剪钢筋、连接螺栓或连接板锚筋，均应满足受力计算要求，其锚固长度不应小于30d。

思　考　题

7-1　简述地下连续墙结构的优点、类型及适用条件。
7-2　简述地下连续墙结构的设计原则和内容。
7-3　简述地下连续墙结构的荷载模式，并简要说明其计算方法。
7-4　简述地下连续墙悬臂式和支撑式结构的计算简图、嵌固深度的计算方法。
7-5　简述地下连续墙槽段划分的依据，槽段长度对槽壁稳定性的影响。
7-6　简述悬臂式和支撑式地下连续墙结构的内力计算方法。
7-7　简述地下连续墙兼做外墙时在设计方法和设计内容上的区别。
7-8　导墙的作用是什么，如何确定导墙的深度和宽度？
7-9　地下连续墙结构槽段间接头形式有哪几种，其适用条件如何？

8 地下结构可靠性与耐久性设计

8.1 概述

8.1.1 地下结构的耐久性内涵

地下结构的耐久性是指在环境作用、正常维护和使用条件下，地下结构在设计使用年限内保持其适用性和安全性的能力。

8.1.2 可靠度理论的发展

可靠度理论的发展可分为以下三个阶段：

（1）可靠度的提出。第二次世界大战期间，各种武器装备上的电子设备经常发生故障，使装备失去应有的战斗力。如美国海军舰艇上70%的电子设备因“意外”事故而失效，人们才开始研究这些“意外”事故发生的规律，这就是可靠度问题的提出。

（2）可靠度发展阶段。在20世纪50年代，世界各国都开始对可靠度问题进行研究，大体确定其理论基础和研究方向，并开始进入工程应用阶段。1952年，美国联合有关部门成立电子设备可靠度资讯组。1958~1968年期间，美国通过多次召开学术会议，颁布各种军工和民用产品的可靠度标准。英国、法国等一些国家也在这一时期开始对可靠度进行研究，使可靠度理论得到了长远发展。

（3）可靠度国际化阶段。二十世纪七八十年代，可靠度发展进入国际化时代，各国都成立了专门的学术机构和可靠度科研机构，并培养了大批硕士和博士。

我国可靠度研究起步较晚，20世纪50年代末和60年代初进行了初步研究，中间一段时间对可靠度研究比较少，直到70年代末，才开始注重可靠度研究。从70年代末至80年代初，各行业相继成立了可靠度学术组织，1988年成立了“中国可靠度工程专业管理委员会”。在学术方面出版了一批专著，制定了一系列可靠度标准，但这一时期的绝大部分研究主要集中在数学、电子、航空、机械、汽车和地面工程结构等领域。岩土可靠度研究始于20世纪80年代初，研究内容涉及地基承载力、土坡稳定性、地基沉降和桩基等方面。随着可靠度理论和计算方法的深入发展，地下结构可靠度研究必将得到进一步发展。

8.1.3 地下结构的不确定性因素

自然界中的不确定性广泛存在，不确定性包括：模糊性、随机性、偶然性等。

不确定的就是无法预测的，随机性是不确定性的一种；偶然的就是非必然的，随机性是偶然性的一种；模糊性一般指边界不清楚；随机性指所有结果是已知的，但是每次试验结果是任意的。以上不确定性之间的关系如图8-1所示。

地下结构因其围岩地层条件的特殊性，很大程度都存在着随机性和不确定性，因而很难使用确定性力学和数学模型反映真实的力学状态。地下结构的不确定性因素主要包括以下几个方面。

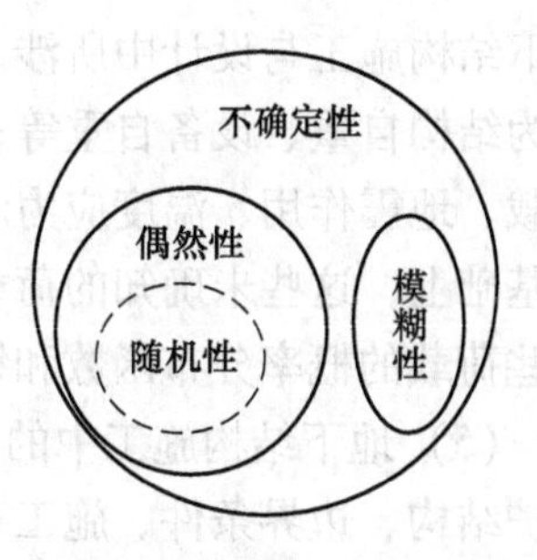

图 8-1 不确定性之间的关系

（1）地层介质特性参数的不确定性。地层介质的形成需经历漫长的地质年代，受到地质作用和人类活动的影响，地层介质在多数情况下都明显呈现非均质、非线性、各向异性和随机离散等特性，不同地层介质的不均一性如图 8-2 所示。

(a)

(b)

(c)

图 8-2 不同地层介质的不均一性
（a）黄土地层；（b）砂卵石地层；（c）岩层

（2）岩土体分类的不确定性。在进行地下建筑结构设计时，应根据岩土介质类别进行结构初步设计。岩土介质类别的确定一般是根据岩土工程勘察成果进行划分，勘察成果也具有一定的不确定性。

（3）分析模型的不确定性。在地下结构分析计算中，无论是解析法还是数值方法，都涉及结构本身和周围岩土介质的力学模型，确定计算范围和边界，分析模型的不确定性内容如图 8-3 所示。

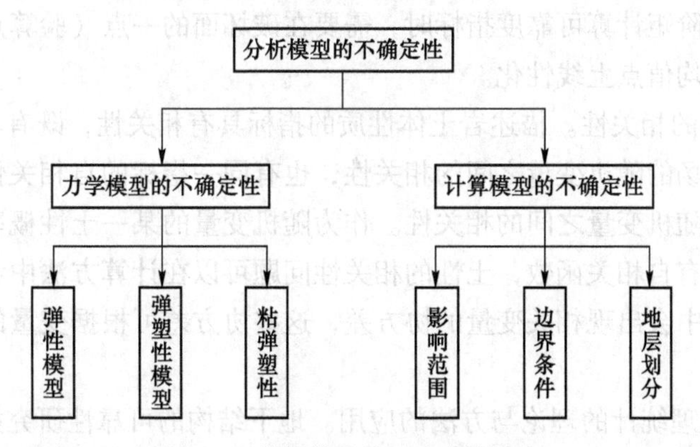

图 8-3 分析模型的不确定性内容

（4）荷载与抗力的不确定性。荷载和抗力是影响地下结构分析的主要不确定性因素。

地下结构施工与设计中所涉及的荷载包括已明确的荷载和未确知的荷载。已确知的荷载一般为结构自重、设备自重等；未确知的荷载包括围岩压力、岩土层自重、行车荷载、施工荷载、地震作用、温度应力和不均匀沉降引起的结构内力等。在已有理论和大量实测资料的基础上，这些未确知的荷载可利用数理统计方法和实测数据资料进行分析处理，并给出这些荷载的概率分布函数和统计参数。

(5) 地下结构施工中的不确定性。地下结构施工中的不确定因素主要包括土层扰动、支护结构、边界条件、施工荷载等。

(6) 自然条件的不确定性。岩土介质的力学性状与自然条件，诸如天降大雨、泥石流、各种振动、潮汐等有着密切关系。

8.1.4 地下结构可靠性分析的特点

地下建筑结构设计中的不确定性远比上部结构复杂，在进行地下建筑结构可靠性分析时，应主要考虑以下几个方面：

(1) 周围岩土介质特性的变异性。地下建筑结构周围的岩土介质具有高度的地域差异性，同一地区，岩土体的物理力学性质变化很大，同时，受温度和含水量的影响也比较显著，因此，具有场地效应和时空效应。

(2) 地下建筑结构规模和尺寸的影响。一点或几点的岩土体性质，不能完全代表整个工程范围内的岩土性质，而应考虑一定范围内的岩土平均特性。室内实验多为小尺寸试件，而研究范围的体积与试样尺寸相比非常大。

(3) 极限状态及失效模式的含义不同。结构设计的极限状态分为承载能力极限状态、正常使用极限状态和耐久性极限状态，而地基基础设计中的承载能力极限状态，既包括整体失稳所引起的狭义的承载能力极限状态，也包含由于岩土体的局部破坏或者变形过大导致的上部结构破坏，这可以理解为广义的承载能力极限状态。

(4) 极限状态方程的非线性特征。岩土体的本构模型有多种，具有高度非线性特征，在不同应力水平下，岩土体会表现出不同的变形特性，相应的极限状态方程也可能是非线性的。采用一次二阶矩计算可靠度指标时，需要在破坏面的一点（验算点）作线性化，而不是在基本变量的均值点上线性化。

(5) 土性指标的相关性。描述岩土体性质的指标具有相关性，既有不同指标之间的相关性，即两个随机场的随机变量之间的相关性，也有同一指标的自相关性，即同一随机场不同位置处的两个随机变量之间的相关性。作为随机变量的某一土性概率特征参数，不仅有均值和方差，还有自相关函数，土性的相关性问题可以在计算方法中考虑。当采用一次二阶矩法时，公式中会出现相关变量的协方差，这些协方差可根据变量的性质和实测值进行分析计算。

(6) 概率与数理统计的理论与方法的应用。地下结构的可靠性研究始于 20 世纪 50 年代，由美国学者卡萨哥兰德于 1956 年提出的土木与基础工程中的风险计算问题，将概率论与数理统计应用于地下工程的风险评估。基于可靠度的地下结构优化设计，既可以实现安全与经济的统一，而且更加合理地反映工程的安全程度。

8.2 可靠度分析的基本原理

8.2.1 基本随机变量

结构可靠度理论是考虑到工程结构设计中存在着诸多不确定性而产生的，不确定性是指出现或发生的结果是不确定的，需要用不确定性理论和方法进行分析和推断。通常将结构设计中影响结构可靠性的不确定性分为随机性、模糊性和知识的不完善性，目前的结构可靠度理论主要讨论的是随机不确定性下的可靠度。

分析结构的可靠度，需要考虑有关的设计参数。结构的设计参数主要分为两大类：一类是施加在结构上的直接作用或引起结构外加变形或约束变形的间接作用，如结构承受的人群、设备、车辆的重量，以及施加于结构的风、雪、冰、土压力、水压力、温度作用等，这些作用引起的结构内力、变形等称为作用效应或荷载效应。另一类则是结构及其材料承受作用效应的能力，称为抗力，抗力取决于材料强度、截面尺寸、连接条件等。

实际上，各参数的具体数值是未知的，因而可以当作随机变量来考虑。通常，我们可以得到和使用的信息就是随机变量的统计规律，这些统计规律构成了结构可靠性分析和设计的基本条件和内容。因此，在结构随机可靠性分析和设计中，决定结构设计性能的各参数都是基本随机变量，表示为向量形式，如 $\boldsymbol{X}=(X_1, X_2, \cdots, X_n)^{\mathrm{T}}$，其中 $X_i(i=1, 2, 3, \cdots, n)$ 为第 i 个基本随机变量。通常情况下，基本随机变量 $X_i(i=1, 2, 3, \cdots, n)$ 的累积分布函数 $F(X_i)$ 和概率密度函数 $f(X_i)$ 是难以获得的，通过概率分布的拟合优度检验后，认为 $F(X_i)$ 或 $f(X_i)$ 是已知的，如正态分布、对数正态分布等。

8.2.2 结构的极限状态

整个结构或结构的一部分超过某一特定状态就不能满足设计规定的某一功能要求，此特定状态称为该功能的极限状态。通常，结构的功能要求包含：安全性、适用性、耐久性。

影响结构可靠性的因素归纳为两个综合量，即结构或构件的荷载效应 S 和抗力 R，定义结构的功能函数 Z 为：

$$Z=g(R,S)=R-S \tag{8-1}$$

$$Z(X)=g(R,S)=g(X_1,X_2,\cdots,X_n) \tag{8-2}$$

式中，R 为结构的抗力；S 为结构的荷载效应；Z 为结构的功能函数，该函数表征一种结构功能，是基本随机变量的函数，结构功能可以是安全性（承载力）、适用性（正常使用）和耐久性；X_1，X_2，…，X_n 是基本随机变量。

结构的极限状态是结构由有效转变为失效的临界状态，其工作状态如图 8-4 所示。

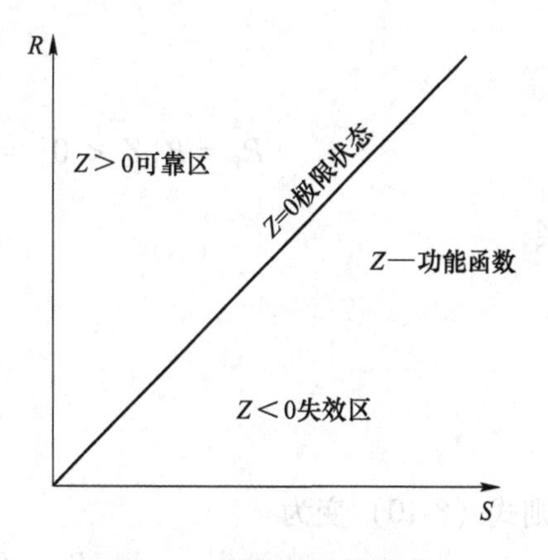

图 8-4 结构的工作状态

结构极限状态一般分为承载能力极限状态、正常使用极限状态和耐久性极限状态。承载能力极限状态是指结构或构件达到最大承载力或不适于继续承载变形的状态。正常使用极限状态是指结构或构件达到正常使用的某项规定限值的状态。耐久性极限状态是指结构或构件在环境影响下出现的劣化达到耐久性的某项规定限值或标志的状态。

8.2.3　地下结构的可靠度

地下建筑结构的可靠度是按照概率度量结构的可靠性，现行《建筑结构可靠性设计统一标准》（GB 50068）将建筑结构可靠性定义为建筑结构在规定时间内、规定的条件下，完成预定功能的能力。对于工程结构，具体的可靠度描述方法有三种，分别为可靠概率 P_S、失效概率 P_F 和可靠度指标 β。结构完成预定功能的概率用可靠概率 P_S 表示；相反，结构不能完成预定功能的概率用失效概率 P_F 表示。

若已知结构功能函数 Z 的概率密度函数 $f_Z(Z)$，则结构的可靠概率为：

$$P_S = P\{Z \geqslant 0\} = \int_0^{\infty} f_Z(Z)\,\mathrm{d}Z \tag{8-3}$$

结构的失效概率为：

$$P_F = P\{Z < 0\} = \int_{-\infty}^{0} f_Z(Z)\,\mathrm{d}Z \tag{8-4}$$

由于结构的可靠（$Z \geqslant 0$）与失效（$Z<0$）是两个不相容事件，它们的和事件是必然事件，即存在以下关系：

$$P_S + P_F = 1 \tag{8-5}$$

记地下结构的荷载效应 S 和抗力 R 的概率密度函数分别为 $f_S(S)$ 和 $f_R(R)$，且二者相互独立，则功能函数 Z 的概率密度函数

$$f_Z(Z) = f_Z(R,S) = f_R(R) \cdot f_S(S) \tag{8-6}$$

结构失效概率为：

$$P_F = P\{Z < 0\} = P\{R - S < 0\} = \iint\limits_{R-S<0} f_R(R) f_S(S)\,\mathrm{d}R\mathrm{d}S \tag{8-7}$$

由于直接应用数值积分方法计算地下结构的失效概率 P_F 比较困难，因此实际中多采用近似方法，为此引入结构可靠指标 β 的概念。

假设 R 和 S 均服从正态分布，则功能函数 $Z=R-S$ 也服从正态分布，其均值和方差为：

$$\mu_Z = \mu_R - \mu_S \tag{8-8}$$

$$\sigma_Z = \sqrt{\sigma_R^2 + \sigma_S^2} \tag{8-9}$$

$$P_F = P\{Z < 0\} = P\left\{\frac{Z}{\sigma_Z} < 0\right\} = P\left\{\frac{Z - \mu_Z}{\sigma_Z} < -\frac{\mu_Z}{\sigma_Z}\right\} \tag{8-10}$$

令

$$\begin{cases} Y = \dfrac{Z - \mu_Z}{\sigma_Z} \\ \beta = \dfrac{\mu_Z}{\sigma_Z} \end{cases} \tag{8-11}$$

则式（8-10）变为

$$P_F = P\{Y < -\beta\} = \Phi(-\beta) \tag{8-12}$$

$$P_F = P\{Z < \mu_Z - \beta\sigma_Z\} \tag{8-13}$$

因此，结构可靠度指标β的物理意义是：从均值到原点以标准差σ_Z为度量单位的距离，如图8-5所示。

$$\beta = \frac{\mu_Z}{\sigma_Z} = \frac{\mu_R - \mu_S}{\sqrt{\sigma_R^2 + \sigma_S^2}} \tag{8-14}$$

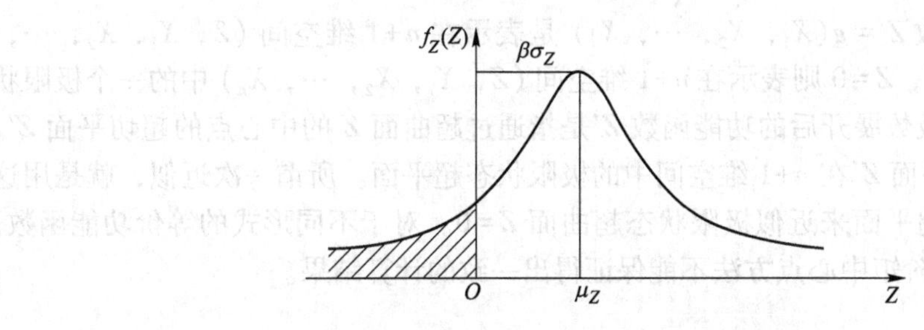

图8-5　正态功能函数概率密度函数曲线

当β变小时，阴影部分的面积增大，亦即失效概率P_F增大；当β变大时，阴影部分的面积减小，亦即失效概率P_F减小。

$$\beta = -\Phi^{-1}(P_F) \tag{8-15}$$

8.3　可靠度分析的近似方法

8.3.1　中心点法

其基本思想是不考虑基本随机变量的实际分布，将基本变量经过统计与分析得出各基本随机变量的平均值μ和标准差σ，以此来代替其概率密度函数以计算失效概率，并将极限状态功能函数选在平均值处，用Taylor级数展开，使之线性化，然后求解可靠度。

设有n个基本随机变量，结构的功能函数表示为：

$$Z = g(X_1, X_2, \cdots, X_n) \tag{8-16}$$

式中，X_1，X_2，…，X_n表示基本随机变量$X_i(i = 1, 2, \cdots, n)$。

将Z在各基本随机变量的平均值μ_{X_i}上展开为Taylor级数，并近似取线性项，即

$$Z \approx Z' = g(\mu_{X_1}, \mu_{X_2}, \cdots, \mu_{X_n}) + \sum_{i=1}^{n} \left.\frac{\partial g}{\partial X_i}\right|_{\mu_{X_i}} (X_i - \mu_{X_i}) \tag{8-17}$$

则极限状态方程为：

$$Z' = g(\mu_{X_1}, \mu_{X_2}, \cdots, \mu_{X_n}) + \sum_{i=1}^{n} \left.\frac{\partial g}{\partial X_i}\right|_{\mu_{X_i}} (X_i - \mu_{X_i}) \tag{8-18}$$

因此，Z'的平均值为：

$$\mu_{Z'} = g(\mu_{X_1}, \mu_{X_2}, \cdots, \mu_{X_n}) \tag{8-19}$$

当各基本随机变量X_i、X_j之间相互独立时，Z'的标准差为：

$$\sigma_{Z'} = \sqrt{\sum_{i=1}^{n} \left(\left.\frac{\partial g}{\partial X_i}\right|_{\mu_{X_i}} \cdot \sigma_{X_i} \right)^2} \tag{8-20}$$

如果近似取$\mu_Z \approx \mu_{Z'}$，$\sigma_Z \approx \sigma_{Z'}$，则在非线性问题中，C. A. Cornell 认为可近似按下式确定可靠度指标：

$$\beta = \frac{\mu_Z}{\sigma_Z} \simeq \frac{g(\mu_{X_1}, \mu_{X_2}, \cdots, \mu_{X_n})}{\sqrt{\sum_{i=1}^{n}\left(\left.\frac{\partial g}{\partial X_i}\right|_{\mu_{X_i}} \cdot \sigma_{X_i}\right)^2}} \tag{8-21}$$

在这里，功能函数$Z = g(X_1, X_2, \cdots, X_n)$是表示在$n+1$维空间（$Z$，$X_1$，$X_2$，…，$X_n$）中的一个超曲面$Z$，$Z=0$则表示在$n+1$维空间（$Z$，$X_1$，$X_2$，…，$X_n$）中的一个极限状态超曲面。经 Taylor 级数展开后的功能函数Z'是指通过超曲面Z的中心点的超切平面Z'，相应的$Z'=0$是超切平面Z'在$n+1$维空间中的极限状态超平面。所谓一次近似，就是用这个$Z'=0$的极限状态超平面来近似极限状态超曲面$Z=0$。对于不同形式的等价功能函数，C. A. Cornell 的一次二阶矩中心点方法不能保证得出一致的计算结果。

8.3.2　验算点法

针对一次二阶矩中心点法的主要缺点，A. M. Hasofer 和 N. C. Lind（1974）建议根据失效面而不是功能函数定义失效模式的可靠度指标β，并以此提出了改进的一次二阶矩法（AFOSM），此法不会因为功能函数形式上的不同而得出不同的可靠度指标β。

当功能函数Z为非线性时，不以通过中心点的超切平面作线性近似，而是将线性化点选在失效的边界$Z=0$上，而且选在与结构最大可能失效概率对应的点P^*（X_1^*，X_2^*，…，X_n^*）上。然后在P^*点上用 Taylor 级数展开，使之线性化，求解结构的可靠度指标和失效概率，以避免中心点法的误差。

设有n个服从正态分布的基本随机变量，结构的功能函数表示为：

$$Z = g(X_1, X_2, \cdots, X_n) \tag{8-22}$$

式中，X_1，X_2，…，X_n为基本随机变量$X_i \sim N(\mu_{X_i}, \sigma_{X_i}^2)$，（$i=1$，2，…，$n$）。

对于非正态变量，可由 R-F 变换在设计验算点P^*处进行当量正态化，从而求得相应当量正态变量的均值和方差。当设计验算点选在P^*点，将其坐标点X_i^*（$i=1$，2，…，n）作为线性化点，即将极限状态功能函数用 Taylor 级数在X_i^*点上展开，近似地取一阶项，可得极限状态方程为：

$$Z = g(X_1^*, X_2^*, \cdots, X_n^*) + \sum_{i=1}^{n}\left.\frac{\partial g}{\partial X_i}\right|_{P^*}(X_i - X_i^*) = 0 \tag{8-23}$$

Z的平均值为：

$$\mu_Z = g(X_1^*, X_2^*, \cdots, X_n^*) + \sum_{i=1}^{n}\left.\frac{\partial g}{\partial X_i}\right|_{P^*}(\mu_{X_i} - X_i^*) \tag{8-24}$$

由于设计验算点P^*就是失效边界点，所以有：

$$g(X_1^*, X_2^*, \cdots, X_n^*) = 0 \tag{8-25}$$

$$Z = \sum_{i=1}^{n}\left.\frac{\partial g}{\partial X_i}\right|_{P^*}(X_i - X_i^*) \tag{8-26}$$

当各基本随机变量X_i、X_j之间相互独立时，Z的均值、标准差为：

$$\mu_Z = \sum_{i=1}^{n}\left.\frac{\partial g}{\partial X_i}\right|_{P^*}(\mu_{X_i} - X_i^*) \tag{8-27}$$

$$\sigma_Z = \sqrt{\sum_{i=1}^{n}\left(\left.\frac{\partial g}{\partial X_i}\right|_{P^*} \cdot \sigma_{X_i}\right)^2} \tag{8-28}$$

如果定义随机变量 X_i 对 σ_Z 的贡献的度量称为 X_i 的敏感性系数 α_i，则 α_i 可以用下式表示

$$\alpha_i = \frac{\partial g/\partial X_i|_{P^*} \cdot \sigma_{X_i}}{\sigma_Z} = \frac{\partial g/\partial X_i|_{P^*} \cdot \sigma_{X_i}}{\sqrt{\sum_{i=1}^{n}\left(\left.\frac{\partial g}{\partial X_i}\right|_{P^*} \cdot \sigma_{X_i}\right)^2}} \tag{8-29}$$

同样，可靠度指标 β 为：

$$\beta = \frac{\mu_Z}{\sigma_Z} \tag{8-30}$$

这是验算点法求解可靠度指标 β 的一般公式，但在式中设计验算点 X_i^* 是未知数，可以用迭代法求解。

8.3.3 JC 法

在提出验算点法以后，Rackwitz R. 和 Fiessler B.（1978）将 H-L 算法（改进的一次二阶矩法 AFOSM）的适应条件由正态随机变量构成的功能函数推广到任意随机变量构成的功能函数。R-F 法的核心是将非正态随机变量在设计验算点处转换为正态随机变量，通过迭代计算，使两者在可靠度计算上近似等价。由于 R-F 算法具有良好的普遍适应性，目前已被国际结构安全性联合委员会（JCSS）所采纳并正式命名为 JC 法。

对于对数正态变量 X_i，设其均值和方差分别为 μ_{X_i}、σ_{X_i}，其变异系数为 $\delta_{X_i} = \frac{\sigma_{X_i}}{\mu_{X_i}}$，通过 R-F 变换，可以得到在设计验算点 X_i^* 的当量正态分布变量 X_i' 的均值和方差分别为：

$$\mu_{X_i'} = X_i^*\left(1 - \ln(X_i^*) + \ln\frac{\mu_{X_i}}{\sqrt{1 + \delta_{X_i}}}\right) \tag{8-31}$$

$$\sigma_{X_i'} = X_i^* \sqrt{1 + \delta_{X_i}^2} \tag{8-32}$$

JC 法的实现过程为：

（1）先假定一个可靠度指标 β 值。

（2）对每个基本随机变量 X_i，令其设计验算点处的值 $x_i^* = \mu_{X_i}$。

（3）对每个基本随机变量 X_i，计算 $\partial g/\partial X_i$ 在设计验算点 $x_i^* = \mu_{X_i}$ 处的值。

（4）对于非正态变量 X_j，按式（8-33）、式（8-34）根据 R-F 变换规则进行当量正态化，求得当量正态指标 $\mu_{X_j'}$、$\sigma_{X_j'}$。

$$\mu_{X_j'} = X_j^* - \Phi^{-1}[F_{X_j}(X_j^*)] \cdot \sigma_{X_j'} \tag{8-33}$$

$$\sigma_{X_j'} = \frac{\varphi\{\Phi^{-1}[F_{X_j}(X_j^*)]\}}{f_{X_j}(X_j^*)} \tag{8-34}$$

（5）由式（8-28）计算功能函数的 Z 标准差 σ_Z。

（6）由式（8-27）计算得到功能函数 Z 的均值 μ_Z。

（7）由式（8-25）计算新的设计验算点 x_i^*。

（8）重复步骤（3）~（7），直到所计算得到的 x_i^* 稳定为止，即前后两次 x_i^* 之差满足收敛要求。

（9）由式（8-26）计算 $Z = \sum_{i=1}^{n} \frac{\partial g}{\partial X_i}\Big|_{P^*} (X_i - X_i^*)$ 的值。

（10）修正可靠度指标 β，重复步骤（3）~（9），直到 $Z=0$ 为止迭代结束。

JC 迭代求解流程如图 8-6 所示。

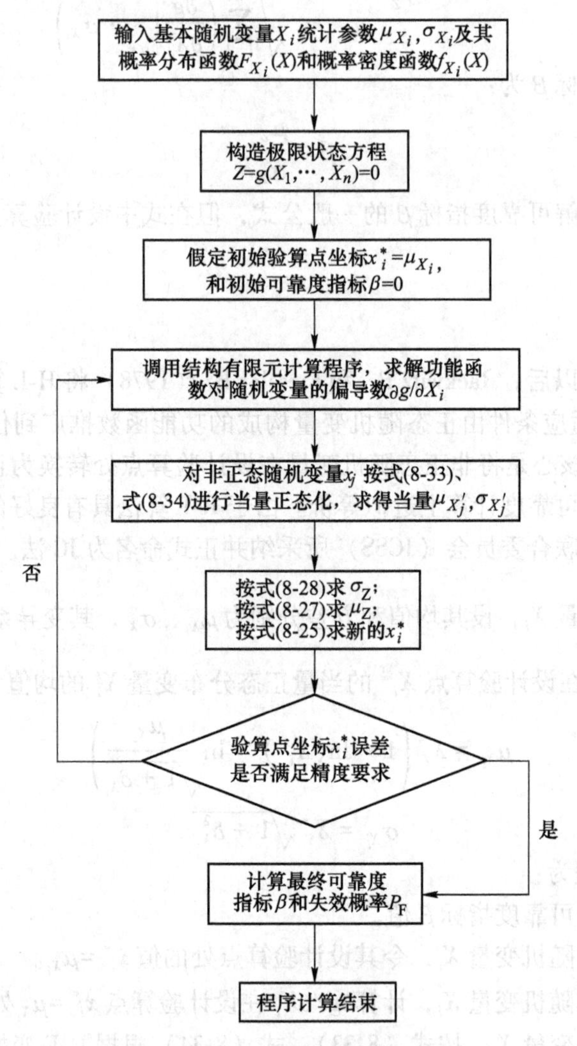

图 8-6　JC 迭代求解流程

在程序实现迭代求解过程中，通常将各随机变量 X_i（$i=1，2，\cdots，n$）通过 R-F 变换转换为当量正态随机变量，然后将当量正态变量变为标准正态变量 Y_i（$i=1，2，\cdots，n$），这样可以简化计算过程。

$$Y_i = \frac{X_i - \mu_{X_i}}{\sigma_{X_i}} \sim N(0,1) \tag{8-35}$$

这样结构功能函数 $Z = g(X_1，X_2，\cdots，X_n)$ 就转化为下列形式

$$Z' = h(Y_1, Y_2, \cdots, Y_n) \tag{8-36}$$

当设计验算点选在 P'^* 点，将其坐标点 $Y_i^*(i=1, 2, \cdots, n)$ 作为线性化点，即将极限状态功能函数用Taylor级数在 Y_i^* 点上展开，近似地取一阶项，可得极限状态方程为：

$$Z' = h(Y_1^*, Y_2^*, \cdots, Y_n^*) + \sum_{i=1}^{n} \frac{\partial h}{\partial Y_i}\bigg|_{P'^*} (Y_i - Y_i^*) = 0 \tag{8-37}$$

Z'的平均值为：

$$\mu_{Z'} = h(Y_1^*, Y_2^*, \cdots, Y_n^*) + \sum_{i=1}^{n} \frac{\partial h}{\partial Y_i}\bigg|_{P'^*} (\mu_{Y_i} - Y_i^*) \tag{8-38}$$

由于设计验算点 P'^* 就是失效边界点，所以有：

$$h(Y_1^*, Y_2^*, \cdots, Y_n^*) = 0 \tag{8-39}$$

$$Z' = \sum_{i=1}^{n} \frac{\partial h}{\partial Y_i}\bigg|_{P'^*} (Y_i - Y_i^*) \tag{8-40}$$

当各基本随机变量 X_i、X_j 之间相互独立时，Y_i、Y_j 也相互独立，Z'的均值、标准差为：

$$\mu_{Z'} = -\sum_{i=1}^{n} \left(\frac{\partial h}{\partial Y_i}\bigg|_{P'^*} Y_i^* \right) \tag{8-41}$$

$$\sigma_{Z'} = \sqrt{\sum_{i=1}^{n} \left(\frac{\partial h}{\partial Y_i}\bigg|_{P'^*} \right)^2} \tag{8-42}$$

如果定义变量 Y_i 对 $\sigma_{Z'}$ 的贡献的度量为变量 Y_i 的敏感度系数 α_i，则可以用下式表示

$$\alpha_i = \frac{\partial h / \partial Y_i |_{P'^*}}{\sigma_{Z'}} \tag{8-43}$$

同样，可靠度指标 β 为：

$$\beta = \frac{\mu_{Z'}}{\sigma_{Z'}} \tag{8-44}$$

结构可靠度指标的几何意义就是 $n+1$ 维标准正态空间（Z'，Y_1，Y_2，…，Y_n）的坐标原点到极限状态超平面 $Z'=0$ 的最短距离，如图 8-7 所示。

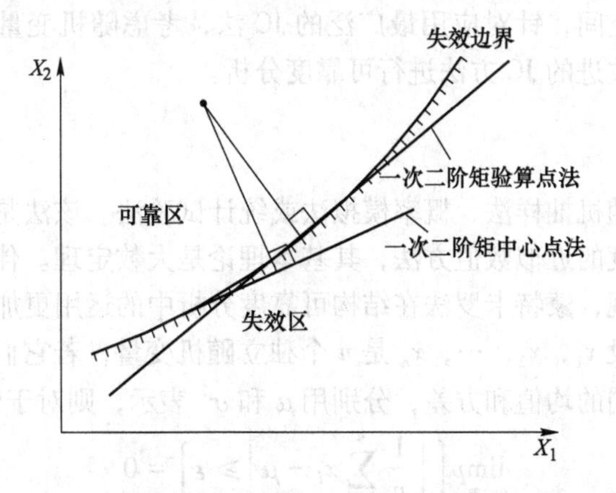

图 8-7　失效边界与中心点的关系

8.3.4 非正态随机变量的“当量正态化”

JC 法适合于随机变量为任意分布的结构可靠度指标计算。我国现行《建筑结构可靠性设计统一标准》（GB 50068）和《铁路工程结构可靠性设计统一标准》（GB 50216）中都规定采用 JC 法进行结构的可靠度计算。

JC 法的基本思路是在引用验算点法之前，将非正态随机变量先“当量正态化”。“当量正态化”的条件是：

（1）在验算点 X_i^* 处，当量正态分布变量 X_i'（其均值 $\mu_{X_i'}$，方差 $\sigma_{X_i'}$）的分布函数 $F_{X_i'}(X_i^*)$ 与原非正态分布变量 X_i（其均值 μ_{X_i}，方差 σ_{X_i}）的分布函数 $F_{X_i}(X_i^*)$（尾部的面积）相等；

（2）在验算点 X_i^* 处，当量正态分布变量 X_i' 的概率密度函数 $f_{X_i'}(X_i^*)$ 与原非正态分布变量 X_i 的概率密度函数 $f_{X_i}(X_i^*)$（纵坐标）相等。

以上两个条件如图 8-8 所示。

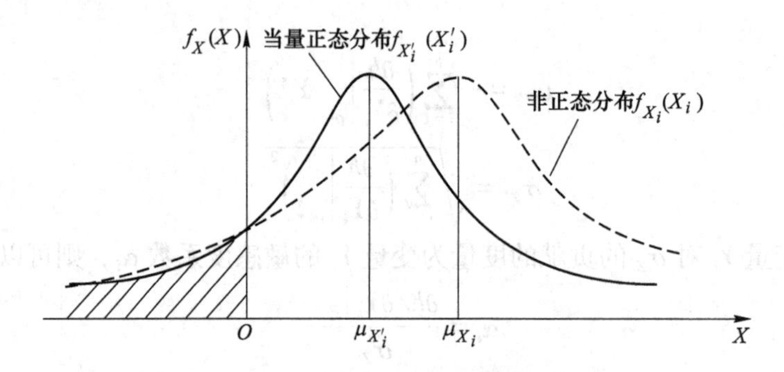

图 8-8 JC 法中对非正态随机变量的当量正态化

验算点法和 JC 法中，功能函数中各基本变量之间相互独立。但在实际地下建筑结构工程问题中，影响结构可靠性的随机变量间可能存在相关性，如土的黏聚力与内摩擦角之间负相关，容重与压缩模量、黏聚力之间等正相关。随机变量间的相关性对结构的可靠度有明显影响，在结构可靠度分析中应予以充分考虑。一般采用协方差矩阵将相关变量空间转化为不相关的变量空间，针对应用最广泛的 JC 法，考虑随机变量的分布类型和变量之间的相关性，可采用改进的 JC 方法进行可靠度分析。

8.3.5 蒙特卡罗法

蒙特卡罗法又称随机抽样法、概率模拟法或统计试验法。该法是通过随机模拟和统计试验来求解结构可靠度的近似数值方法，其基本理论是大数定理。伴随着各种降低抽样方差技巧和新方法的出现，蒙特卡罗法在结构可靠度分析中的运用更加广泛。

根据大数定理，设 x_1，x_2，…，x_n 是 n 个独立随机变量，若它们来自同一母体，有相同的分布，且具有相同的均值和方差，分别用 μ 和 σ^2 表示，则对于任意 $\varepsilon>0$，都有：

$$\lim_{n\to\infty} p\left[\left|\frac{1}{n}\sum_{i=1}^{n} x_i - \mu\right| \geqslant \varepsilon\right] = 0 \tag{8-45}$$

另外，若随机事件 A 发生的概率为 $P(A)$，在 n 次独立试验中，事件 A 发生的次数为

m，频率为 $W(A)=m/n$，则对于任意 $\varepsilon>0$ 都有：

$$\lim_{n\to\infty} p\left[\left|\frac{m}{n}-P(A)\right|<\varepsilon\right]=1 \tag{8-46}$$

蒙特卡罗法是从同一母体中抽取简单子样来做抽样试验。由上述两式可知，当 n 足够大时，$(\sum x_i)/n$ 依概率收敛于 μ，而频率 m/n 以概率 1 收敛于 $P(A)$。因此，从理论上来说蒙特卡罗法的应用范围几乎没有什么限制。

8.3.5.1　均匀分布随机数的产生

产生均匀随机数的方法很多，如随机数表法、物理方法、数学方法等。在计算机上用数学方法产生随机数是目前使用较广、发展较快的一种方法，它是利用数学递推公式来产生随机数。较典型的有取中法、加同余法、乘同余法、混合同余法和组合同余法等。这些方法中，尤以乘同余法以它的统计性能优良、周期长等特点而更被人们广泛应用。

乘同余法的表达式为：

$$x_{i+1}=(ax_i+c)\bmod(m) \tag{8-47}$$

式中，a、c、m 均为正整数。

式（8-47）表示以 m 为模数的同余式，即以 m 除（ax_i+c）后得到的余数记为 x_{i+1}。具体计算时，引入参数 k_i，令

$$k_i=\mathrm{int}\left(\frac{ax_i+c}{m}\right) \tag{8-48}$$

式中，int(·) 表示取整。此时式（8-47）表示为

$$x_{i+1}=ax_i+c-mk_i \tag{8-49}$$

再将 x_{i+1} 除以 m 后，即可得到标准化的随机数 u_{i+1}

$$u_{i+1}=x_{i+1}/m \tag{8-50}$$

利用式（8-47）~式（8-50）迭代，可求得标准均匀分布随机数 u_{i+1}。一般情况下，为了尽量避免随机数的周期性，m 通常取值非常大，许多文献建议取值范围为 $2^{31}\sim2^{35}$。

8.3.5.2　正态分布随机数的产生

先产生标准均匀分布随机数，然后通过变换得到正态分布随机数。

设随机数 u_n 和 u_{n+1} 是 0~1 区间的两个均匀随机数，则可用下列变换得到标准正态分布 $N(0,1)$ 的两个随机数 x_n^*，x_{n+1}^*：

$$\begin{cases}x_n^*=(-2\ln u_n)^{1/2}\cos(2\pi u_{n+1})\\ x_{n+1}^*=(-2\ln u_n)^{1/2}\sin(2\pi u_{n+1})\end{cases} \tag{8-51}$$

如果随机变量 X 服从一般正态分布 $N(\mu_x,\sigma_x)$，则随机数 x_n，x_{n+1} 可由下式计算得到

$$\begin{cases}x_n=x_n^*\sigma_x+\mu_x\\ x_{n+1}=x_{n+1}^*\sigma_x+\mu_x\end{cases} \tag{8-52}$$

式中的随机数 x_n，x_{n+1} 成对产生，它们不仅均服从一般正态分布，而且还相互独立。

8.3.5.3　对数正态分布随机数的产生

对数正态分布变量随机数产生的方法是先将均匀随机数变换为正态分布随机数，然后再转化为对数正态分布随机数。如果设 X 为对数正态分布，且其均值为 μ_X，标准差为 σ_Z，

变异系数 $\delta_X=\sigma_X/\mu_X$；$Y=\ln X$ 服从正态分布，所以有：

$$\sigma_Y = \sigma_{\ln X} = \sqrt{\ln(1+\delta_X^2)} \tag{8-53}$$

$$\mu_Y = \mu_{\ln X} = \ln\left(\frac{\mu_X}{\sqrt{1+\delta_X^2}}\right) \tag{8-54}$$

Y 的随机数可由式（8-52）产生，所以有 $x_i=\exp(y_i)$。

蒙特卡罗法从模拟的角度求解结构失效概率，它没有考虑随机变量的相关条件，但能自然地满足功能函数的相关条件，所得结果的精度是比较高的，它一般作为其他求解方法的验证。但同时应该看到，如果结构失效概率很小时蒙特卡罗法的计算成本是相当高的。

8.3.6 结构体系可靠度

地下建筑结构构成非常复杂。从构件的材料来看，有脆性材料、延性材料、单一材料、多种材料；从失效的模式上来说有多种，如挡土结构的单一失效模式有倾覆、滑移和承载力不足三种，或者同时由这三者的组合；从结构构件组成的系统来看，有串联系统、并联系统、混联系统等，如对有支撑的基坑围护结构，如果支撑体系中一根支撑破坏，很有可能导致整个基坑失稳，基坑的支撑系统就是串联系统。

（1）结构构件的失效性质。构成整个结构的诸构件（连接也看成特殊构件），由于其材料和受力性质的不同，可以分成脆性和延性两类构件。脆性构件是指一旦失效立即完全丧失功能的构件，如隧道工程中采用的刚性支撑一旦破坏，即丧失承载力。延性构件是指失效后仍能维持原有功能的构件，如隧道工程中采用的柔性衬砌具有一定的屈服平台，在达到屈服承载力后能保持该承载力而继续变形。构件失效的性质不同，对结构体系可靠度的影响也不同。

（2）结构体系的失效模式。结构由构件组成，由于组成结构的方式和构件的失效性质不同，构件失效引起结构失效的方式将具有各自的特殊性。但如果将结构体系失效的各种方式模型化后，总可以归并为三种基本形式，即串联模型、并联模型和串-并联模型。

1）串联模型。若结构中任意构件失效，则整个结构也失效，具有这种逻辑关系的结构系统可用串联模型表示。所有静定结构的失效分析均可采用串联模型。

设某地下结构串联系统有 n 个元件，元件 X_i 未失效的事件记为 X_i，当各元件的工作状态完全独立时，结构体系的失效概率为：

$$P_f = 1 - P\left(\prod_{i=1}^{n} X_i\right) = 1 - \prod_{i=1}^{n}(1-P_{f_i}) \tag{8-55}$$

当各元件的工作状态完全相关时，结构体系的失效概率为：

$$P_f = 1 - P(\min_{i\in 1,n} X_i) = 1 - \min_{i\in 1,n}(1-P_{f_i}) = \max_{i\in 1,n} P_{f_i} \tag{8-56}$$

一般串联系统的失效概率介于上述两种极端情况之间，即

$$\max_{i\in 1,n} P_{f_i} \leqslant P_f \leqslant 1 - \prod_{i=1}^{n}(1-P_{f_i}) \tag{8-57}$$

2）并联模型。若结构中有一个或一个以上的构件失效，剩余的构件或与失效的延性构件仍能维持整体结构的功能，则这类结构系统称为并联系统。超静定结构的失效可用并联模型表示。

设某地下结构并联系统有 n 个元件，元件 X_i 失效的事件记为 $\overline{X}_i$，当元件的工作状态完全独立时，结构体系的失效概率为：

$$P_f = P\left(\prod_{i=1}^{n} \overline{X}_i\right) = \prod_{i=1}^{n} P_{f_i} \tag{8-58}$$

当各元件的工作状态完全相关时，结构体系的失效概率为：

$$P_f = P\left(\min_{i\in 1,n} \overline{X}_i\right) = \min_{i\in 1,n} P_{f_i} \tag{8-59}$$

一般并联系统的失效概率介于上述两种极端情况之间，即

$$\prod_{i=1}^{n} P_{f_i} \leqslant P_f \leqslant \min_{i\in 1,n} P_{f_i} \tag{8-60}$$

对于并联系统，元件的脆性或延性性质将影响系统的可靠度及其计算模型。脆性元件在失效后将逐个从系统中退出工作，因此在计算系统的可靠度时，要考虑元件的失效顺序。而延性元件在其失效后仍将在系统中维持原有的功能，因此只要考虑系统最终的失效形态。

3）混合联合模型。在延性构件组成的超静定结构中，若结构的最终失效形态不限于一种，则这类结构系统可用串-并联模型表示。

8.4 地下结构耐久性设计

8.4.1 混凝土结构耐久性设计原则及内容

混凝土结构的耐久性设计可分为经验方法和定量方法。经验方法将环境作用按其严重程度定性地划分成几个作用等级，在工程经验类比的基础上，对不同环境作用等级下的混凝土结构构件，直接规定混凝土材料的耐久性质量要求（通常用混凝土强度等级、水胶比、胶凝材料用量等指标表示）和钢筋保护层厚度等构造要求。定量方法对环境作用需要定量界定，然后选用适当的劣化模型求出环境作用效应，得出耐久性极限状态下的环境作用效应与耐久性抗力的关系，可针对使用年限来计算材料与构造参数，也可针对确定的材料与构造参数来验算使用年限。作为耐久性设计目标，结构设计使用年限应具有规定的安全度，所以在环境作用效应与耐久性抗力关系式中应引入相应的安全系数。耐久性设计的经验方法和定量方法并不对立，两者在同一设计过程中互为补充：经验方法确定总体布置、构造、耐久性控制过程及材料类型；定量方法在此基础上对确定的耐久性极限状态、材料性质和构造参数进行定量设计。目前，环境作用下耐久性设计的定量计算方法尚未成熟到能在工程中普遍应用的程度。

混凝土结构耐久性设计应遵循以下原则。

（1）应根据结构的设计使用年限、结构所处的环境类别和环境作用等级进行耐久性设计。

（2）应坚持经验方法和定量方法相结合的原则，当具有定量的劣化模型时，可按规范规定针对耐久性参数和指标进行定量设计；当没有定量的劣化模型时，应从材料、构造和施工多方面按照规范要求进行耐久性设计。

（3）从全寿命和全过程的设计理念来看，结构设计应全面考虑设计、施工及使用期的

维护管理，设计阶段应明确提出混凝土结构使用阶段的维护制度设计的内容和原则，明确结构使用阶段的维护、检测要求，包括设置必要的检测通道，预留检测维修的空间和装置等。

（4）暴露于氯化物环境下的重要混凝土结构，应按规范规定针对耐久性参数和指标进行定量设计与校核。

（5）对于严重环境作用下的混凝土工程，为确保使用年限，除进行施工建造前的结构耐久性设计外，尚应根据竣工后实测的混凝土耐久性和保护层厚度进行结构耐久性的再设计，以便针对问题及时采取措施；在结构使用年限内，尚需根据实测的材料劣化数据对结构的剩余使用年限做出判断，并针对问题继续进行再设计，必要时追加防腐措施或适时修复。

混凝土结构的耐久性设计内容如图 8-9 所示。

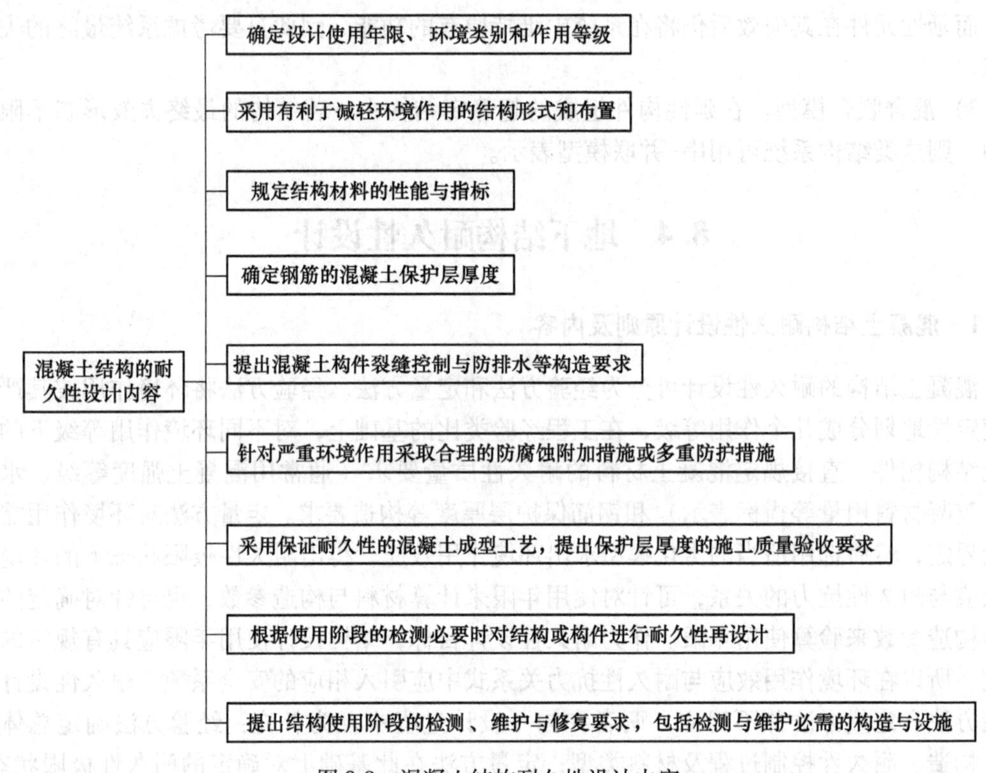

图 8-9 混凝土结构耐久性设计内容

8.4.2 环境类别与作用等级

环境作用指温度、湿度及其变化以及二氧化碳、氧、盐、酸等环境因素对结构或材料性能的影响。结构耐久性指在环境作用和正常维护、使用条件下，结构或构件在设计使用年限内保持其适用性和安全性的能力。

环境类别可分为一般环境、冻融环境、氯化物环境和化学腐蚀环境。一般环境指无冻融、氯化物和其他化学腐蚀物质作用的混凝土结构或构件的暴露环境。冻融环境指混凝土结构或构件经受反复冻融作用的暴露环境。氯化物环境指混凝土结构或构件受到氯盐侵入作用并引起内部钢筋锈蚀的暴露环境，具体包括海洋氯化物环境和除冰盐等其他氯化物环境。化学腐蚀环境指混凝土结构或构件受到自然环境中化学物质腐蚀作用的暴露环境，具体包括水、土中化学腐蚀环境和大气污染腐蚀环境。

现行《混凝土结构耐久性设计标准》（GB/T 50476）规定，混凝土结构暴露环境类别应按表 8-1 的规定确定。

表 8-1　环境类别

环境类别	名称	劣化机理
Ⅰ	一般环境	正常大气作用引起钢筋锈蚀
Ⅱ	冻融环境	反复冻融导致混凝土损伤
Ⅲ	海洋氯化物环境	氯盐侵入引起钢筋锈蚀
Ⅳ	除冰盐等其他氯化物环境	氯盐侵入引起钢筋锈蚀
Ⅴ	化学腐蚀环境	硫酸盐等化学物质对混凝土的腐蚀

当结构构件受到多种环境类别共同作用时，应分别针对每种环境类别进行耐久性设计。配筋混凝土结构的环境作用等级应按表 8-2 的规定确定。

表 8-2　环境作用等级

环境作用等级 / 环境类别	A 轻微	B 轻度	C 中度	D 严重	E 非常严重	F 极端严重
一般环境	Ⅰ-A	Ⅰ-B	Ⅰ-C	—	—	—
冻融环境	—	—	Ⅱ-C	Ⅱ-D	Ⅱ-E	—
海洋氯化物环境	—	—	Ⅲ-C	Ⅲ-D	Ⅲ-E	Ⅲ-F
除冰盐等其他氯化物环境	—	—	Ⅳ-C	Ⅳ-D	Ⅳ-E	—
化学腐蚀环境	—	—	Ⅴ-C	Ⅴ-D	Ⅴ-E	—

普通混凝土结构遭受多种环境类别共同作用的效应非常复杂，一般应考虑如下内容。

（1）当结构构件受到多种环境类别共同作用时，应分别满足每种环境类别单独作用下的耐久性要求。

（2）在长期潮湿或接触水的环境条件下，混凝土结构的耐久性设计应考虑混凝土可能发生的碱-骨料反应、钙矾石延迟生成和环境水对混凝土的溶蚀，在设计中采取相应的措施。

（3）混凝土结构的耐久性设计应考虑高速流水、风沙及车轮行驶对混凝土表面的冲刷、磨损作用等实际使用条件对耐久性的影响。

8.4.3　有利于减轻环境作用的结构形式、布置和构造

混凝土构件中最外侧的钢筋会首先发生锈蚀，一般是箍筋和分布筋，在双向板中也可能是主筋。箍筋的锈蚀可引起构件混凝土沿箍筋的环向开裂，而墙、板中分布钢筋的锈蚀除引起开裂外，还会导致保护层的成片剥落，这些都是结构的正常使用所不允许的。保护层厚度的尺寸较小，而钢筋出现锈蚀的年限大体与保护层厚度的平方成正比，保护层厚度的施工偏差会对耐久性造成很大的影响。现行《混凝土结构耐久性设计标准》（GB/T

50476）规定：

（1）不同环境作用下钢筋主筋、箍筋和分布筋，其混凝土保护层厚度应满足钢筋防锈、耐火及与混凝土之间黏结力传递的要求，且混凝土保护层厚度设计值不得小于钢筋的直径。

（2）具有连续密封套管的后张预应力钢筋，其混凝土保护层厚度可与普通钢筋相同且不应小于孔道直径的1/2；没有密封套管的后张预应力钢筋，其混凝土保护层厚度应比普通钢筋增加10mm。

（3）工厂预制的混凝土构件，其普通钢筋和预应力筋的混凝土保护层厚度可比现浇构件减少5mm。

（4）根据耐久性要求，在荷载作用下配筋混凝土构件的表面裂缝最大宽度计算值不应超过表8-3中的限值。对裂缝宽度无特殊外观要求的，当保护层设计厚度超过30mm时，可将厚度取为30mm计算裂缝的最大宽度。

表8-3 表面裂缝计算宽度限值

环境作用等级	钢筋混凝土构件/mm	有黏结预应力混凝土构件/mm
A	0.40	0.20
B	0.30	0.20（0.15）
C	0.20	0.10
D	0.20	按二级裂缝控制或按部分预应力A类构件控制
E，F	0.15	按一级裂缝控制或按全预应力类构件控制

注：1. 括号中的宽度适用于采用钢丝或钢绞线的先张预应力构件；

2. 裂缝控制等级为二级或一级时，按现行国家标准《混凝土结构设计规范》（GB 50010）。

（5）有自防水要求的混凝土构件，其横向弯曲的表面裂缝计算宽度不应超过0.20mm。

（6）混凝土结构构件的形状和构造应有效地避免水、汽和有害物质在混凝土表面的积聚，并应采取下列构造措施。

1）受雨淋或可能积水的混凝土构件顶面应做成斜面，斜面应消除结构挠度和预应力反拱对排水的影响。

2）受雨淋的室外悬挑构件外侧边下沿，应做滴水槽、鹰嘴等构造措施。

3）屋面、桥面应专门设置排水系统等防止将水直接排向下部构件混凝土表面的措施。

4）在混凝土结构构件与上覆的露天面层之间，应设置防水层。

5）环境作用等级为D、E、F的混凝土构件，应采取下列减小环境作用的措施。

6）减少混凝土结构构件表面的暴露面积。

7）避免表面的凹凸变化。

8）宜将构件的棱角做成圆角。

（7）可能遭受碰撞的混凝土结构，应设置防止出现碰撞的预警设施和避免碰撞损伤的防护措施。

（8）施工缝、伸缩缝等连接缝的设置宜避开局部环境作用不利的部位，当不能避开不利部位时应采取防护措施。

（9）暴露在混凝土结构构件外的吊环、紧固件、连接件等金属部件，表面应采用防腐措施，具体措施可按现行行业标准《海港工程混凝土结构防腐蚀技术规范》（JTJ 275）的规定执行；当环境类别为Ⅲ、Ⅳ时，其防腐范围应为从伸入混凝土内 100mm 处起至露出混凝土外的所有表面。

（10）后张法预应力体系应按规范的规定，采取多重防护措施。

（11）混凝土结构可采用防腐蚀附加措施来确保构件的设计使用年限，不同环境类别下可采用的防腐蚀附加措施应符合规范的规定。

8.4.4　混凝土材料的耐久性质量要求

混凝土材料应根据结构所处的环境类别、作用等级和结构设计使用年限，按同时满足混凝土最低强度等级、最大水胶比和混凝土原材料组成的要求确定。对重要工程或大型工程，应针对具体的环境类别和作用等级，分别提出抗冻耐久性指数、氯离子在混凝土中的扩散系数等具体量化耐久性指标。结构构件的混凝土强度等级应同时满足耐久性和承载能力的要求。

现行《混凝土结构耐久性设计标准》（GB/T 50476）规定，普通配筋混凝土结构满足耐久性要求的混凝土最低强度等级应符合表 8-4 的要求。耐久性强度等级主要是对钢筋混凝土保护层的要求，通过强度指标来要求保护层混凝土的致密性，保护层混凝土的致密性和自身的厚度是对内部钢筋保护的两个重要因素。

表 8-4　满足耐久性要求的普通混凝土最低强度等级

环境类别与作用等级	设计使用年限		
	100 年	50 年	30 年
Ⅰ-A	C30	C25	C25
Ⅰ-B	C35	C30	C25
Ⅰ-C	C40	C35	C30
Ⅱ-C	C_a35，C45	C_a30，C45	C_a30，C40
Ⅱ-D	C_a40	C_a35	C_a35
Ⅱ-E	C_a45	C_a40	C_a40
Ⅲ-C，Ⅳ-C，Ⅴ-C	C45	C40	C40
Ⅲ-D，Ⅳ-D			
Ⅴ-D			
Ⅲ-E，Ⅳ-E，Ⅴ-E	C50	C45	C45
Ⅲ-F	C50	C50	C50

注：1. 素混凝土结构满足耐久性要求的混凝土最低强度等级，一般环境不应低于 C15，预应力混凝土构件的混凝土最低强度等级不应低于 C40；C_a35 指引气混凝土。

2. 如能加大钢筋的保护层厚度，大截面受压墩、柱等混凝土强度等级可以低于表中规定的数值，但不应低于规范中规定的素混凝土最低强度等级。

8.4.5 耐久性所需的施工要求

现行《混凝土结构耐久性设计标准》（GB/T 50476）规定，根据结构所处的环境类别与环境作用等级，混凝土的施工养护应符合表 8-5 的规定。

表 8-5 施工养护制度要求

环境作用等级	混凝土类型	养护制度
Ⅰ-A	一般混凝土	至少养护 1 天
	矿物掺和料混凝土	浇筑后立即覆盖并加湿养护，至少养护 3 天
Ⅰ-B，Ⅰ-C，Ⅱ-C，Ⅲ-C，Ⅳ-C，Ⅴ-C，Ⅱ-D	一般混凝土	养护至现场混凝土强度不低于 28 天标准强度的 50%，且不少于 3 天
Ⅴ-D，Ⅱ-E，Ⅴ-E	矿物掺和料混凝土	浇筑后立即覆盖、加湿养护至现场混凝土的强度不低于 28 天标准强度的 50%，且不少于 7 天
Ⅲ-D，Ⅳ-D，Ⅲ-E，Ⅳ-E，Ⅲ-F	矿物掺和料混凝土	浇筑后立即覆盖、加湿养护至现场混凝土的强度不低于 28 天标准强度的 50%，且不少于 7 天。继续保湿养护至现场混凝土的强度不低于 28 天，标准强度的 70%

注：1. 表中要求适用于混凝土表面大气温度不低于 10℃ 的情况，否则应延长养护时间；
2. 有盐的冻融环境中混凝土施工养护应按Ⅲ、Ⅳ类环境的规定执行；
3. 矿物掺和料混凝土在Ⅰ-A 环境中用于永久浸没于水中的构件。

（1）处于Ⅰ-A、Ⅰ-B 环境下的混凝土结构构件，其保护层厚度施工质量验收要求应按现行国家标准《混凝土结构工程施工质量验收规范》（GB 50204）的规定执行。

（2）环境作用等级为 C、D、E、F 的混凝土结构构件，保护层厚度的施工质量验收应符合下列规定。

1）对选定的每一配筋构件，选择有代表性的最外侧钢筋 8～16 根进行混凝土保护层厚度的无破损检测。对每根钢筋，应选取 3 个代表性部位测量。

2）当同一构件所有测点有 95%或以上的实测保护层厚度 c_1 满足下式要求时，则应认为合格：

$$c_1 \geqslant c - \Delta \tag{8-61}$$

式中，c 为保护层设计厚度；Δ 为保护层施工允许负偏差的绝对值，对梁、柱等条形构件取 10mm，板、墙等面形构件取 5mm。

8.4.6 防腐蚀措施或多重防护策略

（1）在环境作用下，混凝土结构采用防腐蚀附加措施是为了减轻环境对混凝土构件的作用、减缓混凝土构件的劣化过程，达到延长构件的使用年限的目的。从耐久性设计角度，如果采用的防腐蚀措施的保护作用持续周期较为明确，则可考虑其对构件使用年限的贡献，即混凝土构件和防腐蚀措施在环境作用下共同完成构件的使用年限。如果措施的保护作用及其有效周期无定量研究和数据支撑，则可作为提高原混凝土构件对使用年限保证率的措施。

防腐蚀附加措施应考虑具体的环境作用，具体环境条件或者构件局部环境的施工与维护条件便利与否。如果使用的防腐蚀措施显著却增加工程造价，则需要综合考虑防腐蚀附加措施的成本与其保护效果，使构件的全寿命成本达到合理的水平。

（2）环境作用下混凝土结构的防腐蚀措施可分为混凝土的防腐措施和钢筋的防腐措施。混凝土的防腐蚀措施主要包括表面涂层和硅烷浸渍，两类措施都起到隔离混凝土表面与周围环境的作用，因此能够阻止和延缓环境中侵蚀性介质进入混凝土内部。一般环境对混凝土结构的腐蚀主要是碳化引起的钢筋锈蚀。表面涂层是在混凝土表面形成一层隔离屏障，阻止环境中有害介质侵入混凝土；而硅烷浸渍是在混凝土表面施涂一种可渗入混凝土表层的硅烷材料，在混凝土表层形成憎水层，从而阻止环境中水及有害离子侵入混凝土。这两种措施均适用于以碳化为主要腐蚀特征的一般环境。对于冻融环境，表面涂层和硅烷浸渍可有效阻止或减轻环境水渗入混凝土，对冻融破坏具有显著防护作用。海洋环境、除冰盐及其他氯化物环境，腐蚀特征主要是环境中氯离子从混凝土表面迁移到混凝土内部，当到达钢筋表面的氯离子积累到一定浓度（临界浓度）后，引发钢筋锈蚀破坏。

钢筋的防腐蚀措施针对的是钢筋的防锈过程，其中环氧涂层钢筋指在钢筋表面通过涂刷环氧有机涂层形成对钢筋表面的直接防护膜，隔绝钢筋和混凝土周围介质，延迟钢筋锈蚀过程。阻锈剂为化学试剂（如磷氟酸钠），能够有效提高钢筋锈蚀的临界氯离子浓度，延缓氯盐环境中钢筋锈蚀进程。阴极保护直接对钢筋进行电化学保护，使钢筋处于被保护状态。外加电流阴极保护即在钢筋混凝土构件上外加电场，给钢筋施加阴极电流，一方面使钢筋的电位负向增高，使其位于钝化区内，即使氯离子浓度较高也不会发生钝化膜破坏，保证钢筋本体避免腐蚀。另一方面，钢筋和辅助阳极之间产生的电场使氯离子向辅助阳极移动，避免向钢筋积聚而破坏钝化膜。因此，外加电流阴极保护是氯盐环境下最有效的防腐蚀措施。

（3）表面涂层措施能够隔绝外部侵蚀性介质，尤其是氯离子，向混凝土内部的渗透，同时具备自身向混凝土表层渗透的能力，达到与混凝土表面稳固结合的效果。根据暴露环境和具体组成材料的不同，涂层通常设计为由底层、中间层和面层或底层和面层涂料组成的涂层体系。涂层可用于干燥的混凝土表面和潮湿的混凝土表面。

硅烷浸渍主要用于干燥混凝土表面的防护，该措施是在混凝土表面施涂一种可渗入混凝土表层的硅烷材料，依靠毛细管渗入混凝土表层，与混凝土发生化学反应在混凝土表层形成憎水层，从而大大降低环境中水及有害离子侵入混凝土。对于表面潮湿或水下的混凝土构件，因其混凝土表层的毛细孔多处于充水状态，使得硅烷的浸渍渗透效果不理想，因此不宜采用。

环氧涂层钢筋是采用静电喷涂的办法在钢筋表面涂装一层环氧粉末涂料，保护钢筋即使在氯离子渗透至钢筋表面的情况下也能避免腐蚀。环氧涂层钢筋可使用于海水水位变动区、浪溅区和除冰盐等氯化物侵蚀等恶劣腐蚀环境的混凝土结构。

外加电流阴极保护技术是迄今为止避免钢筋锈蚀的最有效方法，该方法不仅能长期有效地阻止钢筋的腐蚀，还能阻止氯离子的渗入，抑制孔蚀等局部腐蚀等。该措施可以通过合理选择长寿命辅助阳极及营运期的维护，最高能达到50年以上的保护年限，并可阻止氯离子的渗入。该保护措施一次性投资较大，需要外接供电源，系统组成较为复杂、需要长期维护，但同时其对结构的保护最可靠、长效，因此该保护措施一般用于恶劣腐蚀环境中使用年限长、腐蚀风险高的重大工程重要构件关键部位。阴极保护电流密度是该措施设计的首要参数，与被保护结构所处的环境条件（温度、湿度、盐度、供氧量等）、结构物复杂性、混凝土质量及保护层厚度等诸多因素有关。保护电位是判断阴极保护实施成功与否的主要依据，阴极保护的有效性是使钢筋电位极化到一定程度，但是保护电位不能过低（负）。保护电位过低（负）会发生析氢反应，造成钢筋脆化而引起钢筋断裂，即“氢脆”。

钢筋的阻锈剂也是防止钢筋锈蚀的有效技术措施，可用于海水和除冰盐等氯化物侵蚀环境中混凝土结构对钢筋的保护。掺入的阻锈剂不应降低混凝土的抗氯离子渗透性，对混凝土的初终凝时间、抗压强度及坍落度等应无影响。

8.5 一般环境的混凝土结构耐久性设计

一般环境下的混凝土结构耐久性设计，应控制正常大气作用引起的内部钢筋锈蚀。当混凝土结构构件同时承受其他环境作用时，应按环境作用等级较高的有关要求进行耐久性设计。耐久性设计主要从混凝土材料、构造要求和施工质量控制等方面进行考虑。

8.5.1 环境作用等级

现行《混凝土结构耐久性设计标准》（GB/T 50476）规定，一般环境对配筋混凝土结构的环境作用等级应按表8-6的规定确定。

表8-6 一般环境的作用等级

环境作用等级	环境条件	结构构件示例
Ⅰ-A	室内干燥环境	常年干燥、低湿度环境中的结构内部构件
	长期浸没水中环境	所有表面均处于水下的构件
Ⅰ-B	非干湿交替的结构内部潮湿环境	中、高湿度环境中的结构内部构件
	非干湿交替的露天环境	不接触或偶尔接触雨水的外部构件
	长期湿润环境	长期与水或湿润土体接触的构件
Ⅰ-C	干湿交替环境	与冷凝水、露水或与蒸汽频繁接触的结构内部构件；地下水位较高的地下室构件；表面频繁淋雨或频繁与水接触的构件；处于水位变动区的构件

配筋混凝土墙、板构件的一侧表面接触室内干燥空气、另一侧表面接触水或湿润土体时，接触空气一侧的环境作用宜确定为Ⅰ-C等级。

8.5.2 材料与保护层厚度

现行《混凝土结构耐久性设计标准》（GB/T 50476）规定，一般环境中的配筋混凝土结构构件，其普通钢筋的保护层最小厚度与相应的混凝土强度等级、最大水胶比应符合表8-7的要求。

表 8-7 一般环境中混凝土材料与钢筋的保护层最小厚度 c

环境作用等级 \ 设计使用年限		100 年			50 年			30 年		
		混凝土强度等级	最大水胶比	保护层 c/mm	混凝土强度等级	最大水胶比	保护层 c/mm	混凝土强度等级	最大水胶比	保护层 c/mm
板、墙等面形构件	Ⅰ-A	≥C30	0.55	20	≥C25	0.60	20	≥C25	0.60	20
	Ⅰ-B	C35	0.50	30	C30	0.55	25	C25	0.60	25
		≥C40	0.45	25	≥C35	0.50	20	≥C30	0.55	20
	Ⅰ-C	C40	0.45	40	C35	0.50	35	C30	0.55	30
		C45	0.40	35	C40	0.45	30	C35	0.50	25
		≥C50	0.36	30	≥C45	0.40	25	≥C40	0.45	20
梁、柱等条形构件	Ⅰ-A	C30	0.55	30	C25	0.60	25	≥C25	0.60	20
		≥C35	0.50	25	≥C30	0.55	20			
	Ⅰ-B	C35	0.50	35	C30	0.55	30	C30	0.60	30
		≥C40	0.45	30	≥C35	0.50	25	≥C35	0.55	25
	Ⅰ-C	C40	0.45	45	C35	0.50	40	C35	0.55	35
		C45	0.40	40	C40	0.45	35	C40	0.50	30
		≥C50	0.36	35	≥C45	0.40	30	≥C45	0.45	25

注：1. Ⅰ-A 环境中使用年限低于 100 年的板、墙，当混凝土骨料最大公称粒径不大于 15mm 时，保护层最小厚度可降为 15mm，但最大水胶比不应大于 0.55；

2. 处于年平均气温大于 20℃且年平均湿度高于 75%环境中的构件，除Ⅰ-A 环境中的板、墙外，混凝土最低强度等级应比表中规定提高一级，或将钢筋的保护层最小厚度增加 5mm；

3. 预制构件的保护层厚度可比表中规定减少 5mm；

4. 预应力钢筋的保护层厚度按照规定有关要求执行。

（1）当胶凝材料中粉煤灰和矿渣等矿物掺和料掺量小于 20%时，混凝土水胶比按表 8-7 规定低于 0.45 的，可适当增加。

（2）长期浸没水中的地下结构构件，设计使用年限为 100 年时，混凝土强度等级不宜低于 C35。

（3）大截面混凝土墩柱在加大钢筋的混凝土保护层厚度的前提下，其混凝土强度等级可低于表 8-7 中的要求，但降低幅度不应超过两个强度等级，且设计使用年限为 100 年和 50 年的构件，其强度等级不应低于 C25 和 C20。当采用的混凝土强度等级比表 8-7 的规定低一个等级时，混凝土保护层厚度应增加 5mm；当低两个等级时，混凝土保护层厚度应增加 10mm。

（4）直径为 6mm 的细直径热轧钢筋作为受力主筋，当环境作用等级为轻微（Ⅰ-A）和轻度（Ⅰ-B）时，构件的设计使用年限不得超过 50 年；当环境作用等级为中度（Ⅰ-C）时，设计使用年限不得超过 30 年。

（5）公称直径不大于 6mm 的冷加工钢筋只能在一般环境中的Ⅰ-A、Ⅰ-B 等级下作为受力钢筋使用，且构件的设计使用年限不得超过 50 年。

（6）采用冷加工钢筋或直径 6mm 的细直径热轧钢筋作为构件的主要受力钢筋时，应在表 8-7 规定的基础上将混凝土强度提高一个等级，或将钢筋的混凝土保护层厚度增加 5mm。

8.5.3 构造措施

现行《混凝土结构耐久性设计标准》（GB/T 50476）规定，一般环境中的配筋混凝土结构构件的构造措施应满足以下要求。

（1）在 I-A、I-B 环境中的室内混凝土结构构件，考虑建筑饰面对于钢筋防锈的有利作用时，其混凝土保护层最小厚度则可比表 8-7 规定适当减小，但减小幅度不应超过 10mm；在任何情况下，板、墙等面形构件的最外侧钢筋保护层厚度不应小于 10mm；梁、柱等条形构件最外侧钢筋的保护层厚度不应小于 15mm。

（2）在 I-C 环境中频繁遭遇雨淋的室外混凝土结构构件，考虑防水饰面的保护作用时，其混凝土保护层最小厚度则可比表 8-7 规定适当减小，但不应低于 I-B 环境的要求。

（3）直接接触土体浇筑的构件，其钢筋的混凝土保护层厚度不应小于 70mm；当采用混凝土垫层时，其保护层厚度可按表 8-7 确定。

（4）一般环境中混凝土构件采用的防腐蚀附加措施，可按现行规范有关规定选取；当采取的防腐蚀附加措施符合现行规范规定的保护年限时，构件的混凝土强度可降低一个等级，但不应低于表 8-7 对 I-A 环境的要求。

（5）受到高速气流、水流影响或受到风沙、泥沙冲刷、人员活动、车辆行驶等磨损影响的构件，其钢筋的保护层厚度宜在表 8-7 规定的基础上增加 10~20mm；设计使用年限达到 100 年的地下结构和构件，其迎水面的钢筋保护层厚度不应小于 50mm。

思 考 题

8-1 简述地下结构的不确定性因素及其特点。

8-2 简述地下结构可靠性分析的特点。

8-3 地下结构的耐久性和极限状态的内涵是什么，如何构建结构功能的极限状态函数？

8-4 结构可靠度分析方法有哪几种，各有什么特点和不同？

8-5 简述如何用验算点法进行地下结构可靠性分析。

8-6 简述中心点法的优缺点。

8-7 简述验算点法和 JC 法的区别。

8-8 简述混凝土结构耐久性设计的原则和内容。

8-9 什么是环境类别与作用等级，简述混凝土结构耐久性设计对材料、施工和构造措施的要求。

8-10 简述一般环境下混凝土结构耐久性设计的内容。

9 地下结构抗震设计

9.1 概　　述

二十世纪五六十年代，随着世界经济的快速发展，城市化进程的加快推进了各国城市地下空间的开发。从世界建筑史的发展来看，19 世纪是造桥的世纪，20 世纪是城市地面建筑发展的世纪，21 世纪将是地下结构大发展的世纪。早期人们认为地层对结构的自由振动起到很好的约束作用，即“地下建筑物在地震时随着地层的运动而运动”，因此人们普遍认为它具有良好的抗震性能，未对其震害规律及抗震设计给予充分关注。直到 1995 年，在日本阪神大地震中，以大开站（DAIKAI）和上泽站（KAMISAWA）为代表的地下结构受到严重破坏，带来严重经济损失的同时也敲响了地下结构抗震设计的警钟。

相比地面结构，地下结构的地震响应主要受地层变形的影响，基本不受结构自振性能和结构惯性的影响，即结构的质量和刚度分布对结构震害的影响不如地层变形显著，地下结构的变形受地震加速度大小的影响有限，主要与岩土介质在地震作用下的变形相关；另外，地下结构的地震响应受地震波入射方向的影响很大，地震波入射方向的微弱变化都会导致结构的变形和应力产生显著变化；地下结构与岩土介质的动力相互作用对结构震害的影响也较地面结构更大。

目前，城市地下空间开发利用的形式主要集中在单建/复建式地下车库、地下商业综合体、地铁车站、区间隧道及综合管廊等市政设施，结构形式的巨大差异导致城市地下空间结构震害表现难以一概而论。国内外关于结构抗震性能评价指标的相关规范和研究主要集中在首次超越破坏方面，即以结构变形的位移角作为指标来评价结构的抗震性能。

（1）地铁车站结构。近年来，大量科学研究围绕地震作用下地铁车站的结构安全展开。由于地铁车站经常采用闭合框架结构，平面呈较为固定的长方形，常见的横断面形式主要有两层三跨、两层两跨和三层三跨等。研究表明，地震作用下周围土体的侧向位移和上覆土体的自重使得中柱承受的荷载激增，梁柱结合部位成为决定结构安全的关键；另外，附加竖向荷载也可能导致中柱压屈。

（2）线状地下结构。地震作用下，区间隧道和综合管廊等线状地下结构的横向和纵向受力差异明显，主导因素不同。横向受力变形主要由结构上覆土体惯性力和侧向土压力增量决定；纵向受力变形则主要由纵向不均匀受力主导，地震波斜入射和行波效应使结构纵向产生不均匀的水平惯性力，跨越地质结构面时则会因为上下盘的不均匀变形约束产生较大的附加应力。现浇结构常见的破坏形式有纵/环向裂缝、硐顶掉块、坍塌和错断等；拼装结构对不均匀变形的消纳能力较强，拼装接头的受力及失效模式对结构安全至关重要。

（3）异形复杂地下空间结构。地震作用下，多层异跨地铁车站结构、复杂地下综合体及城市地下交通枢纽等异形地下空间结构的受力更为复杂，结构形式成为决定其破坏特征的重要因素，包括纵横断面形式、抗侧刚度分布、开口位置等。在结构抗震设计中以中柱轴压比和层间位移差/角来评价结构抗震性能。现有研究表明，异跨车站结构的下层中柱是抗震薄弱位置，柱底的应力反应大于柱顶；中跨结构应力反应比边跨大；大型城市地下空间结构的开口处为薄弱环节。

9.2 抗震设计原则、内容和流程

9.2.1 抗震设计基本原则

地下结构抗震设计的基本原则主要包括以下几个方面：

（1）在地下结构抗震设计中，重要的是保证结构在整体上的安全，保护人身及重要设备不受损害，个别部位出现裂缝或崩坏是容许的。因为与其使地震作用下的地下结构完全不受损害而大大增加造价，不如在震后消除轻微损害更为经济合理。

（2）就结构抗震来说，出现裂缝和塑性变形有一定的积极意义。一方面，吸收振动能量；另一方面增加了结构柔性，增大了结构的自振周期，使地震系数降低，地震力减小。

（3）地下结构抗震设计时，要尽量少扰动地层，尽可能发挥地层的自承载能力和自稳能力，应以地层的稳定为前提。对地层进行注浆加固和锚杆加固时，应有利于地层的稳定，有利于地层抗震能力的增强。

（4）抗震设计的目的是使结构具有必要的强度、良好的延性。强度和延性是评价钢筋混凝土结构抗震能力的两个基本指标。当结构物的强度不足以承受大的地震力时，延性对结构的抗震起重要作用，它可以弥补强度的不足。也就是说，即使结构物弹性阶段的抗力不大，但只要构件在屈服后仍具有稳定的变形能力，就能继续吸收输入的振动能量。

（5）在不增加重量、不改变刚度的前提下，提高总体强度和柔性是两个有效的抗震途径。刚度的选择有助于控制变形，强度和柔性则是决定结构抗震吸能能力的两个重要参数。还要注意地震动循环作用下结构刚度与强度的退化，提高强度而降低柔性不是良好的地下结构抗震设计。

地下结构受损后影响面大且修复困难，很多也是抗震救灾的基础设施。因此，相比地面结构“小震不坏，中震可修，大震不倒”的抗震设计原则，对于特殊设防类的地下结构应按本地区抗震设防烈度提高一度的要求加强其抗震措施。

9.2.2 抗震设防分类和目标

地下结构的抗震设防类别分为甲、乙、丙三类，定义见表 9-1。

地下结构的抗震性能要求划分为四个等级，见表 9-2。

在抗震设计时，应根据不同的地震动水准，并结合地下结构的重要程度，选取不同的性能要求，作为抗震设防目标。地下结构在不同性能要求下的工作状态及受损程度分述如下：

性能要求Ⅰ：结构处于正常使用状态，从抗震分析角度，结构可视为线弹性体系。在预期的地震动作用下，结构一般不受损坏。

性能要求Ⅱ：结构整体处于弹性工作阶段，在预期的地震动作用下，仅有局部的轻微损伤且应保证可快速修复后正常使用。

性能要求Ⅲ：结构进入弹塑性工作阶段，在预期的地震动作用下，结构发生一定的非弹性变形，但应控制在可修复的范围内。

性能要求Ⅳ：结构进入弹塑性工作阶段，在预期的地震动作用下，结构可发生较大塑性变形，但应不发生倒塌。

表 9-1 地下结构的抗震设防类别划分

抗震设防类别	定义
甲类	使用上有特殊设施，涉及国家公共安全的重大地下结构工程和地震时可能发生严重次生灾害等特别重大灾害后果，需要进行特殊设防的地下结构
乙类	地震时使用功能不能中断或需尽快恢复的生命线相关地下结构，以及地震时可能导致大量人员伤亡等重大灾害后果，需要提高设防标准的地下结构
丙类	除上述两类以外按标准要求进行设防的地下结构

表 9-2 地下结构的抗震性能要求等级划分

等级	定义
性能要求Ⅰ	不受损坏或不需进行修理能保持其正常使用功能，附属设施不损坏或轻微损坏但可快速修复，结构处于线弹性工作阶段
性能要求Ⅱ	受轻微损伤但短期内经修复能恢复其正常使用功能，结构整体处于弹性工作阶段
性能要求Ⅲ	主体结构不出现严重破损并可经整修恢复使用，结构处于弹塑性工作阶段
性能要求Ⅳ	不倒塌或发生危及生命的严重破坏

地下结构的抗震设防分为多遇地震动、基本地震动、罕遇地震动和极罕遇地震动 4 个设防水准。多遇地震动指 50 年超越概率为 63%的地震动，通常其烈度 50 年一遇；基本地震动指 50 年超越概率为 10%的地震动，通常其烈度 475 年一遇；罕遇地震动值指相应于 50 年超越概率为 2%的地震动，通常其烈度 2475 年一遇；极罕遇地震动指年超越概率为 10^{-4}的地震动，通常其烈度 10000 年一遇。

设计地震动参数的取值可按现行国家标准《中国地震动参数区划图》（GB 18306）的规定执行。在此基础上，地下结构的抗震设防目标应符合表 9-3 的规定。

表 9-3 地下结构的抗震设防目标

抗震设防类别	设防水准			
	多遇	基本	罕遇	极罕遇
甲类	Ⅰ	Ⅰ	Ⅱ	Ⅲ
乙类	Ⅰ	Ⅱ	Ⅲ	—
丙类	Ⅱ	Ⅲ	Ⅳ	—

从经济性方面考虑，将结构设计成在任何强烈地震作用下都不破坏是极其困难的，甚至是不可能的。考虑到强度不同的地震发生的概率不同，强度越高则发生概率越低。在抗震设计性能要求方面，基本设想是乙类地下结构在遭受发生概率高的地震时，预期的结构破损应比较轻微，而在遭受发生概率低的地震时，预期的结构破坏比较明显。不同发生概率的地震作用下，容许的结构破坏程度不同。对于甲类的地下结构，由于其重要性尚应考虑万年一遇的极罕遇地震下的抗震设计。

超越概率和重现期的传统换算方法是基于地震活动性的随机过程描述模型推导出来的。描述地震活动性的随机过程模型有很多，但目前应用最广泛的是泊松分布模型。

在 t 年内，某地区发生 n 次地震的概率 $P(n)$，可用泊松分布表达如下：

$$P(n)=\frac{(vt)^{n}\cdot \mathrm{e}^{(-vt)}}{n!} \tag{9-1}$$

式中，v 为年平均发生率；t 为时间，以年为单位；n 为发生次数。

由上式易知，在 t 年内，某地区不发生地震的概率为：

$$P(0)=\frac{(vt)^{0}\cdot \mathrm{e}^{(-vt)}}{0!}=\mathrm{e}^{(-vt)} \tag{9-2}$$

则该地区在 t 年内至少发生一次地震的概率，即超越概率为：

$$F(t)=1-P(0)=1-\mathrm{e}^{(-vt)} \tag{9-3}$$

上式中 v 为年平均发生概率，它与重现期 T_0 为倒数关系，即

$$T_0=\frac{1}{v} \tag{9-4}$$

则重现期 T_0 与超越概率 $F(t)$ 的关系为：

$$T_0=\frac{1}{v}=\frac{-t}{\ln(1-F(t))} \tag{9-5}$$

由上式即可算出某事件各种超越概率的重现期。例如 $t=50$ 年，超越概率 $F(t)=10\%$ 的地震，其重现期约为 $T_0=474.6$ 年。

9.2.3 抗震设计内容

不同类型的地下结构，其结构设计内容有一定差异，具体可参照 5.2.2 节、6.2.2 节和 7.2.2 节相关内容。根据地下结构设计的技术标准和抗震设计基本原则，确定地下结构抗震设计内容如下：

（1）确定建筑场地条件。确定与地震动设计参数相关的场地类别、抗震设防烈度、地震动峰值加速度和地震动分组等信息。此外，还要确定建筑场地的工程地质条件。

（2）确定建筑结构信息。根据建筑的功能需求确定结构的抗震设防类别、抗震设防性能要求。

（3）选择地震作用计算方法和计算简图。根据地下结构特点及其所处地质条件，选择合适的地震作用计算方法，根据结构形式确定计算简图。当前最为常用的地下结构地震响应计算方法为反应位移法。

（4）确定地震动设计参数。根据场地条件和结构抗震需求确定地震动峰值位移、地震动峰值加速度、峰值调整系数、基岩面位置和峰值加速度与峰值位移沿深度分布等地震动设计参数。甲类地下结构抗震设计采用的地震动参数，应采用经审定的工程场地地震安全性评价结果或经专门研究论证的结果与规范规定的参数中的最大值；乙类或丙类地下结构抗震设计采用的地震动参数，应采用地震动参数区划的结果与规范规定的参数中的最大值。

（5）计算地震作用下的结构内力。由地震动设计参数及工程地质条件确定地下结构的地震响应特征，根据结构计算简图，计算地震作用下地下结构的内力分布。对于形式复杂的地下结构，一般通过数值方法求解地震作用下的结构内力。

（6）结构抗震验算。结合结构抗震设防类别和场地设防烈度确定抗震等级，确定内力调整系数，同时施加覆土荷载、水-土压力、车辆荷载、地面堆载及地下水浮力等，按照承载能力极限状态和正常使用极限状态的要求进行地下结构的抗震验算，验算的内容一般包括截面承载力验算、变形验算和地震抗浮验算。

（7）抗震措施。结合结构的抗震设防类别和场地设防烈度确定抗震等级，采取合适的抗震措施。

9.2.4 抗震设计流程

地下结构抗震设计流程如图 9-1 所示。

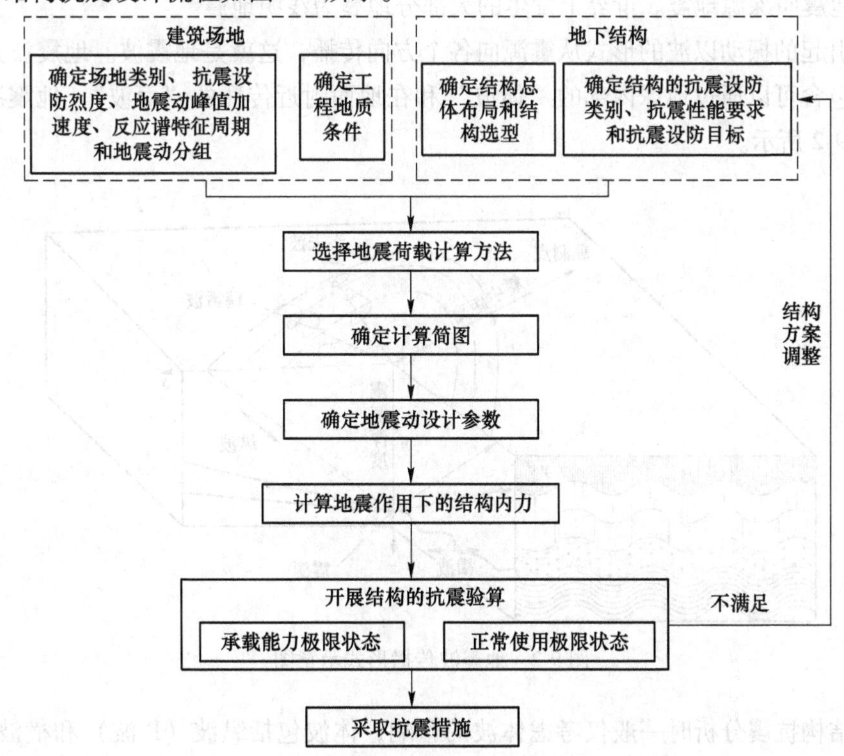

图 9-1 地下结构抗震设计流程

9.3 场地地震动特征

地震是突发式自然灾害，强地震可以在短短几十秒内造成山崩地裂、河流改道、房屋倒塌、堤坝溃决等。我国是一个多地震国家，有记录以来，震级在7级以上的地震就有近百次之多；在20世纪内，震级大于8级的强地震有9次。如1556年陕西关中大地震，有据可查的死亡人数就高达83万；1920年宁夏海原大地震中的死亡人数达到20万；1976年唐山大地震死亡人数达24万；2008年5月12日发生的汶川地震里氏震级达Ms8.0，地震烈度达到11度。汶川地震地震波环绕了地球6圈，波及大半个中国及亚洲多个国家和地区，地震严重破坏地区超过10万平方千米，共有69227人遇难，374643人受伤，17923人失踪，直接经济损失达8451亿元。汶川地震是新中国成立以来影响最大的一次地震，经国务院批准，确定每年5月12日为全国“防灾减灾日”。

9.3.1 地震基本概念

地震是由于地球内某处岩石突然破裂，或因局部岩层塌陷、火山爆发等引起的振动，并以波动的形式传到地表引起的地面运动。发生地震的地方叫作震源，震源在地表的投影叫震中，震源至地面的垂直距离叫震源深度，地表观测点到震中的距离叫震中距。通常把震源深度小于60km的地震叫浅源地震，60~300km范围内的地震叫中源地震，大于300km的地震叫深源地震。世界上发生的大部分地震为浅源地震。

地震引起的振动以波的形式从震源向各个方向传播，这就是地震波。地震波是一种弹性波，它包含可以通过地球内部的“体波”和在地面附近传播的“面波”。地震波的传播形式如图9-2所示。

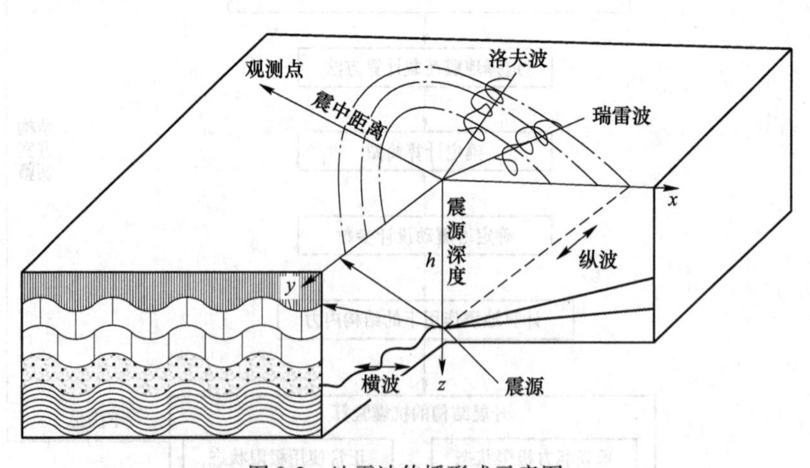

图9-2 地震波传播形式示意图

地下结构抗震分析时一般仅考虑体波的影响，体波包括纵波（P波）和横波（S波）两种。纵波是由震源向外传递的压缩波，质点的振动方向与波前进方向一致。横波是由震源向外传播的剪切波，质点的振动方向与波的传播方向垂直。由于地层的弹性模量由深到浅逐渐降低，斜入射的地震波在向上传递的过程中经多次折射其入射角与地面渐趋垂直。相比横波，纵波的传播速度更快，但是一般认为横波对地面及地下结构震害的影响更为显著，其原因主要是因为垂直传播的横波会导致结构层间产生侧移，其作用效果与结构自重的作用效果大相径庭，往往容易诱发节点失效。而垂直传播的纵波的作用效果往往与自重的作用效果类似，易导致结构竖向承载构件轴力激增。

9.3.2 地震动参数

地震动即地震地面运动，是由震源释放出来的能量引起的地表附近地层的振动。在地震过程中，人们通过地震仪或强震仪拾取观测点的地震动加速度时程曲线，通过对加速度时程进行积分即可获得地震动的速度和位移时程。受震源特征、介质传播特性和场地条件等诸多因素影响，地震动时程十分复杂。工程中通常用振幅、频谱和持时三个物理参数来表征地震动。

（1）振幅。地震动的振幅可以是加速度、速度或位移时程的最大值或具备某种意义的有效值。由于数值化处理或者高频采样时不可避免地造成地震动时程曲线的峰值失真，人们提出了有效峰值的概念。常用的有效峰值有：有效峰值加速度、等反应谱有效加速度、概率有效峰值、平均振幅、谱烈度和平方根加速度等。

（2）频谱。任何复杂的地震动均可以等效成若干组具备特定频率、幅值和相位的简谐振动的叠加。表示这些简谐振动的幅值与频率之间的关系曲线叫地震动的频谱。对于地面结构，往往通过对比结构的自振周期和地震动频谱即可大致判断地震对不同结构震害的影响；对于地下结构，周围地层对结构自振的约束作用弱化了频谱分析在震害预测中的应用。地震工程中常用的频谱表示方法有傅里叶谱、反应谱和功率谱。

（3）持时。持时是指地震动的持续时间。历史记录表明，地震动的持时一般在1~60s范围内。持时是反映地震动累积破坏效应的参数。但由于结构的累积破坏程度也与一次循环震动的强度息息相关，使得地震动持时对结构物破坏的影响较为复杂。

9.3.3 地震强度

9.3.3.1 地震震级

地震的震级是表示地震本身强弱的指标，是地震释放能量多少的尺度。

震级有多种表示方式，包括近震震级、面波震级和体波震级等。目前国际上比较通用的是里氏震级，其定义在1935年由里克特给出，即：

$$M_s = \lg A \tag{9-6}$$

式中，A 为标准地震仪在距离震中100km处记录的以微米为单位的最大水平地动位移。

实际上，在距离震中100km处不一定有地震仪，往往需要根据实际震中距进行修正才能获得里氏震级。

9.3.3.2　地震烈度

地震烈度是指某一地区的地面和各类建筑物遭受一次地震影响的强弱程度。为了说明某一次地震的影响程度和总结震害与抗震经验，分析比较结构物的抗震性能，需要根据一定的标准来确定某一地区的烈度。

地震烈度的确定依据主要是宏观的地震影响和破坏现象，如人们的感觉、物体的反应、房屋建筑的破坏和地面现象的改观（如地形及水文条件的变化）等方面，因此，地震烈度是对地震作用大小的一个综合评价。

由于各国建筑情况及地表条件不同，各国制定的地震烈度表也有差异。目前世界各国所使用的地震烈度表大多数采用 12 度划分的烈度表，欧洲一些国家采用 10 度划分的烈度表，日本采用 8 度划分的烈度表，中国地震烈度表见表 9-4。

表 9-4　中国地震烈度表（2020）

地震烈度	评定指标					合成地震动的最大值		
	房屋震害			人的感觉	器物反应	仪器测定的地震烈度 I_1	加速度 /m·s^{-2}	速度 /m·s^{-1}
	类型	震害程度	平均震害指数					
Ⅰ(1)	—	—	—	无感	—	$1.0 \leqslant I_1 < 1.5$	1.8×10^{-2} ($< 2.57 \times 10^{-2}$)	1.21×10^{-3} ($< 1.77 \times 10^{-3}$)
Ⅱ(2)	—	—	—	室内个别静止中的人有感觉，个别较高楼层中的人有感觉	—	$1.5 \leqslant I_1 < 2.5$	3.69×10^{-2} ($2.58 \times 10^{-2} \sim 5.28 \times 10^{-2}$)	2.59×10^{-3} ($1.78 \times 10^{-3} \sim 3.81 \times 10^{-3}$)
Ⅲ(3)	—	门、窗轻微作响	—	室内少数静止中的人有感觉，少数较高楼层中的人有明显感觉	悬挂物微动	$2.5 \leqslant I_1 < 3.5$	7.57×10^{-2} ($5.29 \times 10^{-2} \sim 1.08 \times 10^{-1}$)	5.58×10^{-3} ($3.82 \times 10^{-3} \sim 8.19 \times 10^{-3}$)
Ⅳ(4)	—	门、窗作响	—	室内多数人、室外少数人有感觉，少数人睡梦中惊醒	悬挂物明显摆动，器皿作响	$3.5 \leqslant I_1 < 4.5$	1.55×10^{-1} ($1.09 \times 10^{-1} \sim 2.22 \times 10^{-1}$)	1.20×10^{-2} ($8.20 \times 10^{-3} \sim 1.76 \times 10^{-2}$)
Ⅴ(5)	—	门窗、屋顶、屋架颤动作响，灰土掉落出现细微裂缝，个别老旧 A1 类或 A2 类房屋墙体出现轻微裂缝或原有裂缝扩展，个别屋顶烟囱掉砖，个别檐瓦掉落	—	室内绝大多数、室外多数人有感觉，多数人睡梦中惊醒，少数人惊逃户外	悬挂物大幅度晃动，少数架上小物品、个别顶部沉重或放置不稳定器物摇动或翻倒，水晃动并从盛满的容器中溢出	$4.5 \leqslant I_1 < 5.5$	3.19×10^{-1} ($2.23 \times 10^{-1} \sim 4.56 \times 10^{-1}$)	2.59×10^{-2} ($1.77 \times 10^{-2} \sim 3.80 \times 10^{-2}$)

续表 9-4

地震烈度	评定指标							合成地震动的最大值		
	房屋震害			人的感觉	器物反应	生命线工程震害	其他震害现象	仪器测定的地震烈度 I_1	加速度 /m·s^{-2}	速度 /m·s^{-1}
	类型	震害程度	平均震害指数							
Ⅵ(6)	A1	少数轻微破坏和中等破坏，多数基本完好	0.02~0.17	多数人站立不稳，多数人惊逃户外	少数轻家具和物品移动，少数顶部沉重的器物翻倒	个别梁桥挡块破坏，个别拱桥主拱圈出现裂缝及桥台开裂；个别主变压器跳闸；个别老旧直线管道破坏，局部水压下降	河岸和松软土地出现裂缝，饱和砂层出现喷砂冒水；个别独立砖烟囱轻度裂缝	$5.5 \leq I_1 < 6.5$	6.53×10^{-1} (4.57×10^{-1}~9.36×10^{-1})	5.57×10^{-2} (3.81×10^{-2}~8.17×10^{-1})
	A2	少数轻微破坏和中等破坏，大多数基本完好	0.01~0.13							
	B	少数轻微破坏和中等破坏。大多数基本完好	≤0.11							
	C	少数或个别轻微破坏，绝大多数基本完好	≤0.06							
	D	少数或个别轻微破坏，绝大多数基本完好	≤0.04							
Ⅶ(7)	A1	少数严重破坏和毁坏，多数中等破坏和轻微破坏	0.15~0.44	大多数人惊逃户外，骑自行车的人有感觉，行驶中的汽车驾乘人员有感觉	物品从架子上掉落，多数顶部沉重的器物翻倒，少数家具倾倒	少数梁板挡块破坏个别拱桥主拱圈出现明显裂缝和变形以及少数桥台开裂；个别变压器的套管破坏，个别瓷柱型高压电气设备破坏；少数支线管道破坏，局部停水	河岸出现塌方，饱和砂层常见喷水冒砂，松软土地上地裂缝较多；大多数独立砖烟囱中等破坏	$6.5 \leq I_1 < 7.5$	1.35 (9.37×10^{-1}~1.94)	1.20×10^{-1} (8.18×10^{-2}~1.76×10^{-1})
	A2	少数中等破坏，多数轻微破坏和基本完好	0.11~0.31							
	B	少数中等破坏，多数轻微破坏和基本完好	0.09~0.27							
	C	少数轻微破坏和中等破坏，多数基本完好	0.15~0.18							
	D	少数轻微破坏和中等破坏，大多数基本完好	0.04~0.16							

续表 9-4

地震烈度	评定指标							合成地震动的最大值		
	房屋震害			人的感觉	器物反应	生命线工程震害	其他震害现象	仪器测定的地震烈度 I_1	加速度 /m·s^{-2}	速度 /m·s^{-1}
	类型	震害程度	平均震害指数							
Ⅷ(8)	A1	少数毁坏，多数中等破坏和严重破坏	0.42~0.62	多数人摇晃颠簸，行走困难	除重家具外，室内物品大多数颠倒或移位	少数梁桥移位、开裂及多数挡块破坏，少数拱桥主拱圈开裂严重。少数变压器套管破坏；个别或少数瓷柱型高压电气设备破坏。多数支线管道及少数干线管道，部分区域停水	河岸和松软土地出现裂缝，饱和砂层出现喷砂冒水；个别独立砖烟囱轻度裂缝	7.5≤I_1<8.5	2.79(1.95~4.01)	2.58×10^{-1}(1.77×10^{-1}~3.78×10^{-1})
	A2	少数严重破坏，多数中等破坏和轻微破坏	0.29~0.46							
	B	少数严重破坏和毁坏，多数中等和轻微破坏	0.25~0.50							
	C	少数中等破坏和严重破坏，多数轻微破坏和基本完好	0.16~0.35							
	D	少数中等破坏，多数轻微破坏和基本完好	0.14~0.27							
Ⅸ(9)	A1	大多数毁坏和严重破坏	0.60~0.90	行动的人摔倒	室内物品大多数倾倒或移位	个别梁桥桥墩局部压溃或落梁，个别拱桥垮塌或濒于垮塌；多数变压器套管破坏、少数瓷柱型高压电气设备破坏；各类供水管道破坏、渗漏广泛发生，大范围停水	河岸出现塌方，饱和砂层常见喷水冒砂，松软土地上地裂缝较多；大多数独立砖烟囱中等破坏	8.5≤I_1<9.5	5.77(4.02~8.30)	5.55×10^{-1}(3.79×10^{-1}~8.14×10^{-1})
	A2	少数毁坏，多数严重破坏和中等破坏	0.44~0.62							
	B	少数毁坏，多数严重破坏和中等破坏	0.48~0.69							
	C	多数严重破坏和中等破坏，少数轻微破坏	0.33~0.54							
	D	少数严重破坏，多数中等破坏和轻微破坏	0.25~0.48							

续表 9-4

地震烈度	评定指标							合成地震动的最大值		
	房屋震害			人的感觉	器物反应	生命线工程震害	其他震害现象	仪器测定的地震烈度 I_1	加速度 /m·s^{-2}	速度 /m·s^{-1}
	类型	震害程度	平均震害指数							
Ⅹ(10)	A1	绝大多数毁坏	0.88~1.00	多数人摇晃颠簸，行走困难	—	个别梁桥桥墩压溃或折断，少数落梁，少数拱桥垮塌或濒于垮塌；绝大多数变压器移位、脱轨，套管断裂漏油，多数瓷柱型高压电气设备破坏，供水管网毁坏，全区域停水	山崩和地震断裂出现；大多数独立砖烟囱从根部破坏或倒毁	$9.5\leq I_1<10.5$	1.19×10^1 ($8.31\sim1.72\times10^1$)	1.19 ($8.15\times10^{-1}\sim1.75$)
	A2	大多数毁坏	0.60~0.88							
	B	大多数毁坏	0.67~0.91							
	C	大多数严重破坏和毁坏	0.52~0.84							
	D	大多数严重破坏和毁坏	0.46~0.84							
Ⅺ(11)	A1	绝大多数毁坏	1.00	行动的人摔倒	—	—	地震断裂延续很大，大量山崩滑坡	$10.5\leq I_1<11.5$	2.47×10^1 ($1.73\times10^1\sim3.55\times10^1$)	2.57 ($1.76\sim3.77$)
	A2		0.86~1.00							
	B		0.90~1.00							
	C		0.84~1.00							
	D		0.84~1.00							
Ⅻ(12)	各类	几乎全部毁坏	1.00	—	—	—	地面剧烈变化，山河改观	$11.5\leq I_1\leq12$	$>3.55\times10^1$	>3.77

注：1. “—”表示无内容。

2. 表中给出的合成地震动的最大值为所对应的仪器测定的地震烈度中值，加速度和速度数值分别对应规范中的 PGA 和 PGV；括号内为变化范围。

在地震烈度表中，烈度判断的主要依据是宏观破坏现象，主观因素的影响导致评定结果往往有较大出入。同时，从工程抗震的角度，烈度标准中应能包含抗震设计所需要的工程数据，即定量标准。目前，常用的烈度定量标准为加速度、速度和反应谱。

在进行工程抗震设计时，基本烈度和设防烈度是确定地震影响下相关设计参数的重要指标。基本烈度是指某一地区今后一定期限内，在一般场地条件下可能普遍遭受的最大烈度，也就是预报未来一定时间内某一地区可能遭受的最大地震影响程度，预测基本烈度的时间一般以今后 100 年为限。基本烈度所对应的场地是指一个较大范围的地区，如一个区、县等，因此基本烈度也称为区域烈度。设防烈度是指该地区在抗震设计时所依据的地震烈度，一般为该地区的基本烈度。

根据我国华北、西南、西北三地区共 45 个城市的初步地震危险性分析结果可以发现，地震烈度的概率分布符合极值Ⅲ型分布，其概率密度曲线如图 9-3 所示。城市的基本烈度相当于基准使用期 50 年时超越概率平均值为 13%对应的地震烈度。我国及国际上多按 50 年超越概率 10%确定的地震动参数作为抗震设防的标准，不加讨论地将以相应地震动参数值确定的地震烈度当成基本烈度。

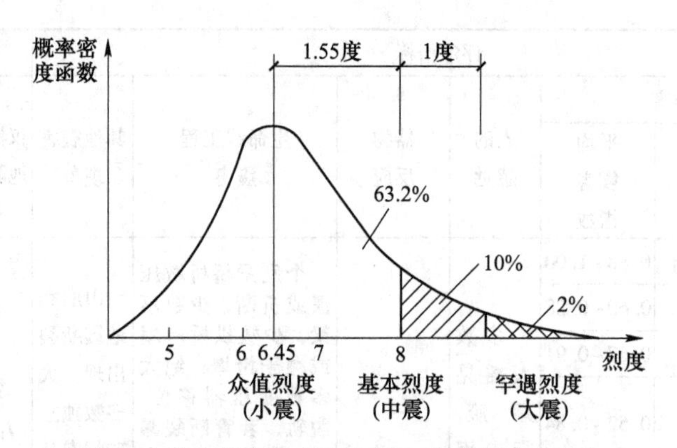

图 9-3　基于概率密度分布的三种烈度关系示意

9.3.4　场地因素对烈度的影响

基本烈度所提供的是一个地区普遍遭遇的平均烈度，具体到建筑物所在场地的地震影响与区域的平均烈度有所不同，一般认为这是由于小区域因素的影响造成的。小区域因素条件又称为场地条件，一般指建筑物场地的地质构造、地形地貌、地层岩性等工程地质条件。

地质构造主要指断层的影响。地震断层分为两种：一种是发震断层，即由其破坏才引起地震，也就是说地震时它放出了能量；另一种是非发震断层，地震时它未释放能量。发震断层与地震活动有密切关系，是确定基本烈度区划所考虑的主要因素之一，不属于场地条件所考虑的范围。非发震断层与地震活动性没有成因上的联系，在地震作用下一般不会产生新的错动。震害调查统计结果表明，非发震断层对烈度的影响规律性不很明显，一般可以不考虑非发震断层对烈度的影响。

局部地形条件对烈度的影响已通过宏观震害调查得到证实，在孤立突出的小山包、小山梁上的房屋震害一般较重，但基岩上地形条件对震害的影响较弱。一般来讲，陡坡和小山包都是不利的地形，震害有加重的趋势，但是目前还缺乏定量资料，因此不能作为调整烈度的依据，只能作为地震区建设场地选择时的参考。

地层岩性对建筑物震害的影响很明显，但这个问题十分复杂，很难简单概括。因为地震时能量以地震波的形式从震源通过复杂的地层介质，经过许多次的反射、折射和滤波作用而传给建筑物，引起建筑物的震动和破坏；另一方面，当建筑物发生振动以后，又将一部分振动能量回输到地基中去，这样建筑物和地基就形成了一个复杂的动力学系统。建筑物在地震作用下的破坏现象是这个复杂动力学系统的综合反映，与建筑物和地层介质的动力特性都有关系。

综上所述，场地土对地震烈度的影响主要表现在两个方面：一是场地土的类型，即土壤的松软程度；另一是场地覆盖层厚度。一般来讲，场地土越软弱，地震破坏越严重；场地覆盖层厚度越大，建筑物的破坏越严重。因此，我国抗震设计规范按照场地土的坚硬程度及场地覆盖层厚度把场地分为四类，见表 9-5 和表 9-6，当有充分依据时可适当调整。

表 9-5　土的类型划分及剪切波速范围

土的类型	岩土名称和性状	土层剪切波速范围/m·s^{-1}
坚硬土或岩石	稳定岩石，密实的碎石土	$V_s>500$
中硬土	中密、稍密的碎石土，密实、中密的砾、粗、中砂，$f_a>200$ 的黏性土和粉土，坚硬黄土	$500\geqslant V_s>250$
中软土	稍密的砾、粗、中砂，除松散外的细、粉砂，$f_a\leqslant 200$ 的黏性土和粉土，$f_a\geqslant 130$ 的填土，可塑黄土	$250\geqslant V_s>140$
软弱土	淤泥和淤泥质土，松散的砂，新近沉积的黏性土和粉土，$f_a<130$ 的填土，新近堆积的黄土和流塑黄土	$V_s\leqslant 140$

注：f_a为经深宽修正后的地基土静承载力特征值（kPa）；V_s为岩土剪切波速。

表 9-6　各类建筑场地的覆盖层厚度

等效剪切波速/m·s^{-1}	场地类别			
	Ⅰ类/m	Ⅱ类/m	Ⅲ类/m	Ⅳ类/m
$V_{st}>500$	0			
$500\geqslant V_{st}>250$	<5	≥5		
$250\geqslant V_{st}>140$	<3	3~50	>50	
$V_{st}\leqslant 140$	<3	≥3 且<15	15~80	>80

9.4　地下结构地震响应分析方法

地下结构地震响应分析的根本目的是评价地震活动对地下结构受力变形的影响，从结构安全的角度预测地下结构的基本震害特征，为抗震设计提供依据。目前，开展地下结构地震响应分析的基本方法大致可以分为理论分析、模型试验、数值分析和原型观测四种，如图 9-4 所示。

现有的理论解析方法基本上属于静力计算方法，随着有限元计算技术的发展，尤其是动力有限元的发展，使用有限元整体动力计算进行抗震设计有了很大发展。各类分析方法特征鲜明，均具备较为明确的适用范围及应用条件。

9.4.1　原型观测方法

原型观测法就是通过实测地下结构在地震时的动力特性或地震后的变形破坏特征来了解其地震响应特点。严格地讲，由于地震后土体与结构物的变形是一个场的概念，而模型试验很难模拟这一点，所以原型观测成为地下结构抗震研究中必不可少的手段之一。原型观测方法贯穿地下结构震害分析发展的全过程，第一手观测资料可以准确反映建（构）筑物在地震作用下的变形破坏特征，也是其他手段开展地下结构震害分析的宝贵参考。

1985 年，墨西哥城西南大约 400km 处的太平洋海岸 Ms8.1 级地震，导致墨西哥全市陷入瘫痪状态。市域的 13 个地铁车站停止使用，区间隧道和车站结构连接处发生轻微裂缝，软土地基上的地铁车站侧墙与地面结构连接部位出现分离。

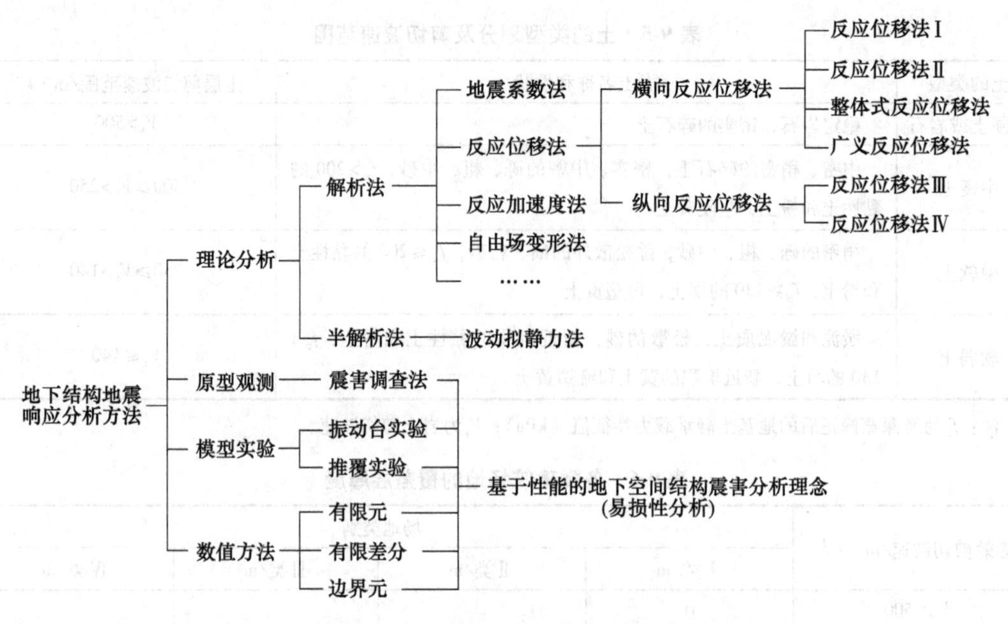

图 9-4 地下结构地震响应分析方法

1995 年，日本阪神 Ms7.2 级地震，导致神户市的大量地下工程发生严重破坏，其中尤以大开站（DAIKAI）和上泽站（KAMISAWA）受到的破坏最为严重。大开车站为带有中柱的单层双跨混凝土箱型结构，其外部尺寸高 7.17m、宽 17m、长 120m，上覆土层厚 4.8m，地震造成的破坏段沿纵向长 100m，35 根钢筋混凝土柱中有 30 根被压碎，表现为柱脚被压碎鼓胀或柱端与顶板连接处被压碎鼓胀，由此导致顶板坍塌和上覆土层沉降，侧墙出现水平裂缝和斜裂缝。大开地铁车站的破坏情况如图 9-5 所示。

2008 年，汶川 Ms8.0 级地震中，成都地铁中有 4 个地下车站的主体结构发生局部损坏，车站墙体出现多条裂缝，裂缝宽 0.1～0.5mm，长 1.2～5.0m，部分裂缝出现渗水现象。

以遭受 1995 年日本阪神地震的大开地铁车站震害为例，研究人员通过理论解析和数值分析等手段开展了大量震害机制研究，由于浅埋地铁车站结构的破坏特征十分典型，且现场震害调查资料翔实，至今，对于阪神地震中大开地铁车站震害规律的研究依然不断涌现。2008 年汶川地震导致大量公路隧道出现不同程度震害，相关震害调查资料为揭示山岭隧道结构震害特征，开展震害分析及抗震设计提供了科学依据。

然而，地震事件的偶然性使得原型观测资料有限，震害调查也很难对地震过程中的动力响应进行量测，无法控制地震波的输入机制和边界条件，无法主动改变各种因素。因此，人们更习惯将震害调查作为地下结构震害分析的辅助手段。

9.4.2 理论分析方法

现场震害调查和模型试验研究结果表明地震时地下结构会随周围地层一起运动，结构受到的地震荷载主要为地震惯性力和强制变形等，其中强制变形是由地层的相对位移引起的。理论分析方法就是根据地下结构所受地震荷载的特点，基于结构力学、理论力学和地

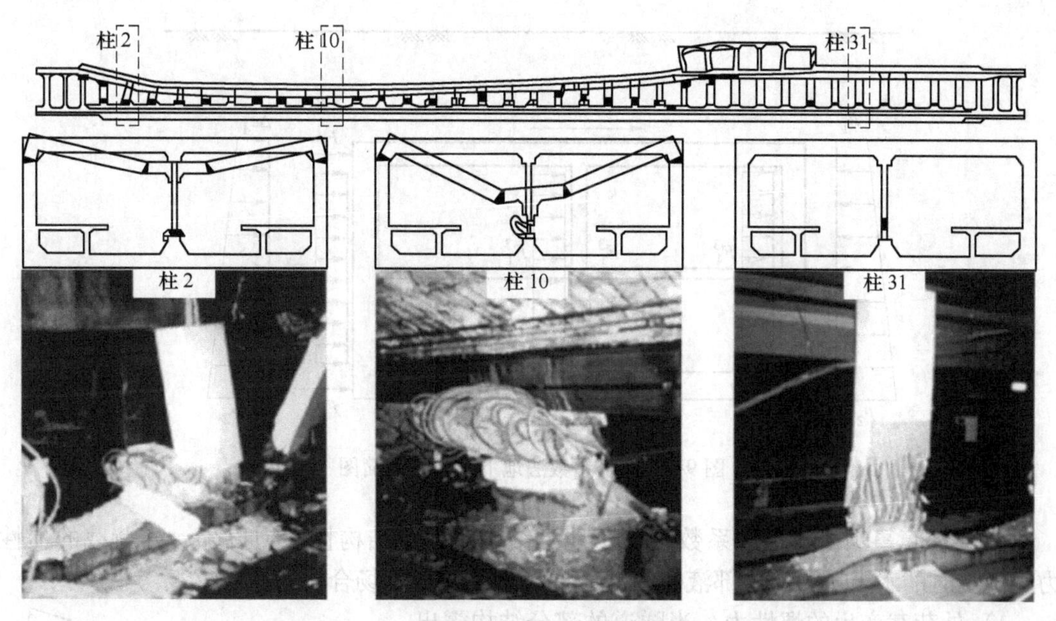

图 9-5 大开地铁车站破坏情况纵向示意图

震工程学等基本原理建立起来的。

现有理论分析方法可分为解析法和半解析法。解析法中的地震系数法、反应位移法和反应加速度法是进行地下结构抗震理论分析的常用方法。

目前，国内地下结构抗震设计相关规范建议的理论分析方法以地震系数法、反应位移法、自由场变形法和等效水平加速度法为主，以下将针对上述方法进行重点介绍。

9.4.2.1 地震系数法

地震系数法是将地震中由于地震加速度而在结构中产生的惯性力看作地震荷载，将其施加在结构上，计算其应力和变形等，进而判断结构的安全性和稳定性的方法。地震荷载可用结构各部位质量乘以地震加速度来计算，地震加速度也可以用重力加速度的比值来表示。

地震系数法将地震荷载主要归结为地下结构和土体的惯性力、地震引起的主动侧压力增量。地震系数法地下结构受力简图如图 9-6 所示，各类荷载包括：结构惯性力 F_1、结构上方土体惯性力 F_2、结构一侧土体的主动侧压力增量 Δe、结构另一侧土体提供的抵抗地震荷载的抵抗力 P。惯性力通过不同烈度地震对应的地震系数确定；地震土压力的计算多采用库仑理论公式和物部-冈部公式，该公式中考虑了设计加速度等，但其结果与实际地震中观测到的动土压力结果差别较大，仍存在一定问题。

（1）适用范围。地震系数法适应于地震惯性力占支配作用的结构物，如绝大多数地面结构。对于地下结构，该方法目前已不是抗震设计的主流方法，但在特定工程背景下仍可使用。例如，当地下结构物的自重比周围地层自重大许多时，结构物的地震惯性力就起支配作用，此时便可采用地震系数法开展结构地震响应分析。另外，对于刚度比较大的地下结构，其响应加速度基本上与周围地层的地震响应加速度相等，也可采用地震系数法。对于较柔的地下结构，或不同部位其响应明显不同的地下结构，可以采用修正地震系数法。

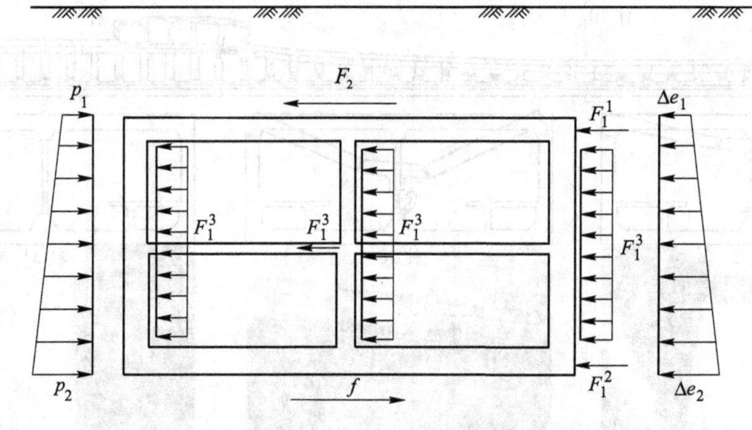

图 9-6 地震系数法地下结构受力简图

（2）注意事项。将地震系数法用于地下结构时，除结构惯性力以外，外荷载的惯性力、地震时的水土压力、内部液体的动压力（地下油罐等场合）等也有必要考虑。

1）外荷载产生的惯性力。当隧道的部分结构露出地面或隧道上方有地面结构的基础时；或隧道结构条件突变、隧道位于软弱地基或地层条件突变；或隧道赋存于可液化地层等情况下，不仅要考虑上覆土压力，还要慎重考虑作用在隧道上的其他外荷载。

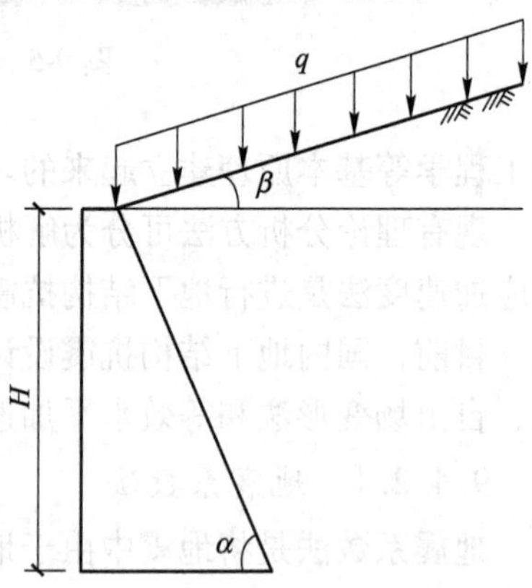

图 9-7 动土压力的计算模式

2）地震时土压力。地震时的土压力计算方法用得较多的是物部-冈部公式，该公式以库仑主动土压力公式为基础，采用水平地震烈度 k_h 及竖向地震烈度 k_v 对其进行修正。对重量为 W 的滑移土体，在水平、竖直方向各加上力 k_hW、k_vW。如图 9-7 所示挡土墙，高度为 H，墙后填土倾角为 β，墙背相对于水平方向的倾角为 α，墙后均布荷载 q，土体内摩擦角 φ，土体与挡墙间的摩擦角为 δ，根据库仑主动土压力公式，可得到地震时作用在挡土墙上的主动土压力 p_{AE} 为

$$p_{AE} = \frac{1}{2}(1 - k_v)\left(\gamma + N\frac{2q}{H}\right)H^2 \frac{K_{AE}}{\sin\alpha\sin\delta} \tag{9-7}$$

$$N = \frac{\sin\alpha}{\sin(\alpha + \beta)} \tag{9-8}$$

$$K_{AE} = \frac{\sin^2(\alpha - \theta_0 + \varphi)\cos\delta}{\cos\theta_0\sin\alpha\sin(\alpha - \theta_0 + \delta)\left[1 + \sqrt{\frac{\sin(\varphi + \delta)\sin(\varphi - \beta - \theta_0)}{\sin(\alpha - \theta_0 - \delta)\sin(\alpha + \beta)}}\right]^2} \tag{9-9}$$

$$\theta_0 = \arctan\left(\frac{k_h}{1 - k_v}\right) \tag{9-10}$$

式中，γ 为墙后填土重度；k_h、k_v 分别为水平和竖向烈度。

将此公式与传统库仑主动土压力公式比较，可认为土的内摩擦角只不过在形式上减少

了 θ_0，而 $\tan\theta_0=\dfrac{k_h}{1-k_v}$ 为合成烈度。

需要指出的是，该公式是从挡土墙结构推导来的，能否适用于各种形式地下结构的地震土压力计算，还有待验证。已有观测表明该公式计算出的动土压力与实际还有一定差距，因此需要慎重使用。

9.4.2.2 反应位移法

地震时，地下结构周围地层产生的相对位移会强制施加到结构上，对地下结构的受力产生重要影响。反应位移法就是将地震荷载等效为作用在地下结构上的强制位移、剪力和惯性力，采用静力方法计算结构地震反应的一种方法。进行反应位移法计算时，在计算模型中引入地基弹簧来反映结构与周围地层的相互作用，将地层在地震作用下产生的变形通过地基弹簧以静荷载的形式作用在结构上。

（1）反应位移法的应用。由于这种方法考虑了地下结构的地震响应特点，能较真实地反映其受力特征，是一种有效的分析方法，在我国许多设计规范中得到了应用。如现行国家标准《地铁设计规范》（GB 50157）、《建筑抗震设计规范》（GB 50011）、《地下铁道建筑结构抗震设计规范》（DG/TJ 08-2064）、《核电厂抗震设计规范》（GB 50267）和《城市轨道交通结构抗震设计规范》（GB 50909）等。新发布的我国第一本专门针对地下结构抗震问题的《地下结构抗震设计标准》（GB/T 51336）也建议地下结构抗震分析采用反应位移法。

将反应位移法用于地下结构横断面的抗震计算时，主要考虑地层变形、地层剪力及结构惯性力等三种地震作用，如图 9-8 所示。一般来说，须将对结构最危险的瞬时地层变形输入结构体系进行计算。当地下结构断面形状简单，覆盖层厚度不大于 50m 的均质地层场地，且未进行工程场地地震安全性评价时，各部分地震荷载的确定可参考如下（反应位移法 Ⅰ）：

1）地层变形。地层相对变形对地下结构产生的地震荷载通过地基弹簧刚度与地层相对位移计算得到，地基弹簧刚度宜按静力有限元方法计算，也可按下式计算：

$$k = KLd \tag{9-11}$$

式中，k 为压缩、剪切地基弹簧刚度，N/m；K 为基床系数，N/m^3，可按现行国家标准《城市轨道交通岩土工程勘察规范》（GB 50307）取值；L 为地基弹簧间距，m，可根据实际情况选取，但不宜过大；d 为地下结构计算简图的单位宽度，m。

地层相对位移可按下列公式计算求得：

$$u(z) = \frac{1}{2}u_{max}\cos\frac{\pi z}{2H} \tag{9-12}$$

$$u'(z) = u(z) - u(z_B) \tag{9-13}$$

式中，$u(z)$ 为地震时计算深度 z 处地层相对设计基准面的水平位移，m；z 为计算深度，m；u_{max} 为场地地表最大位移，m；H 为地表至地震作用基准面的距离，m；$u'(z)$ 为计算深度 z 处相对于结构底部的自由场地相对位移，m；$u(z_B)$ 为结构底部深度 z_B 处相对设计基准面的自由场地地震反应位移，m。

地震作用基准面按照基岩埋深选取，该处岩土体剪切波速不应小于 500m/s，且设计基准面到地下结构底部的距离不应小于地下结构有效高度的 2 倍。将计算所得的相对位移

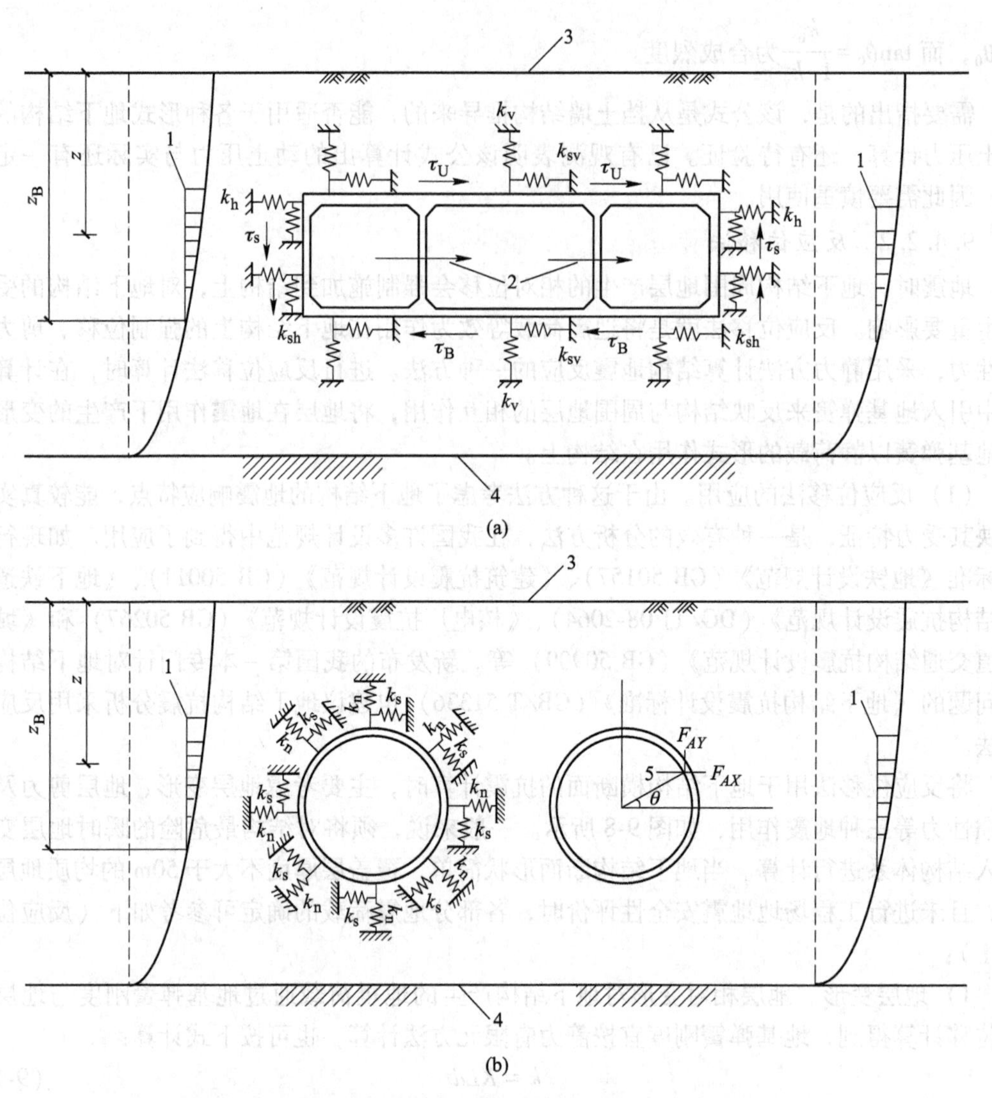

图 9-8　地下结构横断面抗震分析的反应位移法计算简图

（a）矩形结构；（b）圆形结构

1—土层相对设计基准面位移；2—惯性力；3—地面；4—设计基准面；5—A 点；

k_v—结构顶底板拉压地基弹簧刚度（N/m）；k_{sv}—结构顶底板剪切地基弹簧刚度（N/m）；

k_h—结构侧壁压缩弹簧刚度（N/m）；k_{sh}—结构侧壁剪切地基弹簧刚度（N/m）；

τ_U—结构顶板单位面积上作用的剪力（Pa）；τ_B—结构底板单位面积上作用的剪力（Pa）；

τ_s—结构侧壁单位面积上作用的剪力（Pa）；k_n—圆形结构侧壁压缩地基弹簧刚度（N/m）；

k_s—圆形结构侧壁剪切地基弹簧刚度（N/m）；F_{AX}—作用于 A 点水平向的节点力（N）；

F_{AY}—作用于 A 点竖直向的节点力（N）；θ—土与结构的界面 A 点处的法向与水平向的夹角（°）

按强制位移荷载施加至地基弹簧非结构连接端的节点上；相对位移方向与地震作用方向一致，按照左、右两个方向加载。

2）结构惯性力。地下结构惯性力对地震响应影响很小，可按地下结构顶板、底板、侧墙每部分的构件质量乘以地震加速度计算：

$$f_i = m_i \ddot{u}_i \tag{9-14}$$

式中，f_i 为结构 i 单元上作用的惯性力，N；m_i 为结构 i 单元的质量，kg；$\ddot{u}_i$ 为结构 i 单元的加速度，取峰值加速度，m/s^2。

峰值加速度 $\ddot{u}_i$ 可参照现行《地下结构抗震设计标准》（GB/T 51336）确定，惯性力 f_i 可按集中力作用在各部分结构（顶板、底板、侧墙）的形心上，方向与相对位移方向一致。

3）结构周围的剪应力。矩形结构顶底板剪应力作用可按下式计算：

$$\tau_U = \frac{\pi G}{4H} u_{max} \sin \frac{\pi z_U}{2H} \tag{9-15}$$

$$\tau_B = \frac{\pi G}{4H} u_{max} \sin \frac{\pi z_B}{2H} \tag{9-16}$$

式中，τ_U 为结构顶板剪应力，Pa；τ_B 为结构底板剪应力，Pa；z_U 为结构顶板埋深，m；z_B 为结构底板埋深，m；G 为地层动剪切模量，Pa，对于非饱和粉质黏土及粉土等土类，地层动剪切模量取值大致在 1~10MPa 范围内。

矩形结构侧壁剪应力可按下式计算：

$$\tau_S = \frac{\tau_U + \tau_B}{2} \tag{9-17}$$

式中，τ_S 为结构侧壁剪应力，Pa。

圆形结构周围的剪力作用可按下式计算：

$$F_{AX} = \tau_A L d \sin\theta \tag{9-18}$$

$$F_{AY} = \tau_A L d \cos\theta \tag{9-19}$$

式中，τ_A 为圆形结构上任意点 A 处的剪应力，Pa；L 为地基弹簧间距，m；d 为结构计算简图的单位宽度，m；F_{AX}为作用于 A 点的水平节点力，N；F_{AY}为作用于 A 点的竖向节点力，N；θ 为土与结构的界面 A 点处的法向与水平向的夹角，(°)。

（2）注意事项。当地下结构断面形状简单，赋存于非均匀地层且有场地地震动时程时，地下结构所在位置的地层相对位移可由一维地层地震反应分析或自由场地地震响应时程分析确定，此为反应位移法Ⅱ。

反应位移法中地基弹簧刚度的取值对抗震计算结果影响很大，很多学者对其提出了不同见解，但还没有一套兼具广泛适用性和特殊针对性的取值方法。同样，结构周围的剪力作用也存在类似问题，土体等效弹簧之间相互独立，使得弹簧对结构的约束方式与围岩对结构的约束有很大区别，尤其是结构角部的复杂荷载无法考虑。

针对复杂断面，现行《地下结构抗震设计标准》（GB/T 51336）建议采用整体式反应位移法进行抗震分析，如图 9-9 所示。该方法采用有限元计算自由场地的地震动力响应，以自由场地层变形反力作为地震荷载施加于结构，进而对结构进行受力分析，相当于将传统反应位移法求解弹簧刚度与施加地层强制变形合并为有限元求解自由场地层变形反力。由于对作用于复杂地下结构上的地震作用仍通过自由场变形反力来近似，很难准确反映地震动土压力。

许紫刚等人（2019）提出了适用于复杂断面的广义横断面反应位移法，如图 9-10 所示。该方法将复杂断面地下结构和周围一定范围内的岩土体作为广义结构区域，以此区域

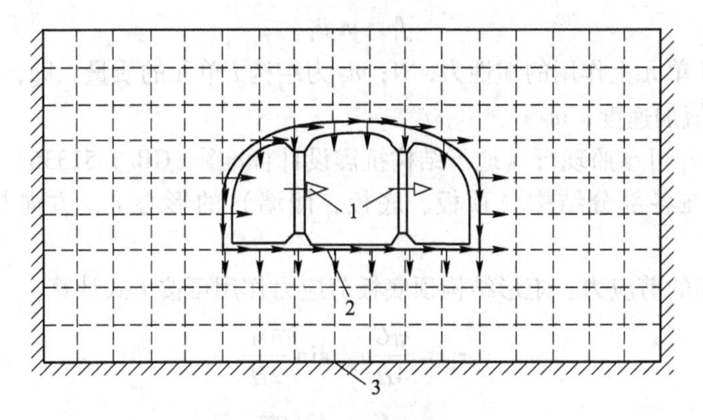

图 9-9 整体式反应位移法

1—惯性力；2—等效输入地震荷载；3—固定边界

为对象，按照传统反应位移法计算区域受到的各部分地震荷载，然后将地震荷载作用到广义结构区域的有限元模型上进行地下结构的内力计算。

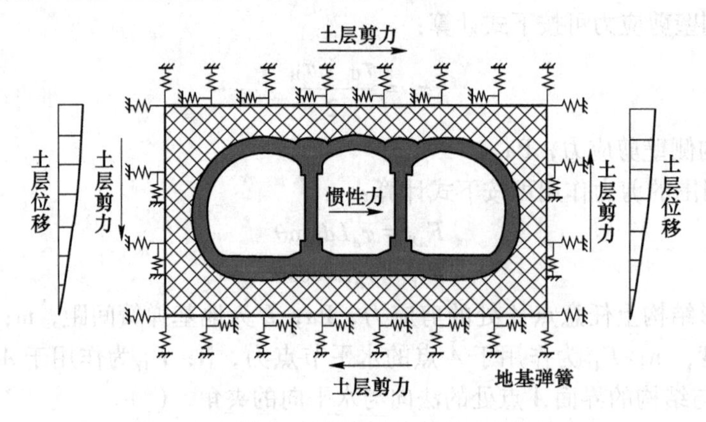

图 9-10 适用于复杂断面的广义反应位移法

9.4.2.3 反应加速度法

反应加速度法本质上是一种忽略阻尼力，考虑惯性力和土体对结构静力约束作用的拟静力分析方法。该方法通过一维场地地震响应分析确定结构物所在地层最大变形时刻对应的水平响应加速度，然后将其施加在各地层和地下结构上，作为有限元计算模型中地震产生的水平惯性力，以此来模拟地层-结构体系的动力相互作用，计算简图如图 9-11 所示。

该方法考虑了地震作用下结构侧向荷载分布对结构横断面受力的影响，通过自由场惯性力分布来反映地震作用下结构的荷载分布，这种方式在确定地层水平惯性力的时候能够考虑成层地基的影响，但忽略了结构本身对土层变形和响应加速度的影响。此外，该方法能够较好地反映地层对结构的静力约束作用，尤其是对结构角部的约束，同时避免了计算等效弹簧刚度，相比反应位移法有一定进步。

运用反应加速度法时存在以下问题：（1）该方法需要先开展自由场地地震响应分析，若基于等效线性动力黏弹性模型计算（如 SHAKE91、EERA 等），则要求地层的剪切模量和阻尼比取值准确，否则对后续施加的惯性力影响很大；（2）施加在地层与结构上的惯性

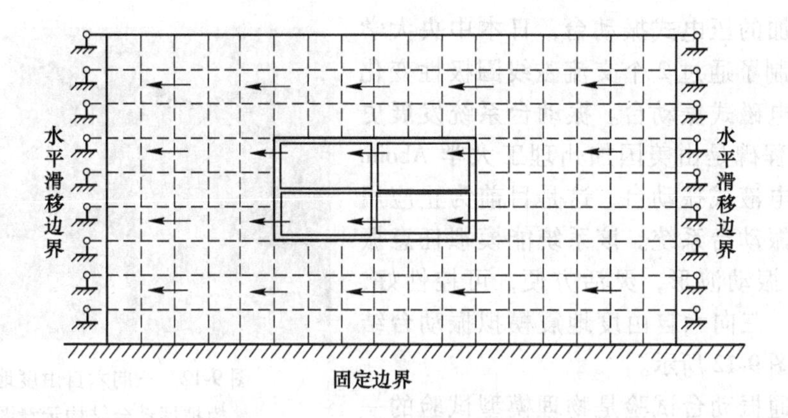

图 9-11 反应加速度法计算简图

力取决于自由场地地层响应加速度，未考虑结构的存在对场地加速度响应的影响；（3）假定最大变形时刻对应的惯性力能直接反映质点位移，忽略了阻尼的影响。不考虑地层与结构的动力相互作用，仅考虑地层与结构在静力条件下的变形协调。

9.4.2.4 自由场变形法

自由场变形法是一种波动解法，假定地下结构变形完全受控于围岩变形。该方法通过波动方程推导，得出弹性自由场介质中地下结构所在位置的波动场、应力场，再以无限介质中的孔口问题研究支护结构的应力状态。自由场变形法的基本思想是将地震作用下结构位置处的自由场变形直接施加在结构上作为结构变形，以此计算结构的地震反应。该方法反映了地下结构地震响应受控于周围地层变形这一根本特点，比地震系数法要先进。该方法适用于地下结构刚度与周围地层相近的情况，若地下结构刚度较周围地层大，内部中柱截面尺寸较大时，用此法计算地下结构的地震反应会有较大误差。

运用自由场变形法存在以下问题：（1）将场地简化为均匀的弹性自由场地，场地适用范围很受限制，对层状地基误差更大；（2）对非简谐波荷载，需要采用傅里叶变换在频域内求解，再逆变换到时域内，过程较复杂；（3）忽略地震中结构本身对地层变形的影响，与地铁车站等大空间结构的工程实际有较大差异。

9.4.3 模型试验方法

随着地下结构抗震问题日益受到关注，地下结构地震响应的理论分析方法层出不穷。为了验证理论计算模型的合理性，进一步分析地下结构地震响应特征及震害机制，模型试验逐渐成为地下结构震害研究不可或缺的试验技术。目前常用的模型试验方法有振动台试验和推覆试验两种。

9.4.3.1 振动台试验

振动台模型试验是地下结构震害规律试验研究中应用较为广泛的手段，可以直观重现地震作用下地下空间结构的震害规律。最早出现的振动台是机械式振动台，英国剑桥大学 D. V. Morris 等人首先研制成功，之后 Kutter 等人和日本工业大学相继研制出了颠簸道路式振动台和杆式振动台等机械式振动台。法国 Zelikson 等人成功研制了爆炸式振动台，其振动是由电控炸药爆炸激发。美国加州大学戴维斯分校 Arulanandan 等人研制了由多层压电陶瓷元件叠加的压电式振动台，日本中央大学Fujii等人研制了通过2个交流磁线圈极性变化产生振动的电磁式振动台。振动台系统发展史上的一个里程碑是由美国加州理工大学Aboim等人研制的电液式振动台，这是目前为止应用范围最广的振动台系统。该系统能模拟任意振幅和频率的振动波形，灵活方便，可控性好，能重复利用。三向六自由度地震模拟振动台结构示意图如图9-12所示。

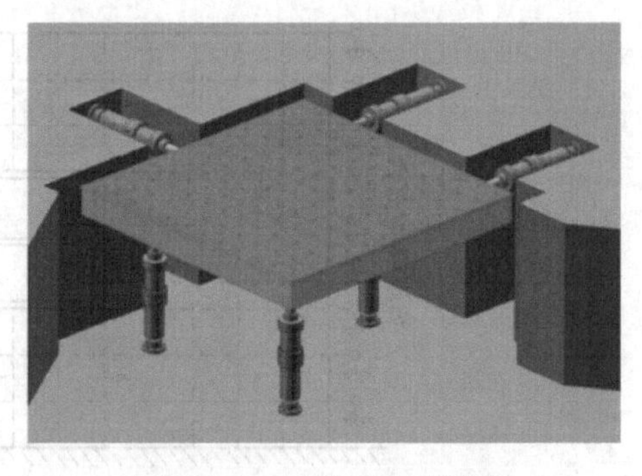

图9-12 三向六自由度地震模拟振动台结构示意图

室内普通振动台试验是物理模型试验的一大进步，弥补了之前强震资料相对缺乏的遗憾，通过大量振动台试验结果分析，揭示了地震作用下地下结构的动力响应特征，包含不同场地和埋深条件下结构的动力响应及地层与结构间的动力相互作用，识别了地震作用下地下结构的薄弱部位，提出了不同场地条件下的地下结构抗震优化设计方法。

地下结构振动台试验的技术要点如图9-13所示，振动台模型试验成功的关键在于模型箱的研制、相似关系设计、结构模型材料及尺寸效应和地震动输入等。

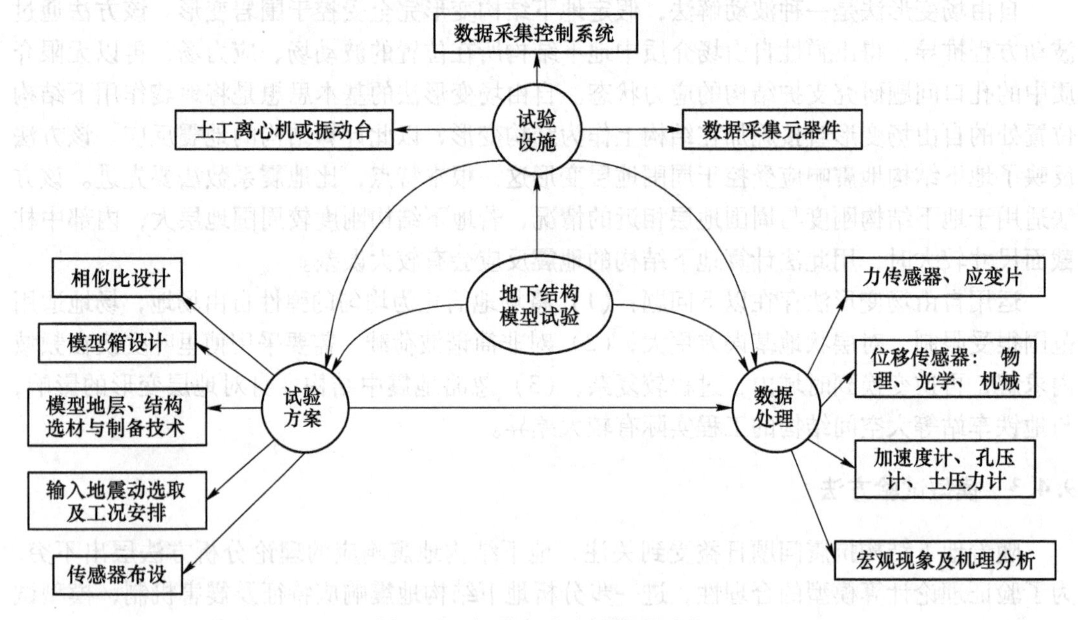

图9-13 振动台试验的技术要点

（1）模型箱研制。模型箱按结构形式可分为刚性模型箱、柔性模型箱和层状剪切模型箱等。层状剪切模型箱是目前模拟地层剪切变形的理想箱体结构，通常由若干个矩形或圆形层状框架和滚轴（珠）叠合而成，层状框架间设置一定数量的滚轴（珠），用以模拟地层在振动方向上的剪切变形，如图9-14所示。为了模拟无限域地层对波动的吸收效果，会在模型箱内侧铺设柔性材料，例如橡胶或聚苯乙烯泡沫等。

（2）相似关系设计。为满足振动台台面尺寸和承载能力的限制要求，试验设计时必须

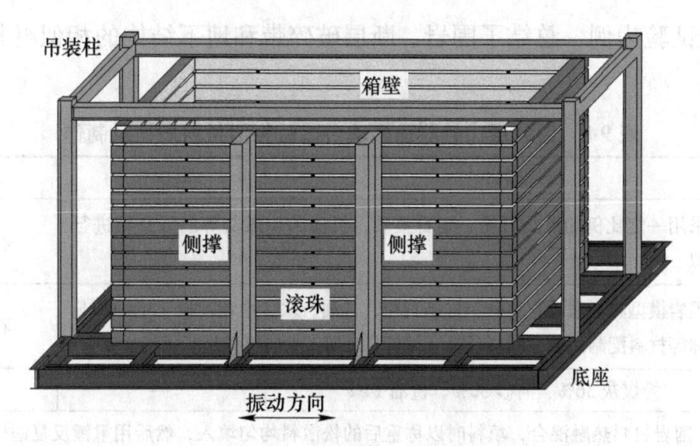

图 9-14 层状剪切模型箱

考虑缩尺模型的动力相似要求。目前常用的两类相似关系为弹性相似和重力相似。动力缩尺模型试验要求所有模型参数同时满足相似关系是不可能的，这就需要在试验设计阶段合理选择影响试验结果的主要因素，适当放弃一些次要因素，确保试验顺利进行。

开展地下结构振动台试验时，一般重点关注结构在地震过程中的动力响应特征和破坏情况，因此应首先保证模型材料强度、惯性力及应力应变关系等与原型材料相似。因为增加对模型刚度无影响的配重比较困难，在确定相似关系时一般采用重力失真模型。结合现有振动台的承载能力及地下空间结构尺寸，振动台模型试验的几何相似比一般保持在1：25~1：50之间。以几何相似比1：40为例，根据Bukingham定理及重力失真模型对试验相似比的要求，以长度、密度和弹性模量为基本物理量，同时换算得到其他物理量的相似比见表9-7。

表 9-7 重力失真模型的相似关系

物理量	相似常数	相似比	物理量	相似常数	相似比
长度 l	C_l	1：40	密度 ρ	C_ρ	1：1.5
弹性模量 E	C_E	1：50	泊松比 μ	无因次	1：1
应变 ε	C_ε	1：1	应力 σ	$C_\sigma=C_EC_\varepsilon$	1：50
时间 t	$C_t=C_l(C_\rho/C_E)^{1/2}$	1：6.9	频率 f	$C_f=1/C_t$	6.9
速度 v	$C_v=(C_E/C_\rho)^{1/2}$	1：5.8	加速度 a	$C_a=C_E/(C_lC_\rho)$	1：0.83
内摩擦角 φ	无因次	1：1	黏聚力 c	$C_c=C_EC_\varepsilon$	1：50

（3）模型材料。目前常用的结构模型材料主要有有机玻璃、铝合金、微粒混凝土、石膏等。有机玻璃、铝合金一般用来模拟结构弹性范围内的变形规律，微粒混凝土则用于模拟结构的强度变化和动力相互作用，石膏由于其强度较低，常用于模拟结构的破坏形态。合理选择结构模型材料，是确保试验达到预期目标的必要条件，已有的模型材料还不能满足所有试验需求，一般只适于某类特定试验类型。

对于松散型围岩材料，一般采用土、石灰、滑石粉和重晶石粉按照一定比例配制而成，其中滑石粉主要调节材料内摩擦角，重晶石粉的密度较大，主要调节材料密度。相比而言，岩石类围岩材料的配制则更为复杂，且对填筑程序有更为严格的要求。以跨断层山岭隧道的振动台试验为例，总结了围岩、断层破碎带和地下结构的相似材料配比及制作情况，见表9-8。

表9-8　跨断层山岭隧道振动台试验相似材料配比及制作

<table>
<tr><th>文献来源</th><th>围岩</th><th>破碎带</th><th>隧道结构</th></tr>
<tr><td>耿萍等，2012；2014</td><td colspan="2">采用一定比例的重晶石粉、细石英砂、机油和粉煤灰等的混合物进行模拟</td><td>石膏：水＝1：1</td></tr>
<tr><td>何川等，2014</td><td colspan="2">围岩模型材料采用石英砂、重晶石粉、甘油、水、中粗河砂、机油和凡士林等材料配制而成，断层带模型材料同时加入木屑等满足断层特征要求</td><td>石膏：水＝1：1</td></tr>
<tr><td rowspan="2">周佳媚等，2013</td><td>粉煤灰56%、河砂30%、机油14%</td><td>—</td><td>—</td></tr>
<tr><td colspan="3">围岩材料热融混合，填料时以称重后的松散料均匀填入，然后用重锤反复锤压至预定刻度线</td></tr>
<tr><td rowspan="2">信春雷等，2014
王帅帅等，2015</td><td>粉煤灰、河砂与机油的质量比为57：31：12</td><td>直径为1.0~1.5cm的砾石</td><td>微粒混凝土
水泥与中砂质量比为1：6，水灰比为1：6。
直径1.06mm定型钢筋网模拟钢筋</td></tr>
<tr><td colspan="3">制备完成的围岩相似材料以松散状均匀填入模型箱内，专用重锤反复夯实至预定标线，然后环刀取样复核容重值，合格后再填第2层。每个结构体分多层填入，每层压实完毕且用铁钩在表面划毛后再填下一层，避免围岩模型出现成层现象。填料完毕，静置7~8h，使其经过土体的自平衡。
在围岩与破碎带接触面上布设聚乙烯塑料布减小摩擦力</td></tr>
<tr><td>隋传毅等，2017</td><td>粉煤灰、河砂与机油的质量比为56：30：14</td><td>碎石</td><td>微粒混凝土
水泥与中砂质量比为1：6，水灰比为1：6</td></tr>
<tr><td>刘礼标等，2017</td><td>标准砂、石膏粉、滑石粉、甘油、水泥、水配合比为70%：11.3%：8%：0.25%：0.25%：10.2%</td><td>砂砾石</td><td>砂浆混凝土，内置0.6mm钢丝网加固</td></tr>
<tr><td>刘云和高峰，2016</td><td>标准砂、石膏粉、滑石粉、甘油、水泥、水配合比为70.2%：11.8%：7.2%：0.03%：0.57%：10.2%</td><td>松散的中砂（宽3cm）</td><td></td></tr>
<tr><td rowspan="2">闫高明等，2019</td><td>粉煤灰、河砂与机油的质量比为50：40：10</td><td>粉煤灰、河砂与机油的质量比为57：31：12</td><td>水、石膏、硅藻土、石英砂、重晶石配合比为1.0：0.6：0.2：0.1：0.4</td></tr>
<tr><td colspan="3">围岩相似材料分层均匀填入模型箱内，专用重锤反复夯实至预定标线（每隔20cm一层），然后环刀取样复核重度值，合格后再填筑第2层。每层压实完毕后，在模型土表面划毛再填下一层，使围岩模型无成层现象。填料完毕，静置24h，使其达到自平衡</td></tr>
</table>

（4）边界处理。振动台模型试验的边界处理涉及侧边界和底部接触面。侧边界的处理措施多为在围岩材料和模型箱之间铺设一定厚度的聚苯乙烯泡沫或橡胶膜，用以避免波动在边界处产生反射而扰乱模型内部的波场。底部接触面的处理措施多为在底部铺设一定厚度的砂浆混凝土垫层或者碎石以增大摩擦阻力，使振动台台面的振动可以有效的传递到围岩介质中。

（5）尺寸效应和地震动输入。模型尺寸的缩小将导致结构材料的力学性能提高，这将影响试验结果的合理性和可靠性。地震动输入是振动台试验的一个关键步骤，由于受试验设备条件限制，已有地下结构振动台试验大部分采用一致地震动输入。研究表明，当模拟隧道、地下管道和综合管廊等线状结构时，不能忽视地震的行波效应影响。

近年来，振动台模型试验技术取得了长足进步，台面尺寸越来越大，振动台台阵的组合应用实现了行波作用下场地震动的物理模拟，振动台与离心机的结合则有望消除质量缩尺带来的震动响应误差。

9.4.3.2　推覆试验

地震过程中地下结构变形破坏的主导因素是围岩介质的变形，结构自振特性对其影响很小。拟静力试验可以很好地反映围岩介质变形对地下结构变形破坏的影响，在地下结构抗震领域的应用由来已久。相比振动台试验，拟静力试验具备大比例尺、破坏性和可视化等优点，因此在地下结构抗震研究中比较适用。杜修力等人（2021）根据试验对象类别，将地下结构抗震拟静力试验分为构件层面的拟静力试验、结构层面的拟静力试验及地层-结构体系层面的拟静力试验，提出了可初步考虑结构所受围岩压力、约束条件及推覆过程中的地层-结构相互作用的弹簧-地下结构体系拟静力推覆试验系统，如图 9-15 所示。

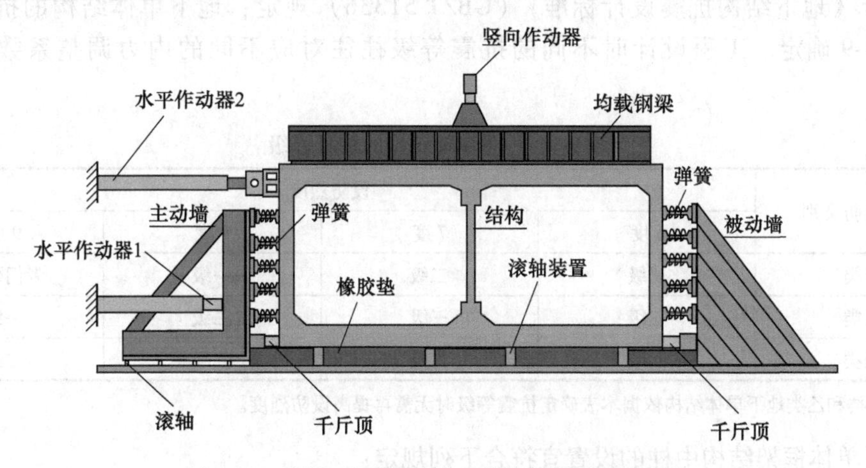

图 9-15　弹簧-地下结构体系拟静力推覆试验系统

9.4.4　数值方法

目前已有的理论分析方法有较严密的逻辑推导和理论基础，但在场地条件、地震波处理、动力本构模型及地层-结构相互作用等方面存在较大简化，而且都没有考虑地震持时效应的影响，这在一定程度上影响了计算结果的准确性和适用性。通过数值方法开展动力时程分析可以考虑岩土体的非线性特性和地层-结构动力相互作用。按照数值方法的基本假设及求解原理可以分为有限元法、有限差分法、离散元法、边界元法、杂交法、非连续变形分析法及耦合法等，数值方法被认为是分析地震作用下地下结构动力响应的最精确方法。针对分析过程中涉及的人工边界、地震动输入及材料非线性动力本构关系等问题，国内外学者进行了大量研究。

与理论分析及模型试验相比，数值方法的适用性更强。对于地质条件和结构形式复杂的地下结构动力响应分析，比如断面复杂的地铁车站、重要的地下结构及需进行验算的地下结构等，数值分析则为较好的选择。现行《地下结构抗震设计标准》（GB/T 51336）建议，对在含软弱/液化土层中修建的地下结构，或者普通场地内修建的几何形体复杂的地下结构，进行抗震分析时应采用基于数值方法的等效线性化或弹塑性动力时程分析。

9.5　地下结构抗震措施

9.5.1　单体结构抗震设计规定及抗震措施

9.5.1.1　一般规定

明挖法和矿山法施工的钢筋混凝土框架地下单体结构应符合以下规定：

（1）结构布置宜简单、规则、对称、平顺，结构质量及刚度宜均匀分布，不应出现抗侧力结构的侧向刚度和承载力突变；

（2）结构下层的竖向承载结构刚度不宜低于上层；

（3）主体结构与附属通道结构之间应设变形缝。

现行《地下结构抗震设计标准》（GB/T 51336）规定：地下单体结构的抗震等级应按表 9-9 确定。工程设计时不同的抗震等级往往对应不同的内力调整系数或抗震措施。

表 9-9　地下单体结构的抗震等级

抗震设防类别	设防烈度			
	6 度	7 度	8 度	9 度
甲类	三级	二级	一级	专门研究
乙类	三级	三级	二级	一级
丙类	四级	三级	三级	二级

注：甲类和乙类地下单体结构依据本表确定抗震等级时无需再提高设防烈度。

地下单体框架结构中柱的设置宜符合下列规定：

（1）地下单体结构框架柱的设置宜结合使用功能、结构受力、施工工法等的要求综合确定；

（2）位于设防烈度 8 度及以上地区时，不宜采用单排柱；当采用单排柱时，宜采用钢管混凝土柱或型钢混凝土柱。

9.5.1.2　构造措施

框架结构的基本抗震措施应符合现行国家标准《建筑抗震设计规范》（GB 50011）的规定。梁的截面宽度不宜小于 200mm，截面高宽比不宜大于 4。梁中线宜与柱中线重合。梁的纵向钢筋、箍筋配置应符合现行国家标准《建筑抗震设计规范》（GB 50011）的规定。

（1）柱的轴压比。现行《地下结构抗震设计标准》（GB/T 51336）规定：柱轴压比不宜超过表 9-10 的限值。

表 9-10　地下结构框架柱轴压比限值

结构形式	抗震等级			
	一级	二级	三级	四级
单排柱地下框架结构	0.60	0.70	0.80	0.85
其他地下框架结构	0.65	0.75	0.85	0.90

表中限值适用于剪跨比大于2、混凝土强度等级不高于C60的柱；剪跨比不大于2的柱，轴压比限值应降低0.05；剪跨比小于1.5的柱，轴压比限值应专门研究并采取特殊构造措施。

下列情况下轴压比限值可增加0.10，箍筋的最小配箍特征值均应按增大的轴压比按现行国家标准《建筑抗震设计规范》（GB 50011）的要求确定：

1）沿柱全高采用井字复合箍，且箍筋肢距不大于200mm、间距不大于100mm、直径不小于12mm；

2）沿柱全高采用复合螺旋箍，且箍筋间距不大于100mm、箍筋肢距不大于200mm、直径不小于12mm；

3）沿柱全高采用连续复合矩形螺旋箍，且螺旋净距不大于80mm、箍筋肢距不大于200mm、直径不小于10mm。

在柱的截面中部附加芯柱，其中另加的纵向钢筋总面积不少于柱截面面积的0.8%，轴压比限值可增加0.05；当此项措施与上述箍筋措施共同采用时，轴压比限值可增加0.15，但箍筋的体积配箍率仍可按轴压比增加0.10的要求确定，且增加后的轴压比不应大于1.00。

（2）柱的纵向钢筋。柱的纵向钢筋配置应符合下列规定：

1）柱截面纵向受力钢筋的最小总配筋率不宜小于表9-11的规定，且每一侧配筋率不应小于0.2%，总配筋率不应大于5%；

表9-11 柱截面纵向受力钢筋的最小总配筋率

结构形式	抗震等级			
	一级	二级	三级	四级
单排柱地下框架结构/%	1.4	1.2	1.0	0.8
其他地下框架结构/%	1.2	1.0	0.8	0.6

2）柱的纵向配筋宜对称配置，柱主筋间距不宜大于200mm；

3）对于柱净高与截面短边长度或直径之比不大于4的柱，柱全高范围内均应加密箍筋且箍筋间距不应大于100mm；

4）柱纵向钢筋的绑扎接头应避开柱端的箍筋加密区。

（3）框架梁、板、墙及节点。框架梁柱节点区混凝土强度等级不宜低于框架柱2级，当不符合该规定时，应对核心区承载力进行验算，宜设芯柱加强。

框架梁宽度大于框架柱宽度时，梁柱节点区柱宽以外部分应设置梁箍筋。

地下框架结构的板墙构造措施应符合下列规定：

1）板与墙、板与纵梁连接处1.5倍板厚范围内箍筋应加密，宜采用开口箍筋，设置的第一排开口箍筋距墙或纵梁边缘不应大于50mm，开口箍筋间距不应大于板非加密区箍筋间距的1/2；

2）墙与板连接处1.5倍墙厚范围内箍筋应加密，宜采用开口箍筋，设置的第一排开口箍筋距板边缘不应大于50mm，开口箍筋间距不应大于墙非加密区箍筋间距的1/2；

3）当采用板-柱结构时，应在柱上板带中设置构造暗梁，其构造措施应与框架梁相同；

4）楼板开孔时，孔洞宽度不宜大于该层楼板宽度的30%。洞口的布置宜使结构质量和刚度的分布仍较均匀、对称，不应发生局部突变。孔洞周围应设置满足构造要求的边梁或暗梁。

9.5.2 多体结构抗震设计规定及抗震措施

地下多体结构是指由相互连接或临近的两个及以上体量相当的地下单体结构组成的多体结构体系。如有换乘通道连接的地铁车站，近距离平行、叠落或立交的地下结构。地下多体结构体系中各单体结构的抗震设计应符合单体结构抗震设计规定。

此外，地下多体结构不应处于软硬交错的地层中，当无法避免时，应对地下多体结构的各结构单元分别采用相应的抗震措施。地下多体结构的各单体结构间宜设置变形缝。对可能出现的薄弱部位应采取针对性措施提高其抗震能力。应采取构造措施提高地下多体结构各单体结构连接处的抗震能力。地下多体结构的抗震设防等级同地下单体结构。

组成地下多体结构的各单体结构的抗震措施应符合地下单体结构的相关规定。当地下多体结构无法避免的处于软硬相差较大的地层中时，可根据需要对各单体结构分别采用不同的处理措施保证其整体抗震性能。

9.5.3 盾构隧道结构抗震设计规定及抗震措施

盾构隧道、隧道与横通道连接处、隧道与盾构工作井或通风井连接处应进行抗震设计。

现行《地下结构抗震设计标准》（GB/T 51336）规定，盾构隧道结构的抗震等级应按表9-12确定。

表9-12 盾构隧道结构的抗震等级

抗震设防类别	设防烈度			
	6度	7度	8度	9度
甲类	四级	四级	三级	专门研究
乙类	四级	四级	三级	二级
丙类	四级	四级	四级	三级

盾构隧道的地震反应主要取决于地层的位移差，控制地层位移差的方法主要有两种：采取必要的构造措施使隧道容易随地层的振动而振动，提高隧道自身的抗震性能；通过工程手段减少地层传递至隧道结构的地震能量，如绕避不良地质地段、改良土体、在盾构隧道与地层之间设置隔震层等措施。

盾构隧道与横通道等结构连接处、地质条件剧烈变化段（包括断层破碎带、地裂缝等）及上覆荷载显著变化处应采取措施提高结构变形能力，不得使结构产生影响使用的差异沉降，同时应满足结构防水要求。可采用减小管片环幅宽、加长螺栓长度、加厚弹性垫圈、局部选用钢管片或可挠性管片环等措施提高隧道结构适应地层变形的能力，如图9-16所示。可采用管片壁后注入低剪切刚度注浆材料等措施，在内衬和外壁之间、外壁与地层之间等设置隔震层。

穿越断层带的隧道抗震是一个难题，特别是活动断层错动对隧道结构的灾变机理和减灾措施。1978年日本伊豆大岛近海地震中的稻取隧道，1999年中国台湾集集地震中穿越

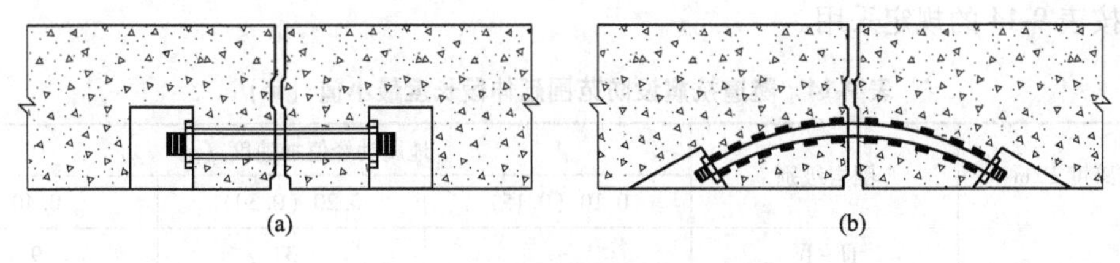

图 9-16 不同形式螺栓连接示意

（a）直螺栓；（b）弯螺栓

车笼铺断层的输水隧硐，2004 年日本新潟中越地震中的国铁隧道、鱼沼隧道和妙见隧道，2008 年中国汶川地震中龙溪隧道、龙洞子隧道和酒家垭隧道等，都直接遭受地震断层的错动而发生严重震害。根据实际工程经验，可适当扩大隧道断面尺寸，保证断层错动时隧道横断面的净空面积，利于修复和正常使用；另外，可以减小隧道纵向刚度，降低地震附加应力对隧道结构的影响，或者加固断层带一定范围内的围岩。

隧道抗震设防长度应包括全部断层破碎带及过渡段长度，过渡段指断层带向其两侧较好围岩的过渡区域。2008 年汶川大地震震害表明：隧道震害常常发生在隧道断层带及其过渡段，原铁道部科技研究开发计划“大瑞铁路复杂地质艰险山区工程建设成套技术研究——高地震烈度地区隧道活动断裂带抗震减震技术研究”成果表明，过渡段长度可取 3.5 倍隧道直径。

盾构隧道不应穿越断层破碎带、地裂缝等不良地质区域。当绕避不开时，应在断层破碎带全长范围及其两侧 3.5 倍隧硐直径过渡区域内采取设防措施。盾构隧道不应穿越可能发生液化的地层，当绕避不开时，应分析液化对管片衬砌结构安全和稳定性的不利影响，并采取相应抗震、减震措施。

9.5.4 矿山法隧道结构抗震设计规定及抗震措施

从以往的震害现象来看，穿越断层破碎带段、软硬地层变化段、软弱围岩段等一些不良地质段的隧道更容易遭受地震破坏，矿山法隧道位置应选择在稳定的地层中，不应穿越断层破碎带段、软硬地层变化段、软弱围岩段等不良地质段。隧道洞口应遵循早进晚出的原则，宜避开可能会发生崩塌、滑坡、泥石流等不良地质现象的地段。

现行《地下结构抗震设计标准》（GB/T 51336）规定，矿山法隧道结构的抗震等级应按表 9-13 确定。

表 9-13 矿山法隧道结构的抗震等级

抗震设防类别	设防烈度			
	6 度	7 度	8 度	9 度
甲类	四级	三级	二级	专门研究
乙类	四级	三级	二级	一级
丙类	四级	四级	三级	二级

隧道洞口段、浅埋偏压段、深埋软弱围岩段和断层破碎带等地段的结构，其抗震加强长度应根据地形、地质条件确定。加强段两端应向围岩质量较好的地段延伸，延伸长度最

小值宜按表9-14的规定采用。

表9-14 隧道抗震设防范围延伸段长度最小值（m）

隧道跨度 B/m	围岩级别	地震动峰值加速度（g）		
		0.10（0.15）	0.20（0.30）	0.40
$B \leqslant 7$	Ⅲ~Ⅳ	—	3	9
	Ⅴ~Ⅵ	—	6	12
$7<B<12$	Ⅲ~Ⅳ	—	6	12
	Ⅴ~Ⅵ	3	9	15
$B \geqslant 12$	Ⅲ~Ⅳ	3	9	15
	Ⅴ~Ⅵ	6	12	18

抗震设防段的隧道衬砌应采用混凝土或钢筋混凝土材料，其强度等级不应低于表9-15的规定。

表9-15 隧道衬砌材料种类及强度等级

隧道跨度 B/m	围岩级别	地震动峰值加速度（g）		
		0.10（0.15）	0.20（0.30）	0.40
$B<12$	Ⅲ	混凝土C25	混凝土C25	混凝土C30
	Ⅳ	混凝土C25	钢筋混凝土C25	钢筋混凝土C30
	Ⅳ、Ⅴ	钢筋混凝土C25	钢筋混凝土C30	钢筋混凝土C30
$B \geqslant 12$	Ⅲ	混凝土或钢筋混凝土C25	钢筋混凝土C30	钢筋混凝土C30
	Ⅳ	钢筋混凝土C25	钢筋混凝土C30	钢筋混凝土C30
	Ⅳ、Ⅴ	钢筋混凝土C25	钢筋混凝土C30	钢筋混凝土C30

注：1. 浅埋隧道均应采用钢筋混凝土；

2. 峰值加速度为0.40g的地区，跨度$B \geqslant 12$m的隧道衬砌混凝土宜添加纤维材料，以提高抗震性能。

抗震设防地段衬砌结构构造应符合下列规定：

（1）软弱围岩段的隧道衬砌应采用带仰拱的曲墙式衬砌。

（2）明暗洞交界处、软硬岩交界处及断层破碎带的抗震设防地段衬砌结构应设置抗震缝，且宜结合沉降缝、伸缩缝综合设置。Ⅱ类场地基本地震动峰值加速度为0.05g的地区应至少设置1道抗震缝，Ⅱ类场地基本地震动峰值加速度为0.10g或0.15g的地区应至少设置2道抗震缝，Ⅱ类场地基本地震动峰值加速度为0.20g及以上的地区应至少设置3道抗震缝。

（3）通道交叉口部及未经注浆加固处理的断层破碎带区段采用复合式支护结构时，二衬结构应采用钢筋混凝土衬砌。

（4）穿越活动断层的隧道衬砌断面宜根据断层最大错位量评估值进行隧道断面尺寸的扩挖设计；无断层最大错位量评估值时，隧道断面尺寸可放大400~600mm。断层设防段衬砌结构端部应增加最大错位评估厚度，且应设置抗震缝，抗震缝宜在断层位置设置，缝宽宜40~60mm，并保证抗震缝填充密实，做好隧道结构的防水；在抗震缝两侧各1m范围内，初衬和二衬结构之间宜构筑100~150mm厚的沥青混凝土衬砌，沥青混凝土衬砌可采用预制块体熔化沥青砌筑的方法施工。

（5）穿越黄土地裂缝的隧道，地裂缝设防区段衬砌结构应设置抗震变形缝。二衬结构端部厚度宜增大500mm以上，增厚长度宜在2m以上，且应满足竖向最大错位量的要求。在变形缝两侧各1m范围内，初衬和二衬结构之间宜构筑100~200mm厚的沥青混凝土衬砌。

矿山法隧道不应穿越可能发生液化的地层，当绕避不开时，应分析液化对结构安全及稳定性的不利影响并采取相应构造措施。在满足隧道功能和结构受力良好的前提下，可加大隧道断面尺寸。隧道内设辅助通道时，应提高主洞与辅助通道连接处的抗震性能。

洞口是山岭隧道抗震设防的重点，特别是位于可能发生崩塌、滑坡、泥石流等不良地质现象的地段时，因地震作用产生的次生灾害导致隧道洞口被掩埋或衬砌破坏。洞门口抗震措施应符合下列规定：

（1）隧道洞口位置的选择应结合洞口段的地形和地质条件确定，并应采取措施控制洞口仰坡和边坡的开挖高度，防止发生崩塌和滑坡等震害。当洞口地形较陡时，宜采取接长明洞或其他防止落石撞击的措施。

（2）Ⅱ类场地基本地震动峰值加速度为0.20g及以上的地区，宜采用明洞式洞门，洞门不宜斜交设置。

（3）Ⅱ类场地基本地震动峰值加速度为0.30g及以上的地区，洞口边坡、仰坡坡率降一档设置，边坡、仰坡防护应根据设防地震动峰值加速度值的提高，依次选用锚网喷、框架长锚杆、锚索、框架锚索等措施。

9.5.5 明挖隧道结构抗震设计规定及抗震措施

明挖隧道的地震反应受地层影响很大，其变形对周围地层有追随性，故应建在密实、均匀、稳定的地基上，选址时宜避开地层突变、软弱土、液化土及断层破碎带等不利地段；当无法避开时，应采取可靠的抗震措施。回填部分的材料、密实度等指标不应小于原位原状土。

现行《地下结构抗震设计标准》（GB/T 51336）规定，明挖隧道结构的抗震等级应按表9-16确定。

表9-16 明挖隧道结构的抗震等级

抗震设防类别	设防烈度			
	6度	7度	8度	9度
甲类	四级	四级	三级	专门研究
乙类	四级	四级	三级	二级
丙类	四级	四级	四级	三级

明挖隧道结构一般都采用矩形钢筋混凝土结构，其抗震措施可参照同类地面结构。地下钢筋混凝土框架结构构件的尺寸常大于同类地面结构的构件，但使用功能不同的框架结构要求不一致。

明挖隧道结构抗震构造要求应符合下列规定：

（1）宜采用现浇结构。设置装配构件时，应与周围构件可靠连接。

（2）墙或中柱的纵向钢筋最小总配筋率，应增加 0.5%。中柱或墙与梁或顶板、底板的连接处应满足柱箍筋加密区的构造要求，箍筋加密区范围与抗震等级相同的地面结构柱构件相同。

（3）地下钢筋混凝土框架结构构件的最小尺寸，应不低于同类地面结构构件的规定。

明挖隧道顶板和底板应符合下列规定：

（1）顶板和底板宜采用梁板结构。当采用板柱-抗震墙结构时，宜在柱上板带中设构造暗梁，其构造要求同地面同类结构。

（2）地下连续墙复合墙体的顶板、底板的负弯矩钢筋至少应有 50%锚入地下连续墙，锚入长度按受力计算确定；正弯矩钢筋应锚入内衬。

（3）隔板开孔的孔洞宽度应不大于该隔板宽度的 30%；洞口的布置宜使结构质量和刚度的分布较均匀、对称，不应发生局部突变；孔洞周围应设置满足构造要求的边梁或暗梁。

明挖隧道结构穿越地震时岸坡可能滑动的古河道，或可能发生明显不均匀沉降的地层时，应采取换土或设置桩基础等措施。

明挖隧道不应穿越可能发生液化的地层，当绕避不开时应分析液化对结构安全及稳定性的不利影响，并可采取下列措施：

（1）对液化土层应采取注浆加固和换土措施。

（2）对液化土层未采取措施时，应分析其上浮的可能性并采取抗浮措施。

（3）明挖隧道结构与薄层液化土夹层相交，或施工中采用深度大于 20m 的地下连续墙围护结构的明挖隧道结构遇到液化土层时，可仅对下卧层进行处理。

地层中包含薄的液化土夹层时，以加强地下结构而不是加固地基为好。当基坑开挖中采用深度大于 20m 的地下连续墙作为围护结构时，坑内土体将因受到地下连续墙的挟持包围而形成较好的场地条件，地震时一般不可能液化。这两种情况，周围土体都存在液化土，在承载力及抗浮稳定性验算中，仍应考虑周围土层液化引起的土压力增加和摩阻力降低等因素的影响。

9.5.6 新型地铁车站空间结构减震隔震设计

现行《地下结构抗震设计标准》（GB/T 51336）规定，对使用功能有特别要求和高地震活动性地区的地下结构，可采用减震和隔震设计。地铁车站结构一般为形式固定的多层多跨闭合框架结构，震害机制较为清晰，其抗震措施的提出主要围绕结构断面形式、薄弱部位优化及设置减震层等方面展开，如图 9-17 所示。在断面形式上主张尽量采用对称结构，避免截面尺寸过大。在薄弱部位优化方面，主要集中在中柱水平变形能力的提升上：陶连金等人（2016）提出了地下结构中柱柱顶设置辊轴摩擦摆（RFPS）隔震支座的设计理念，提出了截断柱技术；杜修力等人（2018；2019）提出了可有效避免柱脚应力集中和震后可快速更换的地下结构抗震截断柱技术及设计思路；庄海洋等人（2019）提出了中柱顶端设置弹性滑移支座的方法。研究表明，中柱截断后车站结构的抗侧移刚度和楼板的平面整体抗弯曲刚度减小，车站抗震性能得以提升。但是，由于中柱改变了地铁车站结构的动力反应变形特征，使得车站结构顶底板与侧墙连接部位的结构地震损伤加重。马超等人（2020）提出了一种在不显著改变钢筋混凝土柱侧向刚度的情况下，改善柱子的侧向变

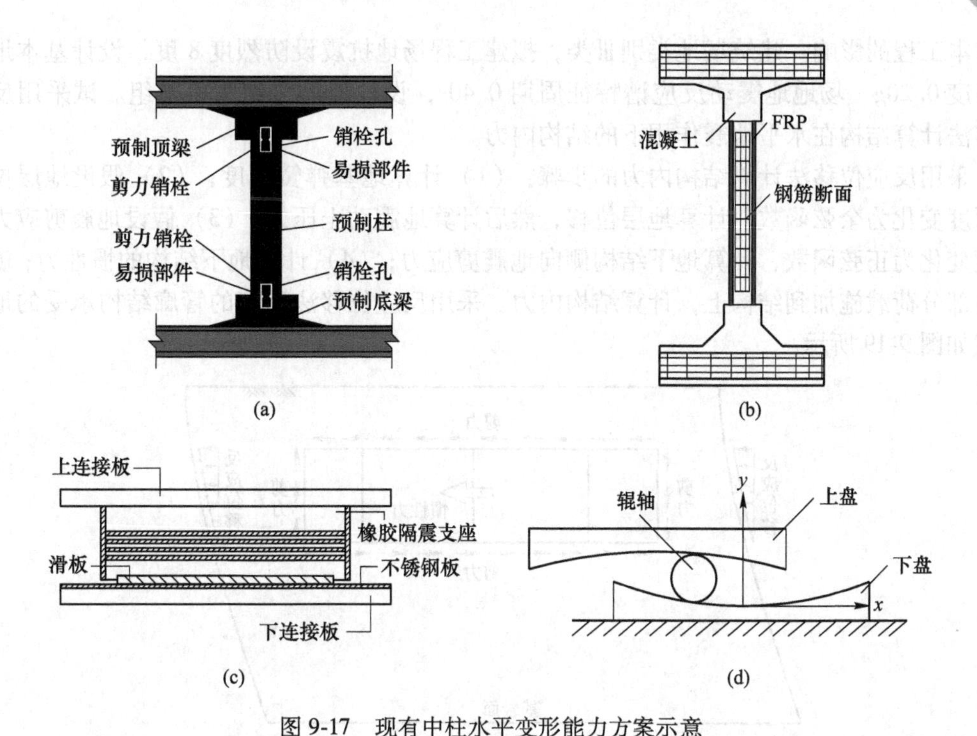

(a)　(b)　(c)　(d)

图 9-17　现有中柱水平变形能力方案示意

（a）基于韧性的可更换截断柱；（b）FRP 加固中柱；（c）弹性滑移支座；（d）辊轴摩擦摆隔震支座

形能力的纤维增强复合材料（FRP）加固中柱的抗震设计方法，此方法可以在不影响车站结构整体地震反应的情况下，减小地震引起的中柱损伤。

9.6 算　例

某综合管廊结构如图 9-18 所示，其顶板覆土深度 2.4m。地层岩性自上而下分别为素填土、黄土状土（粉质黏土）、细砂、中砂等。素填土层厚 2m，黄土层厚 6m，基岩埋深 50m，部分地层结构如图 9-18 所示。地下水主要赋存于第四系全新统和上更新统砂层中，属第四系孔隙潜水。实测稳定水位埋深 12.5~15.10m，年水位变幅 2~3m，可不考虑地下

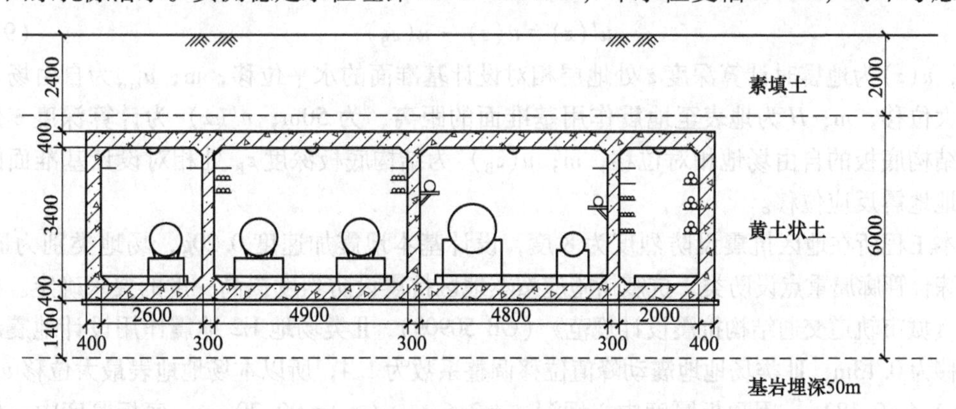

图 9-18　地层条件及结构轮廓

水对本工程的影响。建筑场地类别Ⅲ类，拟建工程场地抗震设防烈度8度，设计基本地震加速度0.20g，场地地震动反应谱特征周期0.40s，设计地震分组为第二组。试采用反应位移法计算结构在水平地震作用下的结构内力。

采用反应位移法计算结构内力的步骤：（1）计算地基弹簧刚度；（2）假设地层位移沿深度变化为余弦函数，计算地层位移，然后计算地震动土压力；（3）假设地震剪应力沿深度变化为正弦函数，计算地下结构侧向地震剪应力；（4）计算地下结构的惯性力；（5）将各部分荷载施加到结构上，计算结构内力。采用反应位移法计算的管廊结构承受的地震荷载如图9-19所示。

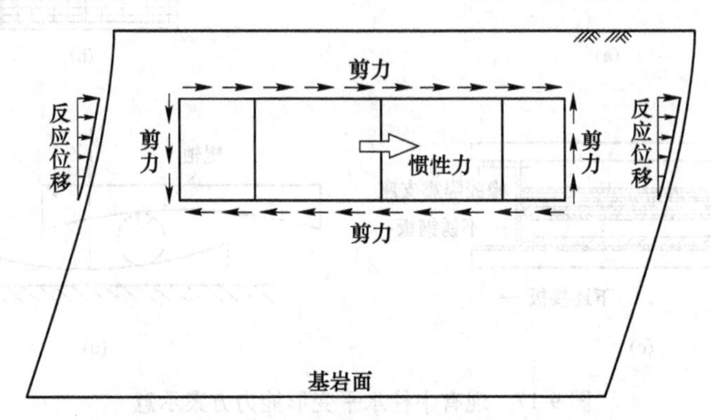

图9-19　基于反应位移法的管廊结构受力示意图

（1）计算地基弹簧刚度。地基弹簧刚度通过下式确定：

$$k = KLd \tag{9-20}$$

式中，k为地基弹簧刚度，kN/m；K为基床系数，kN/m^3，根据《城市轨道交通岩土工程勘察规范》（GB 50307—2012），水平基床系数近似取2×10^4kN/m^3，垂直基床系数近似取1.5×10^4kN/m^3；L为地基弹簧间距，取0.05m；d为纵向计算长度，取1m。得到顶底板法向地基弹簧刚度$k_v=1\times10^3$kN/m，侧墙法向地基弹簧刚度$k_h=0.75\times10^3$kN/m。

（2）计算地震动土压力。土层相对位移由下式确定：

$$u(z) = \frac{1}{2}u_{max}\cos\frac{\pi z}{2H} \tag{9-21}$$

$$u'(z) = u(z) - u(z_B) \tag{9-22}$$

式中，$u(z)$为地震时计算深度z处地层相对设计基准面的水平位移，m；u_{max}为自由场地地表最大位移，m；H为地表至地震作用基准面的距离，为50m；$u'(z)$为计算深度z处相对于结构底板的自由场地相对位移，m；$u(z_B)$为结构底板深度z_B处相对设计基准面的自由场地地震反应位移。

本工程所在地区抗震设防烈度为8度，设计基本地震加速度0.20g，场地类别为Ⅲ类，地下综合管廊属重点设防类，抗震措施应按本地区抗震设防烈度提高一度的要求确定。根据现行《城市轨道交通结构抗震设计规范》（GB 50909），Ⅱ类场地E2地震作用设计地震动峰值位移为0.13m，Ⅲ类场地地震动峰值位移调整系数为1.4，所以本场地地表最大位移$u_{max}=0.13\times1.4=0.182$m。因顶板厚度中心埋深$z_U=2.6$m，$u(z_U)=90.70$mm；底板厚度中心埋深$z_B=6.4$m，$u(z_B)=89.17$mm，所以，顶底板深度处地层的相对位移$u'(z_U)=1.53$mm。

现行《地下结构抗震设计标准》（GB/T 51336）指出，地震动土压力是将地层在地震作用下产生的变形通过地基弹簧以静荷载的形式作用在结构上，其作用形式一般将计算所得的相对位移采用强制位移荷载施加至地基弹簧非结构连接端的节点上。

（3）计算地震剪应力。矩形结构顶底板剪力按下式计算：

$$\tau_{U} = \frac{\pi G}{4H} u_{max} \sin \frac{\pi z_{U}}{2H} \tag{9-23}$$

$$\tau_{B} = \frac{\pi G}{4H} u_{max} \sin \frac{\pi z_{B}}{2H} \tag{9-24}$$

式中，τ_U 为结构顶板剪切力，kPa；τ_B 为结构底板剪切力，kPa；z_U 为结构顶板埋深，m，为 2.6m；z_B 为结构底板埋深，m，$z_B = 2.4+0.4+3.4+0.4/2 = 6.4$m；$G$ 为地层动剪切模量，kPa，取 5×10^3kPa。

计算得到管廊结构顶板剪力 $\tau_U = 1.17$kPa；底板剪力 $\tau_B = 2.85$kPa。

矩形结构侧壁剪力 τ_S 可按下式计算：

$$\tau_{S} = \frac{\tau_{U} + \tau_{B}}{2} \tag{9-25}$$

将 $\tau_U = 1.17$kPa、$\tau_B = 2.85$kPa 代入上式，可得 $\tau_S = 2.01$kPa。

（4）计算结构惯性力。根据《城市轨道交通结构抗震设计规范》（GB 50909），Ⅱ类场地 E2 地震作用设计地震动峰值加速度为 0.20g，Ⅲ类场地地震动峰值加速度调整系数为 1.0。计算时可将结构各构件的惯性力视为集中力作用在构件形心处，或者将结构作为一个整体视惯性力为均布力作用在结构上。通过有限元手段计算结构受力时建议采用后一种方法。

（5）计算结构内力。地震过程中，结构惯性力的分布取决于结构横断面的质量分布。由于力的分布相对复杂且涉及与周围岩土介质的相互作用，直接求解惯性力作用下结构的内力难度较大。因此，多采用有限元方法建立地基弹簧-地下结构体系的反应位移法计算模型，通过给地基弹簧非结构端节点强制位移实现地震动土压力的施加，将剪应力作为均布力作用在结构顶底板和侧墙上，将惯性力作为均布力作用在整个结构上，然后求解结构在地震荷载和地基弹簧反力共同作用下的变形和内力。由反应位移法确定的地震荷载如图 9-20 所示（顶底板的地基弹簧和侧墙的切向弹簧未标示）。

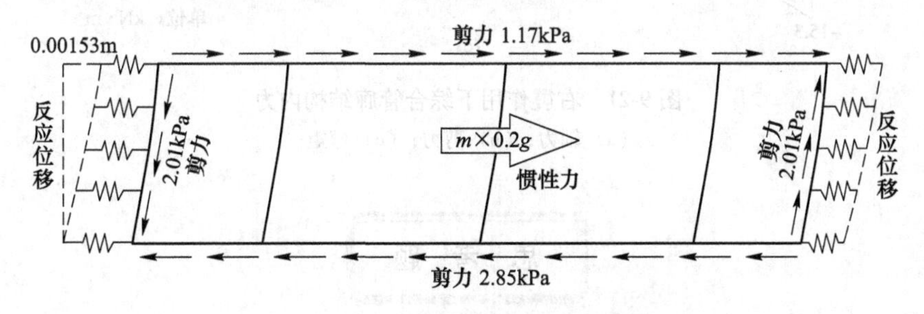

图 9-20　反应位移法确定的地震荷载

需要指出的是，第一次计算后若有受拉弹簧，需将受拉弹簧的刚度设置为 0kN/m，之后进行再次计算，多次迭代修正弹簧刚度，直至结果显示所有受拉弹簧的刚度均为 0kN/m，即认为获得了符合地层-结构相互作用的计算结果。

通过 ABAQUS 有限元软件建立综合管廊结构的反应位移法模型，右震作用下结构的内力分布如图 9-21 所示。

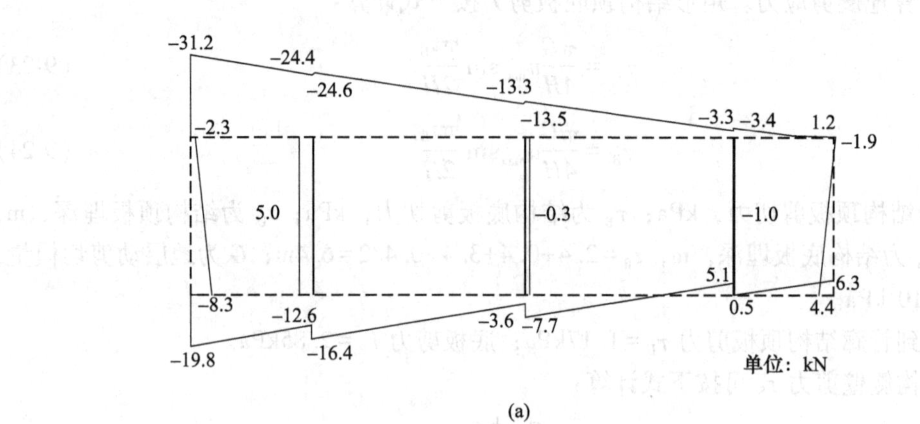

(a)

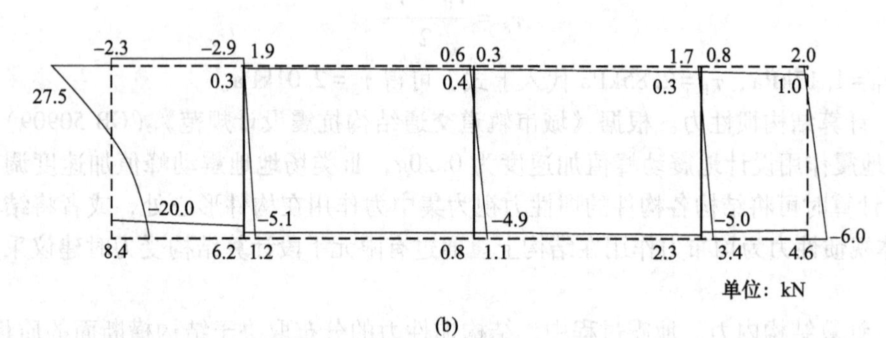

(b)

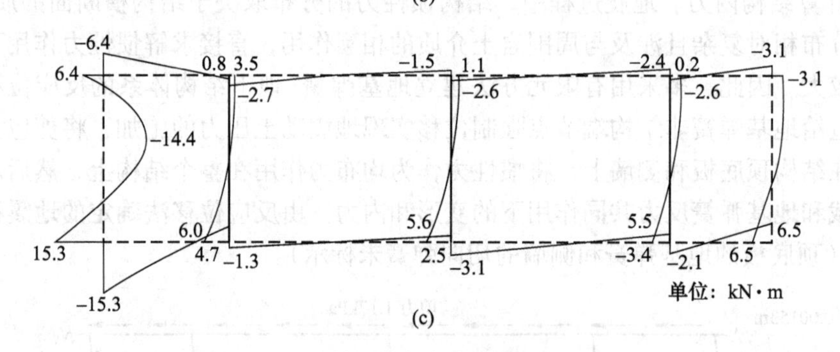

(c)

图 9-21　右震作用下综合管廊结构内力
（a）轴力；（b）剪力；（c）弯矩

思　考　题

9-1　简述地下结构抗震设计的基本原则。
9-2　简述地下结构抗震设计的性能要求。
9-3　以地铁车站为例简述地下结构震害的特点。

9-4　常用的地下结构地震响应分析方法有哪些？

9-5　对于线形地下结构，为什么要分别开展横向和纵向的抗震分析？

9-6　反应位移法的基本原理是什么？

9-7　简述反应位移法的计算过程。

9-8　采用反应位移法计算地下结构受力时，为什么使受拉弹簧的刚度为 0kN/m，迭代计算的目的是什么？

附录　弹性地基梁计算用表

附表 1　双曲线三角函数 $\varphi_1 \sim \varphi_4$

αx	φ_1	φ_2	φ_3	φ_4	αx	φ_1	φ_2	φ_3	φ_4
0.0	1.0000	0	0	0	3.6	−16.4218	−24.5016	−8.0918	8.2940
0.1	1.0000	0.2000	0.0100	0.0006	3.7	−17.1622	−27.8630	−10.7088	6.4196
0.2	0.9997	0.4000	0.0400	0.0054	3.8	−17.6875	−31.3522	−13.6686	3.9876
0.3	0.9987	0.5998	0.0900	0.0180	3.9	−17.9387	−34.9198	−16.9818	0.9284
0.4	0.9957	0.7994	0.1600	0.0427	4.0	−17.8498	−38.5048	−20.6530	−2.8292
0.5	0.9895	0.9980	0.2498	0.0833	4.1	−17.3472	−42.0320	−24.6808	−7.3568
0.6	0.9784	1.1948	0.3596	0.1439	4.2	−16.3505	−45.4110	−29.0548	−12.7248
0.7	0.9600	1.3888	0.4888	0.2284	4.3	−14.7722	−48.5338	−33.7546	−19.0004
0.8	0.9318	1.5782	0.6372	0.3406	4.4	−12.5180	−51.2746	−38.7486	−26.2460
0.9	0.8931	1.7608	0.8042	0.4845	4.5	−9.4890	−53.4894	−43.9918	−34.5160
1.0	0.8337	1.9336	0.9890	0.6635	4.6	−5.5791	−55.0114	−49.4234	−43.8552
1.1	0.7568	2.0930	1.1904	0.8811	4.7	−0.6812	−55.6548	−54.9646	−54.2928
1.2	0.6561	2.2346	1.4070	1.1406	4.8	5.3164	−55.2104	−60.5178	−65.8416
1.3	0.5272	2.3534	1.6366	1.4448	4.9	12.5239	−53.4478	−65.9628	−78.4928
1.4	0.3656	2.4434	1.8766	1.7959	5.0	21.0504	−50.1130	−71.1550	−92.2100
1.5	0.1664	2.4972	2.1240	2.1959	5.1	30.9997	−44.9322	−75.9238	−106.9268
1.6	−0.0753	2.5070	2.3746	2.6458	5.2	42.4661	−37.6114	−80.0700	−122.5384
1.7	−0.3644	2.4644	2.6236	3.1451	5.3	55.5317	−27.8402	−83.3652	−138.8984
1.8	−0.7060	2.3578	2.8652	3.6947	5.4	70.2637	−15.2880	−85.5454	−155.8096
1.9	−1.1049	2.1776	3.0928	4.2908	5.5	86.7044	0.3802	−86.3186	−173.0223
2.0	−1.5656	1.9116	3.2980	4.9301	5.6	104.8687	19.5088	−85.3550	−190.2232
2.1	−2.0923	1.5470	3.4718	5.6078	5.7	124.7352	42.4398	−82.2908	−207.0252
2.2	−2.6882	1.0702	3.6036	6.3162	5.8	146.2448	69.5128	−76.7280	−222.9716
2.3	−3.3562	0.4670	3.6816	7.0457	5.9	169.2837	101.0406	−68.2396	−237.5220
2.4	−4.0976	−0.2772	3.6922	7.7842	6.0	193.6813	137.3156	−56.3624	−250.0424
2.5	−4.9128	−1.1770	3.6210	8.5170	6.1	219.2004	178.5894	−40.6086	−259.8072
2.6	−5.8003	−2.2472	3.4512	9.2260	6.2	245.5231	225.0498	−20.4712	−265.9924
2.7	−6.7565	−3.5018	3.1654	9.8898	6.3	272.2487	276.8240	4.5772	−267.6700
2.8	−7.7759	−4.9540	2.7442	10.4832	6.4	298.8909	333.9444	35.0724	−263.7944
2.9	−8.8471	−6.6158	2.1676	10.9772	6.5	324.7861	396.3274	71.5426	−253.2420
3.0	−9.9669	−8.4970	1.4138	11.3384	6.6	349.2554	463.7602	114.5056	−234.7480
3.1	−11.1119	−10.6046	0.4606	11.5392	6.7	371.4244	535.8748	164.4510	−206.9720
3.2	−12.2656	−12.9422	−0.7148	11.5076	6.8	390.2947	612.1116	221.8174	−168.4760
3.3	−13.4048	−15.5098	−2.1356	11.2272	6.9	404.7145	691.6650	286.9854	−117.7327
3.4	−14.5008	−18.3014	−3.8242	10.6356	7.0	413.3762	773.6144	360.2382	−53.1368
3.5	−15.5198	−21.3050	−5.8028	9.6780					

附表 2　双曲线三角函数 $\varphi_5 \sim \varphi_8$

αx	φ_5	φ_6	φ_7	φ_8	αx	φ_5	φ_6	φ_7	φ_8
0. 0	1. 0000	1. 0000	1. 0000	0. 0000	3. 6	−0. 0124	−0. 0245	−0. 0366	−0. 0121
0. 1	0. 8100	0. 9004	0. 9907	0. 0903	3. 7	−0. 0079	−0. 0210	−0. 0341	−0. 0131
0. 2	0. 6398	0. 8024	0. 9651	0. 1627	3. 8	−0. 0040	−0. 0177	−0. 0314	−0. 0137
0. 3	0. 4888	0. 7078	0. 9267	0. 2189	3. 9	−0. 0008	−0. 0147	−0. 0286	−0. 0139
0. 4	0. 3564	0. 6174	0. 8784	0. 2610	4. 0	0. 0019	−0. 0120	−0. 0258	−0. 0139
0. 5	0. 2415	0. 5323	0. 8231	0. 0908	4. 1	0. 0040	−0. 0096	−0. 0231	−0. 0136
0. 6	0. 1413	0. 4530	0. 7628	0. 3099	4. 2	0. 0057	−0. 0074	−0. 0204	−0. 0131
0. 7	0. 0599	0. 3798	0. 6997	0. 3199	4. 3	0. 0070	−0. 0055	−0. 0179	−0. 0124
0. 8	−0. 0093	0. 3030	0. 6354	0. 3223	4. 4	0. 0079	−0. 0038	−0. 0155	−0. 0117
0. 9	−0. 0657	0. 2528	0. 5712	0. 3185	4. 5	0. 0085	−0. 0024	−0. 0132	−0. 0109
1. 0	−0. 1108	0. 1988	0. 5083	0. 3096	4. 6	0. 0089	−0. 0011	−0. 0111	−0. 0100
1. 1	−0. 1457	0. 1510	0. 4476	0. 2967	4. 7	0. 0090	−0. 0002	−0. 0092	−0. 0091
1. 2	−0. 1716	0. 1092	0. 3899	0. 2807	4. 8	0. 0089	0. 0007	−0. 0075	−0. 0082
1. 3	−0. 1897	0. 0729	0. 3355	0. 2626	4. 9	0. 0087	0. 0014	−0. 0059	−0. 0073
1. 4	−0. 2011	0. 0419	0. 2849	0. 2430	5. 0	0. 0084	0. 0020	−0. 0046	−0. 0065
1. 5	−0. 2068	0. 0158	0. 2384	0. 2226	5. 1	0. 0080	0. 0024	−0. 0033	−0. 0056
1. 6	−0. 2077	−0. 0059	0. 1959	0. 2018	5. 2	0. 0075	0. 0026	−0. 0023	−0. 0049
1. 7	−0. 2047	−0. 0236	0. 1576	0. 1812	5. 3	0. 0069	0. 0028	−0. 0014	−0. 0042
1. 8	−0. 1985	−0. 0376	0. 1234	0. 1610	5. 4	0. 0064	0. 0029	−0. 0006	−0. 0035
1. 9	−0. 1899	−0. 0484	0. 0932	0. 1415	5. 5	0. 0058	0. 0029	0. 0001	−0. 0029
2. 0	−0. 1794	−0. 0564	0. 0667	0. 1231	5. 6	0. 0052	0. 0029	0. 0005	−0. 0023
2. 1	−0. 1675	−0. 0618	0. 0439	0. 1057	5. 7	0. 0046	0. 0028	0. 0010	−0. 0018
2. 2	−0. 1548	−0. 0652	0. 0244	0. 0896	5. 8	0. 0041	0. 0027	0. 0013	−0. 0014
2. 3	−0. 1416	−0. 0668	0. 0080	0. 0748	5. 9	0. 0036	0. 0026	0. 0015	−0. 0010
2. 4	−0. 1282	−0. 0669	−0. 0056	0. 0613	6. 0	0. 0031	0. 0024	0. 0017	−0. 0007
2. 5	−0. 1149	−0. 0658	−0. 0166	0. 0491	6. 1	0. 0026	0. 0022	0. 0018	−0. 0004
2. 6	−0. 1019	−0. 0636	−0. 0254	0. 0383	6. 2	0. 0022	0. 0020	0. 0019	−0. 0002
2. 7	−0. 0895	−0. 0608	0. 0320	0. 0287	6. 3	0. 0018	0. 0019	0. 0019	0. 0000
2. 8	−0. 0777	−0. 0573	−0. 0369	0. 0204	6. 4	0. 0015	0. 0017	0. 0018	0. 0002
2. 9	−0. 0666	−0. 0535	−0. 0403	0. 0133	6. 5	0. 0012	0. 0015	0. 0018	0. 0003
3. 0	−0. 0563	−0. 0493	−0. 0423	0. 0070	6. 6	0. 0009	0. 0013	0. 0017	0. 0004
3. 1	−0. 0469	−0. 0450	−0. 0431	0. 0019	6. 7	0. 0006	0. 0012	0. 0016	0. 0005
3. 2	−0. 0383	−0. 0407	−0. 0431	−0. 0024	6. 8	0. 0004	0. 0010	0. 0015	0. 0006
3. 3	−0. 0306	−0. 0364	−0. 0422	−0. 0058	6. 9	0. 0002	0. 0008	0. 0014	0. 0006
3. 4	−0. 0237	−0. 0322	−0. 0408	−0. 0085	7. 0	0. 0001	0. 0007	0. 0013	0. 0006
3. 5	−0. 0177	−0. 0283	−0. 0389	−0. 0106					

附表 3　双曲线三角函数 $\varphi_9 \sim \varphi_{15}$

αx	φ_9	φ_{10}	φ_{11}	φ_{12}	φ_{13}	φ_{14}	φ_{15}
1. 0	1. 3365	0. 6794	1. 1341	0. 8365	1. 0446	0. 5028	1. 0112
1. 1	1. 4948	0. 9122	1. 3163	0. 9949	1. 2890	0. 7380	1. 3526
1. 2	1. 7050	1. 1978	1. 5355	1. 2050	1. 5736	1. 0488	1. 7680
1. 3	1. 9780	1. 5448	1. 8026	1. 4780	1. 9066	1. 4508	2. 2672
1. 4	2. 3276	1. 9642	2. 1317	1. 8277	2. 2986	1. 9620	2. 8621
1. 5	2. 7694	2. 4692	2. 5397	2. 2694	2. 7644	2. 6031	3. 5672
1. 6	3. 3222	3. 0762	3. 0470	2. 8222	3. 3214	3. 3974	4. 3990
1. 7	4. 0079	3. 8052	3. 6774	3. 5079	3. 9914	4. 3722	5. 3780
1. 8	4. 8541	4. 6820	4. 4608	4. 3542	4. 8024	5. 5601	6. 5294

续附表 3

αx	φ_9	φ_{10}	φ_{11}	φ_{12}	φ_{13}	φ_{14}	φ_{15}
1.9	5.8926	5.7378	5.4319	5.3926	5.7884	6.9975	7.8832
2.0	7.1637	7.0116	6.6333	6.6637	6.9906	8.7295	9.4770
2.1	8.7150	8.5518	8.1161	8.2151	8.4604	10.8071	11.3556
2.2	10.6060	10.4176	9.9419	10.1060	10.2598	13.2942	13.5758
2.3	12.9087	12.6828	12.1859	12.4087	12.4650	16.2650	16.2056
2.4	15.7120	15.4368	14.9388	15.2120	15.1678	19.8097	19.3292
2.5	19.1234	18.8790	18.3111	18.6235	18.4816	24.0360	23.0490
2.6	23.2768	22.8790	22.4373	22.7768	22.5424	29.0772	27.4922
2.7	28.3353	27.8688	27.4823	27.8353	27.5180	35.0921	32.8138

附表 4　基础梁受均布荷载的 $\overline{\sigma}$、$\overline{Q}$、$\overline{M}$ 系数

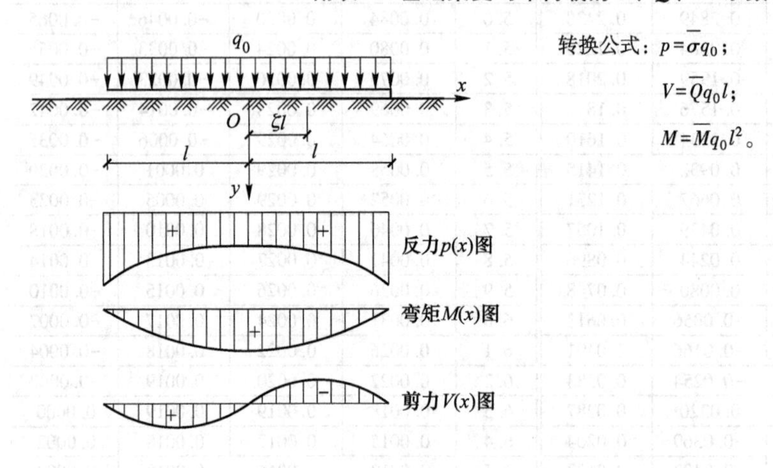

转换公式：$p=\overline{\sigma}q_0$；

$V=\overline{Q}q_0 l$；

$M=\overline{M}q_0 l^2$。

附表 4-1　均布荷载 $\overline{\sigma}$ 系数

t \ ζ	0.0	0.1	0.2	0.3	0.4	0.5	0.6	0.7	0.8	0.9	1.0
0	0.64	0.64	0.65	0.67	0.69	0.74	0.80	0.89	1.06	1.46	—
1	0.69	0.70	0.71	0.72	0.75	0.80	0.87	0.99	1.23	1.69	—
2	0.72	0.72	0.74	0.74	0.77	0.81	0.87	0.99	1.21	1.65	—
3	0.74	0.75	0.75	0.76	0.78	0.81	0.87	0.9	1.19	1.61	—
5	0.77	0.78	0.78	0.79	0.80	0.83	0.88	0.97	1.16	1.55	—
7	0.80	0.80	0.81	0.81	0.82	0.84	0.88	0.96	1.13	1.50	—
10	0.84	0.84	0.84	0.84	0.84	0.85	0.88	0.95	1.11	1.44	—
15	0.88	0.88	0.87	0.87	0.87	0.87	0.89	0.94	1.07	1.37	—
20	0.90	0.90	0.90	0.89	0.89	0.88	0.89	0.93	1.05	1.32	—
30	0.94	0.94	0.93	0.92	0.91	0.90	0.90	0.92	1.01	1.26	—
50	0.97	0.97	0.96	0.95	0.94	0.92	0.91	0.92	0.99	1.18	—

附表 4-2　均布荷载 $\overline{Q}$ 系数

t \ ζ	0.0	0.1	0.2	0.3	0.4	0.5	0.6	0.7	0.8	0.9	1.0
0	0	−0.036	−0.072	−0.106	−0.138	−0.167	−0.190	−0.206	−0.210	−0.187	0
1	0	−0.030	−0.060	−0.089	−0.115	−0.138	−0.155	−0.163	−0.153	−0.110	0
2	0	−0.028	−0.056	−0.082	−0.107	−0.128	−0.145	−0.153	−0.144	−0.104	0
3	0	−0.026	−0.052	−0.076	−0.099*	−0.120	−0.136	−0.144	−0.136	−0.099	0
5	0	−0.022	−0.045	−0.066	−0.087	−0.105	−0.121	−0.129	−0.124	−0.090	0
7	0	−0.020	−0.039	−0.058	−0.077	−0.094	−0.108	−0.117	−0.113	−0.084	0
10	0	−0.016	−0.033	−0.049	−0.065	−0.080	−0.094	−0.103	−0.101	−0.075	0
15	0	−0.012	−0.025	−0.038	−0.051	−0.064	−0.076	−0.085	−0.085	−0.065	0
20	0	−0.010	−0.019	−0.030	−0.041	−0.053	−0.064	−0.073	−0.075	−0.060	0
30	0	−0.006	−0.012	−0.020	−0.026	−0.038	−0.048	−0.057	−0.010	−0.050	0
50	0	−0.003	−0.006	−0.010	−0.015	−0.022	−0.031	−0.040	−0.045	−0.039	0

附表 4-3　均布荷载 $\overline{M}$ 系数

t \ ζ	0.0	0.1	0.2	0.3	0.4	0.5	0.6	0.7	0.8	0.9	1.0
0	0.137	0.135	0.129	0.120	0.108	0.093	0.075	0.055	0.034	0.014	0
1	0.103	0.101	0.097	0.089	0.079	0.066	0.052	0.036	0.020	0.006	0
2	0.096	0.095	0.091	0.084	0.074	0.063	0.049	0.034	0.019	0.006	0
5	0.090	0.089	0.085	0.079	0.070	0.059	0.046	0.032	0.018	0.006	0
6	0.080	0.079	0.076	0.070	0.063	0.053	0.042	0.029	0.016	0.005	0
7	0.072	0.071	0.068	0.063	0.057	0.048	0.038	0.027	0.015	0.005	0
10	0.063	0.062	0.059	0.055	0.050	0.042	0.034	0.024	0.013	0.004	0
16	0.051	0.050	0.049	0.046	0.041	0.036	0.028	0.020	0.011	0.004	0
20	0.043	0.043	0.041	0.039	0.035	0.031	0.025	0.018	0.010	0.003	0
30	0.033	0.033	0.032	0.030	0.028	0.024	0.020	0.015	0.009	0.003	0
50	0.022	0.021	0.021	0.020	0.019	0.017	0.014	0.011	0.007	0.002	0

附表 5　基础梁受集中荷载的 $\overline{\sigma}$、$\overline{Q}$、$\overline{M}$ 系数

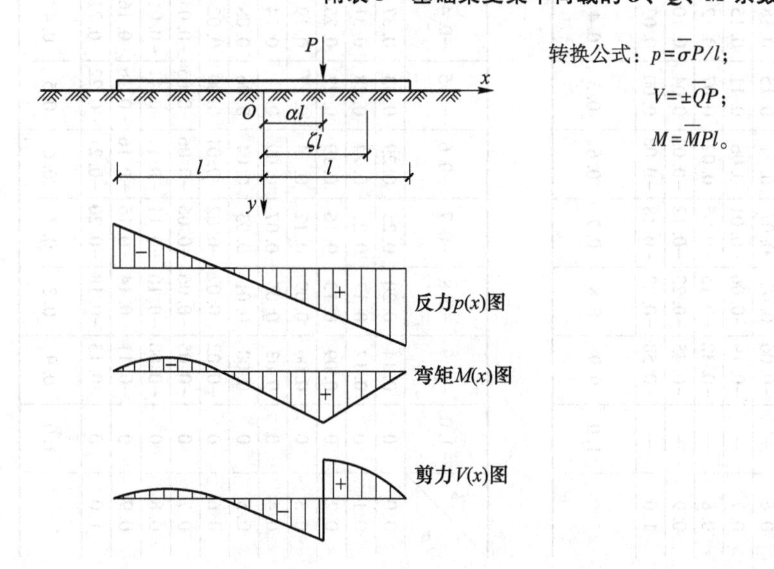

转换公式：$p=\overline{\sigma}P/l$；

$V=\pm\overline{Q}P$；

$M=\overline{M}Pl$。

附表 5-1（a） $t=0$ 集中荷载 $\overline{\sigma}$ 系数

ζ / α	-1.0	-0.9	-0.8	-0.7	-0.6	-0.5	-0.4	-0.3	-0.2	-0.1	0.0	0.1	0.2	0.3	0.4	0.5	0.6	0.7	0.8	0.9	1.0	
0.0	—	0.73	0.53	0.46	0.40	0.37	0.35	0.33	0.32	0.32	0.32	0.32	0.32	0.33	0.35	0.37	0.40	0.45	0.53	0.73	—	0.0
0.1	—	0.60	0.45	0.38	0.35	0.33	0.32	0.31	0.31	0.31	0.32	0.33	0.34	0.35	0.37	0.40	0.45	0.51	0.61	0.86	—	-0.1
0.2	—	0.47	0.36	0.32	0.30	0.29	0.29	0.29	0.30	0.31	0.32	0.33	0.35	0.37	0.40	0.44	0.49	0.57	0.70	0.99	—	-0.2
0.3	—	0.34	0.28	0.26	0.25	0.26	0.26	0.27	0.29	0.30	0.32	0.34	0.36	0.39	0.43	0.48	0.54	0.63	0.78	1.12	—	-0.3
0.4	—	0.20	0.19	0.20	0.21	0.22	0.24	0.25	0.27	0.29	0.32	0.35	0.38	0.41	0.46	0.51	0.59	0.69	0.87	1.26	—	-0.4
0.5	—	0.07	0.11	0.13	0.16	0.18	0.21	0.23	0.26	0.29	0.32	0.35	0.39	0.43	0.49	0.55	0.64	0.76	0.95	1.39	—	-0.5
0.6	—	-0.06	0.02	0.07	0.11	0.15	0.18	0.21	0.25	0.28	0.32	0.30	0.40	0.45	0.51	0.59	0.68	0.82	1.04	1.52	—	-0.6
0.7	—	-0.19	-0.06	-0.01	0.06	0.11	0.15	0.19	0.23	0.27	0.32	0.36	0.42	0.47	0.54	0.62	0.73	0.88	1.12	1.65	—	-0.7
0.8	—	-0.32	-0.15	-0.05	0.02	0.07	0.12	0.17	0.22	0.27	0.32	0.37	0.43	0.49	0.57	0.66	0.78	0.94	1.21	1.78	—	-0.8
0.9	—	-0.45	-0.23	-0.12	-0.03	0.04	0.10	0.15	0.21	0.26	0.32	0.38	0.44	0.51	0.60	0.70	0.83	1.01	1.29	1.91	—	-0.9
1.0	—	-0.58	-0.32	-0.18	-0.08	0.00	0.07	0.13	0.19	0.26	0.32	0.38	0.45	0.53	0.63	0.73	0.87	1.07	1.38	2.04	—	-1.0
	1.0	0.9	0.8	0.7	0.6	0.5	0.4	0.3	0.2	0.1	0.0	-0.1	-0.2	-0.3	-0.4	-0.5	-0.6	-0.7	-0.8	-0.9	-1.0	α / ζ

附表 5-1（b） $t=0$ 集中荷载 $\overline{Q}$ 系数

ζ / α	-1.0	-0.9	-0.8	-0.7	-0.6	-0.5	-0.4	-0.3	-0.2	-0.1	0.0	0.1	0.2	0.3	0.4	0.5	0.6	0.7	0.8	0.9	1.0	
0.0	0	0.14	0.20	0.25	0.29	0.33	0.37	0.40	0.44	0.47	0.50*	-0.47	-0.44	-0.40	-0.37	-0.33	-0.29	-0.25	-0.20	-0.14	0	0.0
0.1	0	0.12	0.17	0.21	0.24	0.28	0.31	0.34	0.37	0.40	0.44	0.47*	-0.50	-0.46	-0.43	-0.39	-0.35	-0.30	-0.24	-0.17	0	-0.1
0.2	0	0.09	0.13	0.16	0.19	0.22	0.25	0.28	0.31	0.34	0.37	0.40	0.44*	-0.52	-0.49	-0.44	-0.40	-0.34	-0.28	-0.20	0	-0.2
0.3	0	0.06	0.09	0.12	0.14	0.17	0.19	0.22	0.25	0.28	0.31	0.34	0.38	0.42*	-0.54	-0.50	-0.45	-0.39	-0.32	-0.23	0	-0.3
0.4	0	0.03	0.05	0.07	0.09	0.11	0.14	0.16	0.19	0.21	0.24	0.28	0.31	0.35	0.40*	-0.55	-0.50	-0.43	-0.36	-0.26	0	-0.4
0.5	0	0.00	0.01	0.03	0.04	0.06	0.08	0.10	0.12	0.15	0.18	0.21	0.25	0.29	0.34	0.39*	-0.55	-0.48	-0.40	-0.28	0	-0.5
0.6	0	-0.02	-0.02	-0.02	-0.01	0.00	0.02	0.04	0.06	0.09	0.12	0.15	0.19	0.23	0.28	0.34	0.40*	-0.53	-0.43	-0.31	0	-0.6
0.7	0	-0.05	-0.06	-0.06	-0.06	-0.05	-0.04	-0.02	0.00	0.02	0.05	0.09	0.13	0.17	0.22	0.28	0.35	0.43*	-0.47	-0.34	0	-0.7
0.8	0	-0.08	-0.10	-0.11	-0.11	-0.11	-0.01	-0.08	-0.06	-0.04	-0.01	-0.02	0.06	0.11	0.16	0.23	0.30	0.38	0.49*	-0.37	0	-0.8
0.9	0	-0.11	-0.14	-0.16	-0.16	-0.16	-0.16	-0.14	-0.13	-0.10	-0.07	-0.04	0.00	0.05	0.11	0.17	0.25	0.24	0.45	0.61*	0	-0.9
1.0	0	-0.13	-0.18	-0.20	-0.21	-0.22	-0.21	-0.20	-0.19	-0.16	-0.14	-0.10	-0.06	-0.01	0.05	0.11	0.20	0.29	0.41	0.58	1	-1.0
	1.0	0.9	0.8	0.7	0.6	0.5	0.4	0.3	0.2	0.1	0.0	-0.1	-0.2	-0.3	-0.4	-0.5	-0.6	-0.7	-0.8	-0.9	-1.0	α / ζ

附表 5-1（c）　$t=0$ 集中荷载 $\overline{M}$ 系数

α \ ζ	-1.0	-0.9	-0.8	-0.7	-0.6	-0.5	-0.4	-0.3	-0.2	-0.1	0.0	0.1	0.2	0.3	0.4	0.5	0.6	0.7	0.8	0.9	1.0	
0.0	0	0.01	0.03	0.05	0.08	0.11	0.14	0.18	0.22	0.27	0.32	0.27	0.22	0.18	0.14	0.11	0.08	0.05	0.03	0.01	0	0.0
0.1	0	0.01	0.02	0.04	0.06	0.09	0.12	0.15	0.19	0.23	0.27	0.31	0.26	0.21	0.17	0.13	0.09	0.06	0.03	0.01	0	-0.1
0.2	0	0.01	0.02	0.03	0.05	0.07	0.09	0.12	0.15	0.18	0.22	0.26	0.30	0.24	0.19	0.15	0.11	0.07	0.04	0.01	0	-0.2
0.3	0	0.00	0.01	0.02	0.03	0.05	0.07	0.09	0.11	0.14	0.17	0.20	0.24	0.28	0.22	0.17	0.12	0.08	0.04	0.01	0	-0.3
0.4	0	0.00	0.01	0.01	0.02	0.03	0.04	0.06	0.07	0.09	0.12	0.14	0.17	0.21	0.24	0.19	0.13	0.09	0.05	0.02	0	-0.4
0.5	0	0.00	0.00	0.00	0.01	0.01	0.02	0.03	0.04	0.05	0.07	0.09	0.11	0.14	0.17	0.21	0.15	0.10	0.05	0.02	0	-0.5
0.6	0	0.00	0.00	-0.01	-0.01	-0.01	-0.01	-0.01	0.00	0.01	0.02	0.03	0.05	0.07	0.09	0.13	0.16	0.11	0.06	0.02	0	-0.6
0.7	0	0.00	-0.01	-0.02	-0.02	-0.03	-0.03	-0.04	-0.04	-0.04	-0.03	-0.02	-0.01	0.00	0.02	0.05	0.08	0.12	0.06	0.02	0	-0.7
0.8	0	-0.01	-0.01	-0.02	-0.04	-0.05	-0.06	-0.07	-0.07	-0.08	-0.08	-0.08	-0.08	-0.07	-0.05	-0.03	-0.01	-0.02	0.07	0.02	0	-0.8
0.9	0	-0.01	-0.02	-0.03	-0.05	-0.07	-0.08	-0.10	-0.11	-0.12	-0.13	-0.14	-0.14	-0.14	-0.13	-0.11	-0.09	-0.06	-0.03	0.03	0	-0.9
1.0	0	-0.01	-0.02	-0.04	-0.06	-0.09	-0.11	-0.13	-0.15	-0.17	-0.18	-0.19	-0.20	-0.20	-0.20	-0.20	-0.18	-0.16	-0.12	-0.07	0	-1.0
	1.0	0.9	0.8	0.7	0.6	0.5	0.4	0.3	0.2	0.1	0.0	-0.1	-0.2	-0.3	-0.4	-0.5	-0.6	-0.7	-0.8	-0.9	-1.0	ζ \ α

附表 5-2（a）　$t=1$ 集中荷载 $\overline{\sigma}$ 系数

α \ ζ	-1.0	-0.9	-0.8	-0.7	-0.6	-0.5	-0.4	-0.3	-0.2	-0.1	0.0	0.1	0.2	0.3	0.4	0.5	0.6	0.7	0.8	0.9	1.0	
0.0	—	0.78	0.57	0.47	0.43	0.41	0.39	0.39	0.39	0.39	0.39	0.39	0.39	0.39	0.39	0.41	0.43	0.47	0.57	0.78	—	0.0
0.1	—	0.62	0.46	0.40	0.37	0.36	0.36	0.36	0.37	0.38	0.39	0.40	0.41	0.42	0.43	0.46	0.49	0.56	0.69	1.04	—	-0.1
0.2	—	0.45	0.37	0.33	0.31	0.31	0.32	0.33	0.35	0.37	0.38	0.40	0.43	0.45	0.47	0.50	0.56	0.65	0.82	1.11	—	-0.2
0.3	—	0.30	0.26	0.25	0.25	0.27	0.28	0.30	0.32	0.35	0.37	0.40	0.43	0.47	0.50	0.55	0.63	0.73	0.93	1.29	—	-0.3
0.4	—	0.15	0.15	0.17	0.20	0.22	0.24	0.27	0.30	0.33	0.36	0.40	0.44	0.48	0.53	0.59	0.68	0.80	1.03	1.48	—	-0.4
0.5	—	0.00	0.05	0.09	0.14	0.17	0.21	0.24	0.27	0.31	0.35	0.39	0.44	0.49	0.56	0.63	0.74	0.89	1.16	1.66	—	-0.5
0.6	—	-0.15	-0.04	-0.02	0.08	0.12	0.17	0.21	0.25	0.29	0.34	0.39	0.44	0.50	0.58	0.67	0.80	0.98	1.29	1.85	—	-0.6
0.7	—	-0.30	-0.15	-0.05	0.02	0.08	0.13	0.18	0.22	0.27	0.32	0.38	0.44	0.51	0.60	0.70	0.85	1.07	1.42	2.05	—	-0.7
0.8	—	-0.45	-0.25	-0.13	-0.04	0.03	0.09	0.15	0.20	0.25	0.31	0.37	0.44	0.52	0.63	0.74	0.90	1.14	1.54	2.25	—	-0.8
0.9	—	-0.59	-0.32	-0.20	-0.09	-0.01	0.05	0.11	0.17	0.23	0.30	0.36	0.44	0.53	0.63	0.77	0.95	1.22	1.64	2.46	—	-0.9
1.0	—	-0.73	-0.45	-0.27	-0.15	-0.06	0.02	0.08	0.15	0.21	0.28	0.36	0.44	0.54	0.65	0.80	1.00	1.30	1.79	2.66	—	-1.0
	1.0	0.9	0.8	0.7	0.6	0.5	0.4	0.3	0.2	0.1	0.0	-0.1	-0.2	-0.3	-0.4	-0.5	-0.6	-0.7	-0.8	-0.9	-1.0	ζ \ α

附表 5-2（b） $t=1$ 集中荷载 $\overline{Q}$ 系数

α \ ζ	-1.0	-0.9	-0.8	-0.7	-0.6	-0.5	-0.4	-0.3	-0.2	-0.1	0.0	0.1	0.2	0.3	0.4	0.5	0.6	0.7	0.8	0.9	1.0	
0.0	0	0.10	0.16	0.22	0.26	0.30	0.34	0.38	0.42	0.46	0.50*	0.46	-0.42	-0.38	-0.34	-0.30	-0.26	-0.22	-0.16	-0.10	0	0.0
0.1	0	0.08	0.13	0.17	0.21	0.25	0.28	0.32	0.35	0.39	0.43	0.47*	-0.49	-0.45	-0.40	-0.36	-0.31	-0.26	-0.20	-0.11	0	-0.1
0.2	0	0.05	0.09	0.13	0.16	0.19	0.22	0.25	0.29	0.33	0.36	0.40	0.45*	-0.51	-0.47	-0.42	-0.36	-0.30	-0.23	-0.14	0	-0.2
0.3	0	0.03	0.06	0.08	0.10	0.14	0.17	0.20	0.23	0.26	0.30	0.34	0.38	0.42*	-0.53	-0.48	-0.42	-0.35	-0.27	-0.16	0	-0.3
0.4	0	0.02	0.03	0.05	0.07	0.09	0.11	0.14	0.16	0.20	0.23	0.27	0.31	0.36	0.41*	-0.54	-0.47	-0.40	-0.31	-0.19	0	-0.4
0.5	0	0.00	0.00	0.01	0.02	0.03	0.05	0.08	0.10	0.13	0.16	0.20	0.24	0.29	0.34	0.40*	-0.53	-0.45	-0.35	-0.21	0	-0.5
0.6	0	-0.02	-0.03	-0.03	-0.03	-0.02	0.00	0.02	0.04	0.07	0.10	0.13	0.17	0.22	0.28	0.34	0.41*	-0.50	-0.39	-0.23	0	-0.6
0.7	0	-0.04	-0.06	-0.07	-0.07	-0.07	-0.06	-0.04	-0.02	0.00	0.03	0.07	0.11	0.16	0.21	0.28	0.35	0.45*	-0.42	-0.26	0	-0.7
0.8	0	-0.06	-0.09	-0.11	-0.12	-0.12	-0.11	-0.10	-0.08	-0.06	-0.03	0.00	0.04	0.09	0.15	0.21	0.30	0.40	0.53*	-0.28	0	-0.8
0.9	0	-0.08	-0.12	-0.15	-0.17	-0.17	-0.17	-0.16	-0.14	-0.12	-0.10	-0.07	-0.02	0.02	0.08	0.15	0.24	0.34	0.49	0.69*	0	-0.9
1.0	0	-0.10	-0.15	-0.19	-0.21	-0.22	-0.22	-0.22	-0.21	-0.19	-0.16	-0.13	-0.09	-0.04	0.02	0.09	0.18	0.29	0.44	0.66	1*	-1.0
	1.0	0.9	0.8	0.7	0.6	0.5	0.4	0.3	0.2	0.1	0.0	-0.1	-0.2	-0.3	-0.4	-0.5	-0.6	-0.7	-0.8	-0.9	-1.0	ζ \ α

附表 5-2（c） $t=1$ 集中荷载 $\overline{M}$ 系数

α \ ζ	-1.0	-0.9	-0.8	-0.7	-0.6	-0.5	-0.4	-0.3	-0.2	-0.1	0.0	0.1	0.2	0.3	0.4	0.5	0.6	0.7	0.8	0.9	1.0	
0.0	0	0.01	0.02	0.04	0.06	0.09	0.12	0.16	0.20	0.24	0.29	0.24	0.20	0.16	0.12	0.09	0.06	0.04	0.02	0.01	0	0.0
0.1	0	0.00	0.01	0.03	0.05	0.07	0.10	0.13	0.16	0.20	0.24	0.29	0.23	0.19	0.15	0.11	0.07	0.04	0.02	0.01	0	-0.1
0.2	0	0.00	0.01	0.02	0.04	0.05	0.08	0.10	0.13	0.16	0.19	0.23	0.27	0.22	0.17	0.12	0.09	0.05	0.03	0.01	0	-0.2
0.3	0	0.00	0.01	0.01	0.02	0.04	0.05	0.08	0.09	0.11	0.14	0.17	0.21	0.25	0.19	0.14	0.10	0.06	0.03	0.01	0	-0.3
0.4	0	0.00	0.00	0.01	0.01	0.02	0.03	0.04	0.06	0.07	0.10	0.12	0.15	0.18	0.22	0.16	0.11	0.07	0.03	0.01	0	-0.4
0.5	0	0.00	0.00	0.00	0.00	0.00	0.01	0.01	0.02	0.03	0.05	0.07	0.09	0.12	0.15	0.18	0.13	0.08	0.04	0.01	0	-0.5
0.6	0	0.00	-0.01	-0.01	-0.02	-0.01	-0.01	-0.01	-0.01	0.00	0.00	0.01	0.03	0.05	0.07	0.11	0.14	0.09	0.04	0.01	0	-0.6
0.7	0	0.00	-0.01	-0.01	-0.02	-0.03	-0.03	-0.04	-0.04	-0.04	-0.04	-0.04	-0.03	-0.02	0.00	0.03	0.06	0.10	0.05	0.01	0	-0.7
0.8	0	0.00	-0.01	-0.02	-0.03	-0.04	-0.06	-0.07	-0.08	-0.08	-0.09	-0.09	-0.09	-0.08	-0.07	-0.05	-0.03	0.01	0.05	0.02	0	-0.8
0.9	0	0.00	-0.01	-0.03	-0.04	-0.06	-0.08	-0.09	-0.11	-0.12	-0.13	-0.14	-0.15	-0.15	-0.14	-0.13	-0.11	-0.08	-0.04	0.02	0	-0.9
1.0	0	0.00	-0.02	-0.03	-0.05	-0.08	-0.10	-0.12	-0.14	-0.16	-0.18	-0.20	-0.21	-0.21	-0.21	-0.21	-0.20	-0.17	-0.14	-0.08	0	-1.0
	1.0	0.9	0.8	0.7	0.6	0.5	0.4	0.3	0.2	0.1	0.0	-0.1	-0.2	-0.3	-0.4	-0.5	-0.6	-0.7	-0.8	-0.9	-1.0	ζ \ α

附表 5-3（a）　$t=3$ 集中荷载 $\bar{\sigma}$ 系数

α \ ζ	−1.0	−0.9	−0.8	−0.7	−0.6	−0.5	−0.4	−0.3	−0.2	−0.1	0.0	0.1	0.2	0.3	0.4	0.5	0.6	0.7	0.8	0.9	1.0	
0.0	—	0.64	0.47	0.42	0.42	0.43	0.44	0.46	0.47	0.49	0.50	0.49	0.47	0.46	0.44	0.43	0.42	0.42	0.47	0.64	—	0.0
0.1	—	0.48	0.38	0.35	0.36	0.38	0.39	0.42	0.44	0.47	0.49	0.50	0.50	0.50	0.49	0.49	0.50	0.54	0.62	0.80	—	−0.1
0.2	—	0.33	0.21	0.30	0.31	0.33	0.35	0.38	0.41	0.44	0.47	0.50	0.52	0.53	0.54	0.55	0.58	0.65	0.81	0.96	—	−0.2
0.3	—	0.20	0.22	0.23	0.25	0.28	0.31	0.34	0.37	0.41	0.44	0.48	0.52	0.54	0.57	0.60	0.64	0.72	0.87	1.16	—	−0.3
0.4	—	0.08	0.11	0.15	0.19	0.22	0.26	0.29	0.33	0.37	0.41	0.45	0.50	0.54	0.59	0.64	0.69	0.78	0.97	1.37	—	−0.4
0.5	—	−0.04	0.02	0.07	0.13	0.17	0.21	0.25	0.29	0.33	0.38	0.43	0.48	0.54	0.60	0.67	0.76	0.89	1.12	1.58	—	−0.5
0.6	—	−0.16	−0.06	0.01	0.07	0.12	0.16	0.21	0.25	0.29	0.34	0.40	0.46	0.53	0.61	0.70	0.82	1.00	1.28	1.81	—	−0.6
0.7	—	−0.28	−0.14	−0.05	0.02	0.07	0.12	0.16	0.27	0.26	0.31	0.37	0.43	0.51	0.60	0.72	0.87	1.09	1.44	2.05	—	−0.7
0.8	—	−0.39	−0.22	−0.11	−0.04	0.02	0.07	0.12	0.17	0.22	0.27	0.33	0.40	0.49	0.59	0.72	0.90	1.16	1.58	2.31	—	−0.8
0.9	—	−0.50	−0.30	−0.18	−0.09	−0.03	0.03	0.08	0.12	0.18	0.23	0.30	0.38	0.47	0.58	0.73	0.93	1.23	1.72	2.57	—	−0.9
1.0	—	−0.61	−0.39	−0.24	−0.15	−0.08	−0.02	0.03	0.08	0.14	0.20	0.27	0.35	0.45	0.58	0.74	0.97	1.31	1.86	2.83	—	−1.0
	1.0	0.9	0.8	0.7	0.6	0.5	0.4	0.3	0.2	0.1	0.0	−0.1	−0.2	−0.3	−0.4	−0.5	−0.6	−0.7	−0.8	−0.9	−1.0	ζ \ α

附表 5-3（b）　$t=3$ 集中荷载 $\bar{Q}$ 系数

α \ ζ	−1.0	−0.9	−0.8	−0.7	−0.6	−0.5	−0.4	−0.3	−0.2	−0.1	0.0	0.1	0.2	0.3	0.4	0.5	0.6	0.7	0.8	0.9	1.0	
0.0	0	0.09	0.14	0.18	0.22	0.27	0.31	0.36	0.40	0.45	0.50*	−0.45	−0.40	−0.36	−0.31	−0.27	−0.22	−0.18	−0.14	−0.09	0	0.0
0.1	0	0.06	0.10	0.14	0.17	0.21	0.25	0.29	0.33	0.38	0.43	0.48*	−0.47	−0.42	−0.37	−0.32	−0.27	−0.20	−0.17	−0.10	0	−0.1
0.2	0	0.03	0.07	0.10	0.13	0.16	0.19	0.23	0.27	0.31	0.36	0.41	0.46*	−0.49	−0.44	−0.38	−0.33	−0.26	−0.19	−0.11	0	−0.2
0.3	0	0.02	0.04	0.06	0.09	0.11	0.14	0.17	0.21	0.25	0.29	0.34	0.39	0.44*	−0.50	−0.45	−0.39	−0.32	−0.24	−0.14	0	−0.3
0.4	0	0.01	0.02	0.03	0.05	0.07	0.09	0.12	0.15	0.18	0.22	0.27	0.31	0.37	0.42*	−0.51	−0.45	−0.37	−0.29	−0.17	0	−0.4
0.5	0	−0.01	−0.01	0.00	0.01	0.02	0.04	0.06	0.09	0.12	0.16	0.20	0.24	0.29	0.35	0.41*	−0.51	−0.43	−0.33	−0.20	0	−0.5
0.6	0	−0.02	−0.03	−0.03	−0.03	−0.02	−0.01	0.01	0.03	0.06	0.09	0.13	0.17	0.22	0.28	0.34	0.42*	0.49	−0.38	−0.23	0	−0.6
0.7	0	−0.04	−0.06	−0.07	−0.07	−0.06	−0.05	−0.04	−0.02	0.00	0.03	0.06	0.10	0.15	0.20	0.27	0.35	0.45*	−0.43	−0.26	0	−0.7
0.8	0	−0.05	−0.08	−0.10	−0.10	−0.10	−0.10	−0.09	−0.08	−0.06	−0.03	0.00	0.03	0.08	0.13	0.20	0.28	0.38	0.52*	−0.29	0	−0.8
0.9	0	−0.06	−0.10	−0.13	−0.14	−0.15	−0.15	−0.14	−0.13	−0.12	−0.09	−0.07	−0.03	0.01	0.06	0.13	0.21	0.32	0.46	0.67*	0	−0.9
1.0	0	−0.08	−0.13	−0.17	−0.18	−0.19	−0.19	−0.19	−0.19	−0.17	−0.16	−0.13	−0.10	−0.06	−0.01	0.05	0.14	0.24	0.41	0.64	1*	−1.0
	1.0	0.9	0.8	0.7	0.6	0.5	0.4	0.3	0.2	0.1	0.0	−0.1	−0.2	−0.3	−0.4	−0.5	−0.6	−0.7	−0.8	−0.9	−1.0	ζ \ α

附表 5-3（c）　t=3 集中荷载 $\overline{M}$ 系数

α \ ζ	-1.0	-0.9	-0.8	-0.7	-0.6	-0.5	-0.4	-0.3	-0.2	-0.1	0.0	0.1	0.2	0.3	0.4	0.5	0.6	0.7	0.8	0.9	1.0	
0.0	0	0.01	0.02	0.03	0.05	0.08	0.11	0.14	0.18	0.22	0.27	0.22	0.18	0.14	0.11	0.08	0.05	0.03	0.02	0.00	0	0.0
0.1	0	0.00	0.01	0.02	0.04	0.06	0.08	0.11	0.14	0.18	0.22	0.26	0.21	0.17	0.13	0.09	0.06	0.04	0.02	0.00	0	-0.1
0.2	0	0.00	0.00	0.01	0.02	0.04	0.06	0.08	0.10	0.13	0.17	0.20	0.25	0.20	0.15	0.11	0.07	0.04	0.02	0.01	0	-0.2
0.3	0	0.00	0.00	0.01	0.02	0.03	0.04	0.05	0.07	0.10	0.12	0.15	0.19	0.23	0.18	0.13	0.09	0.05	0.03	0.01	0	-0.3
0.4	0	0.00	0.00	0.00	0.01	0.01	0.02	0.03	0.04	0.06	0.08	0.11	0.14	0.17	0.21	0.15	0.11	0.07	0.03	0.01	0	-0.4
0.5	0	0.00	0.00	0.00	0.00	0.00	0.00	0.01	0.02	0.03	0.04	0.06	0.08	0.11	0.14	0.18	0.12	0.08	0.04	0.01	0	-0.5
0.6	0	0.00	0.00	-0.01	-0.01	-0.02	-0.01	-0.01	-0.01	-0.01	0.00	0.01	0.03	0.05	0.07	0.10	0.14	0.09	0.04	0.01	0	-0.6
0.7	0	0.00	-0.01	-0.01	-0.02	-0.03	-0.03	-0.04	-0.04	-0.04	-0.04	-0.03	-0.03	-0.01	0.00	0.03	0.06	0.10	0.05	0.01	0	-0.7
0.8	0	0.00	-0.01	-0.02	-0.03	-0.04	-0.05	-0.06	-0.07	-0.07	-0.08	-0.08	-0.08	-0.07	-0.06	-0.05	-0.02	0.01	0.05	0.02	0	-0.8
0.9	0	0.00	-0.01	-0.02	-0.04	-0.05	-0.07	-0.08	-0.09	-0.11	-0.12	-0.12	-0.13	-0.13	-0.13	-0.12	-0.10	-0.08	-0.04	0.02	0	-0.9
1.0	0	0.00	-0.01	-0.03	-0.05	-0.06	-0.08	-0.10	-0.12	-0.14	-0.16	-0.17	-0.18	-0.19	-0.19	-0.19	-0.18	-0.16	-0.13	-0.08	0	-1.0
	1.0	0.9	0.8	0.7	0.6	0.5	0.4	0.3	0.2	0.1	0.0	-0.1	-0.2	-0.3	-0.4	-0.5	-0.6	-0.7	-0.8	-0.9	-1.0	ζ \ α

附表 5-4（a）　t=5 集中荷载 $\overline{\sigma}$ 系数

α \ ζ	-1.0	-0.9	-0.8	-0.7	-0.6	-0.5	-0.4	-0.3	-0.2	-0.1	0.0	0.1	0.2	0.3	0.4	0.5	0.6	0.7	0.8	0.9	1.0	
0.0	—	0.53	0.38	0.38	0.41	0.44	0.47	0.51	0.54	0.57	0.58	0.57	0.54	0.51	0.47	0.44	0.41	0.38	0.38	0.53	—	0.0
0.1	—	0.28	0.31	0.32	0.35	0.39	0.42	0.46	0.50	0.54	0.57	0.58	0.58	0.56	0.53	0.51	0.50	0.51	0.56	0.68	—	-0.1
0.2	—	0.24	0.27	0.29	0.30	0.33	0.37	0.41	0.45	0.49	0.54	0.57	0.59	0.60	0.59	0.58	0.59	0.65	0.74	0.85	—	-0.2
0.3	—	0.13	0.19	0.22	0.24	0.28	0.32	0.36	0.40	0.45	0.49	0.54	0.58	0.61	0.62	0.63	0.65	0.71	0.84	1.05	—	-0.3
0.4	—	0.03	0.08	0.13	0.18	0.22	0.26	0.31	0.35	0.40	0.45	0.50	0.55	0.60	0.64	0.68	0.71	0.76	0.91	1.28	—	-0.4
0.5	—	-0.07	-0.01	0.06	0.12	0.17	0.21	0.25	0.30	0.35	0.40	0.45	0.51	0.58	0.64	0.71	0.78	0.89	1.08	1.51	—	-0.5
0.6	—	-0.16	-0.07	0.00	0.06	0.11	0.16	0.20	0.25	0.29	0.35	0.40	0.41	0.54	0.63	0.73	0.85	1.02	1.28	1.76	—	-0.6
0.7	—	-0.25	-0.13	-0.05	0.01	0.06	0.11	0.15	0.19	0.24	0.29	0.35	0.42	0.51	0.60	0.73	0.88	1.11	1.45	2.05	—	-0.7
0.8	—	-0.34	-0.20	-0.10	-0.04	0.01	0.06	0.10	0.14	0.19	0.24	0.30	0.37	0.46	0.57	0.71	0.90	1.17	1.61	2.36	—	-0.8
0.9	—	-0.42	-0.27	-0.16	-0.09	-0.04	0.01	0.05	0.09	0.13	0.19	0.25	0.33	0.42	0.54	0.70	0.92	1.24	1.76	2.67	—	-0.9
1.0	—	-0.51	-0.33	-0.22	-0.14	-0.09	-0.04	0.00	0.04	0.08	0.13	0.20	0.28	0.38	0.52	0.69	0.94	1.31	1.91	2.97	—	-1.0
	1.0	0.9	0.8	0.7	0.6	0.5	0.4	0.3	0.2	0.1	0.0	-0.1	-0.2	-0.3	-0.4	-0.5	-0.6	-0.7	-0.8	-0.9	-1.0	ζ \ α

附表 5-4（b） $t=5$ 集中荷载 $\overline{Q}$ 系数

α \ ζ	-1.0	-0.9	-0.8	-0.7	-0.6	-0.5	-0.4	-0.3	-0.2	-0.1	0.0	0.1	0.2	0.3	0.4	0.5	0.6	0.7	0.8	0.9	1.0	
0.0	0	0.05	0.12	0.16	0.20	0.24	0.28	0.33	0.39	0.44	0.50*	0.44	-0.39	-0.33	-0.28	-0.24	-0.20	-0.16	-0.12	-0.05	0	0.0
0.1	0	0.05	0.08	0.11	0.15	0.18	0.22	0.27	0.32	0.37	0.42	0.48*	-0.46	-0.40	-0.35	-0.30	-0.24	-0.19	-0.14	-0.09	0	-0.1
0.2	0	0.02	0.05	0.07	0.10	0.14	0.17	0.21	0.25	0.30	0.35	0.41	0.47*	-0.47	-0.41	-0.36	-0.30	-0.24	-0.17	-0.09	0	-0.2
0.3	0	0.01	0.02	0.04	0.07	0.09	0.12	0.16	0.19	0.24	0.28	0.34	0.39	0.45*	-0.49	-0.42	-0.36	-0.29	-0.21	-0.12	0	-0.3
0.4	0	0.00	0.01	0.02	0.03	0.05	0.08	0.11	0.14	0.18	0.22	0.27	0.32	0.38	0.44*	-0.50	-0.43	-0.35	-0.27	-0.16	0	-0.4
0.5	0	-0.01	-0.01	-0.01	0.00	0.01	0.03	0.06	0.08	0.11	0.15	0.19	0.24	0.30	0.36	0.43*	-0.50	-0.42	-0.32	-0.19	0	-0.5
0.6	0	-0.02	-0.03	-0.04	-0.03	-0.02	-0.01	0.01	0.03	0.06	0.09	0.13	0.17	0.22	0.28	0.35	0.43*	-0.48	-0.37	-0.22	0	-0.6
0.7	0	-0.03	-0.05	-0.06	-0.06	-0.06	-0.05	-0.04	-0.02	0.00	0.03	0.06	0.10	0.14	0.20	0.27	0.35	0.45*	-0.43	-0.26	0	-0.7
0.8	0	-0.06	-0.07	-0.09	-0.09	-0.09	-0.09	-0.08	-0.07	-0.05	-0.03	0.00	0.02	0.07	0.12	0.19	0.27	0.37	0.51*	-0.30	0	-0.8
0.9	0	-0.05	-0.09	-0.11	-0.12	-0.13	-0.13	-0.13	-0.12	-0.11	-0.09	-0.07	-0.04	0.00	0.04	0.11	0.19	0.29	0.44	0.66*	0	-0.9
1.0	0	-0.05	-0.11	-0.13	-0.15	-0.16	-0.17	-0.17	-0.17	-0.16	-0.15	-0.14	-0.11	-0.08	-0.03	0.03	0.11	0.22	0.38	0.62	1*	-1.0
	1.0	0.9	0.8	0.7	0.6	0.5	0.4	0.3	0.2	0.1	0.0	-0.1	-0.2	-0.3	-0.4	-0.5	-0.6	-0.7	-0.8	-0.9	-1.0	ζ \ α

附表 5-4（c） $t=5$ 集中荷载 $\overline{M}$ 系数

α \ ζ	-1.0	-0.9	-0.8	-0.7	-0.6	-0.5	-0.4	-0.3	-0.2	-0.1	0.0	0.1	0.2	0.3	0.4	0.5	0.6	0.7	0.8	0.9	1.0	
0.0	0	0.00	0.01	0.03	0.05	0.07	0.09	0.12	0.16	0.20	0.25	0.20	0.16	0.12	0.09	0.07	0.05	0.03	0.01	0.00	0	0.0
0.1	0	0.00	0.01	0.02	0.03	0.05	0.07	0.09	0.12	0.16	0.20	0.14	0.19	0.15	0.11	0.08	0.05	0.03	0.02	0.00	0	-0.1
0.2	0	0.00	0.00	0.01	0.02	0.03	0.05	0.06	0.09	0.12	0.15	0.19	0.23	0.18	0.13	0.10	0.06	0.04	0.02	0.00	0	-0.2
0.3	0	0.00	0.00	0.00	0.01	0.02	0.03	0.04	0.06	0.08	0.11	0.14	0.17	0.22	0.16	0.12	0.08	0.05	0.02	0.01	0	-0.3
0.4	0	0.00	0.00	0.00	0.00	0.01	0.01	0.02	0.04	0.05	0.07	0.10	0.12	0.16	0.20	0.15	0.10	0.06	0.03	0.01	0	-0.4
0.5	0	0.00	0.00	0.00	0.00	0.00	0.00	0.00	0.01	0.02	0.03	0.05	0.07	0.10	0.13	0.17	0.12	0.07	0.04	0.01	0	-0.5
0.6	0	0.00	0.00	-0.01	-0.01	-0.01	-0.02	-0.02	-0.04	-0.01	0.00	0.01	0.02	0.04	0.07	0.10	0.14	0.08	0.04	0.01	0	-0.6
0.7	0	0.00	-0.01	-0.01	-0.02	-0.02	-0.03	-0.03	-0.04	-0.04	-0.04	-0.03	-0.02	-0.01	0.00	0.03	0.06	0.10	0.05	0.01	0	-0.7
0.8	0	0.00	-0.01	-0.02	-0.02	-0.03	-0.04	-0.05	-0.06	-0.07	-0.07	-0.07	-0.07	-0.07	-0.06	-0.04	-0.02	0.01	0.06	0.02	0	-0.8
0.9	0	0.00	-0.01	-0.02	-0.03	-0.04	-0.06	-0.07	-0.08	-0.09	-0.10	-0.11	-0.12	-0.12	-0.12	-0.11	-0.10	-0.07	-0.04	0.02	0	-0.9
1.0	0	0.00	-0.01	-0.02	-0.04	-0.05	-0.07	-0.08	-0.10	-0.12	-0.14	-0.15	-0.16	-0.17	-0.18	-0.18	-0.17	-0.16	-0.13	-0.08	0	-1.0
	1.0	0.9	0.8	0.7	0.6	0.5	0.4	0.3	0.2	0.1	0.0	-0.1	-0.2	-0.3	-0.4	-0.5	-0.6	-0.7	-0.8	-0.9	-1.0	ζ \ α

附表 6　基础梁受集中力偶 m 的 $\overline{\sigma}$、$\overline{Q}$、$\overline{M}$ 系数

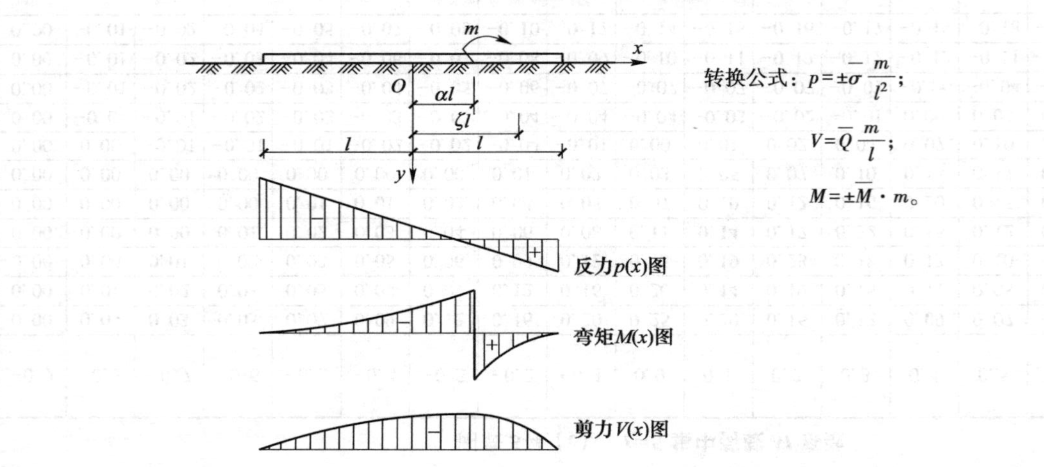

转换公式：$p=\pm\overline{\sigma}\,\dfrac{m}{l^2}$；

$V=\overline{Q}\,\dfrac{m}{l}$；

$M=\pm\overline{M}\cdot m$。

附表 6-1（a）　$t=1$ 力矩荷载 $\overline{\sigma}$ 系数

α \ ζ	-1.0	-0.9	-0.8	-0.7	-0.6	-0.5	-0.4	-0.3	-0.2	-0.1	0.0	0.1	0.2	0.3	0.4	0.5	0.6	0.7	0.8	0.9	1.0	
0.0	—	-1.64	-1.24	-0.83	-0.62	-0.48	-0.38	-0.29	-0.21	-0.11	0.00	0.11	0.21	0.29	0.38	0.48	0.62	0.83	1.24	1.64	—	0.0
0.1	—	-1.49	-0.96	-0.70	-0.57	-0.46	-0.36	-0.28	-0.20	-0.13	-0.04	0.07	0.19	0.29	0.39	0.50	0.66	0.93	1.30	1.81	—	-0.1
0.2	—	-1.59	-1.00	-0.73	-0.57	-0.47	-0.37	-0.30	-0.22	-0.16	-0.08	0.01	0.12	0.22	0.35	0.47	0.62	0.83	1.18	1.73	—	-0.2
0.3	—	-1.52	-1.08	-0.81	-0.59	-0.47	-0.38	-0.31	-0.24	-0.18	-0.11	-0.04	0.05	0.16	0.30	0.44	0.57	0.75	1.04	1.84	—	-0.3
0.4	—	-1.50	-1.08	-0.79	-0.59	-0.47	-0.39	-0.32	-0.25	-0.19	-0.12	-0.06	0.02	0.13	0.26	0.42	0.59	0.81	1.15	1.86	—	-0.4
0.5	—	-1.48	-1.08	-0.79	-0.60	-0.47	-0.39	-0.32	-0.26	-0.19	-0.13	-0.06	0.01	0.11	0.23	0.39	0.60	0.87	1.25	1.89	—	-0.5
0.6	—	-1.49	-1.00	-0.74	-0.58	-0.47	-0.38	-0.31	-0.25	-0.20	-0.14	-0.07	0.01	0.10	0.21	0.36	0.57	0.88	1.31	1.94	—	-0.6
0.7	—	-1.47	-1.00	-0.72	-0.57	-0.46	-0.38	-0.31	-0.25	-0.20	-0.14	-0.07	0.00	0.08	0.19	0.32	0.51	0.78	1.25	2.01	—	-0.7
0.8	—	-1.47	-1.00	-0.74	-0.57	-0.46	-0.38	-0.31	-0.25	-0.20	-0.14	-0.08	-0.01	0.08	0.19	0.31	0.50	0.78	1.23	2.03	—	-0.8
0.9	—	-1.47	-1.00	-0.74	-0.57	-0.46	-0.38	-0.31	-0.25	-0.20	-0.14	-0.08	-0.01	0.08	0.18	0.31	0.50	0.78	1.23	2.03	—	-0.9
1.0	—	-1.47	-1.00	-0.74	-0.57	-0.46	-0.38	-0.31	-0.25	-0.20	-0.14	-0.08	-0.01	0.08	0.18	0.31	0.50	0.78	1.23	2.03	—	-1.0
	1.0	0.9	0.8	0.7	0.6	0.5	0.4	0.3	0.2	0.1	0.0	-0.1	-0.2	-0.3	-0.4	-0.5	-0.6	-0.7	-0.8	-0.9	-1.0	ζ \ α

附表 6-1（b）　$t=1$ 力矩荷载 $\overline{Q}$ 系数

α \ ζ	-1.0	-0.9	-0.8	-0.7	-0.6	-0.5	-0.4	-0.3	-0.2	-0.1	0.0	0.1	0.2	0.3	0.4	0.5	0.6	0.7	0.8	0.9	1.0	
0.0	0	-0.20	-0.34	-0.44	-0.51	-0.56	-0.61	-0.64	-0.66	-0.68	-0.69	-0.68	-0.66	-0.64	-0.61	-0.56	-0.51	-0.44	-0.34	-0.20	0	0.0
0.1	0	-0.24	-0.36	-0.44	-0.51	-0.56	-0.60	-0.63	-0.66	-0.67	-0.68	-0.68	-0.67	-0.64	-0.61	-0.57	-0.51	-0.43	-0.34	-0.17	0	-0.1
0.2	0	-0.31	-0.34	-0.42	-0.49	-0.54	-0.58	-0.62	-0.64	-0.66	-0.67	-0.68	-0.67	-0.65	-0.62	-0.56	-0.53	-0.46	-0.36	-0.21	0	-0.2
0.3	0	-0.18	-0.31	-0.40	-0.47	-0.52	-0.56	-0.60	-0.63	-0.65	-0.66	-0.67	-0.67	-0.66	-0.64	-0.60	-0.55	-0.49	-0.40	-0.26	0	-0.3
0.4	0	-0.18	-0.31	-0.40	-0.47	-0.52	-0.56	-0.60	-0.63	-0.65	-0.66	-0.67	-0.67	-0.67	-0.65	-0.61	-0.56	-0.49	-0.40	-0.25	0	-0.4
0.5	0	-0.18	-0.31	-0.40	-0.46	-0.52	-0.56	-0.60	-0.62	-0.65	-0.66	-0.67	-0.68	-0.67	-0.65	-0.63	-0.57	-0.50	-0.40	-0.24	0	-0.5
0.6	0	-0.19	-0.31	-0.40	-0.46	-0.52	-0.56	-0.59	-0.62	-0.64	-0.66	-0.67	-0.67	-0.67	-0.65	-0.63	-0.58	-0.51	-0.40	-0.24	0	-0.6
0.7	0	-0.18	-0.31	-0.39	-0.46	-0.51	-0.55	-0.59	-0.61	-0.64	-0.65	-0.66	-0.67	-0.66	-0.65	-0.63	-0.58	-0.52	-0.42	-0.27	0	-0.7
0.8	0	-0.18	-0.30	-0.39	-0.46	-0.51	-0.55	-0.58	-0.61	-0.63	-0.65	-0.66	-0.67	-0.66	-0.65	-0.63	-0.59	-0.52	-0.43	-0.27	0	-0.8
0.9	0	-0.18	-0.30	-0.39	-0.46	-0.50	-0.55	-0.58	-0.61	-0.63	-0.65	-0.66	-0.67	-0.66	-0.65	-0.63	-0.59	-0.52	-0.43	-0.27	0	-0.9
1.0	0	-0.18	-0.30	-0.39	-0.46	-0.50	-0.55	-0.58	-0.61	-0.63	-0.65	-0.66	-0.67	-0.66	-0.65	-0.63	-0.59	-0.52	-0.43	-0.27	0	-1.0
	1.0	0.9	0.8	0.7	0.6	0.5	0.4	0.3	0.2	0.1	0.0	-0.1	-0.2	-0.3	-0.4	-0.5	-0.6	-0.7	-0.8	-0.9	-1.0	ζ / α

附表 6-1（c）　$t=1$ 力矩荷载 $\overline{M}$ 系数

α \ ζ	-1.0	-0.9	-0.8	-0.7	-0.6	-0.5	-0.4	-0.3	-0.2	-0.1	0.0	0.1	0.2	0.3	0.4	0.5	0.6	0.7	0.8	0.9	1.0	
0.0	0	-0.01	-0.04	-0.08	-0.14	-0.18	-0.24	-0.30	-0.36	-0.43	-0.50*	0.43	0.36	0.30	0.24	0.18	0.14	0.08	0.04	0.01	0	0.0
0.1	0	-0.01	-0.04	-0.08	-0.13	-0.19	-0.25	-0.31	-0.37	-0.44	-0.51	-0.57*	0.36	0.29	0.23	0.17	0.12	0.07	0.03	0.01	0	-0.1
0.2	0	-0.01	-0.04	-0.08	-0.12	-0.18	-0.23	-0.29	-0.36	-0.42	-0.49	-0.58	-0.62*	0.31	0.25	0.19	0.13	0.08	0.04	0.01	0	-0.2
0.3	0	-0.01	-0.03	-0.07	-0.11	-0.16	-0.22	-0.28	-0.33	-0.40	-0.48	-0.53	-0.61	-0.67*	0.27	0.20	0.16	0.09	0.05	0.02	0	-0.3
0.4	0	-0.01	-0.03	-0.07	-0.11	-0.16	-0.22	-0.27	-0.34	-0.40	-0.46	-0.53	-0.60	-0.67	-0.73*	0.20	0.16	0.09	0.05	0.01	0	-0.4
0.5	0	-0.01	-0.03	-0.07	-0.11	-0.16	-0.21	-0.27	-0.33	-0.40	-0.46	-0.53	-0.60	-0.66	-0.73	-0.80*	0.14	0.09	0.05	0.01	0	-0.5
0.6	0	-0.01	-0.03	-0.07	-0.11	-0.16	-0.22	-0.27	-0.34	-0.40	-0.46	-0.53	-0.60	-0.66	-0.73	-0.79	-0.86*	0.09	0.04	0.01	0	-0.6
0.7	0	-0.01	-0.03	-0.07	-0.11	-0.16	-0.21	-0.27	-0.33	-0.39	-0.46	-0.52	-0.59	-0.66	-0.72	-0.79	-0.85	-0.90*	0.05	0.01	0	-0.7
0.8	0	-0.01	-0.03	-0.07	-0.11	-0.16	-0.21	-0.27	-0.33	-0.39	-0.46	-0.52	-0.59	-0.66	-0.72	-0.79	-0.85	-0.90	-0.95*	0.01	0	-0.8
0.9	0	-0.01	-0.03	-0.07	-0.11	-0.16	-0.21	-0.27	-0.33	-0.39	-0.46	-0.52	-0.59	-0.66	-0.72	-0.79	-0.85	-0.90	-0.95	-0.99*	0	-0.9
1.0	0	-0.01	-0.03	-0.07	-0.11	-0.16	-0.21	-0.27	-0.33	-0.39	-0.46	-0.52	-0.59	-0.66	-0.72	-0.79	-0.85	-0.90	-0.95	-0.99	-1*	-1.0
	1.0	0.9	0.8	0.7	0.6	0.5	0.4	0.3	0.2	0.1	0.0	-0.1	-0.2	-0.3	-0.4	-0.5	-0.6	-0.7	-0.8	-0.9	-1.0	ζ / α

附表 6-2（a） $t=3$ 力矩荷载 $\overline{\sigma}$ 系数

α \ ζ	−1.0	−0.9	−0.8	−0.7	−0.6	−0.5	−0.4	−0.3	−0.2	−0.1	0.0	0.1	0.2	0.3	0.4	0.5	0.6	0.7	0.8	0.9	1.0	
0.0	—	−1.55	−1.22	−0.91	−0.69	−0.56	−0.48	−0.41	−0.31	−0.17	0.00	0.17	0.31	0.41	0.48	0.56	0.69	0.91	1.22	1.55	—	0.0
0.1	—	−1.59	−0.63	−0.54	−0.53	−0.50	−0.42	−0.35	−0.31	−0.25	−0.13	0.05	0.25	0.41	0.50	0.60	0.80	1.23	1.65	1.56	—	−0.1
0.2	—	−1.42	−0.77	−0.60	−0.55	−0.50	−0.44	−0.39	−0.36	−0.31	−0.24	−0.11	0.06	0.24	0.41	0.54	0.69	0.91	1.28	1.80	—	−0.2
0.3	—	−1.24	−1.05	−0.76	−0.62	−0.53	−0.48	−0.44	−0.40	−0.35	−0.30	−0.24	−0.12	0.05	0.26	0.45	0.55	0.58	0.84	2.07	—	−0.3
0.4	—	−1.20	−1.01	−0.77	−0.61	−0.52	−0.48	−0.45	−0.41	−0.37	−0.33	−0.28	−0.19	−0.05	0.16	0.39	0.61	0.82	1.17	2.13	—	−0.4
0.5	—	−1.16	−1.03	−0.81	−0.63	−0.52	−0.48	−0.45	−0.43	−0.39	−0.35	−0.29	−0.22	−0.11	−0.06	0.31	0.63	1.00	1.47	2.22	—	−0.5
0.6	—	−1.18	−0.81	−0.64	−0.56	−0.49	−0.46	−0.43	−0.41	−0.38	−0.35	−0.30	−0.23	−0.15	−0.01	0.20	0.55	1.03	1.64	2.36	—	−0.6
0.7	—	−1.13	−0.81	−0.64	−0.55	−0.49	−0.46	−0.43	−0.41	−0.39	−0.36	−0.32	−0.26	−0.18	−0.06	0.11	0.37	0.79	1.46	2.56	—	−0.7
0.8	—	−1.11	−0.81	−0.64	−0.55	−0.49	−0.46	−0.43	−0.41	−0.39	−0.36	−0.32	−0.27	−0.19	−0.08	0.08	0.33	0.73	1.41	2.60	—	−0.8
0.9	—	−1.11	−0.81	−0.64	−0.55	−0.49	−0.46	−0.43	−0.41	−0.39	−0.36	−0.32	−0.27	−0.19	−0.08	0.09	0.34	0.73	1.40	2.59	—	−0.9
1.0	—	−1.11	−0.81	−0.64	−0.55	−0.49	−0.46	−0.43	−0.41	−0.39	−0.36	−0.32	−0.27	−0.19	−0.08	0.09	0.34	0.74	1.40	2.59	—	−1.0
	1.0	0.9	0.8	0.7	0.6	0.5	0.4	0.3	0.2	0.1	0.0	−0.1	−0.2	−0.3	−0.4	−0.5	−0.6	−0.7	−0.8	−0.9	−1.0	ζ \ α

附表 6-2（b） $t=3$ 力矩荷载 $\overline{Q}$ 系数

α \ ζ	−1.0	−0.9	−0.8	−0.7	−0.6	−0.5	−0.4	−0.3	−0.2	−0.1	0.0	0.1	0.2	0.3	0.4	0.5	0.6	0.7	0.8	0.9	1.0	
0.0	0	−0.17	−0.31	−0.42	−0.50	−0.56	−0.61	−0.65	−0.69	−0.71	−0.72	−0.71	−0.69	−0.65	−0.61	−0.56	−0.50	−0.42	−0.31	−0.17	0	0.0
0.1	0	−0.29	−0.39	−0.44	−0.49	−0.54	−0.59	−0.63	−0.66	−0.69	−0.71	−0.72	−0.70	−0.67	−0.62	−0.57	−0.50	−0.40	−0.26	−0.09	0	−0.1
0.2	0	−0.22	−0.32	−0.39	−0.45	−0.50	−0.55	−0.59	−0.63	−0.66	−0.69	−0.70	−0.71	−0.69	−0.66	−0.61	−0.55	−0.47	−0.36	−0.21	0	−0.2
0.3	0	−0.12	−0.24	−0.33	−0.40	−0.45	−0.50	−0.55	−0.59	−0.63	−0.66	−0.69	−0.71	−0.71	−0.70	−0.66	−0.61	−0.55	−0.49	−0.35	0	−0.3
0.4	0	−0.12	−0.23	−0.32	−0.39	−0.44	−0.50	−0.54	−0.58	−0.62	−0.66	−0.69	−0.71	−0.73	−0.72	−0.69	−0.64	−0.57	−0.47	−0.32	0	−0.4
0.5	0	−0.11	−0.22	−0.33	−0.39	−0.44	−0.49	−0.54	−0.58	−0.62	−0.66	−0.69	−0.72	−0.73	−0.74	−0.72	−0.67	−0.61	−0.47	−0.29	0	−0.5
0.6	0	−0.15	−0.25	−0.32	−0.38	−0.43	−0.48	−0.52	−0.57	−0.61	−0.64	−0.68	−0.70	−0.72	−0.73	−0.72	−0.68	−0.61	−0.47	−0.28	0	−0.6
0.7	0	−0.14	−0.23	−0.31	−0.36	−0.42	−0.46	−0.51	−0.55	−0.59	−0.63	−0.66	−0.69	−0.71	−0.73	−0.73	−0.70	−0.65	−0.54	−0.34	0	−0.7
0.8	0	−0.13	−0.23	−0.30	−0.36	−0.41	−0.46	−0.50	−0.55	−0.59	−0.62	−0.66	−0.69	−0.71	−0.73	−0.73	−0.71	−0.65	−0.55	−0.36	0	−0.8
0.9	0	−0.13	−0.23	−0.30	−0.36	−0.41	−0.46	−0.50	−0.55	−0.59	−0.62	−0.66	−0.69	−0.71	−0.73	−0.73	−0.71	−0.65	−0.55	−0.36	0	−0.9
1.0	0	−0.13	−0.23	−0.30	−0.36	−0.41	−0.46	−0.50	−0.55	−0.59	−0.62	−0.66	−0.69	−0.71	−0.73	−0.73	−0.71	−0.65	−0.55	−0.36	0	−1.0
	1.0	0.9	0.8	0.7	0.6	0.5	0.4	0.3	0.2	0.1	0.0	−0.1	−0.2	−0.3	−0.4	−0.5	−0.6	−0.7	−0.8	−0.9	−1.0	ζ \ α

附表 6-2（c） $t=3$ 力矩荷载 $\overline{M}$ 系数

α \ ζ	-1.0	-0.9	-0.8	-0.7	-0.6	-0.5	-0.4	-0.3	-0.2	-0.1	0.0	0.1	0.2	0.3	0.4	0.5	0.6	0.7	0.8	0.9	1.0	
0.0	0	-0.01	-0.03	-0.07	-0.12	-0.17	-0.23	-0.29	-0.36	-0.43	-0.50*	0.43	0.36	0.29	0.23	0.17	0.12	0.07	0.03	0.01	0	0.0
0.1	0	-0.01	-0.05	-0.10	-0.14	-0.20	-0.25	-0.31	-0.38	-0.45	-0.52	-0.59*	0.34	0.27	0.21	0.15	0.09	0.05	0.02	0.01	0	-0.1
0.2	0	-0.01	-0.04	-0.08	-0.12	-0.17	-0.22	-0.28	-0.34	-0.40	-0.52	-0.54	-0.61*	0.32	0.25	0.19	0.13	0.08	0.04	0.01	0	-0.2
0.3	0	0.00	-0.02	-0.05	-0.09	-0.13	-0.18	-0.23	-0.29	-0.35	-0.41	-0.48	-0.55	-0.62*	0.31	0.24	0.18	0.12	0.06	0.02	0	-0.3
0.4	0	0.00	-0.02	-0.05	-0.09	-0.13	-0.17	-0.23	-0.28	-0.34	-0.41	-0.47	-0.54	-0.62	-0.69*	0.24	0.17	0.11	0.06	0.02	0	-0.4
0.5	0	-0.01	-0.02	-0.05	-0.09	-0.13	-0.17	-0.23	-0.28	-0.34	-0.40	-0.47	-0.54	-0.61	-0.69	-0.76*	0.17	0.11	0.06	0.02	0	-0.5
0.6	0	-0.01	-0.03	-0.06	-0.09	-0.13	-0.18	-0.23	-0.28	-0.34	-0.41	-0.47	-0.54	-0.61	-0.68	-0.76	-0.83*	0.11	0.05	0.01	0	-0.6
0.7	0	-0.01	-0.03	-0.05	-0.09	-0.13	-0.17	-0.22	-0.27	-0.33	-0.39	-0.45	-0.52	-0.59	-0.66	-0.74	-0.81	-0.88*	-0.06	0.02	0	-0.7
0.8	0	-0.01	-0.03	-0.05	-0.09	-0.12	-0.17	-0.22	-0.27	-0.32	-0.39	-0.45	-0.52	-0.59	-0.66	-0.73	-0.80	-0.87	-0.93*	0.02	0	-0.8
0.9	0	-0.01	-0.03	-0.05	-0.09	-0.12	-0.17	-0.22	-0.27	-0.33	-0.39	-0.45	-0.52	-0.59	-0.66	-0.73	-0.80	-0.87	-0.93	-0.98*	0	-0.9
1.0	0	-0.01	-0.03	-0.05	-0.09	-0.12	-0.17	-0.22	-0.27	-0.33	-0.39	-0.45	-0.52	-0.59	-0.66	-0.73	-0.80	-0.87	-0.93	-0.98	-1*	-1.0
	1.0	0.9	0.8	0.7	0.6	0.5	0.4	0.3	0.2	0.1	0.0	-0.1	-0.2	-0.3	-0.4	-0.5	-0.6	-0.7	-0.8	-0.9	-1.0	ζ / α

附表 6-3（a） $t=5$ 力矩荷载 $\overline{\sigma}$ 系数

α \ ζ	-1.0	-0.9	-0.8	-0.7	-0.6	-0.5	-0.4	-0.3	-0.2	-0.1	0.0	0.1	0.2	0.3	0.4	0.5	0.6	0.7	0.8	0.9	1.0	
0.0	—	-1.48	-1.29	-0.99	-0.76	-0.62	-0.57	-0.51	-0.39	-0.23	0.00	0.23	0.39	0.51	0.57	0.62	0.76	0.99	1.29	1.48	—	0.0
0.1	—	-1.49	-0.28	-0.30	-0.49	-0.54	-0.50	-0.46	-0.43	-0.39	-0.24	0.00	0.29	0.49	0.60	0.68	0.93	1.47	2.03	1.53	—	-0.1
0.2	—	-1.27	-0.54	-0.48	-0.53	-0.54	-0.51	-0.49	-0.48	-0.46	-0.38	-0.21	0.02	0.26	0.47	0.61	0.76	0.99	1.38	1.86	—	-0.2
0.3	—	-0.04	-1.05	-0.81	-0.64	-0.56	-0.55	-0.53	-0.51	-0.48	-0.45	-0.38	-0.25	-0.02	0.26	0.49	0.53	0.43	0.61	2.22	—	-0.3
0.4	—	-0.98	-0.98	-0.78	-0.63	-0.56	-0.55	-0.54	-0.63	-0.50	-0.48	-0.45	-0.36	-0.18	0.08	0.38	0.64	0.82	1.15	2.31	—	-0.4
0.5	—	-0.91	-1.03	-0.84	-0.65	-0.55	-0.55	-0.55	-0.55	-0.54	-0.51	-0.48	-0.41	-0.29	-0.07	0.25	0.66	1.12	1.65	2.47	—	-0.5
0.6	—	-0.93	-0.65	-0.56	-0.53	-0.52	-0.52	-0.52	-0.53	-0.53	-0.52	-0.49	-0.44	-0.35	-0.20	0.08	0.53	1.17	1.94	2.70	—	-0.6
0.7	—	-0.87	-0.66	-0.56	-0.52	-0.51	-0.51	-0.51	-0.52	-0.53	-0.53	-0.51	-0.47	-0.40	-0.28	-0.08	0.24	0.77	1.62	3.01	—	-0.7
0.8	—	-0.85	-0.67	-0.57	-0.52	-0.50	-0.51	-0.51	-0.52	-0.53	-0.53	-0.51	-0.48	-0.41	-0.30	-0.12	0.17	0.67	1.54	3.09	—	-0.8
0.9	—	-0.85	-0.67	-0.57	-0.52	-0.51	-0.51	-0.51	-0.52	-0.53	-0.53	-0.51	-0.48	-0.41	-0.30	-0.11	0.18	0.68	1.53	3.06	—	-0.9
1.0	—	-0.85	-0.67	-0.57	-0.52	-0.51	-0.51	-0.51	-0.52	-0.53	-0.53	-0.51	-0.48	-0.41	-0.30	-0.11	0.19	0.68	1.53	3.05	—	-1.0
	1.0	0.9	0.8	0.7	0.6	0.5	0.4	0.3	0.2	0.1	0.0	-0.1	-0.2	-0.3	-0.4	-0.5	-0.6	-0.7	-0.8	-0.9	-1.0	ζ / α

附表 6-3（b）　$t=5$ 力矩荷载 $\overline{Q}$ 系数

α \ ζ	-1.0	-0.9	-0.8	-0.7	-0.6	-0.5	-0.4	-0.3	-0.2	-0.1	0.0	0.1	0.2	0.3	0.4	0.5	0.6	0.7	0.8	0.9	1.0	
0.0	0	-0.14	-0.28	-0.40	-0.48	-0.55	-0.61	-0.67	-0.71	-0.75	-0.76	-0.75	-0.71	-0.67	-0.61	-0.55	-0.48	-0.40	-0.28	-0.14	0	0.0
0.1	0	-0.34	-0.40	-0.43	-0.47	-0.52	-0.57	-0.62	-0.67	-0.72	-0.74	-0.76	-0.73	-0.70	-0.64	-0.58	-0.50	-0.38	-0.20	-0.01	0	-0.1
0.2	0	-0.23	-0.31	-0.36	-0.41	-0.46	-0.51	-0.56	-0.61	-0.66	-0.70	-0.73	-0.74	-0.73	-0.69	-0.64	-0.57	-0.48	-0.36	-0.20	0	-0.2
0.3	0	-0.07	-0.18	-0.27	-0.34	-0.40	-0.46	-0.51	-0.57	-0.61	-0.66	-0.70	-0.74	-0.75	-0.74	-0.70	-0.65	-0.60	-0.55	-0.43	0	-0.3
0.4	0	-0.07	-0.17	-0.26	-0.33	-0.39	-0.45	-0.50	-0.55	-0.60	-0.65	-0.70	-0.74	-0.77	-0.78	-0.75	-0.70	-0.63	-0.53	-0.37	0	-0.4
0.5	0	-0.05	-0.15	-0.25	-0.32	-0.38	-0.44	-0.49	-0.54	-0.60	-0.65	-0.70	-0.75	-0.78	-0.80	-0.79	-0.75	-0.66	-0.52	-0.32	0	-0.5
0.6	0	-0.17	-0.20	-0.26	-0.31	-0.37	-0.42	-0.47	-0.52	-0.58	-0.63	-0.68	-0.73	-0.77	-0.79	-0.80	-0.77	-0.69	-0.53	-0.34	0	-0.6
0.7	0	-0.10	-0.18	-0.24	-0.29	-0.35	-0.40	-0.45	-0.50	-0.55	-0.60	-0.66	-0.71	-0.75	-0.78	-0.80	-0.80	-0.75	-0.63	-0.40	0	-0.7
0.8	0	-0.10	-0.17	-0.23	-0.29	-0.34	-0.39	-0.44	-0.49	-0.55	-0.60	-0.65	-0.70	-0.75	-0.78	-0.80	-0.80	-0.76	-0.65	-0.43	0	-0.8
0.9	0	-0.10	-0.17	-0.23	-0.29	-0.34	-0.39	-0.44	-0.49	-0.55	-0.60	-0.65	-0.70	-0.75	-0.78	-0.80	-0.80	-0.76	-0.65	-0.43	0	-0.9
1.0	0	-0.10	-0.17	-0.23	-0.29	-0.34	-0.39	-0.44	-0.49	-0.55	-0.60	-0.65	-0.70	-0.75	-0.78	-0.80	-0.80	-0.76	-0.65	-0.43	0	-1.0
	1.0	0.9	0.8	0.7	0.6	0.5	0.4	0.3	0.2	0.1	0.0	-0.1	-0.2	-0.3	-0.4	-0.5	-0.6	-0.7	-0.8	-0.9	-1.0	ζ \ α

附表 6-3（c）　$t=5$ 力矩荷载 $\overline{M}$ 系数

α \ ζ	-1.0	-0.9	-0.8	-0.7	-0.6	-0.5	-0.4	-0.3	-0.2	-0.1	0.0	0.1	0.2	0.3	0.4	0.5	0.6	0.7	0.8	0.9	1.0	
0.0	0	-0.01	-0.03	-0.06	-0.11	-0.16	-0.22	-0.38	-0.35	-0.42	-0.50*	0.42	0.35	0.28	0.22	0.16	0.11	0.06	0.03	0.01	0	0.0
0.1	0	-0.02	-0.06	-0.11	-0.15	-0.20	-0.26	-0.32	-0.38	-0.45	-0.52	-0.60*	0.33	0.26	0.19	0.13	0.07	0.03	0.00	0.01	0	-0.1
0.2	0	-0.01	-0.04	-0.08	-0.11	-0.16	-0.21	-0.26	-0.32	-0.38	-0.45	-0.52	0.60*	0.33	0.26	0.19	0.13	0.08	0.04	0.01	0	-0.2
0.3	0	0.00	-0.01	-0.04	-0.06	-0.10	-0.15	-0.19	-0.25	-0.31	-0.37	-0.44	-0.51	-0.59*	0.34	0.27	0.20	0.13	0.08	0.03	0	-0.3
0.4	0	0.00	-0.01	-0.03	-0.06	-0.10	-0.14	-0.19	-0.24	-0.30	-0.36	-0.43	-0.50	-0.58	-0.66*	0.27	0.19	0.13	0.07	0.02	0	-0.4
0.5	0	0.00	-0.01	-0.03	-0.08	-0.10	-0.14	-0.18	-0.23	-0.29	-0.35	-0.42	-0.49	-0.57	-0.65	-0.73*	0.19	0.12	0.06	0.02	0	-0.5
0.6	0	-0.01	-0.02	-0.05	-0.07	-0.11	-0.15	-0.19	-0.24	-0.30	-0.36	-0.42	-0.49	-0.57	-0.65	-0.13	-0.81*	0.12	0.07	0.01	0	-0.6
0.7	0	0.00	-0.02	-0.04	-0.07	-0.10	-0.14	-0.18	-0.23	-0.28	-0.34	-0.40	-0.47	-0.54	-0.62	-0.70	-0.78	-0.86*	0.07	0.02	0	-0.7
0.8	0	0.00	-0.02	-0.04	-0.07	-0.10	-0.13	-0.17	-0.22	-0.27	-0.33	-0.39	-0.46	-0.53	-0.61	-0.69	-0.77	-0.85	-0.92*	0.02	0	-0.8
0.9	0	0.00	-0.02	-0.04	-0.07	-0.10	-0.13	-0.17	-0.22	-0.27	-0.33	-0.39	-0.46	-0.53	-0.61	-0.69	-0.77	-0.85	-0.92	-0.98*	0	-0.9
1.0	0	0.00	-0.02	-0.04	-0.07	-0.10	-0.13	-0.17	-0.22	-0.27	-0.33	-0.39	-0.46	-0.53	-0.61	-0.69	-0.77	-0.85	-0.92	-0.98	-1*	-1.0
	1.0	0.9	0.8	0.7	0.6	0.5	0.4	0.3	0.2	0.1	0.0	-0.1	-0.2	-0.3	-0.4	-0.5	-0.6	-0.7	-0.8	-0.9	-1.0	ζ \ α

附表 6-4（a）　$t=0$ 力矩荷载 $\overline{\sigma}$ 系数

ζ	-1.0	-0.9	-0.8	-0.7	-0.6	-0.5	-0.4	-0.3	-0.2	-0.1	0.0	0.1	0.2	0.3	0.4	0.5	0.6	0.7	0.8	0.9	1.0
$\overline{\sigma}$	—	-1.31	-0.85	-0.62	-0.48	-0.37	-0.28	-0.20	-0.13	-0.06	0.00	0.06	0.13	0.20	0.28	0.37	0.48	0.62	0.85	1.31	

附表 6-4（b）　$t=0$ 力矩荷载 $\overline{Q}$ 系数

ζ	-1.0	-0.9	-0.8	-0.7	-0.6	-0.5	-0.4	-0.3	-0.2	-0.1	0.0	0.1	0.2	0.3	0.4	0.5	0.6	0.7	0.8	0.9	1.0
$\overline{Q}$	0	-0.27	-0.38	-0.45	-0.51	-0.55	-0.58	-0.61	-0.62	-0.63	-0.64	-0.63	-0.62	-0.61	-0.58	-0.55	-0.51	-0.45	-0.38	-0.27	0

附表 6-4（c）　$t=0$ 力矩荷载 $\overline{M}$ 系数

ζ	-1.0	-0.9	-0.8	-0.7	-0.6	-0.5	-0.4	-0.3	-0.2	-0.1	0.0	0.1	0.2	0.3	0.4	0.5	0.6	0.7	0.8	0.9	1.0
$\overline{M}$	0	-0.02	-0.05	-0.09	-0.14	-0.20	-0.25	-0.31	-0.37	-0.44	-0.50	-0.56	-0.63	-0.69	-0.75	-0.80	-0.86	-0.91	-0.95	-0.98	-1.00

附表 7　均布荷载作用下基础梁的角位移 θ

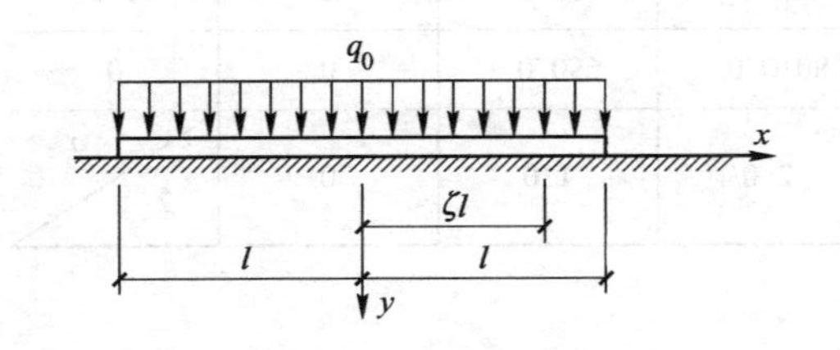

（1）转换公式：θ=表中系数$\times\dfrac{q_0 l^2}{EI}$（顺时针为正）。

（2）表中数字以右半梁为准，左半梁数值相同，但正负相反。

（3）由于 $\theta=\dfrac{dy}{dx}$，故可以根据表中求 θ 的系数用数值积分（梯形公式）计算梁的挠度 y，向下为正。

t \ ζ	0	0.1	0.2	0.3	0.4	0.5	0.6	0.7	0.8	0.9	1.0
0	0	-0.0136	-0.0268	-0.0392	-0.0506	-0.0607	-0.0691	-0.0756	-0.0801	-0.0824	-0.0832
1	0	-0.0102	-0.0201	-0.0294	-0.0378	-0.0451	-0.0554	-0.0510	-0.0582	-0.0594	-0.0598
2	0	-0.0096	-0.0188	-0.0276	-0.0355	-0.0424	-0.0521	-0.0480	-0.0548	-0.0560	-0.0563
3	0	-0.0090	-0.0176	-0.0258	-0.0333	-0.0397	-0.0489	-0.0450	-0.0514	-0.0526	-0.0529
5	0	-0.0080	-0.0157	-0.0230	-0.0296	-0.0354	-0.0438	-0.0402	-0.0460	-0.0471	-0.0473
7	0	-0.0072	-0.0141	-0.0206	-0.0266	-0.0319	-0.0394	-0.0362	-0.0416	-0.0426	-0.0428
10	0	-0.0062	-0.0123	-0.0180	-0.0232	-0.0278	-0.0346	-0.0316	-0.0364	-0.0372	-0.0375

附表 8　两个对称集中荷载作用下基础梁的角位移 θ

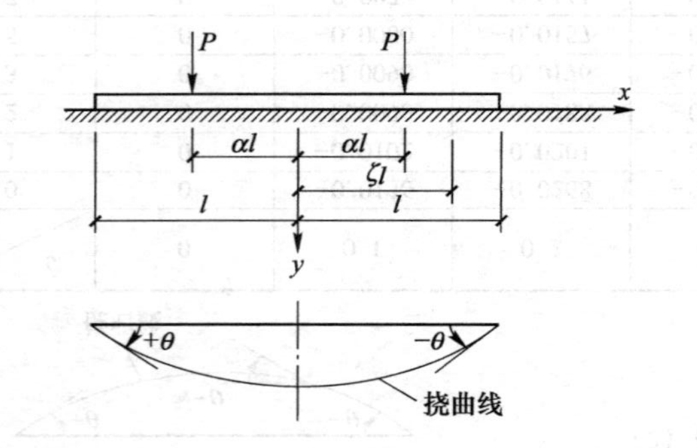

（1）转换公式：θ=表中系数×$\dfrac{Pl^2}{EI}$（顺时针方向为正）。

（2）当只有一个集中荷载 P 作用在梁长的中点处，使用上式时需用 $P/2$ 代替 P。

（3）表中数字以右半梁为准，左半梁数值相同，但正负相反。

（4）由于 $\theta=\dfrac{dy}{dx}$，故可以根据表中系数用数值积分（梯形公式）计算梁的挠度 y，向下为正。

附表 8-1　两个对称集中荷载 $P(t=0)$

α \ ζ	0	0.1	0.2	0.3	0.4	0.5	0.6	0.7	0.8	0.9	1.0
0	0	−0.059	−0.0108	−0.149	−0.182	−0.208	−0.227	−0.240	−0.247	−0.251	−0.252
0.1	0	−0.054	−0.103	−0.144	−0.177	−0.203	−0.222	−0.235	−0.242	−0.246	−0.247
0.2	0	−0.044	−0.088	−0.129	−0.162	−0.188	−0.207	−0.220	−0.227	−0.231	−0.232
0.3	0	−0.034	−0.068	−0.104	−0.137	−0.163	−0.182	−0.195	−0.202	−0.206	−0.207
0.4	0	−0.024	−0.048	−0.074	−0.102	−0.128	−0.147	−0.160	−0.167	−0.171	−0.172
0.5	0	−0.014	−0.028	−0.044	−0.062	−0.083	−0.102	−0.115	−0.122	−0.126	−0.127
0.6	0	−0.004	−0.008	−0.014	−0.022	−0.033	−0.047	−0.060	−0.067	−0.071	−0.072
0.7	0	0.006	0.011	0.015	0.017	0.019	0.017	0.009	0.001	−0.001	−0.003
0.8	0	0.016	0.031	0.045	0.057	0.067	0.073	0.075	0.072	0.069	0.068
0.9	0	0.026	0.051	0.075	0.097	0.117	0.133	0.145	0.152	0.154	0.153
1.0	0	0.036	0.071	0.105	0.137	0.167	0.193	0.215	0.232	0.244	0.248

附表 8-2　两个对称集中荷载 $P(t=1)$

α \ ζ	0	0.1	0.2	0.3	0.4	0.5	0.6	0.7	0.8	0.9	1.0
0	0	-0.053	-0.098	-0.134	-0.162	-0.184	-0.199	-0.209	-0.215	-0.217	-0.218
0.1	0	-0.048	-0.093	-0.129	-0.157	-0.178	-0.193	-0.203	-0.209	-0.211	-0.212
0.2	0	-0.038	-0.077	-0.113	-0.141	-0.163	-0.178	-0.188	-0.194	-0.196	-0.197
0.3	0	-0.029	-0.058	-0.090	-0.118	-0.139	-0.154	-0.164	-0.170	-0.173	-0.174
0.4	0	-0.019	-0.040	-0.062	-0.086	-0.107	-0.123	-0.138	-0.139	-0.142	-0.143
0.5	0	-0.010	-0.020	-0.032	-0.047	-0.064	-0.080	-0.191	-0.097	-0.099	-0.100
0.6	0	-0.001	-0.002	-0.005	-0.010	-0.018	-0.029	-0.039	-0.045	-0.048	-0.049
0.7	0	0.008	0.016	0.022	0.027	0.028	0.026	0.020	0.014	0.012	0.011
0.8	0	0.017	0.034	0.050	0.064	0.076	0.084	0.087	0.086	0.084	0.083
0.9	0	0.026	0.052	0.077	0.100	0.121	0.138	0.152	0.160	0.163	0.162
1.0	0	0.036	0.071	0.105	0.137	0.167	0.194	0.217	0.235	0.247	0.252

附表 8-3　两个对称集中荷载 $P(t=3)$

α \ ζ	0	0.1	0.2	0.3	0.4	0.5	0.6	0.7	0.8	0.9	1.0
0	0	-0.049	-0.089	-0.121	-0.146	-0.165	-0.178	-0.186	-0.191	-0.192	-0.192
0.1	0	-0.043	-0.083	-0.114	-0.139	-0.157	-0.169	-0.177	-0.182	-0.184	-0.185
0.2	0	-0.033	-0.068	-0.099	-0.123	-0.141	-0.153	-0.160	-0.165	-0.167	-0.168
0.3	0	-0.025	-0.050	-0.078	-0.103	-0.122	-0.135	-0.143	-0.148	-0.150	-0.151
0.4	0	-0.017	-0.034	-0.053	-0.075	-0.095	-0.109	-0.118	-0.123	-0.125	-0.126
0.5	0	-0.008	-0.018	-0.029	-0.042	-0.058	-0.073	-0.082	-0.088	-0.090	-0.091
0.6	0	0.000	-0.001	-0.002	-0.007	-0.014	-0.025	-0.036	-0.042	-0.044	-0.045
0.7	0	0.008	0.015	0.021	0.025	0.027	0.025	0.019	0.013	0.011	0.010
0.8	0	0.015	0.030	0.044	0.056	0.066	0.073	0.076	0.075	0.073	0.072
0.9	0	0.023	0.046	0.068	0.088	0.106	0.121	0.133	0.141	0.143	0.142
1.0	0	0.031	0.061	0.091	0.119	0.146	0.171	0.192	0.209	0.220	0.224

附表 8-4　两个对称集中荷载 $P(t=5)$

α \ ζ	0	0.1	0.2	0.3	0.4	0.5	0.6	0.7	0.8	0.9	1.0
0	0	-0.045	-0.081	-0.109	-0.130	-0.146	-0.158	-0.166	-0.170	-0.171	-0.171
0.1	0	-0.040	-0.076	-0.104	-0.126	-0.141	-0.152	-0.159	-0.163	-0.165	-0.166
0.2	0	-0.030	-0.061	-0.089	-0.110	-0.125	-0.136	-0.142	-0.146	-0.147	-0.147
0.3	0	-0.022	-0.044	-0.069	-0.091	-0.108	-0.119	-0.126	-0.130	-0.131	-0.132
0.4	0	-0.014	-0.030	-0.047	-0.066	-0.085	-0.098	-0.106	-0.110	-0.112	-0.113
0.5	0	-0.007	-0.014	-0.023	-0.035	-0.050	-0.064	-0.074	-0.079	-0.082	-0.082
0.6	0	0.000	0.000	-0.002	-0.006	-0.012	-0.023	-0.033	-0.039	-0.042	-0.042
0.7	0	0.007	0.013	0.019	0.023	0.024	0.022	0.016	0.009	0.007	0.006
0.8	0	0.014	0.027	0.040	0.051	0.059	0.065	0.067	0.064	0.061	0.061
0.9	0	0.021	0.041	0.061	0.079	0.095	0.109	0.120	0.127	0.129	0.128
1.0	0	0.027	0.054	0.080	0.106	0.130	0.152	0.171	0.187	0.198	0.202

附表 9　两个对称力矩荷载作用下基础梁的角位移 θ

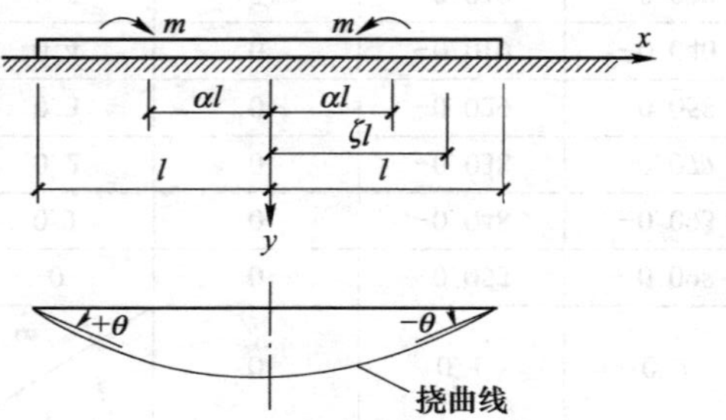

(1) 转换公式：θ=表中系数×$\frac{ml}{EI}$（顺时针方向为正）。

(2) 表中数字以右半梁为准，左半梁数值相同，但正负相反。

(3) 由于 $\theta=\frac{dy}{dx}$，故可以根据表中系数用数值积分（梯形公式）计算梁的挠度 y，向下为正。

附表 9-1　两个对称力矩荷载 $m(t=0)$

α \ ζ	0	0.1	0.2	0.3	0.4	0.5	0.6	0.7	0.8	0.9	1.0
0.1	0	-0.100	-0.100	-0.100	-0.100	-0.100	-0.100	-0.100	-0.100	-0.100	-0.100
0.2	0	-0.100	-0.200	-0.200	-0.200	-0.200	-0.200	-0.200	-0.200	-0.200	-0.200
0.3	0	-0.100	-0.200	-0.300	-0.300	-0.300	-0.300	-0.300	-0.300	-0.300	-0.300
0.4	0	-0.100	-0.200	-0.300	-0.400	-0.400	-0.400	-0.400	-0.400	-0.400	-0.400
0.5	0	-0.100	-0.200	-0.300	-0.400	-0.500	-0.500	-0.500	-0.500	-0.500	-0.500
0.6	0	-0.100	-0.200	-0.300	-0.400	-0.500	-0.600	-0.600	-0.600	-0.600	-0.600
0.7	0	-0.100	-0.200	-0.300	-0.400	-0.500	-0.600	-0.700	-0.700	-0.700	-0.700
0.8	0	-0.100	-0.200	-0.300	-0.400	-0.500	-0.600	-0.700	-0.800	-0.800	-0.800
0.9	0	-0.100	-0.200	-0.300	-0.400	-0.500	-0.600	-0.700	-0.800	-0.900	-0.900
1.0	0	-0.100	-0.200	-0.300	-0.400	-0.500	-0.600	-0.700	-0.800	-0.900	-1.000

附表 9-2　两个对称力矩荷载 $m(t=1)$

α \ ζ	0	0.1	0.2	0.3	0.4	0.5	0.6	0.7	0.8	0.9	1.0
0.1	0	-0.101	-0.102	-0.103	-0.105	-0.107	-0.110	-0.111	-0.112	-0.113	-0.114
0.2	0	-0.098	-0.196	-0.194	-0.193	-0.192	-0.191	-0.191	-0.191	-0.191	-0.191
0.3	0	-0.0945	-0.189	-0.283	-0.277	-0.273	-0.269	-0.267	-0.265	-0.264	-0.264
0.4	0	-0.093	-0.186	-0.280	-0.374	-0.370	-0.366	-0.363	-0.361	-0.360	-0.360
0.5	0	-0.093	-0.186	-0.279	-0.374	-0.470	-0.466	-0.464	-0.462	-0.462	-0.462
0.6	0	-0.093	-0.186	-0.279	-0.373	-0.469	-0.565	-0.563	-0.561	-0.561	-0.561
0.7	0	-0.092	-0.184	-0.277	-0.370	-0.465	-0.560	-0.657	-0.655	-0.654	-0.654
0.8	0	-0.0915	-0.184	-0.276	-0.370	-0.464	-0.560	-0.656	-0.754	-0.753	-0.753
0.9	0	-0.091	-0.183	-0.275	-0.369	-0.463	-0.559	-0.655	-0.753	-0.852	-0.852
1.0	0	-0.091	-0.182	-0.275	-0.369	-0.463	-0.559	-0.655	-0.753	-0.852	-0.952

附表 9-3 两个对称力矩荷载 $m(t=3)$

α \ ζ	0	0.1	0.2	0.3	0.4	0.5	0.6	0.7	0.8	0.9	1.0
0.1	0	−0.103	−0.107	−0.111	−0.115	−0.120	−0.125	−0.130	−0.135	−0.137	−0.138
0.2	0	−0.099	−0.194	−0.190	−0.186	−0.184	−0.182	−0.182	−0.182	−0.182	−0.182
0.3	0	−0.083	−0.167	−0.251	−0.237	−0.225	−0.215	−0.207	−0.202	−0.199	−0.198
0.4	0	−0.0815	−0.164	−0.248	−0.333	−0.320	−0.310	−0.302	−0.297	−0.294	−0.294
0.5	0	−0.081	−0.163	−0.245	−0.330	−0.417	−0.406	−0.398	−0.393	−0.391	−0.391
0.6	0	−0.081	−0.163	−0.245	−0.331	−0.418	−0.509	−0.502	−0.499	−0.498	−0.498
0.7	0	−0.078	−0.157	−0.238	−0.320	−0.404	−0.492	−0.584	−0.578	−0.576	−0.575
0.8	0	−0.0775	−0.156	−0.236	−0.317	−0.402	−0.489	−0.580	−0.675	−0.672	−0.672
0.9	0	−0.0775	−0.156	−0.236	−0.317	−0.402	−0.489	−0.580	−0.675	−0.772	−0.772
1.0	0	−0.0775	−0.156	−0.236	−0.317	−0.402	−0.489	−0.580	−0.675	−0.772	−0.872

附表 9-4 两个对称力矩荷载 $m(t=5)$

α \ ζ	0	0.1	0.2	0.3	0.4	0.5	0.6	0.7	0.8	0.9	1.0
0.1	0	−0.104	−0.109	−0.114	−0.120	−0.127	−0.134	−0.142	−0.149	−0.154	−0.155
0.2	0	−0.0905	−0.182	−0.175	−0.169	−0.165	−0.162	−0.161	−0.162	−0.162	−0.162
0.3	0	−0.0745	−0.150	−0.227	−0.207	−0.189	−0.175	−0.163	−0.155	−0.150	−0.148
0.4	0	−0.0725	−0.146	−0.222	−0.300	−0.282	−0.267	−0.256	−0.248	−0.244	−0.243
0.5	0	−0.071	−0.143	−0.217	−0.294	−0.375	−0.360	−0.349	−0.342	0.339	−0.338
0.6	0	−0.072	−0.145	−0.220	−0.298	−0.380	−0.466	−0.457	−0.452	−0.450	−0.449
0.7	0	−0.0675	−0.136	−0.207	−0.281	−0.359	−0.441	−0.529	−0.521	−0.518	−0.517
0.8	0	−0.0665	−0.134	−0.204	−0.276	−0.352	−0.433	−0.520	−0.611	−0.607	−0.606
0.9	0	−0.0665	−0.134	−0.204	−0.276	−0.352	−0.433	−0.520	−0.611	−0.607	−0.706
1.0	0	−0.0665	−0.134	−0.204	−0.276	−0.352	−0.433	−0.520	−0.611	−0.607	−0.806

附表 10　两个反对称集中荷载作用下基础梁的角位移 θ

(1) 求 θ 公式：$\theta=\Phi-\frac{\Delta}{l}$（顺时针方向为正）

式中，Φ=表中系数$\times\frac{Pl^2}{EI}$（顺时针为正）。

求 Δ 可以根据表中系数用数值积分（梯形公式）计算。例如 $t=5$，$\alpha=0.1$，$\zeta=1$ 则：

$$\Delta=-(0.004+0.0115+0.018+0.023+0.0265+0.029+0.0305+0.0315+0.032+0.032/2)\times\frac{Pl^2}{EI}\times0.1l$$

$$=-0.0222\frac{Pl^3}{El}$$

(2) 表中数字以右半梁为准，左半梁数值相同，正负号亦相同。

(3) 求出 θ 后，挠度 y 可用数值积分计算。

附表 10-1　两个反对称集中荷载 $P(t=0)$

α \ ζ	0	0.1	0.2	0.3	0.4	0.5	0.6	0.7	0.8	0.9	1.0
0.1	0	−0.004	−0.0115	−0.018	−0.0235	−0.028	−0.315	−0.034	−0.0355	−0.036	−0.036
0.2	0	−0.004	−0.0155	−0.029	−0.040	−0.049	−0.056	−0.061	−0.063	−0.065	−0.065
0.3	0	−0.003	−0.0125	−0.0285	−0.0455	−0.059	−0.0695	−0.077	−0.0815	−0.0835	−0.084
0.4	0	−0.0025	−0.0100	−0.0225	−0.040	−0.058	−0.0715	−0.081	−0.087	−0.090	−0.091
0.5	0	−0.002	−0.0075	−0.0165	−0.0295	−0.047	−0.064	−0.076	−0.0835	−0.087	−0.088
0.6	0	−0.001	−0.0045	−0.011	−0.020	−0.032	−0.0475	−0.062	−0.071	−0.075	−0.076
0.7	0	−0.001	−0.0035	−0.007	−0.0115	−0.018	−0.027	−0.039	−0.0495	−0.054	−0.055
0.8	0	0.000	0.0005	0.001	0.0005	−0.001	−0.0035	−0.005	−0.009	−0.145	−0.016
0.9	0	0.001	0.0035	0.007	0.0115	0.0165	0.021	0.0245	0.0265	0.025	0.023
1.0	0	0.001	0.0045	0.0105	0.0185	0.0285	0.040	0.052	0.063	0.071	0.074

附表 10-2　两个反对称集中荷载 $P(t=1)$

α \ ζ	0	0.1	0.2	0.3	0.4	0.5	0.6	0.7	0.8	0.9	1.0
0.1	0	-0.0045	-0.0125	-0.019	-0.0245	-0.029	-0.032	-0.0335	-0.0345	-0.035	-0.035
0.2	0	-0.0035	-0.014	-0.027	-0.0375	-0.0455	-0.0515	-0.0555	-0.058	-0.0595	-0.060
0.3	0	-0.0030	-0.012	-0.027	-0.043	-0.055	-0.064	-0.0705	-0.074	-0.0755	-0.076
0.4	0	-0.0025	-0.0095	-0.021	-0.0375	-0.054	-0.066	-0.074	-0.0785	-0.0805	-0.081
0.5	0	-0.0020	-0.0075	-0.0165	-0.029	-0.045	-0.0605	-0.071	-0.077	-0.0795	-0.080
0.6	0	-0.0005	-0.002	-0.006	-0.013	-0.023	-0.037	-0.050	-0.0575	-0.0605	-0.061
0.7	0	0.0000	-0.0005	-0.002	-0.0045	-0.009	-0.016	-0.0255	-0.034	-0.0375	-0.038
0.8	0	0.0005	0.0015	0.0025	0.0035	0.0045	0.005	0.0035	-0.001	-0.005	-0.006
0.9	0	0.0010	0.004	0.009	0.015	0.0215	0.0285	0.0345	0.0385	0.039	0.038
1.0	0	0.0020	0.0075	0.0155	0.0255	0.0375	0.0515	0.066	0.079	0.089	0.093

附表 10-3　两个反对称集中荷载 $P(t=3)$

α \ ζ	0	0.1	0.2	0.3	0.4	0.5	0.6	0.7	0.8	0.9	1.0
0.1	0	-0.006	-0.0155	-0.022	-0.0275	-0.0315	-0.0340	-0.0360	-0.0375	-0.0380	-0.038
0.2	0	-0.0035	-0.0145	-0.028	-0.0385	-0.0465	-0.0525	-0.0565	-0.0585	-0.0595	-0.060
0.3	0	-0.0025	-0.0110	-0.026	-0.0410	-0.0520	-0.0605	-0.0660	-0.0695	-0.0715	-0.072
0.4	0	-0.0025	-0.0100	-0.022	-0.0385	-0.0550	-0.0670	-0.0755	-0.0805	-0.0825	-0.083
0.5	0	-0.0015	-0.0060	-0.014	-0.0260	-0.0420	-0.0570	-0.0670	-0.073	-0.0755	-0.076
0.6	0	-0.0010	-0.004	-0.009	-0.0160	-0.0255	-0.0385	-0.0510	-0.058	-0.0605	-0.061
0.7	0	-0.0005	-0.0015	-0.0035	-0.0065	-0.0110	-0.0180	-0.0275	-0.036	-0.0395	-0.040
0.8	0	0.0005	0.0015	0.0025	0.0035	0.0045	0.0045	0.0025	-0.002	-0.006	-0.007
0.9	0	0.0005	0.003	0.0075	0.0130	0.0195	0.0260	0.0320	0.0365	0.037	0.036
1.0	0	0.0015	0.006	0.0135	0.0235	0.0355	0.0485	0.0615	0.0740	0.084	0.088

附表 10-4　两个反对称集中荷载 $P(t=5)$

α \ ζ	0	0.1	0.2	0.3	0.4	0.5	0.6	0.7	0.8	0.9	1.0
0.1	0	-0.004	-0.0115	-0.018	-0.023	-0.0265	-0.029	-0.0305	-0.0315	-0.032	-0.032
0.2	0	-0.0035	-0.014	-0.027	-0.037	-0.0445	-0.050	-0.0535	-0.056	-0.057	-0.057
0.3	0	-0.003	-0.0115	-0.026	-0.0415	-0.053	-0.0615	-0.0675	-0.071	-0.0725	-0.073
0.4	0	-0.0025	-0.009	-0.020	-0.0365	-0.053	-0.065	-0.073	-0.0775	-0.0795	-0.080
0.5	0	-0.0015	-0.006	-0.014	-0.0255	-0.0405	-0.055	-0.0645	-0.070	-0.0725	-0.073
0.6	0	-0.001	-0.035	-0.008	-0.0155	-0.0255	-0.0385	-0.0505	-0.057	-0.0595	-0.060
0.7	0	-0.0005	-0.002	-0.004	-0.0065	-0.0105	-0.017	-0.0265	-0.035	-0.0385	-0.039
0.8	0	0.000	0.0005	0.002	0.004	0.0055	0.004	0.001	-0.0035	-0.008	-0.009
0.9	0	0.001	0.004	0.0085	0.014	0.0205	0.0275	0.0335	0.0375	0.038	0.037
1.0	0	0.0015	0.006	0.0135	0.0235	0.0355	0.0485	0.062	0.075	0.085	0.089

附表 11　两个反对称力矩荷载作用下基础梁的角位移 θ

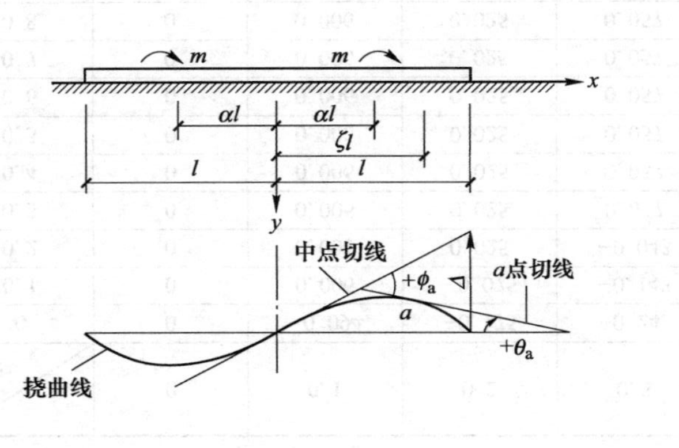

（1）求 θ 公式：$\theta=\Phi-\dfrac{\Delta}{l}$（顺时针方向为正）

式中，Φ=表中系数×$\dfrac{ml}{EI}$（顺时针为正）。

求 Δ 可以根据表中系数用数值积分（梯形公式）计算。例如 $t=5$，$\alpha=0.3$，$\zeta=1$ 则：

$$\Delta=-(0.006+0.025+0.057+0.001-0.044-0.078-0.101-0.115-0.122-0.124/2)\times\frac{ml}{EI}\times 0.1l$$

$$=-0.0433\frac{ml^2}{EI}$$

（2）表中数字以右半梁为准，左半梁数值相同，正负号亦相同。

（3）求出 θ 后，挠度可用数值积分计算。

附表 11-1 两个反对称力矩荷载 $m(t=0)$

α \ ζ	0	0.1	0.2	0.3	0.4	0.5	0.6	0.7	0.8	0.9	1.0
0	0	-0.094	-0.175	-0.243	-0.299	-0.344	-0.378	-0.401	-0.415	-0.422	-0.424
0.1	0	0.006	-0.075	-0.143	-0.199	-0.244	-0.278	-0.301	-0.315	-0.322	-0.324
0.2	0	0.006	0.025	-0.043	-0.099	-0.144	-0.178	-0.201	-0.215	-0.222	-0.224
0.3	0	0.006	0.025	0.057	0.001	-0.044	-0.078	-0.101	-0.115	-0.122	-0.124
0.4	0	0.006	0.025	0.057	0.001	0.056	0.022	-0.001	-0.015	-0.022	-0.024
0.5	0	0.006	0.025	0.057	0.101	0.156	0.122	0.099	0.085	0.078	0.076
0.6	0	0.006	0.025	0.057	0.101	0.156	0.222	0.199	0.185	0.178	0.176
0.7	0	0.006	0.025	0.057	0.101	0.156	0.222	0.299	0.285	0.278	0.276
0.8	0	0.006	0.025	0.057	0.101	0.156	0.222	0.299	0.385	0.378	0.376
0.9	0	0.006	0.025	0.057	0.101	0.156	0.222	0.299	0.385	0.478	0.476
1.0	0	0.006	0.025	0.057	0.101	0.156	0.222	0.299	0.385	0.478	0.576

附表 11-2 两个反对称力矩荷载 $m(t=1)$

α \ ζ	0	0.1	0.2	0.3	0.4	0.5	0.6	0.7	0.8	0.9	1.0
0	0	-0.093	-0.172	-0.238	-0.292	-0.334	-0.366	-0.388	-0.400	-0.405	-0.406
0.1	0	0.0065	-0.0635	-0.130	-0.184	-0.226	-0.257	-0.277	-0.288	-0.292	-0.293
0.2	0	0.008	0.029	-0.038	-0.092	-0.135	-0.166	-0.186	-0.198	-0.203	-0.204
0.3	0	0.0065	0.027	0.0605	0.0055	-0.037	-0.0685	-0.090	-0.102	-0.107	-0.108
0.4	0	0.0065	0.026	0.059	0.105	0.065	0.0305	0.009	-0.003	-0.008	-0.009
0.5	0	0.0065	0.0265	0.0595	0.105	0.0163	0.133	0.112	0.100	0.095	0.094
0.6	0	0.0065	0.026	0.0585	0.104	0.161	0.230	0.209	0.198	0.193	0.192
0.7	0	0.0065	0.026	0.0585	0.104	0.161	0.229	0.308	0.295	0.290	0.289
0.8	0	0.0065	0.026	0.0585	0.104	0.161	0.229	0.308	0.395	0.390	0.389
0.9	0	0.0065	0.026	0.0585	0.104	0.161	0.229	0.308	0.395	0.490	0.489
1.0	0	0.0065	0.026	0.0585	0.104	0.161	0.229	0.308	0.395	0.490	0.589

附表 11-3　两个反对称力矩荷载 $m(t=3)$

α \ ζ	0	0.1	0.2	0.3	0.4	0.5	0.6	0.7	0.8	0.9	1.0
0	0	-0.093	-0.172	-0.237	-0.289	-0.329	-0.358	-0.377	-0.387	-0.391	-3.92
0.1	0	0.007	-0.077	-0.137	-0.189	-0.230	-0.259	-0.278	-0.289	-0.293	-0.294
0.2	0	0.007	0.0275	-0.039	-0.0925	-0.134	-0.165	-0.185	-0.197	-0.202	-0.203
0.3	0	0.0065	0.026	0.0585	0.0045	-0.0375	-0.0695	-0.0915	-0.104	-0.109	-0.110
0.4	0	0.0065	0.026	0.0585	0.104	0.0615	0.030	0.009	-0.003	-0.006	-0.005
0.5	0	0.0065	0.026	0.058	0.103	0.161	0.129	0.108	0.096	0.0005	0.089
0.6	0	0.0065	0.026	0.058	0.102	0.159	0.227	0.206	0.193	0.188	0.187
0.7	0	0.006	0.0245	0.0555	0.0985	0.154	0.221	0.299	0.286	0.280	0.278
0.8	0	0.006	0.0245	0.0555	0.0985	0.154	0.220	0.296	0.382	0.376	0.374
0.9	0	0.006	0.0245	0.0555	0.0985	0.154	0.220	0.296	0.382	0.476	0.474
1.0	0	0.006	0.0245	0.0555	0.0985	0.154	0.220	0.296	0.382	0.476	0.574

附表 11-4　两个反对称力矩荷载 $m(t=5)$

α \ ζ	0	0.1	0.2	0.3	0.4	0.5	0.6	0.7	0.8	0.9	1.0
0	0	-0.092	-0.169	-0.232	-0.282	-0.320	-0.347	-0.364	-0.373	-0.377	-0.378
0.1	0	0.0075	-0.0705	-0.135	-0.187	-0.226	-0.253	-0.271	-0.281	-0.286	-0.287
0.2	0	0.007	0.028	-0.0375	-0.0905	-0.132	-0.161	-0.181	-0.193	-0.195	-0.196
0.3	0	0.0065	0.026	0.059	0.0045	-0.0385	-0.070	-0.0915	-0.105	-0.111	-0.112
0.4	0	0.0065	0.026	0.0585	0.104	0.0615	0.0305	0.010	-0.002	-0.007	-0.008
0.5	0	0.0065	0.026	0.0585	0.104	0.161	0.129	0.108	0.0965	0.092	0.091
0.6	0	0.006	0.0245	0.056	0.100	0.156	0.224	0.203	0.190	0.814	0.183
0.7	0	0.006	0.024	0.056	0.098	0.152	0.218	0.294	0.281	0.275	0.274
0.8	0	0.006	0.024	0.054	0.096	0.150	0.214	0.290	0.375	0.369	0.368
0.9	0	0.006	0.024	0.054	0.096	0.150	0.214	0.290	0.375	0.469	0.468
1.0	0	0.006	0.024	0.054	0.096	0.150	0.214	0.290	0.375	0.469	0.568

参考文献

[1] 朱合华，张子新，廖少明．地下建筑结构［M］．北京：中国建筑工业出版社，2011.
[2] 崔振东．地下结构设计［M］．北京：中国建筑工业出版社，2017.
[3] 门玉明，王启耀，刘妮娜．地下建筑结构［M］．北京：人民交通出版社，2016.
[4] 孙钧，侯学渊．地下结构（上、下）［M］．北京：科学出版社，1987.
[5] 孙钧．地下工程设计理论与实践［M］．上海：上海科学技术出版社，1996.
[6] 龚维明，童小东，缪林昌，等．地下结构工程［M］．南京：东南大学出版社，2004.
[7] 李国强，黄宏伟．工程结构荷载与可靠度设计原理［M］．北京：中国建筑工业出版社，2001.
[8] 赵国藩，金伟良．结构可靠度理论［M］．北京：中国建筑工业出版社，2000.
[9] 刘增荣．地下结构设计［M］．北京：中国建筑工业出版社，2011.
[10] 刘新荣．地下结构设计［M］．重庆：重庆大学出版社，2013.
[11] 王树理．地下建筑结构设计［M］．北京：清华大学出版社，2007.
[12] 任建喜．地下工程施工技术［M］．西安：西北工业大学出版社，2012.
[13] 姜玉松．地下工程施工技术［M］．武汉：武汉理工大学出版社，2015.
[14] 刘国彬，王卫东．基坑工程手册［M］．北京：中国建筑工业出版社，2009.
[15] 关宝树，国兆林．隧道及地下工程［M］．成都：西南交通大学出版社，2000.
[16] 王如路，贾坚．上海地铁监护实践［M］．上海：同济大学出版社，2013.
[17] 胡聿贤．地震工程学［M］．2 版．北京：地震出版社，2006.
[18] 郑永来，杨林德，李文艺，等．地下结构抗震［M］．上海：同济大学出版社，2005.
[19] 姚谦峰，苏三庆．地震工程［M］．西安：陕西科学技术出版社，2001.
[20] 中华人民共和国住房和城乡建设部．混凝土结构设计规范（GB 50010—2010）［S］．北京：中国建筑工业出版社，2016.
[21] 中华人民共和国住房和城乡建设部．建筑结构荷载规范（GB 50009—2012）［S］．北京：中国建筑工业出版社，2019.
[22] 中华人民共和国住房和城乡建设部．地铁设计规范（GB 50157—2013）［S］．北京：中国建筑工业出版社，2014.
[23] 中华人民共和国国家铁路局．铁路隧道设计规范（TB 1003—2016）［S］．北京：中国铁道出版社，2017.
[24] 中华人民共和国交通运输部．公路隧道设计规范　第一册　土建工程（JTG 3370. 1—2018）［S］．北京：人民交通出版社，2019.
[25] 中华人民共和国住房和城乡建设部．建筑地基基础设计规范（GB 50007—2011）［S］．北京：中国建筑工业出版社，2011.
[26] 中华人民共和国住房和城乡建设部．建筑基坑支护技术规程（JGJ 120—2012）［S］．北京：中国建筑工业出版社，2012.
[27] 中华人民共和国住房和城乡建设部．盾构隧道工程设计标准（GB/T 51438—2021）［S］．北京：中国建筑工业出版社，2021.
[28] 中华人民共和国住房和城乡建设部．地下铁道工程施工质量验收标准（GB/T 50299—2018）［S］．北京：中国建筑工业出版社，2018.
[29] 中华人民共和国住房和城乡建设部．湿陷性黄土地区建筑标准（GB 50025—2018）［S］．北京：中国建筑工业出版社，2019.
[30] 中华人民共和国住房和城乡建设部．地下工程防水技术规范（GB 50108—2008）［S］．北京：中国计划出版社，2009.

[31] 中华人民共和国住房和城乡建设部. 建筑与市政工程抗震通用规范（GB 55002—2021）[S]. 北京：中国建筑工业出版社，2021.

[32] 中华人民共和国住房和城乡建设部. 建筑抗震设计规范（GB 50011—2010）[S]. 北京：中国建筑工业出版社，2016.

[33] 中华人民共和国住房和城乡建设部. 城市轨道交通结构抗震设计规范（GB 50909—2014）[S]. 北京：中国计划出版社，2014.

[34] 中华人民共和国住房和城乡建设部. 地下结构抗震设计标准（GB/T 51336—2018）[S]. 北京：中国建筑工业出版社，2019.

[35] 中华人民共和国交通运输部. 公路隧道抗震设计规范（JTG 2232—2019）[S]. 北京：人民交通出版社，2020.

[36] 中华人民共和国建设部. 铁路工程抗震设计规范（GB 50111—2006）[S]. 北京：中国计划出版社，2009.

[37] 中国国家标准化管理委员会. 中国地震烈度表（GB/T 17742—2020）[S]. 北京：中国标准出版社，2020.

[38] 中华人民共和国国家质量监督检验检疫总局. 中国地震动参数区划图（GB 18306—2015）[S]. 北京：中国标准出版社，2015.

[39] 中华人民共和国住房和城乡建设部. 建筑结构可靠性设计统一标准（GB 50068—2018）[S]. 北京：中国建筑工业出版社，2019.

[40] 中华人民共和国住房和城乡建设部. 混凝土结构耐久性设计标准（GB/T 50476—2019）[S]. 北京：中国建筑工业出版社，2019.

[41] 郭璇，孙文波，张晓新，等. 地下圆形隧道自由变形法的力法推导及例证 [J]. 铁道学报，2014，36（9）：85~91.

[42] 王国波，谢伟平，孙明，等. 地下框架结构抗震性能评价方法的研究 [J]. 岩土工程学报，2011，33（4）：593~598.

[43] 刘晶波，王文晖，赵冬冬，等. 复杂断面地下结构地震反应分析的整体式反应位移法 [J]. 土木工程学报，2014，47（1）：134~142.

[44] 陈韧韧，张建民. 地铁地下结构横断面简化抗震设计方法对比 [J]. 岩土工程学报，2015，37（S1）：134~141.

[45] 陈卫忠，宋万鹏，赵武胜，等. 地下工程抗震分析方法及性能评价研究进展 [J]. 岩石力学与工程学报，2017，36（2）：310~325.

[46] 杜修力，李洋，许成顺，等. 1995 年日本阪神地震大开地铁车站震害原因及成灾机理分析研究进展 [J]. 岩土工程学报，2018，40（2）：223~236.

[47] 许紫刚，杜修力，许成顺，等. 复杂断面地下结构地震反应分析的广义反应位移法研究 [J]. 岩土力学，2019，40（8）：3247~3254.

[48] 杜修力，韩润波，许成顺，等. 地下结构抗震拟静力试验研究现状及展望 [J]. 防灾减灾工程学报，2021，41（4）：850~859.

[49] 胡志平，王启耀，罗丽娟，等. “y” 形地裂缝场地主次裂缝地震响应差异的振动台试验 [J]. 土木工程学报，2014，47（11）：98~107.

[50] 庄海洋，陈国兴. 地铁地下结构抗震 [M]. 北京：科学出版社，2017.

冶金工业出版社部分图书推荐

书　　名	作　者		定价(元)
冶金建设工程	李慧民	主编	35.00
土木工程安全检测、鉴定、加固修复案例分析	孟　海	等著	68.00
历史老城区保护传承规划设计	李　勤	等著	79.00
老旧街区绿色重构安全规划	李　勤	等著	99.00
高层建筑基础工程设计原理（本科教材）	胡志平	主编	45.00
岩土工程测试技术（第2版）（本科教材）	沈　扬	主编	68.50
现代建筑设备工程（第2版）（本科教材）	郑庆红	等编	59.00
土木工程材料（第2版）（本科教材）	廖国胜	主编	43.00
混凝土及砌体结构（本科教材）	王社良	主编	41.00
工程结构抗震（本科教材）	王社良	主编	45.00
工程地质学（本科教材）	张　荫	主编	32.00
建筑结构（本科教材）	高向玲	编著	39.00
建设工程监理概论（本科教材）	杨会东	主编	33.00
土力学地基基础（本科教材）	韩晓雷	主编	36.00
建筑安装工程造价（本科教材）	肖作义	主编	45.00
高层建筑结构设计（第2版）（本科教材）	谭文辉	主编	39.00
土木工程施工组织（本科教材）	蒋红妍	主编	26.00
施工企业会计（第2版）（国规教材）	朱宾梅	主编	46.00
工程荷载与可靠度设计原理（本科教材）	郝圣旺	主编	28.00
土木工程概论（第2版）（本科教材）	胡长明	主编	32.00
土力学与基础工程（本科教材）	冯志焱	主编	28.00
建筑装饰工程概预算（本科教材）	卢成江	主编	32.00
建筑施工实训指南（本科教材）	韩玉文	主编	28.00
支挡结构设计（本科教材）	汪班桥	主编	30.00
建筑概论（本科教材）	张　亮	主编	35.00
Soil Mechanics（土力学）（本科教材）	缪林昌	主编	25.00
SAP2000结构工程案例分析	陈昌宏	主编	25.00
理论力学（本科教材）	刘俊卿	主编	35.00
岩石力学（高职高专教材）	杨建中	主编	26.00
建筑设备（高职高专教材）	郑敏丽	主编	25.00
岩土材料的环境效应	陈四利	等编著	26.00
建筑施工企业安全评价操作实务	张　超	主编	56.00
现行冶金工程施工标准汇编（上册）			248.00
现行冶金工程施工标准汇编（下册）			248.00